Paul Clauswitz
Die Städteordnung von 1808 und die Stadt Berlin

Paul Clauswitz

Die Städteordnung von 1808 und die Stadt Berlin

Mit einem Beitrag

Stadtgeschichte Berlins als wissenschaftliche Disziplin

Paul Clauswitz und der Beginn einer selbständigen Berlin-Geschichtsschreibung

von

Andreas Kaiser

Springer-Verlag Berlin Heidelberg GmbH 1986

ISBN 978-3-642-71265-4 ISBN 978-3-642-71264-7 (eBook)
DOI 10.1007/978-3-642-71264-7

CIP-Kurztitelaufnahme der Deutschen Bibliothek:

Clauswitz, Paul: Die Städteordnung von 1808 und die Stadt Berlin / Paul Clauswitz. – Reprint.
Mit e. Beitrag Stadtgeschichte Berlins als wissenschaftliche Disziplin:
Paul Clauswitz u.d. Beginn e. selbständigen Berlin-Geschichtsschreibung / von Andreas Kaiser.
Berlin ; Heidelberg ; New York ; Tokyo : Springer, 1986.

ISBN 978-3-642-71265-4

NE: Kaiser, Andreas: Stadtgeschichte Berlins als wissenschaftliche Disziplin

2068/3020-543210

Geleitwort

Der Name des Freiherrn vom Stein bleibt bis heute verbunden mit den nach ihm benannten Reformen des preußischen Staates. Als der dauerhafteste Teil dieses Reformwerks erwies sich die Städteordnung vom 19. 11. 1808, mit der den Städten eine weitgehende Selbstverwaltung eingeräumt wurde. Zwar blieb die freie Betätigung in der Selbstverwaltung damals noch an Besitz und Bildung gebunden. In diesen Grenzen aber wurden erstmals Bürgerschaften gebildet und Bürgerrechte sowie Bürgerpflichten des einzelnen konstituiert. Berlin erhielt so die Chance, die Kraft seiner Bürger zur Entfaltung kommen zu lassen. Dies war eine der wesentlichen Voraussetzungen für den Aufstieg dieser zunächst kleinen Provinzstadt zu einem der geistigen und politischen Zentren Europas. Auch heute ist die Stärkung von Selbstverantwortung oft die überzeugende Antwort auf neue Herausforderungen am Ende des 20. Jahrhunderts.

Ich freue mich, daß zur 750-Jahr-Feier im Jahre 1987 an die Städteordnung und an die gediegenste Darstellung und Wertung ihrer Praxis in Berlin durch Paul Clauswitz erinnert wird. Damit wird ein zentrales Werk über die Geschichte Berlins wiederaufgelegt, das 100 Jahre nach der Stein'schen Städteordnung entstand. Möge die Lektüre dieses neuen und zugleich alten Buches einem Historiker, einem Archivar oder auch nur jedem Freund Berlins die Kontinuität und die Diskontinuität der Geschichte Berlins beispielhaft vor Augen führen.

Berlin, Januar 1986

Eberhard Diepgen

Regierender Bürgermeister von Berlin

Vorwort

Paul Clauswitz' Standardwerk über die Städteordnung verdient noch heute besonderes Interesse. Mit dieser Monographie zur modernen Stadtrechtsgeschichte Berlins liegt eine maßstabsetzende Untersuchung von wissenschaftshistorischem Rang vor.

Die Arbeit von Clauswitz, einst wenig beachtet, besitzt eine erstaunliche Lebensfähigkeit; das ist einerseits auf die Gründlichkeit ihres Verfassers zurückzuführen, andererseits auf die Tatsache, daß sie ihrer Zeit voraus war. Für die Fachwissenschaft war und ist ihre Bedeutung allgemein, für die Geschichtsforschung zu Berlin bleibt sie bedeutsam, auch wenn den Autor nur noch Spezialisten kennen. Das Werk ist inzwischen selbst Quelle geworden; oft kopiert und in wesentlichen Passagen nicht selten wörtlich übernommen, blieb sein Verfasser bescheiden im Hintergrund.

Es war an der Zeit, Paul Clauswitz' Werk wiederzuentdecken und einer interessierten Öffentlichkeit erneut zu unterbreiten (wobei den Herausgeber nicht nur verwandtschaftliche Beziehungen leiteten).

Herausgeber und Verlag hoffen, mit der Wiedervorlage dieses wichtigen Werkes anläßlich der 750-Jahr-Feier der Stadt Berlin einen Impuls zur weiteren wissenschaftlichen Beschäftigung mit dem Gegenstand Berlin in Würdigung der Leistung Paul Clauswitz' auszulösen.

Berlin, im Juli 1986 — Andreas Kaiser

Stadtgeschichte Berlins als wissenschaftliche Disziplin

Paul Clauswitz und der Beginn einer selbständigen Berlin-Geschichtsschreibung

Andreas Kaiser

Die mit der „Ordnung für sämtliche Städte der Preußischen Monarchie" vom 19. November 1808 geschaffene neue Stadtverfassung war neben der Bauern-, Boden- und Gewerbebefreiung sowie der Neuorganisation der Staatsverwaltung und des Militärs eine der Säulen der preußischen Reformen. Sie bildete eine der rechtlichen Voraussetzungen für die Durchsetzung der gesellschaftlich-ökonomischen Umwälzung des 19. Jahrhunderts. In dem halben Jahrhundert ihrer Geltung gab sie den stadtverfassungsrechtlichen Rahmen, innerhalb dessen die Fundamente für den Aufstieg Berlins von der preußischen Residenz zur Weltstadt gelegt werden konnten.

In völliger Abkehr von den Verhältnissen, die bis 1806 und vor dem Einzug Napoleons in Berlin geherrscht hatten, galt nunmehr: Alle Bürger der Stadt bildeten die „Stadtgemeine" oder „Bürgerschaft". Das Bürgerrecht, an das der Betrieb eines Gewerbes oder das Eigentum an Grundstücken geknüpft war, wurde auf Antrag erteilt. Das Bürgerrecht gab die Befugnis, städtische Gewerbe zu betreiben und Grundeigentum zu erwerben, und erlegte die Pflicht auf, öffentliche Lasten zu tragen, Dienste zu leisten und Ämter unentgeltlich zu übernehmen. Das aktive und passive Wahlrecht stand allen (männlichen) Bürgern zu, die ein Gewerbe betrieben, über Grundeigentum verfügten oder ein Mindesteinkommen besaßen. Die gewählten Abgeordneten, die Stadtverordneten, wählten den Magistrat. Die Ernennung des Oberbürgermeisters erfolgte durch den Staat aus einer von der Stadtverordnetenversammlung aufgestellten Liste mit drei Vorschlägen. Gegenüber den Städten behielt sich der Staat ein allgemeines Aufsichtsrecht vor. Entsprechend den Festlegungen des preußischen Allgemeinen Landrechts waren die Justiz- und Polizeibehörden nicht der Stadt unterstellt, sondern blieben beim Staat, der sich damit die entscheidenden Einflußmöglichkeiten offen hielt.

Für die Stadt Berlin liegt eine detaillierte Untersuchung vor, in der als Langzeitstudie die Entstehung der Städteordnung und ihre Wirkung während der Zeit ihrer Geltung dargestellt wird. Sie stammt aus der Feder des langjährigen Stadtarchivars Paul Clauswitz. Über diese Abhandlung hinaus kommt Clauswitz ein wesentliches Verdienst an der Begründung der wissenschaftlichen Stadtrechtsgeschichtsschreibung zu.

Da eine Biographie über Clauswitz nicht zur Verfügung steht, sollen im folgenden zum besseren Verständnis des Werkes Clauswitz' Werdegang, seine Tätigkeit als Archivar und Stadtbibliothekar und seine Leistung als Stadthistoriker skizziert werden.

I. Ausbildung

Nicht gradlinig und zielgerecht, sondern von Brüchen und wechselnden Perspektiven gekennzeichnet war der Lebensweg, den Paul Clauswitz bis zu seinem Eintritt in den

Archivdienst nahm . Am 22. Februar 1839 in Wolmirstedt bei Magdeburg als Sohn des Richters Dr. Justus Clauswitz und seiner Frau Doris geboren, besuchte Clauswitz das Gymnasium in Luckau und legte dort 1857 das Abitur ab. Ab 1858 studierte er an der Bauakademie zu Berlin; 1860 bestand er das Feldmesser-Examen. 1861/62 folgte der Militärdienst. Clauswitz' berufliches Interesse wandte sich danach von praktischen Fragen ab und eher theoretischen Fragen zu. Den Beruf des Feldmessers übte er jedenfalls nicht aus, sondern er besuchte als Gasthörer an der Berliner Universität Lehrveranstaltungen in Philosophie, Ästhetik und Kunstgeschichte, unterbrochen von seiner Teilnahme am Krieg von 1866. Mit einer in diesen Jahren verfaßten kunsthistorischen Dissertation („Die Kupferstiche des Lukas von Leyden") wurde er, ohne ein reguläres Universitätsstudium absolviert zu haben, im Jahr 1867 an der Universität Tübingen zum Dr. phil. promoviert. Berufsziel schien ihm nun die akademische Laufbahn gewesen zu sein. Als Hauslehrer tätig und Studenten auf ihr Examen vorbereitend, arbeitete er an seiner Habilitation; gleichzeitig befaßte er sich im Selbststudium mit der allgemeinen Geschichte, wozu er auch an Vorlesungen in der Berliner Universität teilnahm.

Wie bei der Dissertation wurde auch die Fertigstellung der Habilitationsschrift durch den Krieg (1870/71) unterbrochen; etwa Anfang 1873 war sie dann beendet. Clauswitz scheint bis zum Schluß gezögert zu haben, der fertigen Arbeit einen Titel zu geben. Wenn er in einem Schlußsatz von „Betrachtungen über die Landschaftsmalerei" spricht, so verbirgt die zurückhaltende Bezeichnung eine philosophische Auseinandersetzung mit der Ästhetik Hegels. In dieser Abhandlung und in einem gleichzeitig entstandenen Manuskript für einen (wohl unveröffentlichten) Aufsatz unter dem Titel „Über die heutige Stellung der Ästhetik" wandte sich Clauswitz gegen Hegel und die spekulative Ästhetik und bekannte sich zur modernen Naturwissenschaft[2].

An diesem Punkt seiner Entwicklung traf Clauswitz die Entscheidung für den Wechsel zu einer wiederum neuen, diesmal endgültigen beruflichen Perspektive. Ob es sein Abschied von der philosophisch-spekulativen Ästhetik und die Hinwendung zur Geschichtswissenschaft, die unsichere Zukunft einer akademischen Laufbahn, der Wunsch nach einer Berufstätigkeit (Clauswitz war inzwischen, ohne einen Beruf ausgeübt zu haben, 34 Jahre alt geworden) oder anderes war, was ihn bestimmte, konnte bisher nicht geklärt werden. Jedenfalls wurde er auf seine Bewerbung am 1. März 1873 mit einer Probezeit im preußischen Archivdienst aufgenommen. Nach einer ersten Ausbildungsstation in Magdeburg wurde er an das Staatsarchiv im damaligen Posen versetzt, dessen vorläufige Leitung er Anfang 1875 erhielt. Als ihm im Herbst 1877 die Posener Archivstelle endgültig übertragen wurde, war er vier Jahre nach Beginn seiner Probezeit Leiter eines preußischen Staatsarchivs geworden.

---

1 Die Daten der folgenden Skizze beruhen in erster Linie auf dem Nachruf, den Ernst Kaeber, der Nachfolger von Clauswitz, auf persönliche Bekanntschaft und Akten gestützt verfaßt hat (Zum Gedächtnis von Paul Clauswitz. In: Mitteilungen des Vereins für die Geschichte Berlins, 44 (1927) S. 137ff.). Darüber hinaus wurden die im Universitätsarchiv Tübingen liegenden Promotionsakten (UAT 131/16b Nr. 13) herangezogen. Clauswitz' persönlicher Nachlaß ist im Krieg verlorengegangen.

2 Vgl. näher Kaeber (a. a. O., S. 139ff), der diese – ebenso wie die Dissertation – heute nicht mehr zu ermittelnden Arbeiten eingesehen hat.

Kaum hatte Clauswitz diese Position erreicht, als sich schon bald eine neue Chance bot. Am 1. Juli 1878 war Ernst Fidicin (1802–1883), der seit 1846 das Berliner Stadtarchiv und die Magistratsbibliothek geleitet hatte[3], in den Ruhestand getreten. Clauswitz bewarb sich, wiederum mit Erfolg.

Knapp 40 Jahre alt, wurde Paul Clauswitz am 1. Januar 1879 Leiter des Berliner Stadtarchivs und der Magistratsbibliothek. Clauswitz war, da sein Vorgänger das Stadtarchiv nur nebenamtlich betreut hatte, der erste fest angestellte Stadtarchivar Berlins – und überhaupt einer der ganz wenigen hauptamtlichen Stadtarchivare in Preußen[4] und der einzige der Provinz Brandenburg[5]. 34 Jahre lang, bis 1912, leitete er das Stadtarchiv und war er der wissenschaftliche Historiker der Stadt. Lange Zeit (bis 1890) leitete er auch die Magistratsbibliothek.

Am 31. Dezember 1912 schied Clauswitz, 73jährig, aus dem Amt. In den folgenden Jahren des Ruhestandes wurde er verstärkt im Verein für die Geschichte Berlins tätig, dem er insgesamt fast ein halbes Jahrhundert angehört hat und dessen Ehrenmitglied er seit 1890 war. Am 11. April 1927 ist Clauswitz in Berlin gestorben.

II. Stadtbibliothekar

Als sich die Stadt entschloß, zum ersten Mal einen hauptberuflichen Archivar einzustellen, schätzte sie dessen Bedeutung und Arbeitsbelastung noch gering ein. Man meinte, diese Stelle noch mit einer anderen Tätigkeit verbinden zu können. So wurde Clauswitz, als er 1879 sein Amt antrat, nicht nur Archivar, sondern zugleich Bibliothekar. Die Leitung der Magistratsbibliothek, die ihm übertragen wurde, umfaßte auch die Oberleitung der 20 Volksbibliotheken samt der Bücherauswahl und der Katalogisierung. Erst 1890 konnte Clauswitz die Bibliotheksarbeit abgeben und sich ganz seinem Amt als Archivar widmen. An dieser langjährigen Doppelbelastung wird der niedrige Stellenwert deutlich, der beiden Tätigkeiten noch zugemessen wurde – und das in einer Zeit, in der die Reichshauptstadt nicht erst am Anfang, sondern vor dem Höhepunkt ihrer Entwicklung zur Weltstadt stand.

Clauswitz ordnete die Magistratsbibliothek von Grund auf neu. So sehr ihn diese Aufgabe auch in Anspruch genommen hat, so verschaffte sie ihm doch zugleich einen genauen Einblick in die Literatur zur Geschichte und Gegenwart Berlins, der seinen historischen Arbeiten zugute gekommen ist. Clauswitz sorgte dafür, daß in den Mittelpunkt der Bibliothek Werke über Staatsrecht und Staatsverwaltung, Polizei-

---

[3] Fidicin, seit 1829 als Registrator der Stadtverordnetenversammlung in Berlin tätig, legte als Archivar erste Verzeichnisse der Bestände an und begann mit der Herstellung von Auszügen aus den vorgefundenen Dokumenten (vgl. Bericht über die Gemeinde-Verwaltung der Stadt Berlin – im folgenden: Verwaltungsbericht, 1861–1876, 3. Heft, Berlin 1881, S. 198–201). Er veröffentlichte auch eine Vielzahl von Schriften zur Berliner Geschichte.

[4] Reinhold Koser, Über den gegenwärtigen Stand der archivalischen Forschung in Preussen. Berlin 1900, S. 23 (= Mitteilungen der K. Preussischen Archivverwaltung, Heft 1) nennt neben Berlin noch Breslau, Erfurt, Frankfurt a. M., Köln, Magdeburg und Trier.

[5] Victor Loewe, Das Deutsche Archivwesen. Seine Geschichte und Organisation, Breslau 1921, S. 47.

und Kommunalverwaltung traten[6] – gerade die Gebiete, die seine späteren geschichtswissenschaftlichen Forschungen zum wesentlichen Gegenstand haben.

Die Zuständigkeit für die Volksbibliotheken nahm Clauswitz sehr ernst, und auch sie kam seiner eigenen wissenschaftlichen Arbeit zugute. Er kritisierte scharf, daß aufgrund der unzureichenden Geldmittel diese Bibliotheken weitgehend mit billiger, veralteter und wertloser Fachliteratur ausgestattet seien, und er verwies auf die „schnellen und großen Fortschritte", die „in den letzten Jahrzehnten auf den Gebieten der Geschichte, Geographie, Naturwissenschaften, Gewerbe" gemacht worden seien. Clauswitz vertrat ausdrücklich für die Volksbibliotheken einen Grundsatz, der im Kern auch seiner Arbeit als Wissenschaftler zugrunde liegt: den der Zuverlässigkeit im Bewußtsein der Verantwortlichkeit. Er erklärte, er befolge den Grundsatz, „auf allen wissenschaftlichen Gebieten nur ganz neue, zeitgemäße Bücher einzustellen und hier niemals älteren billigeren den Vorrang zu geben". Die Benutzer der Volksbibliotheken waren ihm keine mindere Leserschaft; er betonte: „Gerade bei dem Publikum der Volksbibliotheken handelt es sich darum, ihm nur das Gültige und Zuverlässige zu bieten"[7].

III. Stadtarchivar

In seinem Amt als Archivar stellten sich Clauswitz auch die Aufgaben eines Gutachters und Beraters[8]. Die gutachterliche Beschäftigung stand im Zusammenhang mit historisch begründeten Forderungen, die von der Stadt oder gegen sie geltend gemacht wurden. Das reichte vom Anspruch der Stadt auf ein vom Eigentümer aufgegebenes Grundstück bis zu Prozessen um Millionenbeträge wie etwa dem Streit um den Wert von Universitätsgelände oder um die – noch zu erwähnende – Kirchenbaulast.

Als Berater wurde Clauswitz tätig, wenn die Presse zu stadtgeschichtlichen Fragen, Betriebe zur Firmengeschichte, öffentlich-rechtliche Stellen zur Geschichte von Recht und Verwaltung, Private zu ihrer Familiengeschichte oder Wissenschaftler zu Forschungszwecken Informationen benötigten; im Jahr 1905 gab Clauswitz beispielsweise auf rund 100 private Anfragen ausführlichen schriftlichen Bescheid[9].

1. Archivarische Tätigkeit

Als Clauswitz sein Amt als Archivar übernahm, verfügte er nur über einen kleinen Bestand an Archivalien. Die wertvollsten Stücke waren die beiden Stadtbücher von Berlin und Kölln (heute im Stadtarchiv Berlin), dazu kamen rund 300 einzelne Urkunden[10]. Es war eine äußerst bruchstückhafte und von Zufälligkeiten bestimmte Ansammlung, aus der Clauswitz ein arbeitsfähiges Archiv zu machen hatte. Clauswitz begann, durch Abschriften wichtiger, in anderen Archiven (vor allem dem Geheimen Staatsarchiv) lagernder Dokumente Lücken zu schließen. Zugleich bemühte er sich im

[6] Verwaltungsbericht 1877–1881, 3. Teil, Berlin 1885, S. 139ff (141).
[7] Verwaltungsbericht 1882–1888, 3. Teil, Berlin 1890, S. 145.
[8] Vgl. zum folgenden Verwaltungsberichte für die Jahre 1877–1910.
[9] Verwaltungsbericht 1901–1905, 2. Teil, Berlin 1907, S. 40.
[10] Vgl. näher Verwaltungsbericht 1882–1888, 3. Teil, Berlin 1890, S. 151f.

Rahmen seiner Möglichkeiten zunächst darum, aus den in den verschiedenen städtischen Verwaltungen lagernden Akten einen Grundstock zu schaffen. Bei dem Aufbau solcher neuer Bestände wurden auch die Interessen des Archivars deutlich: Materialien zur Stadtverfassung und -verwaltung, sozial-, wirtschafts- und finanzgeschichtliche Dokumente und allgemein Unterlagen zum bürgerlichen Anteil an der Entwicklung der Stadt traten daher in den Vordergrund. So erwarb Clauswitz beispielsweise die Akten des Comité administratif (der Berliner Verwaltungsbehörde zur Zeit der französischen Besetzung, 1806–1809), Jahresrechnungen der Kämmerei aus den Jahren 1568–1808, Akten über das städtische Finanzwesen des 18. Jahrhunderts. Hinzu kamen Akten über die Lehnsverhältnisse der eingemeindeten Dörfer, über die Beziehungen der Stadt zur alten ständischen Landesverwaltung, über Kontributionen während des 30jährigen Krieges, über die Besteuerung im 17. Jahrhundert, über die Kriminalgerichtsbarkeit im 18. Jahrhundert. Auf die Sammlung aller Bürgerbücher (Aufzeichnungen über bürgerliche Verhältnisse anläßlich der Vergabe des Bürgerrechts bis 1850) legte er besonderen Wert. Gleiches galt für Akten über das Militär in Berlin und seine Einquartierung wegen der Informationen über den Alltag in der Stadt und über die Geschichte des Bürgertums; denn „da das Einquartierungsgeschäft in fast alle bürgerlichen Verhältnisse eingriff, so enthalten die Akten zugleich zahlreiche Mitteilungen aus dem bürgerlichen Leben“[11]. Von materiellem Wert waren die Patronatsakten, auf Grund derer Berechtigung und Höhe kirchlicher finanzieller Ansprüche an die Stadt überprüft werden konnten[12].

Die wichtigen Erwerbungen des Archivs konnte Clauswitz jedoch zum größten Teil gar nicht sachgemäß lagern, geschweige denn ordnen; sie mußten fast unzugänglich in anderen Räumen des Rathauses oder auf dem Dachboden abgelegt werden. Denn bei seinem Dienstbeginn fand Clauswitz ein Problem vor, das er bis zum Ende seiner Amtszeit nicht zu lösen vermochte: die beengte Raumsituation. Die Unmöglichkeit einer zweckentsprechenden und übersichtlichen Aufbewahrung der Archivalien dürfte der Hauptgrund dafür gewesen sein, daß Clauswitz an einem inzwischen als überholt angesehenen Ordnungs- und Nachweisprinzip festhielt. Der älteren Archivschule entsprechend legte er ein Gesamtrepertorium (Findhilfsmittel mit Inhaltsangabe) an, das nach sachlichen Prinzipien gegliedert war. Das neuere Provenienzprinzip, das sich allmählich durchzusetzen begann, beruhte dagegen auf der Ordnung nach der Herkunft der Akten; es wurde von der preußischen Archivverwaltung zunehmend angewendet[13]. Eine Umstellung auf dieses besser geeignete Prinzip war auch für das Stadtarchiv zwar notwendig, dürfte für Clauswitz aber nur im Zusammenhang mit einer neuen Aufstellungsmöglichkeit sinnvoll gewesen sein.

2. *Geschichtswissenschaftliche Tätigkeit*

Clauswitz wandte sich mit den Jahren immer stärker der geschichtswissenschaftlichen Arbeit zu. Er verstand sich mehr als städtischer Historiker und Forscher denn als

---

11 Verwaltungsbericht 1889–1895, 3. Teil, Berlin 1900, S. 254.

12 Das Archiv der Stadt Berlin. In: Korrespondenzblatt des Gesamtvereins der deutschen Geschichts- und Altertumsvereine, 48 (1900), S. 194f.

13 Regulativ für die Ordnungsarbeiten im Geheimen Staatsarchiv vom 1. Juli 1881; Verfügung an die Staatsarchive vom 6. Juli 1907 betr. die Ordnungsarbeiten. In: Bestimmungen aus dem Geschäftsbereich der K. Preussischen Archivverwaltung, Leipzig 1908.

Archivar. In dieser Zielsetzung wurde er ermutigt, als er 1889, zehn Jahre nach seinem Amtsantritt, vom Magistrat den Auftrag zu einem eigenständigen Abriß der Geschichte Berlins erhielt; damit akzeptierten ihn die Behörden der Stadt als wissenschaftlich-schöpferisch tätigen Historiker. Seine vielfältige Tätigkeit stärkte dann seine Stellung derart, daß er die Schwerpunkte seiner Tätigkeit setzen konnte, wie es den Erfordernissen städtischer Politik, seinem Verständnis der Stadtrechtsgeschichte und seinen eigenen Forschungsinteressen entsprach.

Bestärkung für seine Forschungsabsichten konnte Clauswitz darüber hinaus bei der staatlichen Archivverwaltung finden. Heinrich von Sybel, Direktor der preußischen Staatsarchive von 1875 bis 1895, verstand das Amt des Archivars als politisch-publizistisches und wissenschaftlich-forschendes[14]; die Verwaltungstätigkeit und die technischen Archivaufgaben ließ er demgegenüber zurücktreten. Unter Sybel war Clauswitz Leiter eines preußischen Staatsarchivs geworden; ob und wieweit Clauswitz durch Sybels Auffassung vom Amt des Archivars geprägt wurde, ist nicht bekannt. In jedem Fall dürfte er für sein Ziel, sein Amt mehr als wissenschaftlich-publizistisches denn als archivalisches zu verstehen, durch die große Linie der preußischen Archivverwaltung eine Unterstützung erfahren haben. Als dann nach Sybels Tod und unter dessen Nachfolger Reinhold Koser, Leiter der preußischen Archive von 1896 bis 1914, Kritik an Sybels Linie aufkam und die archivalischen Aufgaben in den Vordergrund traten[15], scheint sich das auf Clauswitz' Position nicht ausgewirkt zu haben.

Clauswitz konnte einige Jahre vor seinem Tode noch eine Bestätigung für seine Arbeitsweise erfahren. Bei der Einweihung des neuen Gebäudes des Geheimen Staatsarchivs in Berlin-Dahlem am 26. März 1924 erklärte Paul Kehr, als Nachfolger Kosers seit 1915 Generaldirektor der preußischen Staatsarchive, es gehe „heute nicht mehr um die lächerliche Stammtisch-Streitfrage, die noch einmal nach Sybels Tod erhoben wurde, ob Archivar oder Professor, ob Gelehrter oder Verwaltungsmann". Da die Aufgaben der Archivverwaltung und der Wissenschaft identisch seien, sei unstreitig „die Tätigkeit der Archivare eine wissenschaftliche"[16].

Zu dieser Erkenntnis hat auch Paul Clauswitz seinen Beitrag geleistet. Er hatte sich nicht der Einschränkung unterworfen, daß ein Archivar ausschließlich Archivalien zu ordnen, zu bewahren und der Wissenschaft nutzbar zu machen habe; ein Handbuch der Archivwissenschaft hatte zu Clauswitz' Zeiten ausdrücklich darauf hingewiesen, daß den Archivaren keine Aufgabe gestellt sei, „die nicht unmittelbar aus der Natur des ihm anvertrauten Archives hervorginge" und daß, was darüber hinausgehe, „nimmermehr als ein Einfluß berufsmäßiger Pflichterfüllung aufgefaßt werden" könne[17]. Clauswitz ist daher nicht widerfahren, was in einem zeitgenössischem Fachbuch des Archivwesens als das Schicksal der Archivare geschildert wurde: „Sie müssen auf den

---

[14] Paul Kehr, Ein Jahrhundert preußischer Archivverwaltung. In: Archivalische Zeitschrift, 35 (1925), S. 3ff, 15ff.

[15] Kehr, a.a.O., S. 17ff.

[16] Kehr, a.a.O., S. 20.

[17] Georg Holtzinger, Handbuch der Registratur- und Archivwissenschaft, 2. Aufl., Leipzig 1908, S. 171.

schönen Lohn verzichten, welchen die öffentliche Anerkennung des Verdienstes gewährt; denn ihre Tätigkeit bleibt, außer den nächsten Berufsgenossen, aller Welt verborgen"[18].

IV. Stadthistoriker

Clauswitz' Ausbildung und Berufstätigkeit fielen in die Zeit, in der eine thematische und methodische Neuorientierung in Teilen der deutschen Geschichtswissenschaft erfolgte. Sie fang ihren Ausdruck in Schriften zur Geschichtswissenschaft, beginnend mit Johann Gustav Droysens Vorlesungen zur „Enzyklopädie und Methodologie der Geschichte" ab 1857 (Grundriß der Historik, 1868/1882). In dieser Zeit verfaßte Ernst Bernheim sein Lehrbuch der historischen Methode (1889), entfachte Karl Lamprecht einen heftigen Streit über „Alte und neue Richtungen in der Geschichtswissenschaft" (1896), arbeitete Otto Hintze über „Individualistische und kollektivistische Geschichtsauffassung" (1897), schrieb Georg Below über die „Neue Historische Methode" (1898) und faßte Eduard Meyer Theorie und Methodik der Geschichte (1902) zusammen. Wenn Clauswitz sich auch nicht ausdrücklich an dem Streit beteiligte, so spiegelt sein Werk doch den Zustand einer Wissenschaftsdisziplin im Umbruch. Im Rahmen seiner Möglichkeiten setzte Clauswitz neue Akzente in der Stadtgeschichte, indem er Anregungen aus der allgemeinen Themen- und Methodendiskussion aufgriff und die Berliner Stadtgeschichtsschreibung in ihre wissenschaftliche Phase überleitete.

1. Die Methodendiskussion in der Geschichtswissenschaft

Bei diesen Auseinandersetzungen stand die individualisierende Methode des Historismus als der „herrschenden Methode" im Mittelpunkt. Es ging hauptsächlich um die Bedeutung sozial-ökonomischer Sachverhalte, die Rolle der Persönlichkeit in der Geschichte, die Anerkennung historischer Gesetze und die Erklärbarkeit der Geschichte. Für die überwiegende Mehrzahl der Historiker war das politisch-militärisch-diplomatische Geschehen zentral. Der ökonomische und soziale Bereich blieb, wenn er überhaupt berücksichtigt wurde, in der Regel illustrierende Kulisse und als eigenständiger Sektor historischer Prozesse unberücksichtigt. Als Träger der Geschichte dominierten einzelne Persönlichkeiten (die „Großen" der Geschichte) und Kollektivindividualitäten wie Staaten und Nationen. Die das Handeln bestimmenden Beweggründe wurden primär aus der Geistes- oder Ideengeschichte abgeleitet. Nicht das Erklären, sondern das Verstehen und Beschreiben historischer Vorgänge galt als Ziel geschichtswissenschaftlicher Arbeit.

Eine Minderheit wandte sich von dieser traditionellen Methode ab und einer moderneren Auffassung zu, die sich vor allem mit sozial- und wirtschaftsgeschichtlichen, rechts- und verwaltungsgeschichtlichen Themen befaßte. Das Entstehen dieser Richtung der Geschichtswissenschaft ist sowohl aus der Erstarrung der traditionellen geisteswissenschaftlich-historistischen Methode als auch aus den gesellschaftlichen Widersprüchen der Zeit zu erklären. Die neuere, sozial- und wirtschaftsgeschichtlich

---

[18] Franz von Löher, Archivlehre, Paderborn 1890, S. 416.

orientierte Geschichtswissenschaft war zugleich auch eine Antwort auf die Herausforderung der entstehenden marxistischen und sozialdemokratischen Geschichtsschreibung, in der die bürgerliche Gesellschaft mit historischer Begründung überhaupt in Frage gestellt wurde; war diese auch noch geringeren Umfangs, so war sie doch durch ihre Verwurzelung in der aufstrebenden Sozialdemokratischen Partei von gesellschaftlicher und politischer Bedeutung – das gilt neben den Werken von Karl Marx und Friedrich Engels vor allem für die weitverbreiteten historischen Schriften von August Bebel[19] und Franz Mehring[20].

Methodisch zielte diese modernere Richtung der Geschichtswissenschaft weniger auf das Individuelle und Einzelne als mehr auf das Allgemeine und Typische. Sie erstrebte eine Verbindung mit der Forschungs- und Erkenntnisweise der Sozial- und auch der Naturwissenschaften und suchte damit die Einengung der Geschichtswissenschaft auf die Bewegung des „Geistes" zu überwinden. Der Positivismus, von der traditionellen Geschichtswissenschaft als kollektivistisch oder sozialistisch abgelehnt, fand in unterschiedlichen Erscheinungsformen Eingang. Seine Kennzeichen in der Geschichtswissenschaft waren die Orientierung auf erkennbare Tatsachen, eine antimetaphysische Haltung und die Einbeziehung gesellschaftlicher Faktoren. Wenn Clauswitz in seiner Habilitationsschrift eine Widerlegung der spekulativen Ästhetik vornahm, kann dies als Indiz für seine frühe Hinwendung zu einer positivistischen Haltung gewertet werden.

Waren die Vertreter dieser modernen Richtung der Geschichtswissenschaft auch noch eine Minderheit, so waren sie doch nicht ohne Einfluß. Sie waren nicht an den Rand gedrängt, sondern verfügten über Lehrstühle an den bedeutenden Universitäten, insbesondere in Berlin; hier lehrten z.B. der Genossenschaftstheoretiker Otto Gierke (1841 bis 1921)[21], der Sozial- und Wirtschaftshistoriker Gustav Schmoller (1838 - 1917)[22] und der Wirtschafts-, Verwaltungs- und Verfassungshistoriker Otto Hintze (1861 - 1940)[23]. Und hier, an dieser wichtigsten Universität, nahe seinem Arbeitsplatz im Rathaus, nahm Clauswitz jedenfalls, wie wir aus Aufzeichnungen wissen[24], an Vorlesungen über die Epochen der deutschen Wirtschaftsgeschichte und über preußische Verfassungs- und Verwaltungsgeschichte bei Gustav Schmoller teil; auf Schmoller, Gierke und Hintze berief er sich in seinen Schriften wiederholt, wogegen Bezüge auf die traditionell arbeitenden politischen Historiker der preußischen und deutschen Geschichte fast völlig fehlen.

---

19 Die Frau und der Sozialismus (1879), 25. Aufl. 1895.

20 Die Lessing-Legende, 1893; Deutsche Geschichte vom Ausgang des Mittelalters, 1910/11.

21 Das deutsche Genossenschaftsrecht, Berlin 1868/1913; Das Wesen der menschlichen Verbände, Leipzig 1902.

22 Zur Geschichte der deutschen Kleingewerbe im 19. Jahrhundert, Halle 1870; Über einige Grundfragen des Rechts und der Volkswirtschaft, Jena 1875; Umrisse und Untersuchungen zur Verfassungs-, Verwaltungs- und Wirtschaftsgeschichte besonders des preußischen Staates im 17. und 18. Jahrhundert, Leipzig 1898.

23 Die preußische Seidenindustrie im 18. Jahrhundert und ihre Begründung durch Friedrich den Großen, Berlin 1892; Behördenorganisation und allgemeine Verwaltung in Preußen beim Regierungsantritt Friedrichs II., Berlin 1901.

24 Kaeber hatte sie in Clauswitz' Nachlaß gefunden (a.a.O., S. 143).

2. *Clauswitz' Standort*

Als Historiker in städtischem Dienst und nicht wie die Mehrzahl seiner Fachkollegen im Universitäts-, Staats- oder Kirchendienst tätig, nahm Clauswitz die Interessen der Stadt gegenüber den gerade in der deutschen und preußischen Hauptstadt zum Ausdruck kommenden Machtansprüchen der monarchischen, feudalen, staatlichen und kirchlichen Institutionen wahr. Erster hauptberuflicher Historiker der Stadtgemeinde, stand Clauswitz vor der Aufgabe, die Geschichte der Stadt Berlin als wissenschaftliche Disziplin auf der Grundlage der spezialisierten und qualifizierten Wissenschaft seiner Zeit zu entwickeln. Nur dann bestand die Chance, Geschichte und gegenwärtige Funktion der – bürgerlichen – Stadtgemeinde als eigenständig gegenüber den nichtbürgerlichen Gewalten seiner Zeit nachzuweisen.

Clauswitz hat zu methodischen Fragen zwar nicht ausdrücklich Stellung bezogen. Sowohl seine eigene Arbeit als auch seine Kritik an anderen Autoren war aber von dem Ziel eines sorgfältigen, fast vorsichtigen Umgangs mit dem historischen Stoff und seiner Darstellung geprägt und spiegelt insoweit sein Bewußtsein der Methodenproblematik. Aus dem vorhandenen methodischen Angebot nahm er sich, was für ihn aus seiner Perspektive geeignet war. Darüber hinaus dürfte Clauswitz die übereinstimmende Grundlage der damaligen deutschen Geschichtswissenschaft geformt haben. Denn den verschiedenen methodischen Richtungen war im Ergebnis der von Leopold von Ranke entwickelten Prinzipien die quellenkundliche Vorgehensweise gemeinsam: die streng formal logische, rationale, empirische und kritische Orientierung an Quellen. Voraussetzung und Folge dieser Orientierung waren bedeutende Urkundeneditionen, Aktenpublikationen und allgemein Quellensammlungen, die neue Maßstäbe für die historische Forschung setzten[25].

Die Übernahme und Weiterentwicklung der dort erarbeiteten Kriterien und ihre Anwendung auf die Stadtgeschichte war mitentscheidend dafür, daß Clauswitz den Grund für die wissenschaftliche Erarbeitung der Geschichte Berlins legen konnte. Seine Arbeitsweise könnte unter dem Motto „Größte Genauigkeit ohne prinziplose Pedanterie" stehen. Georg Waitz erhob diese Forderung im Jahr 1860, als er der Frage nachging, welche Grundsätze für Urkundeneditionen zu gelten hätten[26]. Clauswitz, der diesen Beitrag zustimmend zitiert hat, kennzeichnet eine Haltung, die wohl am besten als „wissenschaftliche Akribie" charakterisiert werden kann. Er vermied auf der einen Seite alles Anekdotische, Erzählerische und stützte sich allein auf Archivalien und zuverlässige Fachliteratur; er hielt sich auf der anderen Seite von jeder Fixierung auf den Buchstaben der Archivalien fern und suchte die hinter ihnen stehende Realität der Zeit festzustellen.

Clauswitz' Arbeitsweise war insgesamt positivistisch orientiert. Sein Interesse galt dem exakt Feststellbaren und nicht dem Vermuteten, dem Detail und nicht dem großen Zusammenhang, dem Faktischen und nicht dem Gedanklichen, dem positiven Recht und nicht der Rechtsidee. Seine Grundhaltung war zweckbestimmt geprägt. Er sah die Stadt und das Recht unter funktionalem Aspekt und war darauf bedacht, ihre Funktionen fern aller Legenden zu untersuchen. Diese Zielsetzung kommt auch in der

---

[25] Vgl. Koser, Stand der archivalischen Forschung, a.a.O.

[26] Wie soll man Urkunden edieren? In: Historische Zeitschrift, 4 (1860), S. 438ff (445).

Sprache zum Ausdruck. Sie ist nüchtern, aber nicht farblos. Im Gegensatz zu den berühmten Staatshistorikern seiner Zeit unterließ Clauswitz Überschwang und Pathos.

Zu politischen Gegenwartsfragen äußerte sich Clauswitz nicht; bemerkenswert für einen bürgerlichen Historiker seiner Zeit, nahm er auch zur Linken keine ausdrücklich ablehnende Haltung ein. Zu den „alten Mächten" seiner Zeit (Monarchie, Adel, Kirche) verhielt er sich in seiner wissenschaftlichen Arbeit auffallend zurückhaltend; die Hohenzollern fanden selten Erwähnung, eine entscheidende Rolle maß er ihnen nicht zu – auch dies ungewöhnlich für einen Historiker, der über die Geschichte der preußischen Residenz schrieb. Der Revolution von 1848/49 stand Clauswitz dagegen mit vorsichtiger Sympathie gegenüber. Treibende Kraft war für ihn das Bürgertum. Die Entwicklung der Stadt als der historischen Leistung des Bürgertums, das Verhältnis von – bürgerlicher – Stadt und – nichtbürgerlichem – Staat, die Bedeutung der städtischen Verfassung und Verwaltung und der Fortschritt in Richtung auf Gleichheit und Demokratie waren daher sein Kernthema.

Nicht nur eine solche thematische, sondern auch eine lokale Beschränkung zeichnet Clauswitz' Schriften aus. Die bürgerliche Stadtgemeinde und ihre Geschichte standen so konsequent im Mittelpunkt seiner Arbeiten, daß nichtkommunale Bezüge völlig fehlen. Historische Sachverhalte, die preußischer oder Reichspolitik zuzurechnen sind, bezog Clauswitz in der Regel auch dann nicht ein, wenn sie sich in Berlin abspielten. Berlin als kurfürstliche oder preußische Residenz oder als Reichshauptstadt fand ebensowenig Berücksichtigung wie die allgemeine Hohenzollern-Politik oder gar das Leben bei Hofe. Diese Beschränkung auf Kommunalgeschichte beruhte zum einen auf Clauswitz' städtischem Amt und dessen Aufgaben. Sie war zum anderen in der Notwendigkeit begründet, die im Alltag Berlins ineinander übergehende Staats- und Stadtpolitik systematisch zu trennen, wenn überhaupt der Grund für eine eigene Stadtgeschichte gelegt werden sollte.

V. Verfassungs- und Verwaltungsgeschichte Berlins

In vier Jahrzehnten wissenschaftlicher Tätigkeit arbeitete Clauswitz über verschiedene Themen der Berliner Geschichte. Im Mittelpunkt stehen seine Abhandlungen zur Verfassungs- und Verwaltungsgeschichte, die im folgenden dargestellt werden. Daneben entstand in der „kleinen Form", durch kürzere Aufsätze und durch Vorträge, ein auch den Alltag oder einzelne Geschehnisse umfassendes Bild der Stadt; solche Themen waren beispielsweise der Ursprung des Ortsnamens Berlin[27], die Geschichte des Berliner Rolands[28], die Siegel, Wappen und Farben von Berlin[29], der grausame Strafvollzug zur Biedermeierzeit[30], die Entstehung Moabits[31], die älteste Berliner

[27] Mitteilungen des Vereins für die Geschichte Berlins, 11 (1894), S. 41–42.
[28] a.a.O., 19 (1902), S. 53–55.
[29] a.a.O., 27 (1910), S. 33–36, 49–52.
[30] a.a.O., 27 (1910), S. 105–108.
[31] a.a.O., 28 (1911), S. 13–16.

Bauordnung[32], die Geschichte der ältesten Apotheke Berlins[33], die Geschichte der Prostitution in Berlin[34], die Entstehung des Tiergartens[35], der Berliner Kongreß von 1878[36], die Schicksale Berlins in Kriegen[37] oder Bau- und Bodenpolitik in geschichtlicher Betrachtung[38].

1. Die Stadtbücher von Berlin und Kölln

Im vierten Jahr seiner Tätigkeit als Stadtarchivar begann Clauswitz die Reihe seiner Publikationen – und war gleich mit einem repräsentativem Werk: einem Druck des Berliner Stadtbuches aus dem Ende des 14. Jahrhunderts[39], das das geltende Recht, Einzelheiten aus allen Zweigen der städtischen Verwaltung, Einnahmen der Stadt, Urkunden und Aufzeichnungen über die Strafrechtspflege enthält. Es handelte sich um einen Neudruck der von seinem Vorgänger im Jahr 1837 veranlaßten Ausgabe. Clauswitz korrigierte deren Fehler, fügte Auslassungen ein und erläuterte in einer Einleitung Geschichte und Inhalt des Stadtbuches; ein umfangreiches Sachregister und ein ausführliches Inhaltsverzeichnis erleichtern den Zugang zu der sonst nicht durch moderne Zusätze, Überschriften oder Verweise unterbrochenen Druckfassung des Originals. Aus Termingründen konnte Clauswitz allerdings nicht den von ihm geplanten Kommentar zu dem Werk schreiben – zu dem es auch später nicht mehr gekommen ist.

Die Veröffentlichung des Berliner Stadtbuches ergänzte Clauswitz 1921, bereits 82jährig, durch die des Berlin-Köllnischen aus dem Jahr 1442[40]. Das Werk beginnt mit einer verhältnismäßig ausführlichen Einleitung in die Geschichte Berlin-Köllns bis zur Entstehung des Stadtbuches, gibt dessen Text wieder und schließt mit knappen Erläuterungen zu einzelnen Stellen.

Das Berliner Stadtbuch war die erste offizielle Veröffentlichung des neuen Stadtarchivars, und es blieb bis zum Druck des Berlin-Köllnischen Stadtbuches 1921, also für 38 Jahre, auch seine einzige Publikation von Urkunden aus dem Stadtarchiv. Clauswitz begann sein Lebenswerk mit der Arbeit an dem einen der beiden Stadtbücher, und er beendete es mit der Arbeit an dem anderen. Diese beiden Eckpunkte seines Lebens tragen Symbolkraft für die individuelle Existenz des Menschen Clauswitz und zugleich für die Geschichte, deren Zeitgenosse er geworden war. Der Bogen, der sich zwischen den Jahren 1883 und 1921 spannt, umfaßt den Aufstieg des Kapitalismus im Wilhelminischen Deutschland, die Entwicklung Berlins zur Weltstadt, das Ende der Monarchie und die ersten Jahre der Weimarer Republik. Sinnbildlich für diese Zeit

---

32 a.a.O., 33 (1916), S. 39.
33 a.a.O., 34 (1917), S. 53–54.
34 a.a.O., 37 (1920), S. 47–49.
35 a.a.O., 38 (1921), S. 9–10.
36 a.a.O., 35 (1918), S. 30–31.
37 Berliner Kalender, 1918, S. 13–26.
38 Erforschtes und Erlebtes aus dem alten Berlin, Berlin 1917, S. 29–48.
39 Berlinisches Stadtbuch, Berlin 1883, 303 Seiten.
40 Das Stadtbuch des alten Köln an der Spree aus dem Jahre 1442 mit geschichtlicher Einleitung und Erläuterungen, Berlin 1921, 84 Seiten (= Schriften des Vereins für die Geschichte Berlins, Heft 52).

stehen die beiden Stadtbuch-Veröffentlichungen. Das Berlinische Stadtbuch erschien im Auftrag des Magistrats und, wie die Widmung besagt, aus Anlaß der „Feier des 25jährigen Hochzeits-Jubiläums Ihrer Kaiserlichen und Königlichen Hoheiten, des Kronprinzen Friedrich-Wilhelm und der Kronprinzessin Victoria"; es wurde „in Folge der Bereitstellung reich bemessener Mittel"[41] eine aufwendige Prachtausgabe. Das Berlin-Köllnische Stadtbuch erschien im Vergleich dazu in geradezu ärmlicher Form, kartoniert und auf einfachem Papier gedruckt.

2. *Verfassungsgeschichte Berlins im 18. Jahrhundert*

Die Beschäftigung mit dem Berlinischen Stadtbuch, seinen Rechtsvorschriften und seinem Einblick in städtisches Leben und städtische Verwaltung brachte Clauswitz frühzeitig mit dem Thema zusammen, dem in Zukunft sein Hauptinteresse gelten sollte: der Verfassungs- und Verwaltungsgeschichte der Stadt. Clauswitz beweist hier, wie in anderen Abhandlungen, seine Kenntnis älteren und neueren Rechts; neben dem Selbststudium mag der Austausch mit dem Vater, der 1864 Mitglied des preußischen Obertribunals und 1877 Vizepräsident dieses damals höchsten preußischen Gerichts geworden war, zu Clauswitz' Interesse und Wissen beigetragen haben.

Clauswitz betrachtete dabei das Recht nicht losgelöst von seiner Entstehung, Zielsetzung und Wirkung. In einem „Beitrag zur Verfassungsgeschichte Berlins"[42] untersuchte er 1890 die Vereinigung der Städte Berlin, Kölln, Friedrichswerder und Dorotheenstadt zur Stadt Berlin (1709) unter sozialen, ökonomischen und eigentumsrechtlichen Aspekten. Aus der Funktion des Rechts als Regelungsgrundlage zur Entscheidung sozialer Probleme ergab sich für ihn die Notwendigkeit eines klaren materiellen Rechts. Von gleicher Bedeutung war für Clauswitz eine gute funktionierende städtische Verwaltung mit rational organisierter Behördenstruktur. Nur wenn beides gegeben sei, wären Eingriffe in ökonomische Interessen Einzelner zugunsten übergeordneter städtischer Interessen möglich – aus diesem Grund sei der frühere Vereinigungsversuch gescheitert. Clauswitz plädierte für die rechtzeitige Klärung staats- und vermögensrechtlicher Fragen und kritisierte übereilte Eingriffe des Staates in das städtische Gefüge. Der Verzicht hierauf habe bei dem Zusammenschluß von 1709 auf Jahre hinaus erhebliche Probleme bereitet. Die Vereinigung sei aus staatlich-fiskalischen Gründen zum Zweck der Verbesserung staatlicher Einnahmen geschehen. Dagegen seien für die Städte selbst dringend notwendige Reformen nicht durchgeführt worden. Zu diesen rechnet Clauswitz insbesondere eine Reform des Gerichtswesens, das in miserablem Zustand gewesen sei (das Berliner Stadtgericht habe sich durch eine „konfuse Rechtsprechung" ausgezeichnet), sowie eine Reform der polizeilichen Zuständigkeit und der Verwaltungstätigkeit überhaupt. Der Magistrat war nur für einen Teil der Einwohner zuständig. Ein Großteil der Bevölkerung verfügte über Sonderrechte und gehörte zu den „Eximierten", die wie das Militär, die königlichen Beamten, der Hofstaat und die französische Kolonie der städtischen Obrigkeit nicht unterstanden und städtische Lasten nicht zu tragen hatten.

---

[41] Verwaltungsbericht 1877–1881, 3. Teil, Berlin 1885, S. 143.
[42] Schriften des Vereins für die Geschichte Berlins, 28 (1890), S. 73–84.

Es ist diese Ungleichheit der Einwohner Berlins, die Clauswitz als Kern vieler städtischer Probleme erkannte. Er kam daher zu dem Ergebnis, daß im Gegensatz zur sonst meist vertretenen Auffassung nicht das Jahr 1709 mit dem Zusammenschluß, sondern das Jahr 1735 als für die Stadtgeschichte entscheidend anzusehen sei, als in einem königlichen Patent alle Privilegien gegenüber der städtischen Polizeiobrigkeit aufgehoben wurden. Die Schaffung bürgerlicher Rechtsgleichheit im Zuge der Ablösung feudaler Ungleichheit war für Clauswitz ein Prozeß von hoher Bedeutung für die Stadtentwicklung.

3. Verfassungs- und Verwaltungsgeschichte Berlins bis zum Ausgang des 18. Jahrhunderts

Clauswitz schlug in dieser kleinen Arbeit Themen an, über die er drei Jahre später eine die ganze Berliner Geschichte bis zum Ausgang des 18. Jahrhunderts umfassende ausführliche Arbeit unter dem Titel „Zur Geschichte Berlins" vorlegte[43]. Das Werk geht auf den 1889 Clauswitz erteilten Auftrag des Magistrats zurück, „eine kurz gefaßte Geschichte der Residenz, von der ältesten Zeit bis an das Ende des vorigen Jahrhunderts reichend, zu verfassen"[44]. Die Arbeit sollte einem Inventar älterer Bau- und Kunstdenkmäler Berlins als Einleitung dienen. Clauswitz nahm sich die Freiheit, den Auftrag weit zu interpretieren. Nach seiner Auffassung gab es schon ausreichend allgemeine Literatur zur Geschichte Berlins. Er „zog es daher vor", wie er selbstbewußt erklärte, „an dieser Stelle die Entwicklung der städtischen Verfassung von der Gründung der Stadt an bis zur Einführung der Städteordnung" darzustellen; denn hierüber habe „die gesamte bisher erschienene Literatur nur zerstreutes, unvollständiges und auch recht unzuverlässiges Material aufzuweisen"[45]. Es ist dann in der Tat keine allgemeine Einleitung, sondern eine sehr spezielle Untersuchung zur Verfassungs- und Verwaltungsgeschichte Berlins geworden[46].

Leitender Gedanke bei der Darstellung der Entwicklung kommunaler Verfassung und Verwaltung war für Clauswitz die Umgestaltung der ursprünglich genossenschaftli-

---

[43] In: Richard Borrmann, Die Bau- und Kunstdenkmäler von Berlin, Berlin 1893 (Neudruck 1982).

[44] Verwaltungsbericht 1889–1895, 3. Teil, Berlin 1900, S. 254.

[45] a.a.O.

[46] Es handelt sich um den knapp 100 Seiten umfassenden ersten Teil eines aus drei Teilen bestehenden Werkes, der zu den anderen Teilen keinen deutlichen Bezug hat (Teil 2: Übersicht über die Geschichte der Kunst in Berlin vom XIII. bis zum Ende des XVIII. Jahrhunderts; Teil 3: Die Bau- und Kunstdenkmäler). Nicht ohne Recht wurde schon in einer zeitgenössischen Rezension festgestellt, daß Clauswitz' Abhandlung „mit dem eigentlichen Zweck und Inhalt des Buches in keinem rechten Zusammenhang steht". Der Rezensent, Friedrich Sarre, fügte aber gleich lobend hinzu: „Trotzdem wird niemand bedauern, daß diese auf eingehenden archivalischen Studien beruhende Arbeit hier einen Platz gefunden hat, eine wertvolle Vorarbeit für eine Geschichte Berlins, die noch geschrieben werden soll. Cl. bietet eine anschauliche Entwicklungsgeschichte der städtischen Verfassung bis zum Ende des 18. Jahrhunderts" (in: Forschungen zur Brandenburgischen und Preußischen Geschichte, 6 (1893), S. 298ff). Auch die Rezension in den Mitteilungen des Vereins für die Geschichte Berlins erkannte, daß man zwar von einer Einleitung kaum sprechen könne, hob aber hervor, daß in Clauswitz' Arbeit „viel Neues an Tatsachen sowohl als an Anschauungen geboten" werde und daß sie „eine ganze Reihe hergebrachter Irrtümer" beseitige (10 (1893), S. 19ff).

chen Stadtverfassung mit Selbstverwaltung über verschiedene Stufen bis hin zur kaum noch wahrnehmbaren Schattenexistenz Berlins als eigenständiger Gemeinde. Fern jeder Mittelalter-Verherrlichung zeichnete Clauswitz die frühe Gesellschaftsordnung der Stadt als Gesellschaft scharfer sozialer Unterschiede, in der das Bürgerrecht eigentumsgebunden war und die reichen Kaufleute die herrschende Klasse (Patriziat) bildeten; der Rat der Stadt wiederum bildete „die Spitze einer bevorrechteten Bürgerklasse“[47]. Klassengesellschaft und genossenschaftliche Verfassungsstruktur waren kein Widerspruch: „Die herrschende Klasse der Stadtgemeinde, aus der der Rat hervorging, bildete unter sich einzelne Genossenschaften, aber auch die minder berechtigte Bürgerschaft schied sich in solche“[48].

Wenn Clauswitz im Gegensatz zu harmonisierenden Darstellungen der Stadtgeschichte betont und kritisch die Ungleichheit als gesellschaftliches Strukturmerkmal herausarbeitete, so war das in seiner Hochschätzung der Entwicklung zur bürgerlich-selbständigen, auf dem bürgerlich-rechtlichen Gleichheitsgrundsatz beruhenden Stadtverfassung seit dem 19. Jahrhundert begründet. Diese Grundhaltung kam auch in dem zweiten Kernpunkt seiner Darstellung zum Ausdruck, dem Abbau der kommunalen Selbständigkeit zugunsten staatlicher Dominanz. Die Entstehung und Ausformung der Stadtverfassung sah er durch die gesellschaftlichen Interessen bestimmt, die sich zum einen in städtisch-bürgerlichen, zum anderen in territorial-feudalen Ansprüchen geltend machten. Im Ergebnis läßt sich Clauswitz' Leitlinie bei seiner Untersuchung als das Aufeinandertreffen der beiden grundsätzlich entgegengesetzten Machtstrukturen bürgerlicher und feudaler Gesellschaftsordnung kennzeichnen.

Aufgrund der Tatsache, daß Berlin als Residenz der Hohenzollern zugleich Zentrum der territorial-staatlichen Macht wurde, konnte Clauswitz das Verhältnis von Landesherr (Grundherr) und Gemeinde, von Staat und Stadt detailliert und exemplarisch darstellen. Am Ausgang des 18. Jahrhunderts und damit am Ende des durch den Machtverlust der bürgerlichen Stadt und den Machtgewinn des feudalen Staats charakterisierten Prozesses war, wie Clauswitz anschaulich schilderte, die Stadtverfassung verfallen; die Stadtgemeinde war, wie er zugespitzt erklärte, keine kommunale Körperschaft mehr, „die Stadt war nur ein Verwaltungsbezirk“ des Staates[49].

4. Kritische Übersicht über die Literatur zur Geschichte Berlins

Die Arbeit an dieser Stadtgeschichte von den Anfängen bis zum Vorabend der Städteordnung von 1808 hatte Clauswitz mit der Literatur zur Geschichte Berlins konfrontiert. Auch machte die Vielfalt seiner Aufgaben als Stadtarchivar und zugleich als Leiter der Magistratsbibliothek eine genaue Kenntnis der gesamten Berlin-Literatur möglich und unumgänglich. Clauswitz nahm nun diese Literatur für seine Stadtgeschichte von 1893 nicht nur zur Kenntnis, sondern unterzog sie in einer im Jahr darauf veröffentlichten Abhandlung[50] einer Prüfung und Bewertung. In der negativen oder positiven Würdigung dieser Literatur zeichnen sich zugleich in Umrissen die

---

[47] Zur Geschichte Berlins, a.a.O., S. 15.

[48] a.a.O., S. 14.

[49] a.a.O., S. 96.

[50] Kritische Übersicht über die Literatur zur Geschichte Berlins. In: Schriften des Vereins für die Geschichte Berlins, 31 (1894), S. 115–164.

Grundsätze ab, die Clauswitz seiner Arbeit als Wissenschaftler zugrunde legte. Weitere Ausführungen zu methodischen Fragen liegen von ihm im übrigen nicht vor. Seine Grundüberlegungen sind daher nur aus seiner Kritik der Würdigung anderer Autoren und aus seinem eigenen Umgang mit dem historischen Stoff zu erschließen.

In dieser programmatisch als „kritische Übersicht" bezeichneten, 50 Seiten umfassenden Untersuchung scheute Clauswitz auch die scharfe bis schneidende Kritik nicht (von der er selbst seinen Amtsvorgänger Ernst Fidicin nicht ausnahm). Mit Charakterisierungen als „unbefriedigend", „dürftig", „wenig sorgfältig", „mangelhaft", „verunglückt", „lückenhaft" oder „nicht gut informiert" führte er eine scharfe Klinge gegenüber der von ihm als beispielhaft ausgewählten und als wissenschaftlich geltenden Literatur. So manches Werk war in Clauswitz' Sicht ein „sehr entbehrliches Phantasiestück", eine „fleißige Kompilation", „von zweifelhaftem Wert" oder „ein verfehltes Unternehmen"; mancher Autor behandele „unwesentliche Dinge", leiste sich „Abschweifungen" und „überflüssiges Beiwerk" oder schreibe schlicht „viel wörtlich ab". „Anekdoten aus dem Hofleben" waren für Clauswitz genauso ärgerlich wie eine „Verherrlichung". Mit trockenem Humor spottete er über den schnellschlüssigen Umgang mit Urkunden und deren Übersetzung – so, wenn er auf die Schöpfung von „Mannagrütze" durch einen Autor zu sprechen kam[51]

Seinen negativ-kritischen stellte Clauswitz positiv-würdigende Merkmale gegenüber. Wissenschaftliche Arbeit muß danach „zuverlässig" und „gediegen" sein; wenn sie auf Quellen gegründet ist, müssen dies „zuverlässige Quellen" sein. Wenn irgend möglich, sollen wissenschaftliche Untersuchungen auf Urkunden und Akten gestützt sein; freilich sind die Urkunden einer „fachmännischen Prüfung" zu unterziehen, und die Akten sind „erschöpfend" zu bearbeiten. „Wissenschaftliche Gründlichkeit" ist geboten, die „den Gegenstand durchdringen" kann. Wissenschaftliche Arbeit darf nichts beschönigen, sondern muß über „Glaubwürdigkeit" verfügen; dafür ist erforderlich, daß sie „genügende Kritik" aufbringt. Aus diesen Anforderungen an die Geschichtswissenschaft läßt sich sein Maßstab für wissenschaftliche Arbeit entnehmen – ein Maßstab, der Clauswitz' gesamte Arbeit bestimmt und der mit den strengen Maßstäben der Geschichtswissenschaft seiner Zeit in Übereinstimmung steht.

Für die folgende Berlin-Geschichtsschreibung wichtig wurde die von Clauswitz hier vorgenommene Systematisierung von Publikationen mit der Trennung in wissenschaftliche und populäre Arbeiten. Berlin war als europäische Weltstadt, zu der es sich Anfang der 90er Jahre entwickelt hatte, ein Magnet für Literatur, auch über die Geschichte der Stadt. Diese Literatur einerseits ernst zu nehmen und ihr einen eigenen Stellenwert zuzumessen, sie andererseits aber auch von der wissenschaftlichen Geschichtsschreibung abzugrenzen, war eines der Ziele, das er sich in dieser Abhandlung setzte. Aufgabe des Historikers und damit Eigenart der Geschichtswissenschaft ist es nach Clauswitz, Ursachen nachzugehen, Beweggründe zu erforschen und die treibende Kraft festzustellen; hervorragende Persönlichkeiten sind in ihren

[51] „Bei der Aufzählung von Waren, die dem landesherrlichen Zoll unterliegen, wußte Kloeden sich das Wort man (Mohn) nicht zu deuten. Er zog es mit dem folgenden grutte (Grütze) zusammen und bildete daraus Mannagrütze. Diese Übersetzung hat man bis heute bestehen lassen und daran lehrreiche Bemerkungen geknüpft über die Verbreitung von Mannagrütze im Mittelalter" (a. a. O., S. 117).

Motiven und ihrer Funktion ebenso zu berücksichtigen wie die der gesellschaftlichen Klassen, des Staates oder der politischen Parteien[52]. Geschichtswissenschaftliche Arbeit muß, wie er betonte, kritisch im allgemeinen und quellenkritisch im besonderen sein, auch und vor allem bei amtlichen Quellen[53]. Daneben gibt es nach Clauswitz eine Literatur, die historische Gegenstände behandelt, aber eher erzählenden und unterhaltenden Charakter trägt und den Grundsätzen moderner wissenschaftlicher Arbeit nicht entspricht; ein solches Geschichtswerk mit „volkstümlichen" Charakter habe zwar durchaus seine Berechtigung, müsse aber von geschichtswissenschaftlicher Untersuchung klar unterschieden werden.

Clauswitz setzte in seiner Schrift qualitative Maßstäbe für die Erarbeitung der Geschichte Berlins in seiner Zeit. Vom Verein für die Geschichte Berlins veröffentlicht, bildete diese Abhandlung eine Zäsur in der berlinhistorischen Forschung.

5. Die Städteordnung von 1808 und die Stadt Berlin

a) Clauswitz' Vorarbeiten

Clauswitz verband seine Literatur-Übersicht mit dem Hinweis auf Forschungslücken und noch nicht ausgeschöpfte Quellen. Dabei ist auffallend, wie genau er gerade die Quellen und Literatur beobachtete, die sich mit dem 19. Jahrhundert befaßten; neben politischen und wissenschaftlichen Beweggründen und einem zu erwartenden Leserinteresse an der jüngeren Vergangenheit und der Zeitgeschichte wird daran ein Indiz für das besondere wissenschaftliche Interesse Clauswitz' an der Fortsetzung seiner Stadtrechtsgeschichte ins 19. Jahrhundert hinein gesehen werden können. Diese Vermutung wird durch Clauswitz' Hinweise auf Forschungslücken gestützt, unter denen er wiederholt die städtische Verfassung und die Organisation der Verwaltung aufzählt. Ein fast unverschlüsselter Hinweis ist schließlich in Clauswitz' Andeutung zu finden, daß über die Verfassung und Verwaltung Berlins von 1806 bis 1808, der Zeit der französischen Besetzung und des Übergangs zur Städteordnung, „noch keine eingehende Darstellung" vorliege und daß „das Material erst noch aus den im Magistratsarchiv erhaltenen Akten" zusammengestellt werden müsse[54]. Es ist dies das Thema, das er hier zunächst zur Bearbeitung anderen anbietet und das er dann selbst 13 Jahre später (1907) in einem Vortrag vorstellen und ein Jahr darauf in seinem Werk über die Städteordnung umfassend darstellen wird.

Clauswitz hatte seine Darstellung der Verfassungs- und Verwaltungsgeschichte Berlins mit dem 18. Jahrhundert und der Feststellung enden lassen: „Auf dem Punkte, wo die alte Stadtgemeinde ihrer Auflösung entgegen ging, müssen wir sie verlassen"[55]. Eine Weiterführung in das 19. Jahrhundert hinein hätte den Rahmen gesprengt und bedurfte einer eigenen Darstellung. Aus der Formulierung läßt sich aber auch schon der erste vorsichtige Hinweis auf eine Rückkehr zum Thema in Form einer Verfassungs- und Verwaltungsgeschichte Berlins im 19. Jahrhundert entnehmen – ein Vorhaben, das

---

[52] a.a.O., S. 153.
[53] a.a.O., S. 115, 152f.
[54] a.a.O., S. 149.
[55] Zur Geschichte Berlins, a.a.O., S. 97.

Clauswitz dann 15 Jahre später mit seinem Werk „Die Städteordnung von 1808 und die Stadt Berlin“[56] verwirklichte. Clauswitz dürfte sich in der Zwischenzeit immer wieder mit diesem Thema befaßt haben; für diese Vermutung spricht zum einen, daß dafür umfangreiche Vorarbeiten erforderlich waren, und zum anderen, daß er über einzelne Aspekte zwischendurch veröffentlichte. Sein Werk über die Pläne von Berlin und die Entwicklung des Weichbildes von 1906[57], für dessen Erarbeitung ihm auch seine Ausbildung zum Feldmesser zugute gekommen sein dürfte, bildet nicht nur „bis zum heutigen Tag die Grundlage für jede Beschäftigung mit der Darstellung Berlins im Kartenbild“[58]; es ist zugleich eine Untersuchung der Entwicklung des Weichbildes, d.h. des „räumlichen Gebietes, innerhalb dessen die Verfassung der Stat Geltung hat“[59]. Mit einem Vortrag, den er ein Jahr später hielt[60], griff Clauswitz dann schließlich ein Thema auf, das sich mit dem Abschnitt unmittelbar vor dem Erlaß der Städteordnung befaßte: der städtischen Verfassung und Verwaltung in der Zeit der französischen Besetzung Berlins ab 1806.

b) Stellung des Werks im wissenschaftlichen Zusammenhang

Clauswitz' Werk über die Städteordnung bildet thematisch und zeitlich die Fortsetzung seiner Abhandlung „Zur Geschichte Berlins“ von 1893. Erschließt jene die Stadtverfassung und -verwaltung von den Anfängen bis zum Ende des 18. Jahrhundert, so umfaßt dieses den Zeitraum vom Beginn des 19. Jahrhunderts bis in dessen 60er Jahre. Übereinstimmend in beiden Schriften ist die Sorgfalt der Clauswitz'schen Vorgehensweise entsprechend seinen ausdrücklich gesetzten Maßstäben; übereinstimmend ist auch, daß beide Schriften im Auftrag des Magistrats erschienen. Die Unterschiede in der Darstellungsweise sind dagegen beträchtlich. War Clauswitz dort gezwungen, auf knappem Raum einen langen Zeitraum überblicksartig darzustellen, so konnte er hier verhältnismäßig wenig Jahre in aller Gründlichkeit ausführlich erläutern. War seine Abhandlung dort nur Teil eines größeren Werkes, so stellte er sich hier mit einer Monographie zu seinem speziellen Forschungsbereich vor.

Clauswitz' Werk ist die erste zusammenfassende, auf Akten gestützte Darstellung der Geschichte der Städteordnung von 1808. Ältere Literatur war, da häufig methodisch und inhaltlich veraltet, nur noch teilweise zu nutzen. Dagegen konnte sich Clauswitz auf die Bestände des Stadtarchivs und auf die reichen Unterlagen im preußischen Geheimen Staatsarchiv in Berlin stützen sowie auf die neueren Abhandlungen zur preußischen Reformzeit, insbesondere zum Freiherrn vom Stein[61].

---

[56] Berlin 1908.

[57] Die Pläne von Berlin und die Entwicklung des Weichbildes, Berlin 1906; Nachdruck mit bibliographischen Ergänzungen und Standortverzeichnis, bearbeitet von Lothar Zögner, Berlin 1979.

[58] Zögner, a.a.O., S. VII.

[59] Clauswitz, Die Pläne von Berlin, a.a.O., S. 49.

[60] Die städtische Verwaltung Berlins während der Franzosenzeit. In: Mitteilungen des Vereins für die Geschichte Berlins, 24 (1907), S. 106f.

[61] Georg Heinrich Pertz, Das Leben des Ministers Freiherr vom Stein, Berlin 1849–1852; Ernst von Meier, Die Reform der Verwaltungsorganisation unter Stein und Hardenberg, Leipzig 1881; ders., Französische Einflüsse auf die Staats- und Rechtsentwicklung Preußens im 19. Jahrhundert, Leipzig 1907–1908; Max Lehmann, Freiherr vom Stein, Leipzig 1902–1905.

Gleichzeitig mit Clauswitz' Werk erschienen zum Jahrhundert-Jubiläum der Städteordnung im Jahr 1908 neben populär gehaltenen Schriften, die entweder unkritisch-lokalpatriotisch[62] oder wissenschaftlich anspruchslos[63] waren, noch Abhandlungen zur Städteordnung von Johannes Ziekursch[64] und im folgenden Jahr von Heinrich Wendt[65], die sich aber nicht auf Berlin bezogen. Hans Delbrück äußerte sich im selben Jahr kritisch und zusammenfassend über die neuere Literatur zum Freiherrn vom Stein[66]. Gegensätzliche politische Forderungen für Gegenwart und Zukunft, die die Spannweite der mit der Städteordnung verbundenen Erwartungen verdeutlichen, wurden von Otto Gierke und Hugo Preuss gezogen. In einer Rede in der Berliner Universität[67] rühmte Gierke die Städteordnung als das Wiedererwachen eines germanischen Genossenschaftsprinzips und als Schritt zum gegenwärtigen „Volksstaat", einem „auf die Volksgesamtheit gegründeten genossenschaftlichen Gemeinwesen", in dem das Volk selbst Person geworden sei[68]; bald darauf verbanden sich bei Gierke im Zusammenhang mit der Städteordnung deutschtümelnde Ideen[69] mit gegen die Sozialdemokratie gerichteten reaktionären Forderungen, etwa nach Abschaffung des allgemeinen und gleichen Wahlrechts[70]. Hugo Preuss dagegen (der später den entscheidenden Entwurf zur Weimarer Verfassung vorlegen sollte) kritisierte, daß das Reformwerk gegen den Widerstand absolutistischer, feudaler, patrimonialer und polizeistaatlicher Kräfte nicht weit genug durchgeführt und gesichert werden konnte; er erklärte, das eigentliche Problem liege im Wesen des obrigkeitlichen Polizeistaates, und er forderte eine Stärkung der gemeindlichen Selbstverwaltung[71].

Wissenschaftshistorisch ist Clauswitz' Werk von Bedeutung, weil in ihm die Wirkungen eines Gesetzes in einer einzigen Stadt während eines langen Zeitraums untersucht werden. Von der früheren oder gleichzeitigen Literatur zur Städteordnung unterscheidet es sich durch die Verbindung dreier Merkmale: Es ist konsequent auf Berlin

---

[62] Paul Schwartz, Die Preußische Städteordnung vom 19. November 1808, Berlin 1908.

[63] Erich Petersilie, Entstehung und Bedeutung der Preußischen Städteordnung, Leipzig 1908.

[64] Das Ergebnis der friderizianischen Städteverwaltung und die Städteordnung Steins. Am Beispiel der schlesischen Städte dargestellt. Jena 1908.

[65] Die Stein'sche Städteordnung in Breslau, Breslau 1909.

[66] Max Lehmanns Stein. In: Preußische Jahrbücher, 134 (1908), S. 448ff (S. 461 übrigens mit kurzer freundlicher Erwähnung von Clauswitz' Werk).

[67] Die Steinsche Städteordnung. Rede, gehalten am 27.1.1909. Neudruck Darmstadt 1957.

[68] a.a.O., S. 63.

[69] Stein „war durch und durch deutsch", seine Gedanken beruhten „auf bewußtem und unversöhnlichem Widerspruch gegen das welsche Recht" (Die Preußische Städteordnung von 1808 und ihre Nachfolgerinnen. In: Jahrbuch der Bodenreform, 7 (1911), S. 169ff, 177).

[70] „Unter allen Umständen jedoch dürfen wir nicht durch ein Wahlsystem, das die Kopfzahl zum obersten Maßstab des Anteils an der Bildung des Gemeinwillens erhebt, unsere Großstädte den Massen und nur gar den von der Sozialdemokratie geblendeten und irregeführten Massen ausliefern" (a.a.O., S. 192).

[71] Die Entwicklung der preußischen Städte seit dem Erlaß der Städteordnung von 1808. In: Verhandlungen des 6. Preußischen Städtetages am 5. und 6. Oktober 1908, S. 21ff. Preuss, seit 1895 Stadtverordneter und später (1910–1918) Stadtrat in Berlin, war zuvor durch Arbeiten zur Stadtverfassung und -verwaltung hervorgetreten, die von der Gierkeschen Genossenschaftstheorie und vom Liberalismus Rudolf von Gneists ausgingen: Gemeinde, Staat, Reich und Gebietskörperschaften. Versuch einer deutschen Staatskonstruktion auf Grundlage der Genossenschaftstheorie, Berlin 1889; Entwicklungsgeschichte der deutschen Städteverfassung, Leipzig 1906.

beschränkt und umfaßt die ersten 60 Jahre des 19. Jahrhunderts, es ist möglichst aus Akten oder sonstigen sicheren Unterlagen sowie aufgrund zuverlässiger Fachliteratur gearbeitet und es hält sich frei von Lokalpatriotismus, germanischer Genossenschaftsromantik oder liberaler Zeitkritik.

c) Struktur und Inhalt des Werks

Die rund 260 Seiten umfassende Untersuchung ist in Abschnitte in chronologischer Folge gegliedert; zwei der zwölf Abschnitte befassen sich mit thematischen Schwerpunkten.

Im *ersten Abschnitt* („Berlin im Jahre 1806: Die Stadt und die Einwohner", S. 1–9) gibt Clauswitz einen knappen Überblick über die soziale und ökonomische Situation der Stadt vor der französischen Besetzung; er streift dabei auch das äußere Bild (Landwirtschaft und freie Flächen innerhalb der Stadtmauer) und verweist auf die Zusammensetzung der Einwohnerschaft, die hier in der Residenz durch Angehörige des Hofes, der staatlichen Verwaltung und des Militärs geprägt ist.

Im *zweiten Abschnitt* („Die Verfassung und Verwaltung bis 1806", S. 10–35) stellt Clauswitz zwei Tatsachen in der Vordergrund. Zum einen verweist er darauf, daß 1806 der Verfall städtischen Lebens einen Tiefpunkt erreicht hatte; die Bürger hatten keinen Einfluß auf die Stadtverwaltung und daher kein Interesse an ihr, der Staat beherrschte die Stadt. Zum anderen betont Clauswitz, das die zu diesem Ergebnis führende Entwicklung nicht dem 18. Jahrhundert allein anzulasten sei, wie es zum Teil in der Literatur angenommen werde. In der ganzen vorhergehenden Geschichte Berlins habe es „keine dem Rat gegenüber selbständig aus der Bürgerschaft hervorgegangene Vertretung" gegeben (S. 15). Clauswitz faßt hier noch einmal den Prozeß zusammen, den er bereits in seiner Berlin-Geschichte von 1893 dargestellt hatte.

Im *dritten Abschnitt* („Berlin unter dem Comité administratif", S. 36–53) erläutert Clauswitz die Verfassung, die Berlin in der Zeit der französischen Besetzung erhielt. Napoleon hatte bei sei seinem Einzug in Berlin (27. Oktober 1806) der Stadt eine besondere Verfassung zugesagt. Entsprechend seiner Anordnung wählten 2000 der wohlhabendsten Bürger aus ihrer Mitte einen Rat von 60 Bürgern, diese wiederum 7 Bürger als das Komitee, das das oberste Verfassungs- und Verwaltungsorgan bildete. In der Sondersituation unter Kriegs- und Besatzungseinfluß wurde zum ersten Mal die Selbständigkeit der Stadt gegenüber dem Staat und das Prinzip der Wahl der Stadtregierung durch Bürger realisiert.

Im *vierten Abschnitt* („Die Entstehung der Städteordnung", S. 54–94), dem umfangreichsten, stellt Clauswitz mit großer Detailgenauigkeit, aber ohne sich in Randprobleme zu verlieren, die Vorgänge um Entwurf und Ausarbeitung der Städteordnung dar. Im Mittelpunkt steht der Freiherr vom Stein, aber auch der erhebliche Anteil anderer Reformer wird deutlich. Clauswitz gelingt es dabei, die in anderen Darstellungen nicht selten verwirrenden Abläufe, das Hin und Her zwischen den verschiedenen preußischen Institutionen durchsichtig und verständlich zu machen.

Im *fünften Abschnitt* („Die Einführung der Städteordnung in Berlin", S. 95–109) erarbeitet Clauswitz die Aufnahme der neuen Städteordnung in Berlin im Zeitraum zwischen ihrem Inkrafttreten am 19. November 1808 und der Einsetzung des neuen Magistrats am 6. Juli 1809. Die Städteordnung schien keineswegs willkommen; der inzwischen wieder eingesetzte Magistrat wehrte sich jedenfalls sogar zunächst mit einer Eingabe an die vorgesetzte Behörde – ohne Erfolg. Die Wahlen zur Stadtverordnetenversammlung, bei denen 102 Stadtverordnete gewählt wurden, fanden vom 18. bis 22. April 1809 statt. Die Stadtverordnetenversammlung bestand aus Kaufleuten, Handwerkern und sonstigen Gewerbetreibenden, drei Polizeibeamten, zwei Bauinspektoren – sowie einem adligen Beamten (Leopold von Gerlach), den die Versammlung zunächst zu ihrem Vorsitzenden wählte und der dann der erste Oberbürgermeister wurde. Der neue Magistrat bestand aus 10 besoldeten Mitgliedern (die sämtlich aus dem alten übernommen wurden) und 15 unbesoldeten Mitgliedern. Mit der feierlichen Vereidigung des Magistrats am 6. Juli 1809 in der Nikolai-Kirche war dann die Einführung der Städteordnung in Berlin abgeschlossen; das die Feier nachzeichnende Gemälde (hier gegenüber der Titelseite) befindet sich heute im Märkischen Museum.

Im *sechsten Abschnitt* („Die ersten 20 Jahre der neuen Verwaltung", S. 110–144) stellt Clauswitz die wesentlichen Funktionen und die hauptsächlichen Probleme der Stadtverwaltung unter der neuen Städteordnung dar. Im Zentrum steht die Frage des Verhältnisses von Staat und Stadt; vor allem geht es um die Zuständigkeit der (staatlichen) Polizei und um die Aufgabenfinanzierung. Charakteristisch für die Zeit des Überganges zum Kapitalismus und zur industriellen Revolution ist das Problem der massenhaften Armut; die Stadt braucht viele Jahre, bis die „Armenpflege" ein ausreichendes finanzielles Fundament erhält. Weitere Probleme bestehen u. a. mit der Schuldentilgung gegenüber den Banken; Clauswitz stellt die Zahlungsunfähigkeit der Stadt den großen privaten Geldkapitalmengen der Bankiers gegenüber.

Im *siebenten Abschnitt* („Die Städteordnung von 1831, die Stellung des Magistrats zu den Stadtverordneten, der Ausgleich mit dem Fiskus 1838", S. 145–163) untersucht Clauswitz, warum in Berlin die sogenannte revidierte Städteordnung von 1831, die insgesamt auf eine Einschränkung bürgerlicher Rechte zielte, nicht übernommen wurde. Clauswitz geht des weiteren dem immer wieder aufflammenden Streit nach, ob der Magistrat gegenüber der Stadtverordnetenversammlung nur eine ausführende oder im Rahmen seiner Befugnisse eine unabhängige Position habe. Schließlich erläutert Clauswitz den sogenannten Ausgleich, d.h. einen Vergleich vom 31. 12. 1838 zwischen Staat und Stadt, der die Abgeltung von Lasten und die Übernahme von Verpflichtungen regelte; Clauswitz erkennt hierin einen bedeutenden Schritt im Hinblick auf das Selbständigwerden der Stadt und ihrer Lösung aus der Abhängigkeit vom Staat.

Im *achten Abschnitt* („Die Verwaltung von 1830 bis 1860", S. 164–197), dem zweitumfangreichsten, befaßt sich Clauswitz mit zentralen sozialen Problemen und kommunalen Aufgaben der wachsenden Stadt: Armut und Krankheit, Bauen, Wohnen und Miete, Bildung und Schulen, Gasbeleuchtung, Wasserversorgung und Straßenreinigung. Am andauernden Konflikt zwischen Staat und Stadt um polizeiliche Funktionen und Kosten wird das „Sicherheitsbedürfnis" des Staates in der preußischen Residenz deutlich (beispielhaft: der Staat will der Stadt nicht einmal das Feuerlöschwesen anvertrauen).

Im *neunten Abschnitt* („Die Teilnahme der städtischen Behörden an politischen Fragen", S. 198–230) stehen zwei Themen im Mittelpunkt. Zum einen ist es die Diskussion über die Einführung der Öffentlichkeit der Sitzungen der Stadtverordnetenversammlung; die seit Anfang der 40er Jahre erhobene Forderung wird erst am Vorabend der bürgerlichen Revolution, 1847, realisiert (S. 201 ff). Ausführlich erläutert Clauswitz zum anderen die Stellung von Stadtverordneten und Magistrat zur Revolution (S. 208 ff). Er verfolgt den Weg von anfänglicher Zustimmung und aktiver Teilnahme am revolutionären Geschehen über den Umschwung der Stimmung und die Suche nach dem Kompromiß bis zum Frieden mit der Krone. Mit der Auflösung der Nationalversammlung in Frankfurt a. M. im Juli 1849 hören die städtischen Behörden auf, sich mit allgemeinpolitischen Fragen zu befassen. Im September 1850 findet die letzte Sitzung der Stadtverordnetenversammlung nach der Städteordnung von 1808 statt. Nach der neuen Städteordnung von 1853 ist dann eine Beratung nur noch über städtische Angelegenheiten zulässig.

Im *zehnten Abschnitt* („Der Magistrat und die Kirche", S. 231–238) wird die erhebliche Bedeutung der Kirche deutlich, deren Interessen zum einen mit denen des Staates, zum anderen mit denen der Stadt verbunden sind. Um Rechte und Pflichten aus dem städtischen Patronat geht der Streit zwischen Stadt und Staat, in den auch die Gerichte eingeschaltet werden.

Im *elften Abschnitt* („Die Gemeindeordnung vom 11. März 1850 und die Städteordnung vom 30. Mai 1853", S. 239–248) erläutert Clauswitz, wie sich die Niederlage der bürgerlichen Revolution auf die städtische Verfassung auswirkte. Die Stellung des Staates gegenüber der Stadt und die des Magistrats gegenüber den Stadtverordneten wird verstärkt; das Dreiklassen-Wahlrecht wird eingeführt.

Im *zwölften und letzten Abschnitt* („Schlußbetrachtungen. Einflüsse auf die Entwicklung der Stadt", S. 249–258) skizziert Clauswitz die sich beschleunigende Entwicklung Berlins zur Industrie- und Handelsstadt. Er faßt vor diesem Hintergrund den sich über ein halbes Jahrhundert erstreckenden Übergang zuvor staatlicher in städtische Aufgaben zusammen. Für den Aufstieg Berlins ist ihm die wirtschaftliche Entwicklung von primärer, das Recht von sekundärer Bedeutung; denn „durch Gesetze allein kann ein Gemeinwesen nicht groß und blühend gemacht werden" (S. 251).

VI. Stadt und Kirche

Lange Zeit war Clauswitz mit einer wissenschaftlich wie politisch folgenreichen Aufgabe befaßt, der Untersuchung, ob finanzielle Forderungen, die die evangelische Kirche gegen die Stadt Berlin geltend machte, rechtlich-historisch berechtigt seien. Es handelte sich um eines der umstrittensten Themen um die Jahrhundertwende mit erheblicher finanzieller, darüber hinaus stadt- und kirchenpolitischer Bedeutung: die Kirchen- und Pfarrbaulast. Kernpunkt war die Frage, ob die Stadt Berlin aufgrund historisch überkommender Pflichten zur Unterhaltung und zum Neubau von Kirchen- und Pfarrgebäuden verpflichtet sei. Dahinter stand die grundsätzliche Frage nach der Rolle der Kirche in der Gesellschaft, nach dem Verhältnis von Stadt und Kirche.

Der Magistrat wehrte sich gegen diese Forderungen. Es entstand eine breite politische Diskussion. In der Stadtverordnetenversammlung bestand Einmütigkeit über die

Zurückweisung der kirchlichen Forderungen[72]; der Stadtverordneten-Vorsteher Paul Langerhans warnte davor, daß die Kirche auch in Zukunft „immer wieder mit neuen Forderungen" kommen werde, denn sie sei „immer sehr für das Geldeinnehmen"[73]. Im preußischen Abgeordnetenhaus brachte Langerhans 1896 den Antrag auf Erlaß eines Gesetzes ein, das die von der kirchlichen Seite als Rechtsgrundlage angeführten Bestimmungen aufheben und die Baulast den Kirchengemeinden auferlegen sollte[74]; der berühmte Pathologe Rudolf Virchow, freisinniger Abgeordneter, bezeichnete 1897 in der Debatte[75] die Forderungen der Kirche als „neue Entdeckung der kirchlichen Reaktion" und als Erpressung[76]. Der Antrag wurde vom Abgeordnetenhaus angenommen, vom Herrenhaus, wo er vom Berliner Oberbürgermeister Robert Zelle vertreten wurde, aber abgelehnt[77].

Die Kirche stützte ihren Anspruch auf Rechtsvorschriften von 1573 (Visitations- und Konsistorialordnung des Kurfürsten Johann Georg) und 1702 (Flecken-, Dorf- und Ackerordnung), auf die bisherige Rechtsprechung und auf die juristische Fachliteratur. Die Lage war für die Stadt zunächst nicht günstig[78]. Nachdem eine kleine Kirchengemeinde (Johann-Evangelist-Gemeinde) mit ihrem Verlangen nach einem Neubau vor dem Kammergericht und schließlich auch 1892 vor dem Reichsgericht einen Erfolg gegen die Stadt hatte verzeichnen können, erhoben 18 andere Kirchengemeinden ihre Forderungen über insgesamt 2,3 Millionen Mark. Mit dem Ziel der Abwehr dieser Forderungen (für die auch die nichtevangelische und nichtgläubige Bevölkerung hätte aufkommen müssen) wurde daraufhin Clauswitz vom Magistrat mit der Untersuchung beauftragt, auf wessen Kosten Bau- und Unterhaltung der Kirchen- und Pfarrgebäude in der Geschichte Berlins durchgeführt worden waren.

In dem über die neuen kirchlichen Ansprüche entbrannten Rechtsstreit, der als Musterprozeß zwischen der Stadt und den Kirchengemeinden St. Markus und St. Simeon geführt wurde, stützte sich die Stadt auf das von Clauswitz erarbeitete historische Material. Die Stadt obsiegte 1897 vor dem Landgericht Berlin als erster Instanz. Das dann vor dem Kammergericht anhängige Berufungsverfahren begann mit einer umfangreichen Beweisaufnahme über die historische Entwicklung des Kirchenbaulastproblems in der Mark-Brandenburg und in Berlin; allein 40 Termine fanden auf dem Berliner Rathaus statt, an denen unter Leitung des beauftragten Richters neben Clauswitz auch der historische Berater der Kirche (Professor Evers) und ein Gutachter (Geheimer Archivrat Friedlaender) teilnahmen.

Clauswitz nutzte die Gelegenheit zu einer Untersuchung des Verhältnisses von Stadt und Kirche, insbesondere anhand der Finanzierung kirchlicher Bauten. Ein Ergebnis

---

[72] Stenographische Berichte über die öffentlichen Sitzungen der Stadtverordneten-Versammlung, 1896, S. 262–265, 306–309.

[73] Das Protokoll vermerkt an dieser Stelle: „Heiterkeit und Sehr richtig!" (a.a.O., S. 264).

[74] Anlagen zu den Stenographischen Berichten über die Verhandlung des Hauses der Abgeordneten, 1896/97, Zweiter Band, Berlin 1897, Nr. 17 (S. 721).

[75] Stenographische Berichte über die Verhandlungen der beiden Häuser des Landtages, Haus der Abgeordneten, Erster Band, Berlin 1897, 25. Sitzung am 23. Januar 1897, S. 674–697.

[76] a.a.O., S. 696f.

[77] Vgl. näher a.a.O., Herrenhaus, Erster Band, Berlin 1897, 21. Sitzung am 31. Mai 1897, S. 442–450.

[78] Gustav Fischer, Die Kirchen- und Pfarr-Baulast der Stadt Berlin sowie der Märkischen Städte, Berlin 1898; Max Weise, Der Streit um die kirchliche Baulast in der Kurmark Brandenburg insbesondere Berlin. In: Deutsche Zeitschrift für Kirchenrecht, 13 (1903), S. 161ff.

seiner Forschungen war eine umfangreiche Sammlung von Urkunden, Rechtsvorschriften und Gerichtsurteilen zu diesem Thema; sie beginnt mit einer Urkunde von 1237 (Vergleich zwischen dem Bischof und dem Markgrafen von Brandenburg) und reicht bis in die 70er Jahre des 19. Jahrhunderts. Der Magistrat ließ diese Dokumentation während des Rechtsstreites mit den Kirchengemeinden im Druck erscheinen[79] und zu den Prozeßakten reichen.

Im Jahr 1903 wies das Kammergericht und ein Jahr später das Reichsgericht als Revisionsinstanz die kirchlichen Ansprüche zurück[80]. Das Landgericht hob die Bedeutung der Historiker für das juristische Verfahren hervor und erklärte eingangs des Urteils ausdrücklich: „Die Parteien waren auch durch ihre historischen Vertrauensmänner, Klägerin durch ihren Stadtarchivar Dr. Clauswitz, Beklagte durch Prof. Dr. Evers vertreten, denen überall Gelegenheit zur Äußerung auf die vorgelegten Urkunden und Aktenteile gegeben (worden) ist, wie denn diese Männer auch den wesentlichen Anteil an der Redaktion der zwischen den Parteien über die historischen Streitfragen gewechselten Schriftwechsel gehabt haben". Zur Beantwortung der juristisch entscheidenden Fragen sei dem zuständigen Senat „ein Material unterbreitet worden, wie es den bisher über die Kirchenbaulast in Berlin zur Entstehung berufenen Gerichten niemals auch nur annähernd in gleicher Fülle unterbreitet worden ist". Das Gericht war „überzeugt, daß alles irgendwie Erhebliche beigebracht ist, daß sich somit die Art und der Umfang der städtischen Kirchenbaupflicht, wie sie durch Jahrhunderte bis 1865 in Berlin bestanden hat, mit völliger Sicherheit feststellen" lasse und daß das „vorhandene und geprüfte Material überreich zur Beantwortung der Streitfrage" genüge[81].

Damit hatte auch Clauswitz einen persönlichen und wissenschaftlichen Erfolg errungen. Seine historisch begründete Argumentation hatte nicht nur der Stadt geholfen, unberechtigte Ansprüche in Millionenhöhe abzuwehren, sondern hatte überhaupt die Stellung der Stadt gegenüber der Kirche gestärkt. Der Magistrat ließ das in Maschinenschrift 431 Seiten umfassende, auf einer ungewöhnlich ausführlichen Darlegung der Geschichte der Kirchenbaulast beruhende, exemplarisch auch das Verhältnis von Staat, Stadt und Kirche untersuchende Urteil gegen die St. Markus Gemeinde[82] sogleich drucken, ebenso wie ein Jahr später die Entscheidung des Reichsgerichts[83].

---

[79] Die kirchliche Baulast nach märkischem Provinzialrecht. Urkundenbuch. Berlin 1899, mit Nachträgen 1900 und 1903.

[80] Urteile des Kammergerichts vom 13. März 1903 (2. U. 2112.97), Entscheidung des Reichsgerichts vom 13. Juni 1904 (IV. 302/1903), enthalten in: Königliches Konsistorium der Provinz Brandenburg/Acta, betr. die Konsistorial- und Visitations-Ordnung und deren Revision, Bd. II. EZA – Evangelisches Zentralarchiv Berlin (West) –, Bestand 14/48.

[81] Seite 17ff des Urteils.

[82] Das Urteil, das in den Gründen identisch mit dem gegen St. Simeon ist, stammt von dem am Verfahren beteiligten Kammergerichtsrat Friedrich Holtze, der für das Gericht die Beweisaufnahme mit den historischen Sachverständigen der Stadt und der Kirche durchgeführt hatte; Holtze hatte bald darauf das Urteil als wissenschaftliche Arbeit veröffentlicht: Die Brandenburgische Konsistorial-Ordnung von 1573 und ihre Kirchenbaupflicht, Berlin 1904, 160 Seiten (= Schriften des Vereins für die Geschichte Berlins, Heft 39).

[83] Urteil des Königlichen Kammergerichts vom 13. März 1903 (...) wegen der Kirchenbaupflicht in Berlin, Berlin 1903, 141 Seiten; Entscheidung des Reichsgerichts vom 13. Juni 1904 (...) wegen der Kirchenbaupflicht in Berlin, Berlin 1904, 9 Seiten.

Der Prozeßverlauf spiegelte sich auch in der Tagespresse. Bei Verfahrensbeginn hatte die Kreuzzeitung in Fortsetzungen einen umfangreichen Beitrag des kirchlichen historischen Beraters (Professor Evers) gebracht[84], in dem dieser die Berechtigung der finanziellen Forderungen der Kirche unterstrich. Als das Kammergerichts-Urteil erging, schrieb das Berliner Tageblatt von einem „Sieg der Stadt Berlin", der der drohenden Gefahr für die Finanzen Berlins durch die „exorbitanten Ansprüche" der Kirche ein Ende bereitet habe[85].

So war die Bedeutung des städtischen Archivars im Prozeß deutlich geworden: Er war der städtische Historiker, der allgemein die Interessen seiner Stadt wahrzunehmen hatte und der, wie er gezeigt hatte, sie auch im Einzelfall erfolgreich zu vertreten wußte[86]

Die Stadt Berlin würdigte das Verdienst, das dem städtischen Historiker für die bürgerliche Selbstbehauptung der Stadt zukam, indem sie sein Gehalt aufbesserte: er erhielt schließlich so viel wie ihr höchster juristischer Beamter. Die Stadt dokumentierte damit auch die Bedeutung, die sie jetzt ihrem Historiker zumaß und nahm damit aus eigenem Recht einen Akt der Aufwertung dieses Amtes vor. Der Staat dagegen wies die Stadt in ihre Grenzen, indem der preußische Kultusminister zweimal (1907 und 1912) ihren Antrag ablehnte, Clauswitz den Professorentitel zu verleihen. Hierbei dürfte Clauswitz' Auftreten gegen die kirchlichen Ansprüche eine Rolle gespielt haben, mehr aber wohl noch das Mißtrauen des Staates gegenüber einer selbständigen, an städtischen Interessen orientierten Geschichtsforschung.

---

84 Kreuzzeitung von 7., 9. und 11. März 1897.

85 Berliner Tageblatt vom 13. und 14. März 1903.

86 Noch der Nachruf auf Clauswitz in der Vossischen Zeitung vom 13. April 1927 hebt dessen „hohe praktische Verdienste" hervor, „aufgrund deren der Berliner Magistrat Ende der 90er Jahre in den bis zum Kammergericht geführten Kirchenbaulast-Prozessen obsiegte".

Einführung der Städteordnung in Berlin am 6. Juli 1809

Die Städteordnung von 1808 und die Stadt Berlin.

Festschrift
zur hundertjährigen Gedenkfeier der Einführung
der Städteordnung.

Im Auftrage des Magistrats
herausgegeben von

Dr. Clauswitz,
Stadtarchivar.

Mit 6 Vollbildern und 2 Plänen.

Springer-Verlag Berlin Heidelberg GmbH
1908

Vorwort.

In der Literatur aus der Zeit der Entstehung der Städteordnung finden sich keine Anhaltspunkte dafür, daß damals bei den Bürgerschaften in unseren Städten das Verlangen nach einer wirksameren Beteiligung an der Verwaltung der städtischen Angelegenheiten rege geworden sei, und ebenso hat man bis jetzt aus den Akten der Städte und der Regierungen nichts über Anträge in diesem Sinne ermitteln können. Wie man annehmen muß, ging der Gedanke, den Bürgern größeren Einfluß auf die Verwaltung zu verschaffen, allein von Stein aus, und seinen Bemühungen ist es zu verdanken, wenn dieser Einfluß in der Städteordnung gesetzlich festgelegt wurde. Das Ziel Steins war eigentlich eine allgemeine Reform der Staats-, Provinzial- und Gemeindeverfassung, durch die so viel als möglich Männer aus bürgerlichen Berufen den neu zu bildenden Behörden zur Mitarbeit beigeordnet werden sollten. Während er aber dies Ziel verfolgte, gab ihm bei seinem Aufenthalte in Königsberg 1808 die veraltete, sehr umständlich aufgebaute Verfassung der Stadt, die in der verhängnisvollen Zeit des Krieges den Dienst versagte, Veranlassung, daß er ganz besonders auf die Neugestaltung der Verfassung der Stadtgemeinden sein Augenmerk richtete und sie unabhängig von den übrigen Reformplänen auszuführen suchte. An den Entwürfen dazu hatte er selbst geringen Anteil, aber die leitenden Gesichtspunkte rührten von ihm her, und nur seinem festen Willen war es zuzuschreiben, daß der endgültige Entwurf nicht auf dem schwierigen Wege stecken blieb, der hin und her durch die Provinzialbehörde und die beiden höchsten Staatskollegien hindurch bis in das Kabinet des Königs zurückgelegt werden mußte. Was wäre ohne die Beschleunigung, mit der er die Angelegenheit betrieb, aus dem Gesetze geworden? Am 19. November zeichnete es der König, am 24. war Stein schon nicht mehr Minister. Nach seinem Abgang hätte man zweifellos die weitere Durchberatung des Entwurfs aufgeschoben und ihn endlich zu den Akten gelegt; es ist ungewiß, wann und in welchem Geiste verfaßt das Gesetz später erschienen sein würde.

Über die Entstehung der Städteordnung liegen die bekannten Arbeiten von E. von Meier in seiner Verwaltungsreform unter Stein und Hardenberg, und von Max Lehmann im Leben Steins vor. Die Gelegenheit des Jubiläums wird es indessen rechtfertigen, wenn in der Festschrift versucht wird, nochmals zu beleuchten, wie der Entwurf zu dem Gesetze zustande kam, und sein weiteres Schicksal zu verfolgen.

Die Einleitung zur Städteordnung gibt als Grund zum Erlaß des Gesetzes an, „den Mangel an angemessenen Bestimmungen in Absicht des städtischen Gemeinwesens und der Vertretung der Stadtgemeine". Demgemäß sei es notwendig, „der Bürgergemeine einen festen Vereinigungspunkt gesetzlich zu bilden, ihnen eine Einwirkung auf die Verwaltung des Gemeinwesens beizulegen und durch diese Teilnahme den Gemeinsinn zu erregen". Wenn die Einleitung von einem Mangel an angemessenen Vorschriften spricht, so fragt es sich, wie stand es damals bei uns in Berlin und in den brandenburgischen Städten mit der Vertretung der Stadtgemeinde und mit ihrer Einwirkung auf die Verwaltung des Gemeinwesens? Wie waren die Verfassungseinrichtungen, die die Städteordnung in dem Sinne, daß den Bürgern erweiterte Befugnisse erteilt würden, ändern sollte?

Unsere Städte erfreuten sich im Mittelalter einer sehr freien Selbstverwaltung, insofern die Landesregierung wenig oder gar nicht in die Ordnung ihrer Angelegenheiten eingriff, nicht als ob es dem Landesherrn an dem Rechte dazu gefehlt hätte, sondern weil es meist nicht in seiner Absicht lag, von den ihm zustehenden Rechten Gebrauch zu machen. An dieser Selbstverwaltung nahmen indessen die Bürgerschaften keinen nennenswerten Anteil. Die sich selbst ergänzenden Magistrate bildeten die Obrigkeit, die beschließende und ausführende Behörde, ohne für ihre Tätigkeit verantwortlich zu sein. Die Pflicht der Verantwortlichkeit gegenüber dem Landesherrn ruhte, weil dieser sein Aufsichtsrecht nicht ausübte, der Bürgerschaft gegenüber war sie rechtlich nicht vorhanden, und da, wo sie herkömmlich in geringem Maße bestand, wurde sie außer Acht gelassen.

Der Magistrat war eine fest gegliederte Körperschaft, nicht so die Bürgerschaft. In ihr hatten sich wohl Korporationen gebildet, aber sie war nirgends im ganzen organisiert und ohne Rechte, es fehlte ihr, wie die Einleitung zur Städteordnung sich ausdrückt, gesetzlich ein fester Vereinigungspunkt. Eine eigentliche Stadtgemeinde gab es also nicht. Die Magistrate behielten sich die ausschließliche Verfügung über das Vermögen und die Einnahmen der Stadt vor, und zwar in gutem Glauben, daß dies ihnen von Rechts wegen gebühre. Wo Bürger Rechte an städtischem Besitze hatten, waren es nur dingliche Rechte.

Mit dem Anbrechen der neueren Zeit begann die landesherrliche Gewalt von ihren Hoheitsrechten über die Städte mehr und mehr Gebrauch zu machen. Sie rührte dabei zwar nicht an den Grundlagen der hergebrachten städtischen Verfassung, sie ließ die Stellung des Magistrats als obrigkeitliche und polizeiliche Gewalt über die Bürgerschaft unverändert, ebenso den Grundsatz, daß dem Magistrat allein die Verfügung über das städtische Vermögen zustehe, beschränkte überhaupt sein Verwaltungsgebiet nicht, aber sie ging mit der Beaufsichtigung der Verwaltung vor. Die Aufsicht wurde dann nach und nach eingehender und schärfer, zumal sie sich hier und da wegen der Mißwirtschaft der städtischen Behörden als notwendig herausstellte, und bildete sich im 18. Jahrhundert zuletzt zu einer übertriebenen Bevormundung aus, bei der die Regierungsbehörden dann nicht mehr bloß beaufsichtigten, sondern bis ins einzelne hinein auch anordneten, so daß von einer Selbstverwaltung des Magistrats kaum noch die Rede sein konnte.

Berlin besaß die gleiche Verfassung wie die märkischen Städte im allgemeinen, einen Magistrat als Obrigkeit und keine organisierte Bürgerschaft neben ihm. Hier war sie um so weniger organisiert, als die Bürger nur einen Bruchteil der Einwohnerschaft ausmachten, während die sogenannten Eximierten, Adel, Beamtentum, Angehörige der französischen Kolonie, Privilegierte aller Art, die sich der Bürgerpflicht entziehen durften, bei weitem überwogen. Es fehlte also auch hier an einer Stadtgemeinde im heutigen Sinne. Die Landesregierung verfuhr aber in Berlin nach anderen Grundsätzen, als sonst in den Städten. Sie ließ die Selbstverwaltung und die Stellung des Magistrats nur so lange unangetastet, als die Stadt noch nicht Residenz war. Nach dieser Zeit schränkte sie die polizeilichen Befugnisse, die ihm als Obrigkeit zustanden, und seine Verwaltungsgebiete in stetigem Fortschritt ein, bis sie ihm im 18. Jahrhundert die Polizeigewalt ganz entzog und auch die Fürsorge für alle öffentlichen Einrichtungen übernahm. Von seinen Verwaltungsgebieten blieb dem Magistrat zuletzt fast nur die Kämmerei. Auf diese Entwicklung der Verfassung und Verwaltung in den märkischen Städten und in Berlin geht die Festschrift näher ein. Für Berlin beschränkt sich die Darstellung nicht auf die Verfassung, sondern es wird auch eine Beschreibung der äußeren Erscheinung der Stadt und der Verhältnisse der Bewohner im Jahre 1806 vorausgeschickt, um ein Bild zu geben, bis zu welcher Stufe der Entwicklung sie durch die staatliche Fürsorge gehoben wurde, und um dem Leser einen Vergleich mit dem Zustande in späteren Zeiten zu ermöglichen.

In Berlin brachte es die Besetzung der Stadt durch die Franzosen 1806 mit sich, daß man bei der Einführung der Städteordnung nicht mit den Faktoren zu rechnen hatte, denen verfassungsmäßig die Handhabung der städtischen Verwaltung schon aus dem 18. Jahrhundert her zukam, wie dies in den anderen Städten der Fall war, sondern es lag hier eine neue eigenartige Organisation vor. Napoleon hatte in der Residenz das Komitee administratif an die Spitze des Gemeinwesens gestellt, das die bisher bei der städtischen Verwaltung beteiligten Behörden, Polizeidirektorium, Gouvernement, Magistrat zu ersetzen bestimmt war. Es bestand aus Männern, die durch die Bürgerschaft gewählt waren, Mitgliedern des bisherigen Magistrats und höheren Staatsbeamten. Den Vertreter der Bürgerschaft sollte dabei die Oberleitung zufallen, in Wirklichkeit aber hatten sie die Staatsbeamten und trugen die Verantwortung. Wenn nun die nach den Vorschriften der Städteordnung neu zu bildenden Körperschaften die Verfügung über die städtischen Angelegenheiten erhalten sollten, so mußte sich zuvor das Komitee auflösen. Alle diese Vorgänge, die Entstehung des Komitee, seine Leistungen und der Übergang in die neue Verfassung werden ausführlicher geschildert.

Sobald das Komitee seine Tätigkeit eingestellt hatte und Magistrat und Stadtverordnete der Städteordnung gemäß als die neuen städtischen Behörden eingesetzt waren, nahm der Staat alsbald wieder die Verwaltung der öffentlichen Einrichtungen, die er vor dem Kriege in seiner Obhut gehabt hatte, für sich in Anspruch. Dem Magistrat und den Stadtverordneten fiel zunächst hauptsächlich nur die Fürsorge zu, die Kriegsschulden zu regeln und Geld herbeizuschaffen, zumal die Wiederkehr der Franzosen und die Freiheitskriege neue Opfer forderten. Wie sich dann im weiteren Verlaufe das Verhältnis zwischen Staat und Stadtgemeinde gestaltete, dies zu zeigen ist die besondere Aufgabe dieser Schrift. Nach und nach in großen Zwischenräumen, unter langwierigen Verhandlungen und Abrechnungen überließ der Staat die städtischen Einrichtungen den Stadtbehörden. Während er seine Mitwirkung dabei einschränkte, gewann die Selbstverwaltung immer mehr Boden; man erkannte zugleich dabei, daß sie nicht bloß die Tätigkeit der Bürgerschaft, sondern auch Opfer von ihr verlangte. Seit undenklicher Zeit hatte der Staat alle Lasten für die öffentlichen Einrichtungen der Residenz getragen und für ihre Wohlfahrt fast allein gesorgt, man hatte sich an den Gedanken gewöhnt, daß dies eine Pflicht des Staates gewesen sei, allmählich aber bildete sich nun die Überzeugung, daß diese Fürsorge vielmehr in erster Linie den städtischen Körperschaften zukomme, und daß damit auch dem Gedeihen der Stadt am besten gedient sei.

Es währte bis in die sechziger Jahre des vorigen Jahrhunderts, bis jene Entwicklung abgeschlossen war. Zu dieser Zeit hatte schon ein erfolgreicher Wettbewerb der Stadtgemeinde mit dem Staate für eine der Neuzeit entsprechende Ausgestaltung der öffentlichen Einrichtungen stattgefunden, und von da ab finden wir auch die wichtigsten Zweige der städtischen Verwaltung den Stadtbehörden anvertraut, oder es stand doch nahe bevor, daß sie ihnen überlassen würden. Bei diesem Zeitpunkte, nachdem die hauptsächlichsten Gegensätze zwischen Regierung und Stadt überwunden waren und man die großen Vorteile einer Verwaltung nach den Grundsätzen der Städteordnung sowie das Wesen der Selbstverwaltung voll erkannt hatte, bricht unsere Darstellung ab. Es durfte sich bei ihr nur um eine Zeit handeln, die im wesentlichen schon der Geschichte angehört. Die weitere Schilderung der Entwicklung in den letzten Jahrzehnten würde eine Aufgabe für sich bilden, indessen ist sie durch die periodischen zusammenfassenden Verwaltungsberichte des Magistrats, die eine leichte Übersicht über die Fortschritte auf allen Verwaltungsgebieten ermöglichen, in der Hauptsache schon gelöst.

Berlin, im November 1903.

P. Clauswitz.

Die Pläne und Abbildungen.

Die Pläne.

Plan Nr. 1 enthält die Weichbildgrenze der Stadt vor der Einführung der Städteordnung, die infolge der Städteordnung gebildete und die jetzige. Zur Eintragung der Grenzlinien sind die Meßtischblätter der königlich preußischen Landesaufnahme benutzt worden, die die Platten dazu für den Druck freundlichst zur Verfügung stellte.

Die Umgrenzung des Stadtgebiets in der Zeit vor 1808 ist auf keiner Karte überliefert, der vorliegende Plan folgt der Grenzbeschreibung, die in der Schrift von Clauswitz „Die Pläne von Berlin und die Entwicklung des Weichbildes", S. 93 ff., gegeben ist. An einzelnen Stellen ließ sich die Linie etwas genauer ziehen, als dort angedeutet wurde, weil sich in der städtischen Plankammer Spezialkarten fanden, die eine sicherere Festlegung dieser Strecken gestatteten. Besonders konnten Verbesserungen vorgenommen werden im Nordwesten, wo die berlinische Heide an die königliche Jungfernheide stieß, ebenda bei der Reinickendorfer Grenze und im Südosten bei der Grenze mit Rixdorf.

Die genauere Feststellung dieses Weichbildes ist auch insofern von Nutzen, als es den Geltungsbereich der Berliner Bauobservanzen darstellt. Nach gerichtlichen Entscheidungen gelten die Observanzen in den Gebieten, die zur Zeit der Einführung des Landrechts 1794 zum Stadtbezirke gehörten. 1794 war aber die Umgrenzung die gleiche wie 1808, da inzwischen nur eine ganz unbedeutende Veränderung an der Reinickendorfer Grenze stattgefunden hatte.

Für die Darstellung des Weichbildes unmittelbar nach Einführung der Städteordnung hat ebenfalls die eben erwähnte Schrift die Anhaltspunkte gegeben. Da wir weder Kartenmaterial noch Beschreibungen in den Akten darüber besitzen, bis zu welcher Linie die Vorschriften der Städteordnung das Stadtgebiet einschränkten, so mußte die Feststellung in der Weise geschehen, daß man die Teile als nicht zugehörig zur Stadt betrachtete, die später nach und nach durch Verordnungen der Regierung wieder hinzugefügt wurden.

Der zweite Plan soll ein topographisches Bild der Stadt und der nächsten Umgebung zur Zeit der Einführung der Städteordnung geben, womit veranschaulicht wird, wie weit der bewohnte Teil und die Gärten sich ausdehnten, was noch an Acker, Wiesen und Wald auf den Flächen vorhanden war, wo sich heute voll mit Wohnhäusern besetzte Stadtbezirke befinden. Das Blatt ist aus dem Schneiderschen Plan von Berlin und Umgegend aus d. J. 1802, der noch weiter in die nächsten Gemarkungen hineinreicht, kopiert.

Schneiders Karte rührte aus einer militärischen Aufnahme her, wurde lange Zeit nachher im amtlichen Verkehr gebraucht und erscheint daher in dem Maße zuverlässig, als dies bei topographischen Arbeiten vorauszusetzen ist.

Die Abbildungen.

Das Original für die Darstellung der Feierlichkeit in der Nikolaikirche zur Einführung der Städteordnung am 6. Juli 1809 ist ein Aquarell von Calau und Laurens, das sich in den Diensträumen der Stadtverordneten-Versammlung befindet. Die Unterschrift des Originals ist in späterer Zeit hinzugefügt und bestimmt die Zeit der Entstehung nicht richtig.

Der Ansicht des berlinischen Rathauses liegt eine Lithographie von Lütke im Berliner Wochenblatt von 1837 zugrunde. Das Blatt gibt, wie auch die Unterschrift sagt, ein Bild des Rathauses aus dem Jahre 1819, kurz bevor der obere Teil des Turmes abgebrochen wurde. Es ist die einzige Abbildung des Rathauses aus der Zeit von 1808, die wir besitzen, sie wurde vermutlich 1837 von Lütke nach einem älteren Original angefertigt. Sie zeigt das Haus von der Spandauer Straße her, ein Stück des Nehringschen Baues, die Gerichtslaube und den Turm.

Vom kölnischen Rathause, das von 1822 ab fast 50 Jahre lang der Sitz der Stadtverordneten-Versammlung war, ist nur eine zur Nachbildung geeignete Ansicht erhalten in einer von Albert Schwartz 1899 kurz vor dem Abbruch aufgenommenen Photographie, die hier wiedergegeben wird. Da das Gebäude seit 1822 bis zuletzt nur unbedeutende Veränderungen erlitt, so bringt die Photographie ein genügend richtiges Bild. Dies ergibt der Vergleich mit einem kleinen Kupferstich aus d. J. 1833 in dem Werke von Spiker, Berlin und seine Umgebungen. Die Stadtverordneten-Versammlung hatte ihre Räume im ersten Stockwerke an der Ecke der Breitenstraße und der Gertraudtenstraße.

Das Bild des Freiherrn vom Stein ist dem ersten Bande des Werkes von Pertz über das Leben Steins entnommen. Der Kupferstich wurde nach einem von Rinklake in Münster aus dem Jahre 1802 herrührenden Gemälde durch Sagert angefertigt, das Porträt stammt also annähernd aus der Zeit, wo die Städteordnung entworfen wurde, und war für die vorliegende Schrift das geeignetste.

Die Festschrift ist außerdem mit Bildnissen des ersten Oberbürgermeisters und des ersten Stadtverordneten-Vorstehers ausgestattet. Auf diese beiden mußte man sich beschränken wegen der großen Zahl der Nachfolger und der Schwierigkeit, geeignete Originale zu erhalten.

Das Porträt Leopolds von Gerlach ist 1814 vom Maler Stürmer gemalt, das von J. P. Humbert 1819 vom Hofmaler Weitsch, beide auf Kosten der Stadt. Die Originale, nach denen die Gravüren angefertigt sind, befinden sich im Donatorensaale des Rathauses.

Da die Anordnung der Darstellung in diesem Buche es mit sich bringt, daß der Amtswechsel der leitenden Personen nicht immer erwähnt wird, so folgt hier zur Ergänzung die Reihe der Oberbürgermeister und Stadtverordneten-Vorsteher seit 1809 mit Angabe ihrer Amtsdauer.

1. Die Oberbürgermeister von Berlin.

Leopold von Gerlach 1809 bis 1813.
Johann Stephan Gottfried Büsching 1814 bis 1832.
Friedrich von Baerensprung 1832 bis 1834.
Wilhelm Krausnick 1834 bis 1848. 1848 bis 1862.
Karl Seydel 1862 bis 1872.
Arthur Hobrecht 1872 bis 1875.
Max von Forckenbeck 1878 bis 1892.
Robert Zelle 1892 bis 1898.
Martin Kirschner seit 1899.

2. Die Stadtverordneten-Vorsteher.

Leopold von Gerlach 1809.
Paul Humbert 1809 bis 1818.
Philipp Krutisch 1819 bis 1820.
Christian Behrendt 1821 bis 1822. 1826.
Ernst von Koenen 1823 bis 1824.
Wilhelm Junge 1825.
Johann Ludwig Uhde 1827.
Johann Friedrich Dasselmann 1828 bis 1844.
Friedrich Fournier 1845 bis 1848.
Gustav Seidel 1848 bis 1850.
August Otto Fähndrich 1850 bis 1857.

Gewählt wurde 1850 zunächst Fournier als Vorsteher, Fähndrich nur als Stellvertreter, Fournier hat indessen sein Amt nicht angetreten.

Karl Esse 1858 bis 1860.
Karl Lüttig 1860 bis 1862.
Heinrich Kochhann 1863 bis 1874.
Wolfgang Straßmann 1875 bis 1885.
Walther Büchtemann 1885 bis 1886.
Albert Stryck 1886 bis 1893.
Paul Langerhans 1893 bis 1908.
Paul Michelet seit 1908.

Inhaltsverzeichnis.

Berlin im Jahre 1806.

Die Stadt und die Einwohner.

Für die Darstellung des Zustandes der Residenz in der Zeit, wo die Städteordnung eingeführt werden sollte, ist das Jahr 1808 wenig geeignet, weil in ihm unter der Einwirkung des Krieges und der lange anhaltenden französischen Besetzung hier außergewöhnliche Verhältnisse herrschten. Man muß auf die Zeit vor dem Ausbruch des Krieges, auf das Jahr 1806 zurückgreifen.

Die Grenzen des damaligen Weichbildes sind uns auf keiner Karte überliefert, wie es denn überhaupt vor dem Jahre 1846 keinen Plan mit den Stadtgrenzen gab. Auch von einem Weichbilde jener Zeit kann man eigentlich nicht sprechen. Denn dieser Ausdruck, den wir heute für das Stadtgebiet anzuwenden pflegen, war nicht üblich, den Rechtskreis der Stadt bezeichnete man mit dem Worte Feldmark[1]). Eine Zeichnung ihres Umfanges gibt die aus Meßtischblättern der neuesten Landesaufnahme zusammengestellte Karte (Tafel 1), auf der die Grenze mit roter Farbe gezogen ist[2]). Die Eintragung stützt sich auf die in der Anmerkung erwähnte Schrift und auf eine Reihe älterer Pläne der städtischen Plankammer über einzelne Gebietsteile. Die Grenze des heutigen Weichbildes ist mit grüner und die infolge der Einführung der Städteordnung geltende mit blauer Farbe angedeutet.

Der Plan stellt das Gelände und die Bebauung nach der Gegenwart dar. Um ein Bild davon für das Jahr 1806 gewinnen zu lassen, ist noch ein nach der Karte von J. F. Schneider entworfenes Blatt beigegeben (Tafel 2). Der Schneidersche Plan datiert von 1802, hat damals zu amtlichen Zwecken gedient und kann als zuverlässig angesehen werden[3]). Er reicht etwas weiter, als die Zeichnung des hier beigefügten Blattes, die nur das nächste Gebiet um die Stadt anschaulich machen soll. Man sieht daraus, daß außerhalb der Stadtmauer verschwindend wenig Grundstücke mit Häusern besetzt waren und auch innerhalb noch ansehnliche Flächen, namentlich im Süden und Osten unbebaut lagen. Boeckh gibt die Zahl der Häuser innerhalb der Stadtmauer im

---

1) Ausführlicheres hierüber in Clauswitz, Die Pläne von Berlin und die Entwicklung des Weichbildes. Berlin 1906.

2) Da das Allgemeine Landrecht Ende des 18. Jahrhunderts in Kraft getreten war, so sind die Grenzen von 1806 dieselben, wie zur Zeit seiner Einführung. Für den Geltungsbereich von Bauobservanzen würde also der Plan die nötigen Anhaltspunkte bieten können.

3) Zu vergleichen in der angeführten Schrift von Clauswitz S. 36. Die Bebauung zeigt noch deutlicher der Plan von J. C. Selter, 1804. Er enthält aber nur das Gebiet innerhalb der Stadtmauer.

Jahre 1804 auf 7274 an[1]); wieviel außerhalb standen, darüber fehlt der Nachweis. Aus dem Plane geht ferner hervor, was als Gartenland, als Wiese und als Wald genutzt wurde, nicht aber, welche Teile der Flur dem Ackerbau dienten. Über den Ackerbau in der Berliner Feldmark berichtet Bratring, aber er bringt nur Ziffern über Aussaat und Ertrag und zwar an Weizen, Roggen, Gerste, Hafer, Erbsen, Linsen und Kartoffeln für das Jahr 1802. Von letzteren erntete man 1325 Wispel[2]). Die Berliner Feldmark hatte eine ausgedehntere Ackerwirtschaft, als alle anderen Städte der Kreise Niederbarnim und Teltow, besonders wurden mehr Kartoffeln gebaut. Für die Waldverhältnisse enthält die Schneidersche Karte von 1802 insofern kein ganz zutreffendes Bild, als die im Nordwesten der Stadt gelegenen, der Stadt gehörigen Heideflächen beim Wedding und Gesundbrunnen und nördlich von Moabit, die man unter dem Namen berlinische Heide begriff, zwischen 1802 und 1806 sämtlich abgeholzt wurden. Die städtische Forst, die ausschließlich der Kämmerei gehörte, berechnete Bratring auf 7480 Morgen, Bassewitz, vielleicht auf Grund von Bratrings Angaben für 1804/05 auf 7474[3]). Bei beiden war die damals städtische Woltersdorfer Forst mit einbegriffen. Nach einem Verwaltungsberichte des Magistrats[4]) betrug die berlinische Stadtheide nach Abfindung der Hütungsberechtigten 1805 nur noch etwa 1206 Morgen, fast ohne Baumbestand, die kölnische 2950, die boxhagensche 541, der ganze Besitz also 4697 Morgen. Diese Ziffer bestätigt, daß Bassewitz die Woltersdorfer Forst mit eingerechnet hatte.

Gesamtansichten der Stadt, von einem außerhalb gelegenen Punkte aufgenommen, sind uns aus jener Zeit nicht überliefert. Nach Gaedickes 1806 erschienenem Lexikon von Berlin waren damals dergleichen auch nicht bekannt[5]). An Ansichten aus der inneren Stadt dagegen fehlte es nicht, so daß Gaedicke eine ganze Reihe anführen konnte. Voran stehen dabei die bekannten Rosenbergschen Kupferstiche[6]), die allerdings ein etwas älteres Straßenbild geben, z. B. findet man auf ihnen noch die zahlreichen Buden der Handwerker vor den Häusern, die 1806 schon verschwunden waren. Nur die Kellerhälse und Treppen vor den Haustüren bestanden noch. Über den Eindruck, den die Stadt auf den Fremden machte, besitzen wir verschiedene Äußerungen, meist in Form von Briefen. So in Kosmann und Heinsius Denkwürdigkeiten von 1798 und

---

1) Boeckh, R. Die Bevölkerungs- usw. Aufnahme vom 1. Dezember 1875. Berlin 1878. S. 25.

2) Bratring, Statistisch-topographische Beschreibung der gesamten Mark Brandenburg, Band 2. Berlin 1805. S. 166. Das Werk ist für den Zustand der Stadt vor dem Kriege eine der wichtigsten Quellen. Der Verfasser war geheimer expedierender Sekretär beim Generaldirektorium in der kur- und neumärkischen Abteilung, also in der Lage, sich zuverlässiges Material zu verschaffen. Seine Angaben halten fast immer die Probe mit den aktenmäßigen Nachrichten aus.

3) Bassewitz, Die Kurmark Brandenburg vor dem Ausbruch des französischen Krieges. Leipzig 1847. Tabelle Nr. 14.

4) Verwaltungsbericht des Magistrats 1829—1840.

5) Gaedicke, Lexikon von Berlin und der umliegenden Gegend. Berlin 1806. S. 505.

6) In verkleinertem Drucke teilweise erschienen Berlin 1880 bei Amsler & Ruthardt.

1800[1]), in der Zeitschrift „Berlin eine Zeitschrift für Freunde der schönen Künste" 1799 und 1800[2]), in dem Buche Tableau de Berlin à la fin du dix-huitième siècle 1801[3]), in den Jahrbüchern der preußischen Monarchie 1798. Diese Urteile rühmen die hellen, geräumigen und luftigen Straßen und Plätze, wobei die fünffache Lindenallee als einzig in Europa hingestellt wird, dann die große Anzahl geschmackvoller öffentlicher und Privatgebäude. Man liest sogar, daß Berlin als die vornehmste Stadt oder auch als die Königin der Städte in Deutschland anzusehen sei. Wenn in diesen Schilderungen vielleicht manches übertrieben wird, so bestätigt doch Frdr. von Cölln, der gewiß nicht verdächtig ist, Berliner Zustände schön, färben zu wollen, vieles, was in jenen Briefen als lobenswert hervorgehoben wird. Man vergleiche hierzu sein Buch „Wien und Berlin in Parallele", Amsterdam und Cöln 1808[4]). Auch Bratring, der als ein nüchterner Beurteiler gelten darf, steht nicht an, zu bemerken, daß Berlin eine der schönsten Städte Europas sei[5]). Alle diese anerkennenden Urteile hatten aber nicht die alten Stadtteile, das eigentliche Berlin und Köln mit den östlichen Vorstädten im Auge, sondern den Friedrichswerder, die Friedrichstadt und die Dorotheenstadt, deren großartige Anlage den Königen, besonders Friedrich I. zu verdanken war. In den Schilderungen ist stets nur die Rede von der Lindenpromenade, dem Opernplatz, dem Gendarmenmarkt, dem Wilhelmplatz, der Leipziger Straße, dem Dönhoffplatz und anderen Teilen des damaligen Westens, nicht von den Straßen der alten Stadt, selbst nicht von der Königstraße. Nur der Lustgarten und die Contre-Escarpe (der Alexanderplatz) werden allenfalls erwähnt. Bratring setzt zu seiner Bemerkung, daß Berlin eine der schönsten Städte Europas sei, als Erklärung hinzu[6]): „die älteren Teile tragen zwar in Absicht der Anlage das Gepräge des Altertums, aber die später angebauten Friedrichswerder und Dorotheenstadt sowie die Vorstädte sind regelmäßig und geschmackvoll angelegt." Unter den Gebäuden werden meist Schloß, Zeughaus, Opernhaus, Palais des Prinzen Heinrich und andere durch König Friedrich I. und seine Nachfolger geschaffene öffentliche Bauwerke hervorgehoben, die alten berlinischen und kölnischen mit Stillschweigen übergangen. Das Gleiche ist bei den Privatgebäuden der Fall. Von den zehn Häusern, die Bratring namhaft macht, lag nur eins in der alten Stadt, das gräflich Haackesche in der Klosterstraße[7]). Friedrich II. hatte nach dem siebenjährigen Kriege wohl gegen 300 Privathäuser auf seine Kosten erbauen lassen[8]) und so das Straßenbild nicht wenig verschönert. Von diesen standen einzelne auch am Schloßplatz, in der Breitenstraße, Königstraße, auch in den berlinischen Vorstädten, bei weitem die Mehrzahl aber lag Unter den Linden, in der

---

[1]) Bd. V 676, VI 937, IX 465, 517.

[2]) 1799 Heft 1, S. 43. 1800 Heft 2, S. 113, 258.

[3]) S. 31.

[4]) 1798. II. 17.

[5]) u. [6]) Bratring a. a. O. II. 148.

[7]) Ecke der Siebergasse, gehört jetzt dem Fiskus.

[8]) Voigt, P. Grundrente und Wohnungsfrage in Berlin. Jena 1901. S. 79.

Leipziger Straße, überhaupt in der Friedrichstadt. Den Vorzügen in der äußeren Erscheinung der Residenz gegenüber werden aber auch die Schattenseiten nicht übergangen. Mit dem Lobe über die schönen Straßen verbindet sich die Klage über den Sandstaub, das schlechte Pflaster aus spitzen Feldsteinen, wenn es nicht überhaupt fehlte, wie es der Opernplatz und der Wilhelmplatz z. B. noch entbehrten, über die offenen übelriechenden Rinnsteine, die mangelhafte Reinigung der Straßen, die Ungangbarkeit der Bürgersteige wegen der Treppen, Auffahrten und Kellerhälse. Wenn schon ähnliche Verhältnisse damals auch in anderen großen Städten geherrscht haben mögen, so ist doch aus dem allgemeinen Urteil der Überlieferungen zu entnehmen, daß Berlin sich besonders durch dergleichen Übelstände auszeichnete. Das Tableau de Berlin, das sich sonst ganz besonders günstig über Berlin ausspricht, vermißt einen der Residenz entsprechenden Straßenverkehr an Kutschen, Reitern und vornehmen Personen. Die ungenügende Straßenerleuchtung, worüber sich noch 1796 laute Klagen erhoben[1]), war aber 1803 durchaus erneuert und nach den Zeugnissen von Gaedicke und Bratring bedeutend verbessert. Man bediente sich großer Laternen mit Reverberen, teils auf Armen an den Häusern, teils auf Granitpfählen, teils auch über der Straße schwebend, wie z. B. Unter den Linden.

Nach einer Tabelle in der Neuen berlinischen Monatsschrift, hrsg. von Biester, Band 13 (1805) nahm Berlin unter den großen Städten Europas hinsichtlich der Einwohnerzahl die sechste Stelle ein. Es wurde übertroffen von London, Paris, Wien, Amsterdam und Petersburg. Die Einwohnerzahl betrug nach Boeckhs historischer Tabelle[2]) 1805: 155 706 Zivil- und 11 489 Militärpersonen. Bei der Zahl der Militärpersonen nahm Boeckh an, daß die Angehörigen, die Frauen und Kinder mit einbegriffen und nur 3509 wirkliche Soldaten seien. Bratring gibt jedoch für 1803 die Zahl der wirklichen Soldaten auf 13 659 an[3]), und seine Angabe wird wohl auch für 1805 noch richtiger sein, als die von Boeckh, wenn man bedenkt, daß in diesem Jahre noch 2 Kavallerie-, 6 Infanterie-, 2 Artillerieregimenter und verschiedene kleinere Truppenteile in Berlin ihr Quartier hatten, abgesehen von den militärischen Behörden und Anstalten[4]). Die militärische Bevölkerung war also im Verhältnis zur bürgerlichen sehr zahlreich, und es ist erklärlich, daß Berlin auf die Zeitgenossen den Eindruck eines großen Waffenplatzes machte. Das militärische Element spielte auch bei den bürgerlichen Einrichtungen, wie wir später sehen werden, eine hervorragende Rolle. Das Beamtentum war durch den Hofstaat, die Zentral- und Provinzialbehörden und die verschiedenartigen Anstalten sehr reichlich vertreten, wie das amtliche Adreßbuch ausweist. Schon Nicolai zählte 1786 3433 Beamte, seitdem werden es nicht weniger geworden sein. Dennoch muß das gewerbliche Leben sich im öffentlichen Verkehr sehr be-

1) Man vergleiche Camera obscura von Berlin 1796. Heft 2. S. 334.

2) Boeckh, R. a. a. O. S. 24 u. S. 7.

3) Bratring a. a. O. S. 159.

4) Amtlicher Adreßkalender 1805 u. 1806.

merkbar gemacht und der Stadt das Ansehn einer werdenden Industriestadt gegeben haben. „Berlin ist durch Friedrichs II. Bemühungen eine wirkliche Manufakturstadt geworden" sagt Bratring und an einer anderen Stelle: „Berlin ist im eigentlichen Verstande ein Fabrikort, denn den Künstlern und Fabrikanten verdankt die Residenz vorzüglich ihre Größe und ihre Bevölkerung." Die Hauptzweige dieser Industrie waren allerdings mit staatlicher Unterstützung hervorgerufen und wurden nur durch sie am Leben erhalten. Die größten Betriebe, die im Lagerhause in der Klosterstraße befindliche Tuchweberei, die Porzellanfabrik in der Leipziger Straße, die Pulverfabrik in der Gegend des heutigen Packhofs an der Unterspree, die Gießerei hinter dem Zeughause waren Staatsanstalten, die Gold- und Silberwaren-Manufaktur am Wilhelmplatz, deren Haupterzeugnisse in Tressen und Borten bestanden, verdankte ihr Dasein und ihre Blüte überhaupt nur dem ihr verliehenen Monopol und den Aufträgen der Militärverwaltung, die Seidenindustrie, die 1803 nach Bratring noch 7770 Arbeiter beschäftigte, hatte Friedrich Wilhelm I. gegründet, Friedrich II. mit großen Opfern an Geld zur Leistungsfähigkeit gefördert, und sie hielt sich in dieser nur durch staatliche Fürsorge[1]).

Für das Gedeihen der Stadt selbst war es natürlich gleichgültig, in welcher Art und mit wessen Hilfe diese Industrien zur Blüte gelangten. Unter den Fabrikationszweigen, die sich ohne besondere staatliche Unterstützung ausgebildet und zum fabrikmäßigen Betriebe entwickelt hatten, stand an der Spitze die Verfertigung von Baumwollenzeugen, die im Zusammenhange mit der staatlichen Seiden- und Wollenwaren-Industrie sehr bedeutend geworden war. Die Zuckerraffinerie konnte sich nach der Aufhebung des Splittgerberschen Privilegiums durch Friedrich Wilhelm II. ausdehnen, so daß 1806 5 Siedereien bestanden. Man hatte ferner eine Teppichfabrik, die Hothosche, Tapetenfabriken, Bronzefabriken, Tabakfabriken. Die Branntweinbrennereien und Likörfabriken arbeiteten ebenfalls für den Export und verbrauchten jährlich etwa 12000 Wispel Getreide. Über das ganze gewerbliche Gebiet, Fabrik und Handwerk, geben Bratring und Gaedicke ausführliche Auskunft.

Das Generaldirektorium erhielt in einzelnen Jahren, zum letzten Male für das Jahr 1803 durch die kurmärkische Kammer Tabellen „von den Künstlern, Gewerken, auch allen andern Metiers und Personen in Berlin und den kurmärkischen Städten", ebenso Tabellen „von den Offizianten, Fabrikanten, Künstlern, auch andern Metiers und Personen"[2]). Die erste Art zählte die handwerksmäßigen Betriebe mit Meistern, Gesellen und Lehrlingen auf, die zweite die fabrikmäßigen mit Fabrikanten und Arbeitern, enthielt auch die sonstigen Gewerbtreibenden und die Beamten. Nach den Tabellen für 1803 berechnet Bassewitz die Ziffer der Meister und Fabrikherren in Berlin auf 23115, der Gesellen auf 17640, der Lehrlinge auf 4240[3]), die Arbeiter in

[1]) Hintze, O. Die preußische Seidenindustrie, Bd. 3. Berlin 1892. Weber, H., Wegweiser durch die wichtigsten technischen Werkstätten Berlins. Heft 1. Berlin 1819.

[2]) Für das Jahr 1799 sind beide abgedruckt in den Denkwürdigkeiten der Mark Brandenburg. Bd. 10. S. 1185 und 1289.

[3]) Bassewitz, Die Kurmark vor dem Kriege. S. 461.

Fabrikbetrieben berücksichtigt er also nicht. Bratring dagegen entnimmt denselben Tabellen nur die Zahl dieser Arbeiter in Höhe von 49432, bei ihm fehlen die Personen des zünftigen Handwerks[1]). Diese Angaben beweisen jedenfalls, daß ein recht bedeutender Prozentsatz der Bevölkerung in Berlin in der Industrie beschäftigt war und Bratring mit seiner Bemerkung, Berlin sei im eigentlichen Verstande ein Fabrikort, nicht Unrecht hatte.

Einer solchen industriellen Tätigkeit hätte ein gewisser Handel entsprechen müssen. Wir besitzen darüber sehr wenig Nachrichten. Die Festschrift der Ältesten der Berliner Kaufmannschaft zum 50jährigen Bestehen der Korporation, die die geschichtliche Entwicklung des Berliner Handels zum Gegenstand hatte[2]), bietet nur Angaben über die Industrie jener Zeit, nicht über den Handel und benutzt außerdem für jenen Zeitraum Nicolai als Quelle, dessen Buch über Berlin in letzter Ausgabe schon 1786 erschienen war. Eine Reihe von Waren, die in die Stadt eingeführt wurden, unterlag der Akzise, so daß über diesen Teil des Handels die Ergebnisse der Akzise Ziffern liefern könnten, doch sind keine Nachweise über die Einnahmen aus den einzelnen Tarifpositionen erhalten, sondern nur Gesamtsummen. Für die Ausfuhr gibt es ebensowenig Anhaltspunkte in Ziffern. Die eben erwähnten, vom Generaldirektorium angeordneten Tabellen enthielten auch die Fabrikationswerte bei einer großen Anzahl von Manufakturen, es läßt sich aber in keiner Weise schätzen, was davon in Berlin blieb und was nach außen ging und wohin. Ein lebhafter Verkehr fand auf den märkischen Wasserstraßen, besonders nach Hamburg statt[3]), ohne daß wir indessen wüßten, was für Waren und welche Mengen dort verschifft wurden. Einen Fingerzeig für die sonstigen Richtungen des Berliner Handels könnten die damaligen Postverbindungen geben. Direkte Fahrposten gingen 19 von Berlin aus, darunter solche nach Leipzig, Hamburg, Breslau, Königsberg, Warschau, Paderborn, Wesel. Sämtliche Postkurse waren aus den Berliner Kalendern zu ersehen. Als ein Beweis für das Blühen des Kaufmannsstandes in Berlin kann der Umstand gelten, daß 1802 schon ein besonderes „kaufmännisches Adreßbuch für das Gewerbe treibende Publikum" erschien. Eine Handelsschule der Kaufmannschaft konnte allerdings selbst mit Staatsunterstützung noch keinen Boden gewinnen. Zwei Bankinstitute gab es, die königliche Bank in der Jägerstraße, an der Stelle der heutigen Reichsbank und die Seehandlung auf dem Grundstück, wo sie sich zur Zeit noch befindet. Von Bankiers und Wechslern zählt Gaedicke als bedeutendere 30 auf, darunter 19 christlicher und 11 jüdischer Nation. Wie es mit den Geld- und Kreditverhältnissen stand, zeigte sich während der Herrschaft der Franzosen, worüber weiter unten die Rede sein wird.

An öffentlichen Kunst- und wissenschaftlichen Instituten, an höheren Bildungsanstalten, die man in einer großen Residenz erwarten muß, besaß

---

1) Bratring a. a. O. 168 ff.

2) Berlin 1870.

3) Toeche-Mittler, Der Friedrich-Wilhelm-Kanal und die Berlin-Hamburger Flußschiffahrt. Leipzig 1891.

Berlin die Akademie der Wissenschaften und der Künste, mit denen eine Kunst- und Zeichenschule verbunden war, die königliche Bibliothek, die königliche Kunst- und Naturalienkammer, die Bauakademie, das Lehrinstitut für Bergwerks- und Hüttenwesen. Die Universität fehlte noch, nur für Ausbildung der Ärzte war gesorgt durch das medizinisch-chirurgische Kollegium, das klinische Institut bei der Charité, die Pepiniere für Militärärzte und die Tierarzneischule. Höhere militärische Bildungsanstalten waren selbstverständlich vertreten, die Artillerie-Akademie und das Kadettenkorps. An höheren Schulen unterhielt der Staat drei Gymnasien, das Joachimstalsche, das französische und das Friedrich-Wilhelmsgymnasium, zu dem eine Realschule, eine Mädchenschule und ein Lehrerseminar gehörten. Zwei Gymnasien standen unter dem Magistrat, das vereinigte berlinisch-kölnische im grauen Kloster und das Friedrich-Werdersche.

Die Berliner Kirchen zeichneten sich zu jener Zeit weder durch Größe noch durch Schönheit besonders aus, keine ragte einigermaßen mächtig über die Bürgerhäuser hervor. Auch dies war für die Erscheinung der Stadt charakteristisch.

Die Einwohnerzahl hatte sich in den letzten hundert Jahren vor 1806 verdreifacht, die Zahl der Häuser verdoppelt, wenigstens die Hälfte von ihnen war also neuerer Bauart, sie mußten auch geräumiger sein, weil der Zuwachs an Gebäuden mit dem der Bevölkerung nicht gleichen Schritt gehalten hatte. Die Stadt machte in ihrer Bauweise anderen deutschen Städten gegenüber einen modernen Eindruck. Über die Wohnungsverhältnisse sind wir nur mangelhaft unterrichtet. Nach der Besetzung der Stadt durch die Franzosen wurde im Dezember 1806 zur Deckung der Kontributionen eine Abgabe der Hauseigner und der Mieter von allen Wohnungen ohne Ausnahme ausgeschrieben. Die hierauf bezüglichen Spezialakten des Komitee administratif sind sämtlich vernichtet, sonst hätten wir eine genaue Übersicht der Wohnungen und des Mietwertes. Die zur Durchführung der Maßregel eingesetzte Kommission schätzte zuerst die Anzahl der Mieter auf 42 000, mußte dann aber als tatsächliches Ergebnis berichten, daß sich nur rund 28 000 annehmen ließen, für jeden Hauseigner ungefähr 4, da die Anzahl der letzteren etwa 7000 betrüge[1]). Die Preise der Wohnungen waren schon damals nach den Gegenden der Stadt sehr verschieden[2]). So sollte z. B. eine Wohnung von 1 Saal, 8 Zimmern, Stallung für 4 Pferde, 2 Remisen, Futtergelaß und sonstiges Zubehör im Hause Friedrichstr. 100, 500 Tlr. kosten; eine ähnliche mit 1 Saal und 6 Zimmern usw. auf der Contre-Escarpe[3]) 230 Tlr. Man kann dergleichen Beispiele aus den Angeboten im Intelligenzblatt und in der Vossischen Zeitung leicht ermitteln. Im Verhältnis zum Wert der Grundstücke standen die Mietpreise niedrig. Bei der geplanten Einführung der Hauseignerabgabe 1806 nahm man als Mietertrag eines Hauses 6 % der Feuertaxe an. Bei dieser Einschätzung kam also der Wert des Grund und Bodens gar nicht mit

1) Akten des Com. admin. Sect. VI, Kontributionswesen 15, Vol. I und II.
2) Man vergl. Gaedicke a. a. O., S. 378.
3) In der Gegend des Alexanderplatzes.

in Betracht, außerdem wurden bei der Feuerversicherung notorisch nur die Baumaterialien berechnet[1]). Zu dem Satze von 6 % griff man eben nur in der Voraussetzung einer ganz unzulänglichen Feuertaxe. Ein Haus, das 1805 in der besten Gegend der Stadt für 30 000 Tlr. gekauft war, brachte unter Mitberechnung der Wohnung des Besitzers jährlich 1540 Tlr. Miete, die Lasten betrugen 340 Tlr., bei einem Reinertrage von 1200 Tlr. verzinste sich das Kapital also mit 4 %, für Hypotheken aber mußten 5 % Zinsen bezahlt werden.[2]) Man kann aus diesem Beispiel ersehen, daß der Besitz eines Hauses durchaus nicht als eine vorteilhafte Kapitalsanlage zu betrachten war. Es verstand sich von selbst, daß die Grundstücke noch keinen Gegenstand der Spekulation bilden konnten, um eine Rente daraus zu beziehen. Bei dem verhältnismäßig hohen Preis der Häuser kam in Betracht, daß viele Einwohner nicht darauf verzichten wollten, im eigenen Hause zu wohnen, andere wieder ihr Gewerbe im eigenen Hause betreiben wollten oder mußten. Zu den letzteren gehörten eine Reihe von Fabrikanten, die Ackerbürger, deren es noch 105 gab, über 300 Viehmäster und Viehhändler, an 100 Branntweinbrenner, einige 80 Brauer, 250 Bäcker, 162 Fleischer, 179 Fuhrleute und andere Gewerbetreibende[3]). Die etwa 7000 Häuser in Berlin waren versichert mit 43 437 000 Tlr.[4]). Würde man aber danach einen Durchschnittssatz für ein Haus berechnen, so würde dies kein richtiges Resultat ergeben, wo die Feuertaxe so niedrig angesetzt und der Wert des Grundstücks überhaupt nicht berücksichtigt war[5]).

Da Berlin Residenzstadt, aber in ihr auch das gewerbliche Leben zu einiger Blüte gelangt war, so müßte sich aus dem Verbrauch ein gewisser Wohlstand der Bevölkerung erkennen lassen. Bratring stellt auf Grund von Akziseregistern des Jahres 1802/03 eine Reihe von Zahlen zusammen, worin der Verbrauch an Vieh, Wild, Viktualien, Luxusartikeln, unter die er auch die Getränke begreift, Getreide und Holz sehr im einzelnen verzeichnet wird. Die Einwohnerzahl betrug 1803 178 308, also könnte man den Verbrauch an einzelnen Gegenständen für den Kopf leicht berechnen. Danach würden z. B. im Jahre 1803 an Apfelsinen etwa 5 Stück auf den Kopf entfallen sein, ein bemerkenswertes Ergebnis, denn die Apfelsine galt damals als ein recht eigentlicher Luxusgegenstand. Indessen die Akziseregister klären nicht darüber auf, was von den eingeführten Waren wirklich in Berlin blieb und was wieder ausgeführt wurde, auch kommt nicht zur Berechnung, was Berlin selbst erzeugte.

Als geeignet zur Beurteilung des Wohlstandes einer städtischen Bevölkerung wird gewöhnlich der Fleischverbrauch angesehen. Nach dem statistischen

---

[1]) Akten des Com. administr. Sect. VI, Nr. 15, Vol. I, Bl. 2.

[2]) Aus der Spenersche Zeitung.

[3]) Nach Bratring a. a. O.

[4]) Akten des Com. adm. a. a. O.

[5]) Voigt, P., Grundrente und Wohnungsfrage in Berlin, 1901, S. 90, entnimmt seine Ziffern aus Nicolai, Beschreibung von Berlin v. J. 1786. Er stützt seine Berechnungen nur auf die Feuerkassen-Einschätzungen und muß deshalb wohl zu falschen Schlüssen gelangen.

Jahrbuch der Stadt Berlin für 1903 berechnete sich der Verbrauch an Fleisch für den Kopf auf 78 kg. Aber zu einem Vergleich hiermit versagen für die Zeit des Jahres 1806 die Quellen. Bratring greift bei seinen Zahlen für Berlin die Konsumtion der Stadt Frankfurt a. O. mit ein. Insofern als die Neue Berliner Monatsschrift[1]) von Biester den Schlachtviehverbrauch in Berlin vom Jahre 1798/1799 und das Berliner statistische Jahrbuch für 1904 ebenfalls Angaben über Schlachtungen enthält[2]), läßt sich ungefähr wenigstens ein vergleichender Schluß ziehen. Die Einwohnerzahl betrug 1798 169019, 1904 für Groß-Berlin[3]), das man hierbei in Betracht nehmen muß, weil das Berliner Schlachthaus vielfach für die Vororte mitsorgt, 2689646. Legt man diese Zahlen zugrunde, so ergibt sich folgendes: 1799 kamen etwa auf 8 Köpfe ein Rind, auf 4 ein Kalb, auf $1\frac{1}{2}$ ein Schaf, auf $4\frac{1}{2}$ ein Schwein (bei den Schweinen sind aber die Hausschlachtungen außer Ansatz geblieben); 1904 in Groß-Berlin auf 18 ein Rind, auf 14 ein Kalb, auf 6 ein Schaf, auf 2 ein Schwein. Danach war also der Fleischverbrauch in dem Berlin von 1799 für den Kopf weit bedeutender als in dem heutigen. Allerdings ist dabei zu beachten, daß das jetzige Schlachtvieh schwerer an Gewicht und der Konsum von Geflügel größer ist, als früher[4]).

In der äußeren Erscheinung Berlins trat, wenn man die Nachrichten aus jener Zeit zusammenfaßt, deutlich ein doppelter Charakter hervor. Die Stadt war zum Teil eine Landstadt mit ausgedehnter Feldwirtschaft innerhalb und außerhalb der Mauer und mit dem Betriebe ländlicher Gewerbe, so daß man in zahlreichen Häusern und Höfen und in den Straßen das Landleben vor Augen hatte. Andrerseits bot sie das Bild der würdig und schön ausgestatteten Residenz eines ansehnlichen Staates mit einer Einwohnerschaft, wie sie der Sitz des Hofes und der Staatsregierung voraussetzen lassen. Die beiden ungleichartigen Bestandteile schieden sich aber räumlich durchaus. Die Ackerstadt beschränkte sich auf den Osten, Altberlin mit seinen Vorstädten und auf die kölnischen Vorstädte, die Luisenstadt und die Köpnicker Vorstadt; hier hatte auch die Fabrikbevölkerung ihren Sitz genommen. Zur Residenz war Altköln und der damalige Westen bis an die Stadtmauer zu rechnen, die Stadtteile, die ihre Anlage und Ausstattung vornehmlich den preußischen Königen zu verdanken hatten.

---

[1]) Bd. 3 S. 156.

[2]) Hirschberg, E., Statistisches Jahrbuch für 1904 S. 35.

[3]) In dem Umfange, wie ihn das statistische Jahrbuch für 1904 S. 15 annimmt.

[4]) Vgl. Conrad in seinem Aufsatz über den Verbrauch von Nahrungsmitteln in Berlin vor 100 Jahren, Band 37 seiner Jahrbücher. 1881.

Die Verfassung und Verwaltung bis 1806.

Die märkischen Städte im allgemeinen.

Berlin zählte 1805 nach der historischen Tabelle (S. 4) ohne die Militärpersonen, 155 706 Einwohner, und unter ihnen waren nur 12 862 Bürger[1]). Bei diesem Verhältnis läßt sich das damalige Berlin nicht als eine Stadtgemeinde im Sinne der Städteordnung von 1808 bezeichnen. Denn unter einer Stadtgemeinde war nach ihr der Inbegriff sämtlicher Bürger zu verstehen (§ 46 der Städteordnung). In einer Stadt, die eine so unverhältnismäßig große Zahl von Einwohnern außerhalb der Bürgerschaft umschloß, wurde der „Inbegriff sämtlicher Bürger" zu einer unbedeutenden Minderheit; von einer kommunalen Körperschaft, einer Gemeinde, die wirklich den Stadtbezirk beherrschte, konnte keine Rede sein. Auch das allgemeine Landrecht ging davon aus, daß nur die in die Bürgerrolle eingetragenen Bewohner die Stadtgemeinde bilden sollten[2]). Das Landrecht verlangte aber auch, daß in einer seinem Begriffe entsprechenden Stadtgemeinde die Ordnung gemeinschaftlicher Angelegenheiten durch die Bürgerschaft oder deren Repräsentanten vorgenommen werde. Eine gesetzliche Teilnahme der Bürgerschaft oder gewählter Vertreter aus ihrer Mitte an den städtischen Angelegenheiten fand indessen in Berlin nicht statt, und auch insofern war also eine Stadtgemeinde in landrechtlichem Sinne hier nicht vorhanden.

Das Fehlen einer eigentlichen Gemeinde war selbstverständlich entscheidend bei der Verfassung und Verwaltung. Zur Beurteilung der Berliner Verfassung wird es zweckmäßig sein, auf die etwas anders gestalteten provinziellen Verhältnisse, wenigstens die in der Mark Brandenburg, einen Blick zu werfen, auch wegen der weiter unten folgenden Darstellung der Entstehung der Städteordnung, die ja die Zustände im ganzen Lande, nicht allein in Berlin verbessern sollte.

Von den Bearbeitern der ersten preußischen Städteordnung beurteilt Rönne[3]) in der Einleitung zu seinem Kommentar die städtischen Zustände am Ende des 18. Jahrhunderts sehr abfällig und stützt sich dabei besonders auf

---

[1]) Neue berlinische Monatsschrift von Biester Bd. 15 S. 210. Nach Bratring II 159 i. J. 1803 12 781.

[2]) II. Teil 8. Titel § 109 ff.

[3]) Rönne und Simon. Die Verfassung und Verwaltung des preußischen Staates, Tl. 4. Die Gemeinde-Verfassung S. 23.

Fr. von Raumer[1]), indem er folgende Stelle aus dessen Schrift über die preußische Städteordnung anführt:

„Die Magistrate, bemerkt von Raumer sehr treffend, ergänzten sich in einigen Orten durch eigene Wahl, meist wurden sie höheren Orts ernannt, und die Bürgerschaft hatte, besonders seit der zweiten Hälfte des achtzehnten Jahrhunderts, weder hierbei noch hinsichtlich der Steuern, Rechnungen usw. irgend einen erheblichen Einfluß. So zerfiel die Stadt in zwei ganz unverbundene Teile; die zwei Zurückgesetzten gehorchten ungern und sahen (nicht selten mit Recht) in den Magistraten nur einseitige, eigennützige Gegner; und diese scheinbar Unbeschränkten wurden doch auch ihrer Allmacht keineswegs froh. Denn erstens galten die Stellen vieler Bürgermeister, Kämmerer, Ratsherrn usw. oft für eine bequeme Versorgung invalider Feldwebel und Unteroffiziere, welche ohne Rücksicht auf Fähigkeit oder Unfähigkeit in die Magistrate hineingeschoben wurden; zweitens standen diese unter strengster Vormundschaft der Regierungen, ohne deren Zustimmung kaum das Unbedeutendste beschlossen und vollzogen werden durfte. Außerdem waren fast alle Städte der näheren Aufsicht eines Steuerrates untergeordnet, d. h. eines Mannes, der laut seines Prüfungszeugnisses oft nicht Regierungsrat werden sollte, aber doch für tauglich galt, zehn bis zwölf Bürgerschaften zu regieren."

Das Band zwischen Magistratur und Bürgerschaft, meint Rönne, sei in dieser Weise zerrissen, der geachtete Bürger habe seine Teilnahme den öffentlichen Angelegenheiten entzogen und die Eigenschaften nicht ausbilden können, die das städtische Gemeinwesen voraussetzt. Er rechnet also mit Raumer die Mängel, die er in der städtischen Verfassung sah, und die daraus entspringenden Folgen den Eingriffen des Staates und der Stellung der Magistrate im 18. Jahrhundert zu.

v. Möller in seinem Stadtrecht fußt auf der sehr düsteren Schilderung der Verwaltung und des Beamtenpersonals in den Städten des 18. Jahrhunderts, die Pertz im Leben Steins entwirft[2]). „Die Bürgerschaft, sagt er[3]), fast von aller aktiven Einwirkung auf die städtischen Angelegenheiten ausgeschlossen, zeigte nicht das geringste Interesse für das Wohl ihrer Kommune; die Magistrate, nach den Anordnungen des Königs zum größten Teil mit Militärinvaliden besetzt, verwalteten ihr Amt in der Regel in unverantwortlicher Weise. Der Verfall des städtischen Lebens hatte seinen Höhepunkt erreicht."

Max Lehmann gibt in seinem Werk über Stein ein Bild des alten Preußens vor der Reform und geht dabei ebenfalls auf die Zustände in den Städten ein[4]), läßt aber die von Pertz entworfene Schilderung unberücksichtigt. Er führt in allgemeinen Zügen die damals bestehenden Verhältnisse des Magistrats, der Bürgerschaft, der staatlichen Aufsicht vor, ohne Rückblicke auf

---

1) Raumer, Fr. v. Über die preußische Städteordnung. Leipzig 1828. S. 16.

2) Band 2 S. 149 ff.

3) v. Möller, Preußisches Stadtrecht. Breslau 1864. S. 21.

4) Lehmann, M. Freiherr vom Stein. 2. Teil S. 25 ff.

die Ursachen, vermeidet auch eine Beurteilung der Wirkung dieser Zustände auf das Gedeihen der Städte und auf den Geist der Einwohner. Ein Urteil findet sich nur in einigen mitangeführten Berichten eines Zeitgenossen, insofern dieser über die unbedingte Abhängigkeit der Städte von der staatlichen und militärischen Bureaukratie klagt.

In dem bekannten Werke von Ernst v. Meier über die Verwaltungsreform unter Stein und Hardenberg sind die Rechtsgrundlagen, die für die Verfassung vor der Reform tatsächlich bestanden, und auf die sich Organisation und Geschäftskreis der Magistrate[1]), der Bürgerschaften und Stadtverordneten sowie der Umfang der staatlichen Aufsicht stützten, zuverlässig dargestellt. Bemerkungen über die geschichtliche Entstehung der Organisationen und Beurteilungen des vorhergehenden Zustandes sind nicht daran geknüpft.

Bassewitz konnte die Verhältnisse der Städte in seinem Werke über die Kurmark nur kurz behandeln. Im Rahmen des Werkes sind die Stadtverwaltungen nur Unterbehörden und Organe der Kriegs- und Domänenkammer, die unter Aufsicht und Leitung der Steuerräte arbeiten. Er beschreibt die Stellung und den Geschäftskreis der Magistrate an einem Beispiel, dem der Stadt Potsdam, und aus seiner Schilderung geht recht offensichtlich hervor, daß dort von einer wirklichen Stadtgemeinde keine Spur vorhanden war. Die städtischen Angelegenheiten besorgte, soweit die Staatsbehörden es ihm überließen, der Magistrat allein unter Aufsicht des Steuerrats[2]). Auch der betreffende Abschnitt in Meiers Verwaltungsreform vermeidet es, von einer Stadtgemeinde zu sprechen.

Daß die städtischen Angelegenheiten nicht von einer Gemeinschaft, die sich aus den Einwohnern oder doch aus einem Teil der Einwohner und ihrer Obrigkeit zusammensetzte, besorgt wurden, sondern von der Obrigkeit allein, dies Verhältnis hatte sich nicht erst im 18. Jahrhundert durch das allmähliche Übergreifen der städtischen Obrigkeit und den Druck der Staatsbehörden herausgebildet, wie es z. B. bei Rönne angenommen wird. So verfuhr man vielmehr nach der ursprünglichen Verfassung in den märkischen Städten, wie sie bereits im Mittelalter bestand. Den Rat lassen schon die ältesten Nachrichten als die Obrigkeit in unseren Städten erkennen. Er war zwar zuerst noch nicht mit allen Befugnissen der obrigkeitlichen Gewalt ausgestattet, es fehlte ihm als die Summe der Rechte über die Einwohnerschaft die Gerichtsgewalt, die der Landesherr besaß und durch Vögte oder Schultheissen ausüben ließ, in den adligen Städten hatte sie der Grundherr der Stadt. Aber sonst war das Ratskollegium unumschränkte Obrigkeit. Es hatte die freie Verfügung über das städtische Vermögen, und in seiner Hand lag die Sorge für die Sicherheit und Wohlfahrt der Stadt sowie die Aufsicht über das Markt- und Gewerbewesen. Die Innungen und andere städtische Körperschaften waren ihm unterstellt, und

---

[1]) Meier, E. Die Reform der Verwaltung unter Stein und Hardenberg. Leipzig 1881. S. 70 ff.

[2]) Die Kurmark Brandenburg unmittelbar vor dem Ausbruch des französischen Krieges 1806. Leipzig 1847. S. 88 ff.

hiermit übte er auch eine polizeiliche und richterliche Gewalt in diesem Zweige des städtischen Lebens aus. Der Rat ergänzte sich in unseren märkischen Städten, sobald ein Mitglied ausschied, selbst und zwar nur aus einem Teile der Bürgerschaft, aus seinen Standesgenossen, den Kaufleuten oder Grundbesitzern, nicht aus den Zünften der Handwerker, noch weniger aus der neben diesen vorhandenen untergeordneten Einwohnerschaft. Die einzige politische Organisation in der Bürgerschaft war die der Zünfte, und zwar bestand sie darin, daß sich vier Zünfte, meist die an Mitgliedern zahlreichsten, als Vertreter der übrigen, die sich ihnen unterordnen mußten, vereinigten. Mit diesen vier verhandelte der Rat in einzelnen Fällen, befragte sie oder holte ihre Zustimmung ein, aber nicht auf Grund bestimmter Vorschriften, sondern wenn er es für gut hielt. Die neben oder unter den Zünften stehende gemeine Bürgerschaft war nicht organisiert. Sie hatte keine Vertreter und keine Befugnis, sich eigenmächtig zu versammeln; wenn es geschah, geschah es nur auf Veranlassung des Rats. Eine korporative Vereinigung mit den Zünften konnte nicht stattfinden. So fehlte also von Anfang an eine wirkliche Stadtgemeinde, in der Obrigkeit und Vertretung gemeinsam als Körperschaft zusammenwirkten. Der Rat allein war der Vertreter der Stadt nach außen und in der inneren Verwaltung. Es kommen Fälle vor, wo bei wichtigen Verträgen die Einwilligung der Viergewerke und der Gemeinheit erwähnt wird, aber sie sind verhältnismäßig so selten, daß daraus nicht auf das Bestehen von berechtigten Körperschaften geschlossen werden kann, sondern daß damit nur die Zustimmung der verschiedenen Stände in der Einwohnerschaft ausgedrückt erscheint.

Aus dem Mittelalter sind die urkundlichen Nachrichten über das Verhältnis zwischen Rat und Bürgerschaft in den märkischen Städten überhaupt nicht sehr ergiebig; etwas besser läßt es sich aus späteren Quellen beurteilen, wobei man dann voraussetzen darf, daß von älterer Überlieferung in den Einrichtungen im wesentlichen nicht abgewichen wurde. Die allgemeine Verordnung Joachims I. von 1515 z. B., betitelt Joachimi Polizeiordnung der Städte, berührt zwar die Bürgerschaft nur mit wenigen Worten, es wird ihr Gehorsam gegen den Rat auferlegt und anheimgestellt, etwaige Wünsche durch ihre, d. h. der Zünfte Älterleute an den Rat gelangen zu lassen, aber es geht doch daraus hervor, daß von bestimmten Rechten und von einer Organisation unter ihr keine Rede war. Ferner erfahren wir aus den meisten Städten, daß der Rat Vertreter der Bürgerschaft für städtische Angelegenheiten ernannte, dagegen wird über eine Organisation, eine verfassungsmäßige Körperschaft, nirgends berichtet. Überlieferte Vermögensverzeichnisse, Rechnungen, Akten, die sich auf Streitigkeiten über das städtische Vermögen und die Leistungen der Einwohnerschaft beziehen, ergeben allenthalben als althergebrachtes Recht, daß der Magistrat allein die Verfügung über das städtische Vermögen, über das sogenannte patrimonium curiae hatte, mochte es in Liegenschaften, Kapitalien oder nutzbaren Rechten bestehen. Eine Zustimmung bei Veränderungen dieser unter dem Begriff Kämmerei vereinigten Substanz und eine Mitwirkung bei dem Haushalt darüber stand keinem anderen Teile der

Bürgerschaft zu. Es kommt wohl vereinzelt vor, daß nach Ortsgewohnheit den Verordneten die Kämmereirechnung nach Jahresschluß zur Kenntnis vorgelegt werden sollte, mit der Befugnis, Erinnerungen daran zu knüpfen, z. B. bestand eine solche Überlieferung in Oranienburg. Ob aber die Vorlegung wirklich stattgefunden hat, wissen wir in keinem Falle, außerdem waren diese Verordneten überall vom Magistrate ernannt, also nicht Vertreter einer organisierten, wahlberechtigten Gemeinde.

Das eben bezeichnete Aktenmaterial der nachmittelalterlichen Zeit läßt aber ganz unzweifelhaft erkennen, daß in den meisten Städten neben dem Kämmereivermögen, dem patrimonium curiae, ein gesondertes Bürgervermögen vorhanden war, wohl auch patrimonium civitatis genannt, dessen Nutznießung und Verwaltung nicht dem Rat, sondern nur der Bürgerschaft zukam. Es bestand gewöhnlich in Anger- und Hütungsflächen, in Wiesen und Wald. Beispielsweise gehörte in Spandau, Brandenburg, Straußberg, Bernau, Altlandsberg und noch anderen Orten die Heide der Bürgerschaft. Zugleich gab es dann neben der Kämmereikasse eine besondere Bürgerkasse, über die der Rat ebenfalls keine Verfügung besaß. Sie wurde gespeist aus dem Ertrage des genannten Bürgervermögens, gewissen Strafen, Umlagen und dergleichen. Zur Verwaltung dieses Vermögens hätte nun doch eine Organisation in der Bürgerschaft bestehen müssen. Die Nutzung der Liegenschaften, aus denen sich das Bürgervermögen zusammensetzte, haftete indessen als dingliches Recht an den städtischen Hausgrundstücken und nicht einmal an allen. Es handelte sich also hierbei nicht um die Bürgerschaft als Inbegriff aller Bürger, sondern um die Inhaber von Grundstücken, gleichviel ob sie Bürger waren oder nicht und ob sie überhaupt physische Personen waren. Der Regel nach wurden die Bürger-Kassen aus der Mitte der Verordneten verwaltet, die, wie wir sahen, der Magistrat zu ernennen pflegte. Eine aus der Bürgerschaft für die Verwaltung gebildete, etwa aus Wahl hervorgegangene Körperschaft war nicht vorhanden.

Die Kosten der städtischen Verwaltung wurden aus der Kämmerei bestritten, über die der Bürgerschaft keine Befugnis zustand. Es konnten aber besondere Leistungen notwendig werden und den Bedarf dazu ohne weiteres von den Einwohnern einzuziehen, hatte der Rat kein Recht, hier war die Einwilligung der Einzelnen erforderlich. Dies Recht der Einwilligung finden wir in der nachmittelalterlichen Zeit wiederholt geltend gemacht, vor allem, wo es sich um Steuern und Kontributionen handelte. Daran knüpfte sich die weitere Folgerung, daß über das Ergebnis Rechnung zu legen sei und daß alles, was aus Steuern der Bürger erworben sei, auch nicht ohne deren Willen veräußert werden dürfe. Die Aufstellung und wiederholte Betonung dieser Grundsätze in einer Reihe von Städten lassen darauf schließen, daß man sich dabei an ältere Überlieferungen hielt. Hier stünde man einer notwendigen Mitwirkung fast der gesamten Bürgerschaft gegenüber, denn Steuer und Kontribution beschränkten sich nicht immer auf den Grundbesitz. Es fragt sich nun, ob und inwiefern bei der Festsetzung und Erhebung der Auflagen die Bürgerschaft tatsächlich als Faktor mit eintreten durfte. Man müßte, wo dies geschehen sollte, doch eine Körperschaft, wenigstens ad hoc gebildet, vorauszusetzen.

Was die Notwendigkeit der Ausschreibung einer Steuer betrifft, so haben der Magistrat oder der Landesherr die Bürgerschaft wohl in keinem Falle um ihr Urteil darüber befragt. Man hat das Volk sich versammeln lassen und die Versammlung von dem Vorhaben in Kenntnis gesetzt, man hat auch Vertreter von Gewerken dazu auf das Rathaus geladen „zu hören, wozu der Schoß not sei", wie es in der Perleberger Verfassungsurkunde von 1347 heißt[1]), ohne daß ihnen jedoch irgendwo ein Beschlußrecht eingeräumt wurde. Dagegen geschah die Einschätzung und die Verteilung der Quoten stets unter Mithilfe von Leuten aus der Bürgerschaft. Nach älteren Überlieferungen übernahmen das Geschäft die Altmeister der Zünfte, bereits im 17. Jahrhundert fast überall die Stadtverordneten, also Männer, die nicht einer Wahl, sondern der Ernennung durch den Magistrat ihr Amt verdankten. Daneben gab es hier und da auch andere Verordnete, aus den Stadtvierteln oder aus einzelnen Zünften und Gilden, besonders aus den Viergewerken, deren Auswahl aber ebenfalls, soweit die Literatur sich übersehen läßt, überall Sache des Rates gewesen ist. Dies bestätigt Zimmermann aus den Akten des Geheimen Staats- und Kabinettsarchivs, deren Durchsicht er sich hatte angelegen sein lassen[2]). Eine Verordnung Kurfürst Johanns für Brandenburg vom Jahre 1490[3]) führt gekorene Mannen an, aber man erfährt nicht, von wem sie gekoren sind.

Wo es sich um Steuern und ähnliche Leistungen handelte, wurde also die Bürgerschaft in allen Städten zur Mitwirkung herangezogen, jedoch nur durch Personen, die keine Vertreter der Gesamtheit sein konnten, auch nicht das Recht besaßen, an irgend einem Beschluß des städtischen Magistrats teilzunehmen. Wir finden nirgends den Hinweis, daß eine korporative organisierte Bürgerschaft dazu ihre Vertreter gestellt habe. Die Personen, die als Vertreter gelten sollten, wählte der Magistrat nach seinem Ermessen aus, oder die Verpflichtung ruhte auf den Spitzen der Zunft, die im alten Stadtwesen dem Rate unmittelbar unterstellt waren. Alle diese Vertreter hatten nur auszuführen, womit der Rat sie beauftragte. Außerdem waren die Zünfte nur einzelne Körperschaften, die unter sich keine Gemeinschaft bildeten. Es zeigt sich also, daß auch in diesen Angelegenheiten neben dem Rat oder ihm gegenüber keine selbständig aus der Bürgerschaft hervorgegangene Vertretung gestanden hatte.

Die Selbständigkeit des Magistrats in der städtischen Verwaltung der Bürgerschaft gegenüber wurde ihm von anderer Seite, von der Landesregierung aus eingeschränkt. Im Mittelalter besaß der Landesherr oder der adlige Grundherr noch die Gerichtsgewalt in den märkischen Städten, dem

---

[1]) Riedel, Codex A Bd. 1. S. 148.

[2]) Zimmermann, A. Versuch einer historischen Entwickelung der märkischen Städteverfassungen. Bd. 3. Berlin 1840. S. 53.

[3]) Riedel, Codex Bd. 9. S. 241.

Rat wurde sie im 14. und 15. Jahrhundert nur ausnahmsweise in einzelnen Fällen übertragen. Mithin lag der Regel nach die volle obrigkeitliche Gewalt, die sich stets an die Gerichtsbarkeit knüpfte, nicht in der Hand der Magistrate, sondern an höherer Stelle. Dies tat jedoch in jener Zeit ihrer Selbständigkeit wenig Eintrag, weil die Markgrafen sich um die inneren städtischen Angelegenheiten wenig zu kümmern pflegten. Sie sahen die Städte in erster Linie als Einnahme- und Hilfsquellen an und enthielten sich, soweit es sich nicht um feststehende Leistungen für die Landesherrschaft handelte, der Einmischung, auch wenn sie formell das Recht dazu hatten. Sie beanspruchten sogar nur ausnahmsweise die Bestätigung der Ratswahlen.

Außer herkömmlichen vertragsmäßigen oder aus dem Lehnswesen entspringenden Leistungen bestand keine Verpflichtung zu Landessteuern. Wenn es galt für das Bedürfnis des Landesherrn oder des Landes einzutreten, so geschah dies nicht durch Auferlegung einer allgemeinen gleichmäßigen Abgabe, sondern durch Verhandlungen mit den einzelnen Städten oder Gruppen von Städten über den Beitrag, den sie zu geben fähig und geneigt waren. Dies stärkte ihre Stellung und bewahrte sie vor Einsprüchen in ihre Angelegenheiten. Als dann die Bierziese von 1488 seit 1513 eine allgemeine feste Landessteuer geworden war, wurden jene Einzelverhandlungen unnötig. Der Revers, den 1513 Joachim I. ausstellte, als die märkischen Städte für seinen Bruder Albrecht, den postulierten Erzbischof von Magdeburg 7440 Gulden aufbringen mußten, „es solle durch diese Forderung den bestehenden Rechten kein Eintrag geschehen", war noch eine Erinnerung an die frühere Art der Auflagen. Die Einzelverhandlungen wurden dann erst recht überflüssig, als nach der Organisierung der Stände und der Einrichtung der ständischen Kassen um 1540 die Städte formell die Verpflichtung anerkannten, für die Abzahlung der landesherrlichen Schulden und den laufenden Bedarf des Landes durch bestimmte Steuern sorgen zu müssen. Für die Selbständigkeit der Städte gegenüber unliebsamen Eingriffen in ihre inneren Angelegenheiten lag indessen in der Verbindung mit den Ständen immerhin ein gewisser Rückhalt.

Das ständische Wesen schützte also in gewisser Weise die Städte dem Landesherrn gegenüber, die meisten Magistrate konnten sogar ihre Rechte erweitern, insofern sie die Gerichtsbarkeit und somit die volle obrigkeitliche und Polizeigewalt erhielten. Dennoch begann im Laufe des 16. Jahrhunderts, im Gegensatz zu der Gewohnheit des Mittelalters, das Bestreben der Landesregierung nach einer Aufsicht über die Verwaltung der Städte allmählich hervorzutreten. Die Polizeiordnung Joachims I. für die Städte von 1515 wußte hierzu schon allgemeine Grundsätze aufzustellen. Vorläufig ließ man es meist bei den Grundsätzen und bei der Absicht, es fehlte noch an einer Organisation für die Aufsicht und an Beamten, mit denen man eine solche hätte durchführen können. Infolgedessen blieben die Städte in ihrer Verfassung und Verwaltung, namentlich auch in der Verfügung über das städtische Vermögen nach wie vor durchaus selbständig. Das Recht der Bestätigung der Ratswahlen durch den Landesherrn scheint noch lange geruht zu haben. Ein kurfürstlicher Bescheid

z. B. für Prenzlau von 1620[1]) nennt es einen Eingriff in die höchsten Regalien, wenn die Confirmatio der Ratspersonen nicht nachgesucht würde, es geht aber aus dem Bescheide zugleich hervor, daß die Confirmatio bisher tatsächlich dort nicht üblich war.

Zu den allmählich eintretenden Umwandlungen in den Verfassungen kam es weniger durch die staatliche Fürsorge oder Aufsicht, als dadurch, daß sie sich von selbst notwendig machten. Der jährliche Wechsel des Rats, der die Verwaltung beständig in andere Hände legte, mußte sich überleben. Das nach unseren heutigen Begriffen unzweckmäßige Verfahren erklärt sich überhaupt nur in der Weise, daß eigentlich der Stadtschreiber, ein besoldeter Beamter, mit seinem Personal die Geschäfte führte. Nach der Übernahme des Gerichtswesens und der vollen obrigkeitlichen Befugnisse durch den Magistrat, bei der erhöhten polizeilichen Fürsorge mußte dieser Zustand als ein Hemmnis für die Verwaltung erscheinen. Rechtskundige Leute im Magistrat wurden unentbehrlich und sobald solche in die Ratsstellen einrückten, war es von selbst mit dem jährlichen Wechsel vorbei, denn diese Mitglieder beanspruchten ein auskömmliches Gehalt, zwei Personen aber für eine Stelle zu besolden, dazu reichten die städtischen Mittel nicht aus.

So wurden denn schon im Laufe des 17. Jahrhunderts teilweise feste Stellen für Bürgermeister, Syndici und auch andere Ratsmitglieder geschaffen. Im 18. Jahrhundert, nachdem Friedrich Wilhelm I. den Steuerräten die Untersuchung und die Aufsicht des Städtewesens übertragen hatte, hörte unter dem Einfluß dieser Beamten der Ratswechsel überall gänzlich auf, wozu wesentlich beitrug, daß sie die vielfach überflüssigen Ratsstellen zu beseitigen wußten. Nach den Vorarbeiten der Steuerräte konnte Friedrich II. 1743 in der Instruktion für das Kämmereiwesen allgemeine Bestimmungen über die Anzahl der Magistratsmitglieder in den Städten treffen[2]) und demgemäß finden wir unmittelbar vor Einführung der Städteordnung ihre Anzahl sehr eingeschränkt. Daß mehrere in einer Stadt den Titel Bürgermeister führten, z. B. 4 in Brandenburg, 3 in Frankfurt, 2 in Spandau, 3 in Straußberg, erinnerte noch an die alte überreiche Besetzung der städtischen Behörde. Die Ergänzung der Magistrate aus eigner Wahl blieb dem Grundsatz nach unangetastet, wenn gleich im einzelnen, besonders zur Zeit Friedrich Wilhelms I. nicht selten Ernennungen auf königlichen Befehl erfolgten. Dieser grundsätzlich noch bestehenden Freiheit der Wahl gab denn auch das allgemeine Landrecht Ausdruck, indem es sagt, daß über die Art der Wahl Privilegien usw. entscheiden, in zweifelhaftem Falle aber der Gemeinde das Wahlrecht zustehe und dieses durch den Magistrat ausgeübt werde[3]). — Dagegen wurde die Bestätigung durch die Regierung ohne Ausnahme durchgeführt. Die Annahme, daß die Magistratsmitglieder dadurch als unmittelbare Staatsbeamte galten, ist indessen irrig[4]).

---

[1]) Seckt, Geschichte Prenzlaus. Teil II, Prenzlau 1787, S. 188.

[2]) Instruktion vom 3. Dezember 1743. Beiträge zur Finanzliteratur in den Preußischen Staaten 1785. 2. Bd. S. 645.

[3]) Allg. Landrecht II. 8. Titel § 120—122.

[4]) Acta Borussica. Die Behördenorganisation. Band VI. Berlin 1901, S. 243.

Man vergleiche den Erlaß vom 15. Dezember 1761, „daß die Magistratspersonen ihren Gerichtsstand nicht vor den Landesjustizkollegien, sondern vor dem Magistrat haben[1])."

Vor der Einführung der Städteordnung befanden sich also die Magistrate de jure im Besitz eines der wesentlichsten Rechte der städtischen Verfassung, des Rechts der Selbstergänzung, wenn auch mit dem Vorbehalt der landesherrlichen Bestätigung. Daß die Anzahl der Mitglieder auf Veranlassung der Staatsbehörden verringert war, wurde kaum als ein Eingriff in die Gerechtsame angesehen, denn man empfand längst die unnütz großen Kollegien als einen Mißstand, zum Teil blieben selbst nach der vorgenommenen Einschränkung zu viel Personen übrig. Auch die Verbindung bestimmter Dezernate mit den einzelnen Stellen schien willkommen, weil die Einrichtung zweckmäßig war. Aber die Verwaltung selbst schränkte die Regierung Friedrich Wilhelms I. den Magistraten derartig ein, daß sie fast alle selbständige Verfügung in den städtischen Angelegenheiten verloren. Der im Befehl der Kriegs- und Domänenkammer und des Generaldirektoriums handelnde Steuerrat konnte in den Städten seines Bezirks, aus dem Auftrage, überall nach dem Rechten zu sehen und das Gedeihen der Stadt zu fördern, Bericht über alle Einzelheiten verlangen, die bei der Verwaltung des Stadthaushalts, der Polizei, Kirche und Schule, des Armenwesens, der Innungen vorkamen, und die Entscheidung von seiner Zustimmung abhängig machen. Am empfindlichsten wurde diese Aufsicht bei der Kämmerei, mit der der Rat bisher für die städtischen Einrichtungen frei geschaltet und woraus er auch die Bezüge seiner Mitglieder durch Übereinkunft unter sich festgesetzt hatte. Davon erhielten nicht bloß die rechts- oder geschäftskundigen ihren Teil, sondern mehr oder weniger auch alle übrigen, denn der Gedanke unentgeltlicher Leistungen für das allgemeine Wohl war jenen Zeiten fremd, wer dem Kollegium angehörte, genoß in irgend welcher Weise eine Entschädigung. Alles dies geschah natürlich nach der Vorstellung, daß das Kämmereivermögen, das patrimonium curiae dem Rate allein zur Verfügung stehe, er dürfe es nur nicht verringern.

Dieses eigentlich nur in der Überlieferung wurzelnde Verfügungsrecht über die Kämmerei war ja auch von der Landesregierung niemals bestritten worden. Der Rat handelte also tatsächlich bona fide, wenn er nach seinem Gutdünken mit den städtischen Mitteln verfuhr und der Vorwurf der widerrechtlichen Aneignung, den man gegen diese Kollegien erhoben hat, ist nicht begründet. Da bisher keine Aufsicht über die Verwaltung geführt war, weder von einer mitberechtigten Bürgerschaft, noch von der Landesregierung, hatte naturgemäß unbeschränkter Egoismus nicht selten zur Mißwirtschaft verleitet. Man hatte die Einrichtungen und Anstalten, die der Stadt und dem Wohl der Bürger dienen sollten, ohne Pflege gelassen und die Einnahmen aus dem Kämmereibesitz und aus den der Kämmerei gehörigen Hebungen für die Ratsmitglieder verwendet. Die Liegenschaften waren von den Magistraten ausgenutzt und häufig entwertet worden. Davon indessen, daß Vermögensstücke

1) Mylius, Novum Corpus III 95.

abhanden gekommen wären, möchte es kaum Beispiele geben. Der Mißstand in der Verwaltung trat umsomehr dort hervor, wo Kämmereivermögen und nutzbare Rechte wenig einbrachten, dagegen viele Ratsmitglieder daran teilnehmen wollten. Aus Steuern hatten sie keine Einnahmen, denn Steuern wurden aus der Bürgerschaft für städtische Zwecke im 18. Jahrhundert nirgends mehr erhoben, und wo wirklich ein Bürgerschoß bestand, besaß die Bürgerschaft die Befugnis, über die Verwendung mitzusprechen.

Dieser schlechten Wirtschaft wurde durch die Steuerräte unter Friedrich Wilhelm I. und Friedrich II. ein Ende gemacht. Wenn bei der staatlichen Aufsicht auch nicht wenig das fiskalische Interesse im letzten Ziele mitsprach, um städtische Mittel für Staatszwecke verwerten zu können, so trat doch dadurch für die Städte die außerordentlich günstige Folge ein, daß Ordnung in ihre Verwaltung kam, daß man überhaupt erst ordnungsmäßig verwalten lernte. Vor allem wurde der Haushalt und das Finanzwesen geregelt und zugleich das Besitztum gebessert. Die Magistrate gerieten in völlige Abhängigkeit von dem Steuerrat und der Kriegs- und Domänenkammer, aber bei der gewissenhaften Verfügung über die Mittel der Stadt war für das Wohl der Bürgerschaft, für die städtischen Einrichtungen besser gesorgt als zuvor. Die Steuerräte waren keineswegs, wie man bei Raumer und Rönne liest (S. 11), minderwertige Beamte, denen die Bildung für höhere Stellung fehlte, sondern Verwaltungspraktiker, an deren Fähigkeit man große Anforderungen stellte. In der ersten Hälfte des 18. Jahrhunderts mag es vorgekommen sein, daß invalide Offiziere und Regimentsquartiermeister unter Vermittlung der Regimentschefs dergleichen Stellen erhielten, aber die Instruktion vom 12. Februar 1770 schrieb eine Prüfung vor der Oberfinanz-Examinationskommission und umfassende Kenntnisse auf verschiedenen rechts- und staatswissenschaftlichen Gebieten, sowie eine praktische Vorbildung vor, so daß nur selten noch Militärs die Examina bestanden und zur Verwendung gelangten[1]). In der folgenden Zeit legte man in der Erkenntnis, wie wichtig das Amt der Steuerräte für die Ordnung in den Städten sei, immer mehr Wert auf die Vorbereitung und verlangte „gelehrte, tüchtige, betriebsame und redliche Männer" dafür[2]). — Die Beaufsichtigung durch die Steuerräte hatte die Ordnung in der städtischen Verwaltung gefördert. Zuletzt aber richtete sich die Tätigkeit dieser Beamten allerdings auch auf zu geringfügige Dinge, sie berichteten dann in solchen an die Domänenkammer, um deren Entscheidung einzuholen, diese wendeten sich womöglich erst an das Generaldirektorium und so gestaltete sich der Geschäftsgang selbst in Kleinigkeiten langsam und schwerfällig, das Schreibwerk nahm überhand.

Eine Grenze fand die Wirksamkeit des Steuerrats, auch beim besten Willen die städtischen Einrichtungen zu heben, in der geringen Leistungsfähigkeit der Kämmereien und in den Ansprüchen der bewaffneten Macht, zu

---

[1]) Beiträge zur Finanzliteratur in den preuß. Staaten, Bd. 1. Frankfurt und Leipzig 1781. S. 16.

[2]) Lamotte, Praktische Beiträge zur Cameralwissenschaft. Halle 1785. Bd. 3. S. 88.

deren Gunsten oft andere Ausgaben, wie für Schule, Armenwesen, städtische Gebäude, Pflaster usw. eingeschränkt werden mußten. Auch unberechtigte Einsprüche in städtische Angelegenheiten, Einschub von ungeeigneten invaliden Militärpersonen in städtische Stellen auf höheren Befehl kamen gelegentlich vor, ohne daß der Steuerrat es abwehren konnte.

Die Magistrate hatten also, wenn man ihre Stellung vor Einführung der Städteordnung kurz kennzeichnen will, unbestritten das Wahlrecht, das heißt das Recht sich selbst zu ergänzen, wenn auch in einzelnen Fällen eine Beeinflussung durch die vorgesetzte Behörde stattfand. Sie besaßen die volle obrigkeitliche Gewalt und die Ausübung der gesamten Polizei, ferner die alleinige Verfügung über die Verwaltung der Kämmerei. Die staatliche Aufsicht hatte sich zu weit in die Einzelheiten vertieft, die Bevormundung übertrieben und die Verwaltung umständlicher gemacht, als nötig war. Sie förderte auch aus fiskalischen Rücksichten die Wohlfahrt der Städte nicht in dem Maße, als es wohl in der Absicht der Regierung lag. Aber die Aufsicht geschah nach bestehenden gesetzlichen Vorschriften, nicht willkürlich, besonders von Bedeutung für die Gemeinden war dabei, daß ihr Vermögen und Besitz gewahrt und gebessert wurde.

Nicht ohne Grund hat man als Folge der staatlichen Beaufsichtigung die Umständlichkeit des geschäftlichen Verfahrens und die Vielschreiberei bezeichnet. Man hat dann auch darauf hingewiesen, daß die Aufsicht die Veranlassung zu dem Mangel an Selbsttätigkeit bei den Magistraten und zur Entfremdung der Bürgerschaft von der Teilnahme an den städtischen Angelegenheiten gewesen sei. Das Interesse für die Gemeinde und der Antrieb, sich ihr zu widmen sei vollständig verloren gegangen. Die Ursache, daß die Bürgerschaft wenig dazu kam, sich in der städtischen Verwaltung zu beteiligen, lag indessen nicht in der Bevormundung der Staatsbehörden, sondern, wie oben schon gezeigt wurde, in der ursprünglichen Verfassung der märkischen Städte, die dem Rate die Bürgerschaft unterordnete, sie als Körperschaft nicht anerkannte und ihre Mitwirkung in der Verwaltung nur in gewissen Fällen durch Vertreter, die der Rat selbst auswählte, zuließ. Insofern geht also das ungünstige Urteil über den Einfluß der Steuerräte und der Staatsbehörden zu weit.

Schmoller pflichtet in seinen Arbeiten über das Städtewesen unter Friedrich Wilhelm I. den absprechenden Urteilen über die Reformen dieses Königs und Friedrichs II. nicht bei[1]). Er äußert in den Schlußbetrachtungen, man hätte im 19. Jahrhundert nirgends in Deutschland einen solchen Boden für die neue kommunale Freiheit und für ein gesundes Selfgovernment gefunden, als in Preußen, weil die energisch durchgeführten Reformen im Sinne einer tüchtigen integren Verwaltung vorausgegangen waren. Der historische Romantiker und der liberale Radikale sähen in der teilweisen Absorption und Leitung der städtischen Verwaltung durch staatliche Behörden, wie sie damals

---

[1]) Zeitschrift für preußische Geschichte und Landeskunde, 10. Jahrg. 1873. S. 589. 11. Jahrg. 1874. S. 579.

stattfand, nur eine beklagenswerte Verirrung, wogegen doch diese Entwicklung die notwendige Erziehung der Magistrate zu wirklich geordneter Verwaltung mit sich gebracht habe. Und was die vielgeschmähten Kommissare der Regierung oder der Domänenkammern, die Steuerräte beträfe, so rühre der eigentliche Entwurf der Städteordnung von 1808 aus der Feder eines solchen, des Kriegsrat Frey in Königsberg her.

Man muß den Ansichten Schmollers größtenteils beistimmen. Die Städteordnung hätte nach 1808 schwerlich durchgeführt werden können ohne einen Stamm von geschulten Beamten, die schon seit Jahrzehnten daran gewöhnt waren, die Verwaltung nach bestimmten Rechtsnormen zu führen. Die Verhältnisse haben sich natürlich in den einzelnen Städten verschieden gestaltet. In der Mark Brandenburg war das Beamtenpersonal wohl meist besser, als in anderen östlichen Provinzen. Die Dürftigkeit in der wirtschaftlichen Lage, die mangelhafte Wohlfahrtspflege darf man nicht auf Rechnung dieses Beamtentums setzen. Für die erste kommen die Verhältnisse der Provinz, die Wirtschaftspolitik des Staates überhaupt, für die zweite der Umstand in Betracht, daß nirgends eine Steuer für den städtischen Bedarf erhoben wurde.

Die Verfassung von Berlin bis 1806.

Die ursprüngliche Verfassung war hier keine andere, als die der meisten märkischen Städte, wie sie der vorige Abschnitt darzustellen versuchte. Der Landesherr oder sein Vertreter hatte die Gerichtsbarkeit, verbunden mit der obrigkeitlichen Gewalt, der Rat besaß die Sicherheits- und die Wohlfahrtspolizei, die gesamte Gewerbe-, Markt-, Feld-, Forst- und Baupolizei. Er hatte die Stadt gegen äußere Angriffe zu wahren. Alles geschah indessen unter Vorbehalt der landesherrlichen Aufsicht. Der Rat wechselte alljährlich, er bestand in Berlin aus zwölf, in Köln aus sechs Ratsherren und ergänzte sich, wenn Mitglieder ausschieden, selbst. Die Bestätigung, die dem Landesherrn als Obrigkeit gebührte, scheint gewöhnlich unterblieben zu sein, bis Friedrich II. 1442 ausdrücklich eine dahin lautende Bestimmung vorschrieb, an der auch seine Nachfolger dann festgehalten haben[1]). Eine andere Vorschrift Friedrichs II., daß der Rat sich auch aus den Zünften und der gemeinen Bürgerschaft ergänzen sollte, wurde sehr bald wieder außer acht gelassen, man wählte die fehlenden Mitglieder mit Umgehung des Handwerks aus der besitzenden Klasse der Bürgerschaft, den sogenannten Patriziern.

Der Rat verfügte allein über das Kämmereivermögen und bestritt mit den Einnahmen daraus den Haushalt der Stadt. Friedrich II. ordnete eine jährliche Rechnungslegung vor den Vertretern der Zünfte, den Viergewerken an, aber es läßt sich nicht nachweisen, ob man danach gehandelt hat, jedenfalls kann es nicht lange der Fall gewesen sein. Von der Bürgerschaft waren nur die Zünfte organisiert, insofern die vier größten die Ver-

[1]) Das Nähere über alle diese Verhältnisse s. Clauswitz in der Einleitung zu den Bau- und Kunstdenkmälern von Berlin. 1893. S. 35 ff.

tretung aller übrigen bildeten. Die Art der Organisation dieser vier kennen wir nicht, vermutlich bestand sie nur in einer Vereinigung der Altmeister. Die Mitwirkung der Viergewerke bei Rechtsgeschäften des Rates wird ab und zu erwähnt, aber so unregelmäßig, daß ihre Zustimmung nur als eine Form erscheint. Einer Bürgerkasse geschieht nirgends Erwähnung, obwohl man das Vorhandensein einer solchen annehmen muß, denn es gab Liegenschaften, die den Bürgern und nicht der Kämmerei gehörten. Eine Steuer erhob der Landesherr erst 1488 in Gestalt einer Biersteuer, bis dahin wurden die nötigen Beiträge für das, was er forderte, anderweitig vom Rate aufgebracht. Von der Biersteuer, deren Einziehung dem Rat überlassen war, erhielt die Stadt den dritten Teil. Sonst wissen wir nichts von einer Steuer zu städtischen Zwecken vor dem 16. Jahrhundert. Die Gebühren und Abgaben, die der Rat erhob, beruhten auf alten Privilegien und flossen zur Kämmerei.

Alle Befugnisse des städtischen Rats erstreckten sich selbstverständlich nur auf die Gebiete und Personen, über die ihm von der landesherrlichen Obrigkeit die Polizeigewalt zugestanden werden konnte. Als ausgeschlossen galten die dem Landesherrn gehörenden Stadtteile, wie der Schloßbezirk, der Mühlendamm usw., die landesherrlichen Straßen und der Spreelauf, ferner die Grundstücke der Geistlichkeit, Klöster und dgl. und endlich die Besitzungen landesherrlicher Vasallen in der Stadt. Als Personen waren ihm natürlich nicht unterstellt alle landesherrlichen Beamten, Diener und Lehensleute und die Geistlichkeit.

Im Laufe des 16. Jahrhunderts traten dann wesentliche Veränderungen in der Verfassung ein. In beiden Städten, Berlin und Köln, übertrug 1508 Joachim I. die Gerichts- und volle obrigkeitliche Gewalt dem Rat, nicht der Stadt, ferner erhielt in beiden Städten der Rat das Patronat über die städtischen Pfarrkirchen. Dagegen wurden seine polizeilichen Befugnisse durch den Besitz der obrigkeitlichen Gewalt weder vermehrt noch befestigt. Im Gegenteil, der Umstand, daß Berlin ständiger Sitz des kurfürstlichen Hofes geworden war, veranlaßte polizeiliche Anordnungen des Kurfürsten selbst, was hauptsächlich in dem Anwachsen der kurfürstlichen Hofleute, des Beamtentums, des Adels und des Militärs, die man allesamt unter dem Namen der Eximierten begriff, seinen Grund hatte. Da diesen der Magistrat keine Vorschriften machen durfte, so mußten die Polizeiverordnungen vom Kurfürsten selbst ausgehen, wenigstens von ihm bestätigt sein, um allgemein befolgt zu werden. Als dann nach dem 30jährigen Kriege die Stadt eine ständige Garnison erhielt, zwei neue Städte, Friedrichswerder und Dorotheenstadt, neben den beiden alten entstanden, die Franzosen in Mengen einwanderten, ohne sich einem Magistrate unterordnen zu müssen, wurde es vollständig unerläßlich, daß der Kurfürst selbst für die Sicherheitspolizei und auch für die Wohlfahrtspolizei Sorge traf, wenn den Vorschriften alle vier Städte, Bürger und Eximierte gleichmäßig gehorchen sollten. Als die zur Ausführung seiner Befehle geeignetste Person erschien damals der Gouverneur, der dann auch bis 1742 den wesentlichsten Teilen des Polizeiwesens, der Sicherheitspolizei, der Baupolizei, dem Marktwesen, der Straßenreinigung, dem Feuerlöschwesen und der Beleuchtung, auch dem Armenwesen vorstand. Der Magistrat wurde zwar nicht untergebene Behörde des Gouverneurs, konnte aber nicht umhin, sich seinen Anordnungen zu fügen. Selbständig behielt er nur die Aufsicht über das Innungswesen, doch auch auf diesem Gebiete erforderten die Bildung neuer Innungen oder neuer Statuten die Bestätigung des Landesherrn.

Was die Zusammensetzung des Rates betrifft, so dauerte im 16. Jahrhundert der jährliche Wechsel fort, aber die Stellen wurden beständig, die beiden Inhaber einer Stelle lösten sich nur jährlich ab, so daß eine Neuwahl nur beim gänzlichen Ausscheiden eines Mitgliedes aus dem Kollegium stattfand. Der Neugewählte bedurfte dann der Bestätigung durch den Kurfürsten. Daß das Ratskollegium der Residenz sich im 17. Jahrhundert wenigstens teilweise aus rechtskundigen Personen zusammensetzte, wurde immer notwendiger, aber wie die Nachrichten ergeben, besetzte man die Ratsstellen durchaus nicht mehr vorzugsweise mit Angehörigen heimischer Patrizierfamilien. Dagegen kommt es zu Ende des 17. Jahrhunderts schon vor, daß der Kurfürst dem Rate Personen aufnötigte, denen er ein Nebenamt verschaffen wollte.

Über die Kämmerei und den städtischen Haushalt behielt der Rat während dieser Zeit nach wie vor die alleinige Verfügung, ohne Kontrolle durch den Landesherrn oder durch die Bürgerschaft. Bei den Steuern, die der Stadt im 16. und 17. Jahrhundert für die Stände und des Krieges wegen in großer Höhe auferlegt wurden, war, wie in den anderen märkischen Städten, von einem Recht der Zustimmung durch die Bürgerschaft keine Rede. Der Rat beteiligte aber Vertreter der Bürger bei der Verteilung und Erhebung der Auflagen, was schon die Zweckmäßigkeit erforderte. Dabei wurde denn auch eine Rechnungslegung zugestanden. Jedoch bildeten die Viergewerke nicht mehr in diesen Fällen die hauptsächliche Vertretung der Bürgerschaft in Berlin, die anderen Innungen hatten zu sehr an Umfang und Bedeutung gewonnen. Der Rat ernannte zur Mitwirkung bei den Steuerauflagen neben den Altmeistern der Viergewerke Verordnete aus allen Innungen und aus der sonstigen Einwohnerschaft, die namentlich bei den Kontributionen des dreißigjährigen Krieges und bei den ersten Anfängen der Akzise eine rege Tätigkeit entwickelten und sich als nützliche Glieder des Gemeinwesens bewährten. Vom Ratskollegium erhielten sie eine Besoldung und fanden dann auch sonst in städtischen Angelegenheiten als Vertrauenspersonen Verwendung.

Bis zur Zeit der Regierung Friedrich Wilhelms I. war der Magistrat dem Landesherrn unmittelbar unterstellt. Selbst als zu Ende des 17. Jahrhunderts das Generalkriegskommissariat als oberste Finanzbehörde gebildet wurde und sich aus Veranlassung der Akzise vielfach in die städtischen Polizeiangelegenheiten einmischte, galt es ebensowenig wie der Gouverneur als vorgesetzte Behörde des Magistrats. Erst nach Errichtung des Generaldirektoriums und der als Provinzialbehörden ihm untergebenen Kriegs- und Domänenkammern i. J. 1722 und 1723 wurde die kurmärkische Kammer seine vorgesetzte Behörde, nicht, wie in andern Städten, der der Kammer untergebene Steuerrat. So blieb es bis 1806 mit dem einzigen Unterschiede, daß der erste Bürgermeister, dessen Stelle nach dem rathäuslichen Reglement Friedrichs II. vom 21. Februar 1747 der Polizeidirektor unter dem Titel Stadtpräsident einnahm, mit seinem hauptsächlichsten Arbeitsgebiet, dem Polizeiwesen, unmittelbar dem Generaldirektorium unterstellt war.

Der jährliche Ratswechsel hörte nach der Vereinigung der vier Städte der Residenz zum einheitlichen Berlin 1709 grundsätzlich auf, es gab von da ab nur noch eine Person für jede Ratsstelle, wie es in den neugebildeten Städten Friedrichswerder und Dorotheenstadt schon von Anfang an der Fall gewesen war. Aber die Zahl der Magistratsmitglieder setzte erst das eben genannte Reglement von 1747 fest, und zwar auf zwanzig, woran man auch bis zuletzt ungefähr festgehalten hat. 1806 waren 18 Mitglieder. Das alte Recht der Selbstergänzung des Magistrats hatte schon Friedrich I. hin und wieder übergangen. Friedrich Wilhelm I. ernannte die Mitglieder entweder selbst oder bestätigte die ihm von der Kriegs- und Domänenkammer vorgeschlagenen Personen, vielfach Staatsbeamte, die die Stelle nur im Nebenamte versahen. Fast immer war es bei der Anstellung Bedingung, daß der Bewerber eine möglichst hohe Summe dem König für die Rekrutenkasse zahlte; von der Befähigung wurde hin und wieder abgesehen, so daß z. B. der Hofkonditor Freyhofer, der Hofbuchbinder Reichardt Ratmänner mit einem Gehalt von 150 Talern wurden, der als Zeichner von Berliner Stadtplänen und Bauten bekannte Organist der Garnisonkirche Walther bekleidete sogar das Amt des Kämmerers. Dergleichen Willkürlichkeiten in der Besetzung hörten zur Zeit Friedrichs des Großen nach Erlaß des Reglements von 1747 auf. Dem Ratskollegium wurde sein Ergänzungsrecht, unter Wahrung des Vorbehalts der königlichen Bestätigung der Erwählten, urkundlich in diesem Reglement wieder zugesichert und mit seltenen Ausnahmen von der Regierung befolgt. Auch die königlichen Beamten, die nur im Nebenamte im Kollegium saßen, verschwanden bald daraus.

Von dem Hinweise des Reglements, daß es nicht nötig sei, „die Hälfte des Collegii mit lauter Gelehrten zu besetzen, sondern es könnten auch andere in der Ökonomie, Kaufmannschaft oder andern Künsten und Wissenschaften erfahrene und geübte Personen sein" machte man indessen sehr wenig Gebrauch. Juristen und aus der Beamtenlaufbahn hervorgegangene Männer kamen fast immer nur für die Stellen in Frage. 1806 bestand der Magistrat fast ausschließlich aus Juristen, und zwar waren sie meist vorher Justiz-Referendarien, der Ökonomiedirektor Scheffel und der Kämmerer Oeding ehemalige Kriegsräte gewesen. Abgesehen vom Stadtbaurat Langerhans machte nur der Stadtrat Weydemann als vormaliger Kanzlist bei der Kriegs- und Domänenkammer eine Ausnahme.

Das Reglement von 1747 faßte die ganze städtische Verwaltung in bestimmte Formen, teilte sie in vier Departements, das Justizdepartement, das Polizei-, das Ökonomie- und das Kämmereidepartement und wies jedem die Arbeitskräfte aus dem Kollegium zu. Die Einteilung konnte indessen nicht streng inne gehalten werden, wie sich schon aus der ganzen Anlage ergab, sie ging später in die der Dezernate für die einzelnen Verwaltungszweige über. Die wichtigste Frage war die Gestaltung der Polizei. Wegen der großen Zahl der Eximierten, die den Magistraten in keiner Weise Gehorsam schuldeten, war früher der Gouverneur der Träger aller Polizeigewalt geworden (S. 22). Obwohl nun während der Regierungszeit Friedrich Wilhelms I. durch die Vermehrung der Soldatenfamilien, der einwandernden Franzosen und Fremden, des Adels und der Beamtenschaft sich die Gegensätze noch weiter zuspitzten, wollte der König doch durch das Patent vom 16. Juli 1735 das gesamte Polizeiwesen in die Hand des Magistrats legen. An dem Widerstande aller jener Nichtbürger gegen eine derartige obrigkeitliche Gewalt des Magistrats scheiterte aber die Absicht des Königs. Erst dadurch, daß Friedrich II. die Leitung des Polizeiwesens einem vom Könige zu ernennenden Polizeidirektor übertrug, dem der Magistrat untergeben war, gelang es, eine einigermaßen einheitliche Polizei für die Residenz herzustellen.

Das Reglement von 1747 machte den königlichen Polizeidirektor zum jedesmaligen Stadtpräsidenten und unterstellte ihm den Magistrat. Zum Polizeidepartement gehörte die gesamte Sicherheits- und Wohlfahrtspolizei, mit Ausnahme der Baupolizei, die ebenso wie die Herstellung des Straßenpflasters dem Gouverneur verblieb. Der Polizeidirektor ernannte die Polizeibeamten und erhielt drei Ratsherrn zur Assistenz, war aber dem Magistrate gegenüber in seinen Anordnungen völlig selbständig. Der Magistrat sollte „in Polizeisachen nichts veranlassen". Daß die Polizeigewalt über die Stadt in dieser Weise dem Magistrat ganz entzogen wurde, erklärt sich aus der eben angeführten Zusammensetzung der Einwohnerschaft. Aber auch die Aufbringung der Kosten verlangte einen königlichen Polizeidirektor, da sie nicht der städtischen Kämmerei, sondern den Staatskassen zur Last fielen, wie wir weiter unten sehen werden. Das Verwaltungsgebiet der Polizeibehörde blieb bis 1806 dasselbe, wie es das Reglement von 1747 festgesetzt hatte, nur die Mitwirkung von Magistratspersonen bei der Verwaltung ging mehr und mehr zurück. Mit der Einsetzung eines kollegialischen Polizeidirektoriums, in dem sich kein Mitglied des Magistrats mehr befand, durch das „Reglement zur Verwaltung des Polizeiwesens in den Residenzen" vom 21. Januar 1795 wurde dann jede Beteiligung des Magistrats bei der Polizeiverwaltung aufgehoben, nur blieb der Direktor nach wie vor Stadtpräsident und Vorsitzender des Magistrats. Als vorgesetzte Behörde des Direktoriums galt eigentlich das Generaldirektorium, doch wurde bestimmt, daß „das Polizeidirektorium zugleich, wie sich von selbst versteht, unmittelbar von Sr. Königl. Majestät dependire". „Nach dem aber darf es nur blos von Höchstdero gesammten Etats-Ministerio in denen Angelegenheiten, zu welchen das Amt der Policey sich qualificirt und erforderlich ist, Befehle annehmen und befolgen." Durch diese Bestimmungen und den daraus sich ergebenden unmittelbaren Verkehr mit dem Könige erhielt der Stadtpräsident eine so hervorragende Stellung, daß sein Einfluß den Magistrat beherrschen mußte. Die Entscheidung in städtischen Angelegenheiten lag tatsächlich meist allein in seiner Hand. So war es noch 1806. — Die Bestimmungen des Allgemeinen Landrechts über die städtische Polizei (§ 128 ff. im 2. Teil des 8. Titels) erscheinen in dem Reglement von 1795 durchaus unberücksichtigt.

Die gesamte Polizei in der Residenz mit Straßenerleuchtung und Reinigung, Feuerlöschwesen, Baupolizei, Marktaufsicht, auch Armenwesen entbehrte also jeglicher Mitwirkung des Magistrats, dagegen blieb ihm die Gerichtsbarkeit, soweit dies nach der Zusammensetzung der Einwohnerschaft möglich war. Die Stellung des Magistrats war hierbei eine doppelte gewesen, insofern er selbst durch rechtskundige Mitglieder bürgerliche Rechtsstreitigkeiten, die vor sein Forum gebracht wurden, entscheiden lassen und auch Sachen der freiwilligen Gerichtsbarkeit übernehmen durfte, andererseits über die eigentliche Justizbehörde, das Stadtgericht, das im Namen des Magistrats Recht sprach, die Justizhoheit hatte. Die eigene Justiz neben der des Stadtgerichts war unzweckmäßig und bestand nur wegen der Sporteln, die dabei für die mitwirkenden Magistratsmitglieder herauskamen, sie wurde 1780 aufgehoben. Für das Stadtgericht behielt der Magistrat die Justizhoheit bis zur Einführung der Städteordnung, doch nicht mehr in dem Maße, wie es das rathäusliche Reglement von 1747 zum Ausdruck brachte, wo es hieß, der Magistrat solle sich „darum bekümmern, ob die Justiz in der Stadt behörig administriret werde oder nicht, und haben solchem nach die Stadtgerichte dem Magistrats-Collegio die gebührende Deference zu erweisen, an selbiges auf Erfordern zu referiren, auch nach Befinden vom selbigen Rath und Erinnerung zu Beschleunigung der Justiz-Sachen anzunehmen". Nach diesem Wortlaut sollte also der Magistrat die vorgesetzte Behörde des Stadtgerichts bilden. Die Gerichtsordnung vom 5. April 1770 ließ dem Magistrat die Wahl der Stadtrichter, behielt aber deren juristische Prüfung dem Kammergericht und die Bestätigung dem Könige vor, bestimmte außerdem die Anzahl der Beamten und schrieb eine Direktorstelle vor, deren Inhaber der König zu ernennen habe. Da der Direktor die Geschäfte selbständig verteilte, so verlor der Magistrat zum großen Teil seine Stellung als vorgesetzte Behörde des Stadtgerichts, um so mehr, als alle Bestimmungen über die Einrichtungen des Gerichtswesens in Zukunft ohne weiteres vom Könige oder vom Justizminister ausgehen sollten, wie denn auch eine königliche Verordnung vom 28. Mai 1795 besondere Zivil- und Kriminal-Deputationen neben dem Plenum errichtete. In dieser Verfassung befand sich das Gericht noch 1806. Die Zahl der Richter und Assessoren, die nur von der Bestimmung der Staatsbehörde abhing, betrug 1806 achtzehn. Die Kosten des Gerichts wurden nicht durch die Einnahmen gedeckt. Zu den Besoldungen leistete die Kämmerei 1806 1543 Tlr. Zuschuß, außerdem zum Unterhalt der Gefangenen 8686 Tlr. Zuständig war das Stadtgericht natürlich nur für die eigentliche Bürgerschaft, für die der Magistrat die Obrigkeit bildete. Bei der geringen Zahl der Bürger (S. 10) bedeutete dies noch nicht die Hälfte der Bevölkerung. Die übrigen Einwohner, die sogenannten Eximierten, unterstanden teils dem Kammergericht, teils dem Hausvogteigericht, teils dem Justizamt Berlin (Amt Mühlenhof), teils dem französischen Coloniegericht, teils den Militärgerichten[1]).

---

[1]) Über die verschiedenen Gerichte vergl. Fr. Holtze, Das juristische Berlin beim Tode Friedrichs des Großen, in der Festschrift zum deutschen Anwaltstage. Berlin 1896.

Am wenigsten beschränkten die überall eingreifenden Staatsbehörden den Magistrat in der Aufsicht über die gewerblichen Korporationen. Die Mitglieder der Gilden und Innungen setzten sich mit wenigen Ausnahmen aus der eigentlichen Bürgerschaft zusammen, gemäß der alten Vorschrift, daß zum Betriebe eines Gewerbes das Bürgerrecht gehöre. Nur wenige Vereinigungen, wie z. B. die jüdischen Kaufleute und verschiedene französische Gewerbtreibende waren als Nichtbürger dem Magistrat nicht unterstellt. Die Aufsicht des Magistrats über das Innungswesen hatte das rathäusliche Reglement von 1747 neu geregelt, das ihm überhaupt die Förderung jeglichen Gewerbes zur Pflicht machte, damit die Einwohnerzahl vermehrt und „insonderheit wohlhabende Leute anhero gezogen werden mögen". Der Magistrat sollte bei allen Innungen die Rechnungen durchsehen, zu den Versammlungen Vertreter schicken, die Meisterprüfungen und das gesamte Gesellen- und Lehrlingswesen beaufsichtigen und besonders auf das Zunftrecht achten, daß niemand Arbeiten vornähme, die nicht seinem Handwerk erlaubt seien. Alle Magistratsmitglieder waren als Vertreter ihrer Behörde bei der Aufsicht der einzelnen Gewerke sehr in Anspruch genommen.

Der bedenklichste Punkt im gewerblichen Leben war immer das Überschreiten des Zunftrechts, das Übergreifen in die Arbeiten einer anderen Zunft und das Vorgehen gegen die Störer und Pfuscher gewesen. In den unaufhörlich daraus sich ergebenden Streitigkeiten und Prozessen hatte der Magistrat allein die Entscheidung. Als sich mit dem Anfang des 18. Jahrhunderts die eximierten Gewerbtreibenden, gegen die der Magistrat nicht vorgehen durfte, mehrten, blieben oft Verfehlungen gegen das Zunftrecht ungeahndet, man begann sich daran zu gewöhnen, und die Klagen wurden seltner. Auch die von Friedrich Wilhelm I. 1735 erlassenen Generalprivilegien für die Handwerke mit ihrer strengen Sonderung der Arbeiten für jedes einzelne bewirkten nicht, daß die Zunftstreitigkeiten in dem früheren Umfange wieder auflebten. Die Akten ergeben immer weniger Strafen für Verletzung des Zunftrechts. Man muß annehmen, daß die Innungen selbst nicht mehr den früheren Wert auf die strenge Innehaltung des Schutzes ihrer Waren legten. Unter diesen Umständen war es auch kein tiefgehender Eingriff der Polizei in die Tätigkeit des Magistrats, wenn das Polizeireglement vom 21. Januar 1795 bestimmte, daß die Gewerkstreitigkeiten nicht mehr vom Magistrat allein, sondern gemeinsam mit dem Polizeidirektorium entschieden werden sollten.

Auf die Angelegenheiten der Kirche hatte der Magistrat in der Zeit bis 1806 nur insofern Einfluß, als ihm ein solcher bei einzelnen Kirchen durch das Patronat eingeräumt wurde, und soweit gingen auch nur seine Verpflichtungen. Die Aufsicht über sie führte das kurmärkische Konsistorium. Unter den dreißig damals vorhandenen Kirchen, die Anstaltskirchen eingerechnet, waren zwölf städtischen Patronats, bei den übrigen, mit Ausnahme der französischen Kirchen, der Parochial- und der böhmischen Kirche, hatte der König das Patronat.

Beim Unterrichtswesen sorgte der Magistrat nur für diejenigen höheren oder gelehrten Schulen, die von alters her als städtische Schulen galten, von denen jede der vier Städte eine besessen hatte. 1806 waren nur noch zwei vorhanden, das berlinische Gymnasium, das mit dem kölnischen zu einer Anstalt vereinigt war, und das Friedrichswerdersche[1]). Außerdem gab es drei städtische Bürgerschulen als eine Art Mittelschulen, die Klosterschule, die kölnische Schule, beide dem berlinischen Gymnasium untergeordnet, und die Dorotheenstädtische Schule. Das Verhältnis des Magistrats zu den Schulen war wie bei den Kirchen ein Patronatsverhältnis. Ihm stand nur die Wahl der Lehrer zu, die der Bestätigung des Konsistoriums bedurfte, das auch sonst die Leitung der Anstalten in Händen hatte. Allerdings erhielten die Schulen aus städtischen Mitteln auch nur einen geringen Zuschuß, die eigentlichen Unterhaltungskosten flossen teils aus Stiftungsgeldern, teils aus königlichen Kassen. Der städtische Zuschuß aus der Kämmerei betrug 1806 für Werder und Dorotheenstadt 905 Tlr., worin aber noch Gehälter für Geistliche und Kirchendiener mit einbegriffen waren, für die berlinischen und kölnischen Schulen zusammen 1048 Tlr. Der Staat gab dagegen für dieselben Zwecke bei Werder und Dorotheenstadt über 4000 Tlr., die berlin-kölnischen Anstalten erhielten sich hauptsächlich aus den Stiftungen.

Das niedere Schulwesen war, wie man vielfach erwähnt findet, sehr zersplittert, größtenteils der kirchlichen und privaten Fürsorge überlassen und erhielt keinen Beitrag aus städtischen Mitteln. Für den Unterricht der Armenkinder sorgte die königliche Armendirektion. Infolgedessen hatte die städtische Verwaltung mit dem Volksschulwesen nur insofern zu tun, als die zur Überwachung des Schulwesens eingesetzte Behörde, das Oberschulkollegium vom Magistrat Berichte über Privatschulen einforderte, deren Leiter Bürger waren, die also unter seiner obrigkeitlichen Gewalt standen. Nach einer Verordnung Friedrich Wilhelms I. von 1738 sollte die Errichtung einer Elementarschule von der Zustimmung des Magistrats abhängig sein, doch hatte sich diese Verordnung, seitdem das Reglement von 1747 dem Magistrat alle Polizeigewalt entzogen hatte, in Wirklichkeit niemals durchführen lassen.

Der Magistrat führte eine Armenkasse, die aber nur dem Zweck diente, an arme Studenten, Abgebrannte und dergleichen Personen Almosen zu zahlen. 1806 betrug die Ausgabe noch nicht 100 Tlr. Im übrigen fiel ihm die Armenpflege nicht zur Last und dementsprechend war auch seine Mitwirkung dabei auf ein sehr geringes Maß beschränkt. Das gesamte Armenwesen der Residenz, die offene Armen- und Krankenpflege, ebenso wie die Aufsicht über die Anstalten lag schon lange in der Hand der Staatsregierung, 1806 in der des berlinischen Armendirektoriums, das sich unter dem Vorsitz des Ministers der geistlichen Angelegenheiten aus Räten verschiedener Behörden zusammensetzte, der Magistrat war durch zwei Mitglieder vertreten. Vom Armendirektorium hingen auch die Charité ab und die öffentlichen Armenanstalten, nur bestimmte Stiftungsanstalten waren ihm nicht unterstellt, wie z. B. die Hospitäler St. Gertraud und St. Georg, die im Patronatsverhältnis zum Magistrat standen. Unterstützt wurde das Armendirektorium

[1]) Die anderen höheren Schulanstalten sind S. 7 aufgeführt.

in der Verwaltung außer durch einige besoldete Bureaubeamte und 23 besoldete Armenwächter durch etwa 200 Bürger und Einwohner, die das Armendirektorium aus den 18 Polizeirevieren ausgewählt hatte, außerdem durch 37, nur zum Teil besoldete Armenärzte. Das Direktorium verfügte 1806 (nach Bassewitz) über eine Einnahme von etwa 76 000 Talern, wovon 58 000 aus königlichen Kassen flossen, das übrige aus öffentlichen Sammlungen und freiwilligen Beiträgen einkam. Die Summen wurden hauptsächlich zu Armenunterstützungen, für das Friedrichswaisenhaus und für Armenschulen verwendet. Daneben bestanden natürlich noch die kirchliche Wohltätigkeit und die privaten Anstalten, wie z. B. die der französischen Kolonie. Man findet diese Anstalten verzeichnet in dem schon öfter genannten Buche von Gädicke: Lexikon von Berlin 1806.

Seit der Einführung eines stehenden Heeres war die Unterbringung der am Orte sich aufhaltenden Truppen als eine bürgerliche Last angesehen worden, die gegen Gewährung einer allerdings wenig ausreichenden Entschädigung zu übernehmen war. Selbstverständlich war das Einquartierungswesen Sache des Magistrats als der städtischen Obrigkeit. In Berlin konnte der Magistrat die Häuser der eximierten Bevölkerung nicht belegen, da sie nicht unter seiner obrigkeitlichen Gewalt stand, daher bestimmte Friedrich Wilhelm I., daß das Naturalquartier und das an Stelle dessen als Ersatz zu zahlende sogenannte Servisgeld nicht bloß von den Bürgern, sondern auch von den Eximierten, Franzosen, Beamten usw. zu tragen sei. Bei deren Ausnahmestellung gegenüber dem Magistrat mußte diesem aber das Einquartierungsgeschäft abgenommen und eine besondere königliche Serviskommission gebildet werden, die dann das ganze Einquartierungswesen besorgte. So war auch auf diesem Gebiete die zuständige städtische Behörde durch eine königliche ersetzt. Indessen hatte die Behörde eigentlich nur eine königliche Oberleitung, im übrigen arbeitete sie größtenteils mit städtischen Beamten und setzte sich so zusammen, daß die verschiedenen Bestandteile der Einwohnerschaft, Franzosen usw. in ihr vertreten waren. Im Jahre 1806 stand an der Spitze ein Oberst, ihm zur Seite vier Stadträte, von denen einer die Eximierten und einer die französische Kolonie vertrat. Die Ermittlung der Quartiere und die Einschätzung geschah durch Stadtverordnete und Deputierte der Bürgerschaft. Die Errichtung einer Reihe von Kasernen seit der Zeit Friedrich des Großen hatte die Last bedeutend gemindert, immerhin war die Arbeit der Serviskommission bei den hohen Ansprüchen des Militärs, namentlich der höheren Offiziere, nicht leicht. Generalmajor von Larisch mit seinem Adjutanten beanspruchte z. B. im Oktober 1806 außer für sich selbst Quartier für 7 Domestiquen und 15 Pferde, Generalleutnant Graf Herzberg führte im Januar 1806 mit sich einen Stallmeister nebst Packknecht, seine eigenen 6 Packknechte, 2 Adjutanten, 21 eigene Pferde, 10 der Adjutanten, 2 des Stallmeisters; General von Kalckreuth brauchte im Oktober 1805 Quartier für 4 Adjutanten, 33 Knechte und 74 Pferde.

Die Aufgaben des Magistrats beschränkten sich 1806 also im wesentlichen auf: 1. Die Verwaltung des Kämmereivermögens und der Kämmereieinnahmen sowie die Unterhaltung der städtischen Gebäude. 2. Die Aufsicht über die Gewerke. 3. Die Patronatsgeschäfte bei gewissen Kirchen und Schulen. 4. Das Vormundschaftswesen als Rest der ihm früher zugehörigen Rechtspflege. Für die eigentliche Wohlfahrt der Stadt, für die Veranstaltungen, die ihr Gedeihen mit am meisten zu fördern geeignet sind, trug er keine Verantwortung. Die Pflasterung und Unterhaltung der Straßen, ihre Erleuchtung, ihre Sicherheit, die Versorgung der Stadt mit Lebensmitteln, die Taxen, ohne die man damals dabei nicht auskommen zu können glaubte, die öffentliche Gesundheitspflege, das Armenwesen, das Schulwesen, alles das lag in anderen Händen. Es fragt sich nun, wer die Kosten dafür aufzubringen hatte. Einen eigentlichen städtischen Haushalt nach heutigem Begriff gab es nicht, sondern nur einen Haushalt des Magistrats für die Kämmerei, deren Einnahme in der Rechnung 1806/07 rund 55 300 Tlr. betrug, eingerechnet etwa 12 500, die als Bestand aus dem vorhergehenden Jahre übernommen waren und 6000 königliche Kolonistengelder. Sie setzte sich in der Hauptsache zusammen aus der Verpachtung der Kämmereigrundstücke innerhalb und außerhalb der Stadt und aus einer Reihe von Gebühren und Erträgen aus nutzbaren Rechten. Unter den ersten brachten das meiste die Landgüter, die mit 4200 Tlr. verpachtet waren, bei den letzteren 6300 Tlr. das sogenannte Einlagegeld für Bier und Wein, eine althergebrachte, der Kämmerei zu entrichtende Abgabe für eingeführte Biere und Weine, die Berliner Bürger nicht selbst erzeugt hatten. Die Ausgabe der Kämmerei stellte sich auf 53 000 Tlr. Die größten Posten bildeten dabei die Besoldungen mit 18 700 Tlr., wovon 12 000 auf die Mitglieder des Magistrats fielen. Kirche und Schule waren mit 2500 beteiligt, der Personaletat des Stadtgerichts mit einem Zuschuß von 1500 Tlrn. Außerdem aber mußten auf besondere königliche Verordnung 5300 Tlr. für Gehälter aufgewendet werden. Davon erhielten königliche Beamte, die zu der städtischen Verwaltung in Beziehung standen, wie der Städteforstmeister (der Aufsichtsbeamte über städtische Forsten) Zuschüsse, 3000 Tlr. nahm die königliche Polizei als Beihilfe zu den Besoldungen der Beamten, die im übrigen der Staat bezahlte. Auch einige Beamtenwitwen ließ der König aus der Kämmerei versorgen. Demgemäß gingen etwa 24 000 Tlr., fast die Hälfte aller Ausgaben in Besoldungen auf. Rechnet man nun noch 8700 Tlr. ab für den Unterhalt der Gefangenen, 2000 für Zinsen, 6000 für die Kolonistengelder, so reichte der Rest eben nur hin zu den sachlichen Verwaltungskosten und zur Erhaltung der Gebäude. Für etwaige Neubauten blieb dabei nichts verfügbar, obwohl solche aus dem Fonds mit zu bestreiten waren.

Die Einnahmen der Kämmerei, die nur aus dem patrimonium curiae flossen, wurden jedenfalls in der Weise verwendet, wie es nach dem Gewohnheitsrecht geschehen sollte, wenn auch die Besoldungen an den Ausgaben einen allzugroßen Anteil hatten. Zu den Einnahmen und Ausgaben erteilten seit der Zeit Friedrichs des Großen die Staatsbehörden die Genehmigung. Bis zur Zeit Friedrich Wilhelms I. war es nicht üblich gewesen, daß sich die

Landesregierung in die Verwaltung der Berliner Kämmerei einmischte. Dieser hatte 1726 die Einreichung von Voranschlägen an die Kammer und eine genaue Aufsicht über die Verwaltung angeordnet. Aber der Umstand, daß höhere Staatsbeamte im Nebenamte Mitglieder des Magistrats waren, bildete ein Hindernis für die Durchführung der Aufsicht. Sie wußten ein entschiedenes Eingreifen in die städtischen Finanzen zu hintertreiben. Erst zur Zeit Friedrichs des Großen kam eine eingehende Überwachung des Magistrats bei der Kämmereiverwaltung zustande, die sich nach dem Reglement von 1747 zu richten hatte. Kriegs- und Domänenkammer und Generaldirektorium beteiligten sich bei der Aufsicht. Die Voranschläge sowohl als die Rechnungen mußten zur Prüfung vorgelegt werden. Nicht allein größere Objekte wie die Verpachtung der Güter, sondern auch kleine Ausgaben, sogar jede Gehaltszulage der Magistratsmitglieder unterlagen der Bestätigung durch das Generaldirektorium. Regelmäßig seit 1740 revidierte außerdem die Oberrechnungskammer die Rechnungen. Formell durfte sich der Magistrat dabei allerdings immer noch als im Besitz des unbeschränkten Verfügungsrechts über das patrimonium curiae betrachten. Als ihm 1764 die mittelmärkische Städtekasse 5140 Tlr. vorstreckte, damit er Zinsen für Kriegsschulden bezahlen könnte, verpfändete er zur Sicherstellung die städtischen Immobilien, „kraft unseres obrigkeitlichen Amtes für uns und unsere Nachkommen"[1]). Er tat das, obwohl eine solche Verpfändung gegen alles Herkommen und auch gegen den Sinn des Reglements von 1747 war. Eigentlich hätten diese Kriegsschulden nicht durch die Kämmerei, sondern durch eine Auflage auf die Einwohner gedeckt werden müssen.

Der Stand der Kämmerei war 1806, nach dem bemessen, wofür sie ihrer Bestimmung nach zu sorgen hatte, günstig. Eine geringe vorhandene Schuldenlast von etwa 37000 Tlr. hätte schon vorher aus Überschüssen abgestoßen werden können, man ließ die Schuld nur auf Bitten der Gläubiger, die sich aus Kirchen und milden Stiftungen zusammensetzten, bestehen, weil diese sich in der Kämmerei einen sicheren Zinszahler erhalten wollten. Allerdings durften außergewöhnliche Forderungen an die Leistungsfähigkeit der Kämmerei nicht gestellt werden, da man mit einer Steuer nur sehr schwer auszuhelfen vermochte. Der Magistrat konnte nur die Einwohner besteuern, deren Obrigkeit er war, d. h. die eigentliche Bürgerschaft, die große Zahl der Eximierten aber nicht, also mußte schon aus diesem Grunde zuerst die Genehmigung der Regierung eingeholt, dann aber ein umständliches Verfahren wegen der Beitreibung aus den verschiedenen Klassen der Bevölkerung eingerichtet werden. Die Regierung verlangte aber auch an und für sich, daß sie die Erlaubnis zu jeder Steuer zu erteilen habe. Nach dem Haddikschen Einfall im siebenjährigen Kriege 1757 hatte sie z. B. zur Deckung der Kontribution eine Steuer gestattet, mit deren Hilfe die Tilgung der Kontributionsschuld dann auch schnell vonstatten ging. Nach der zweiten Besetzung der Stadt unter Tottleben 1760 erstattete der König fast die ganze vom Feinde

[1]) Städtisches Archiv, Invasionen 3. Vol. V.

bei dieser Gelegenheit erpreßte Summe — annähernd 2 Millionen Tlr. — den Darleihern zurück, bis auf etwa 110 000 Tlr., die der Magistrat decken sollte. Da der König aber durchaus nicht wollte, daß sie durch einen Zuschlag zur Akzise oder durch eine sonstige Steuer aufgebracht würden, so nahm man die Kämmerei in Anspruch, die hierbei natürlich vollständig versagte. So hoch ging ihr Etat nicht annähernd, und niemand wollte ihr Geld vorstrecken. Der mittelmärkischen Landschaft hatte der Magistrat schon für geliehene 5140 Tlr. alle Liegenschaften der Kämmerei verpfändet. Er wußte sich beim Drängen einiger Gläubiger i. J. 1764 nicht anders zu helfen, als daß er beim Generaldirektorium beantragte, aus dem Depositorium die Mündelgelder zur Befriedigung verwenden zu dürfen. Zu solcher Maßregel kam es indessen nicht, da auf Befehl des Königs noch in demselben Jahre die Städtekasse der kurmärkischen Landschaft die Amortisation dieser 110 000 Tlr. übernahm. Der Verlauf der Angelegenheit beweist, wie wenig Kredit die Kämmerei besaß, die doch eigentlich den Inbegriff der städtischen Mittel darstellte. Als wirklicher Schuldner galt dabei nur der Magistrat, der über die Kämmerei verfügte.

Da die Mittel der Kämmerei in der Erfüllung ihrer eigentlichen Bestimmung erschöpft wurden, konnte keine Rede davon sein, für Aufgaben der städtischen Wohlfahrt, selbst nicht für das Armenwesen daraus irgendwelche Aufwendungen zu machen. Das königliche Armendirektorium gab 1806 nach Bassewitz etwa 76 000, nach Gaedicke sogar 138 500 Tlr. aus, also viel mehr, als der gesamte Haushalt der Kämmerei betrug. — Wieviel der Staat i. J. 1806 für die Unterhaltung und Pflasterung der Straßen aufwendete, ließ sich nicht ermitteln. Auch Bassewitz gibt darüber keine Auskunft. Die Straßen innerhalb der Befestigung hatte das Gouvernement beständig aus der Akzisekasse gepflastert. Was die Straßen außerhalb der Stadtmauer betraf, so hatte ein Urteil des Kammergerichts vom 22. Juli 1772[1]) eine Verpflichtung des Gouvernements zur Unterhaltung nicht anerkannt. Trotzdem hatte es auch für diese Straßen gesorgt und tat dies noch 1806, in der Kämmereirechnung findet sich natürlich keine Ausgabe dafür. Die Kosten der Straßenreinigung bestritt mit 6740 Tlrn. die Generalkriegskasse. Die Erleuchtung erforderte 1806 nach Gaedicke 38 000 Tlr., Bassewitz[2]) gibt darüber keinen Aufschluß, jedoch erscheint die Summe wohl zu niedrig gegriffen, denn nach den monatlichen Extrakten der Erleuchtungskasse für 1804[3]) betrug sie in diesem Jahre etwa 53 000 Tlr., also soviel wie der ganze Kämmereietat ausmachte. Die Kosten wurden aus verschiedenen königlichen Kassen gedeckt. — Die persönlichen und sächlichen Ausgaben für die Polizei beliefen sich 1806 nach Bassewitz[4]) auf 21 000 Tlr., wovon 5700 aus der Kämmerei und anderen städtischen Kassen geflossen sein sollten. Dies letztere war indessen nicht der Fall, denn die

---

1) Städtisches Archiv Nr. 237.
2) Bassewitz, Die Kurmark Brandenburg im Oktober 1806.
3) Städtisches Archiv, Polizeisachen.
4) Bassewitz a. a. O. S. 258.

Kämmereirechnungen weisen in dieser Zeit schon keine Aufwendungen für Polizeizwecke mehr auf. Der bei weitem größte Teil der Summe kam aus der Kasse der kurmärkischen Kammer, das übrige aus Strafgeldern, Gebühren und Sporteln.

In der Fürsorge für das Schulwesen, das heute mit rund 27 Millionen Mark den vierten bis fünften Teil des ganzen städtischen Haushaltes in Anspruch nimmt, verwendete 1806 der Magistrat nur 1300 Tlr. als Zuschuß für die beiden alten Gymnasien und 905 Tlr. für das Gymnasium auf dem Werder und die Schule der Dorotheenstadt, wovon einen Teil aber noch die Geistlichen der dortigen Kirchen bezogen. Zu Aufwendungen für die Volksschulen, deren Unterhaltung man noch nicht als Pflicht der Gemeinde ansah, gab die Kämmerei nichts. Der Staat unterhielt drei Gymnasien, wovon eins, das Friedrich-Wilhelms-Gymnasium, mit einer Realschule verbunden war. Er sorgte auch durch die königliche Armendirektion dafür, daß die Kinder von Unbemittelten möglichst Elementarunterricht genossen. Wieviel hierauf aus dem allgemeinen Fonds der Direktion verwendet wurde, kann man bei der Unzulänglichkeit der vorhandenen Quellen nicht mehr erkennen.

Die Einquartierung der Truppen trug, als eine städtische Last, die Einwohnerschaft; sie brachte auch die Entschädigung für das Naturalquartier durch eine Steuer, den Servis, auf. Jedoch trat auch hierbei die Staatsregierung helfend ein. Der Berliner Servisetat für 1806 balancierte mit 145 841 Tlrn. In der Einnahme stand dabei ein Staatszuschuß von 62 144 Tlrn., also fast die Hälfte der ganzen Einnahme[1]). Außerdem aber gab der Staat noch etwa 22 000 Tlr. für die in Berlin stehenden Artillerie- und Pioniertruppen[2]), eine Summe, die in den Servisetat gar nicht aufgenommen war.

Faßt man nur die oben ziffernmäßig festgestellten Anteile der Staatskassen an den Ausgaben für städtische Zwecke zusammen, so ergibt sich schon daraus, daß der gesamte Kämmereietat überhaupt etwa höchstens ein Fünftel der vom Staate bestrittenen Summen ausmachte. Man darf also mit Recht wiederholen, daß von einem eigentlichen städtischen Haushalt für Berlin keine Rede sein konnte. Wenn der Staat mit seinen Zuschüssen anscheinend große Opfer brachte, so zog er aber andrerseits entsprechende Steuersummen aus der Residenz. Der Magistrat erhob keine Steuer, denn das Einlagegeld von Bier und Wein, das zur Kämmerei floß (S. 30), kann man nicht als eine solche bezeichnen. Nur der Staat besteuerte die Einwohner. Der Servis wurde von einer königlichen Behörde auferlegt, die hauptsächlichste Steuer aber war die Akzise. Da sie auf den notwendigsten Lebensmitteln, Fleisch und Mehl, außerdem aber auch auf einer Reihe von Kaufmannswaren ruhte, so traf sie die gesamte Einwohnerschaft. Bassewitz gibt ihren Reinertrag für Berlin nach dem Etat 1804/05 auf rund 1 195 500 Tlr. an[3]), die reine Geldeinnahme des Staates aus der Kurmark überhaupt, also aus allen, auch

[1]) Servisakten des städtischen Archivs.

[2]) Bassewitz a. a. O. S. 297.

[3]) Bassewitz a. a. O. S. 220, 232.

anderen Kassen neben der Akzise auf 3 948 000 Tlr. Die Berliner Akzise brachte somit fast den dritten Teil der ganzen Einnahme aus der Kurmark. Unter diesen Umständen war es durchaus gerechtfertigt, daß die Wohlfahrtseinrichtungen in der Residenz vom Staate unterhalten wurden, zumal dieser eine Steuer des Magistrats für städtische Zwecke nicht gestattete, damit der Ertrag der Akzise nicht etwa verkürzt würde. In diesem System lag aber ein großer Übelstand. Für die einzelnen städtischen Einrichtungen, wie z. B. Armenwesen, Pflasterungen, Reinigung usw., deren Unterhaltung oder Unterstützung sich der Staat zur Aufgabe gemacht hatte, machte die Regierung keine dem Bedürfnis der einzelnen entsprechenden Voranschläge. Es wurden darauf nur die Gelder verwendet, die gerade verfügbar waren. Wurden sie zu notwendigeren Staatsausgaben gebraucht, so folgte daraus die Einschränkung des Zuschusses für jene Anstalten in der Residenz. Diese ungeregelte Wirtschaft wirkte auf die öffentlichen Einrichtungen und die Mängel, die sich in ihrem Zustande bemerkbar machten, sind darauf zurückzuführen.

Es ist uns nirgends überliefert worden, daß man im Magistrat oder in der Bürgerschaft diese Übelstände in der Verwaltung einer großen Residenzstadt besprochen und einer Kritik unterzogen hätte. Man war seit Menschenaltern daran gewöhnt, daß der König für das Gedeihen der Residenz sorgte, für den Zuzug, für die Versorgung mit wohlfeilen Lebensmitteln, sogar mit billigem Brennholz[1]), für die Wohlfahrtseinrichtungen und die Verschönerung. Die Fürsorge des Landesherrn für die Residenz hatte im Laufe des 18. Jahrhunderts nicht am wenigsten darin ihren Grund gehabt, daß er hoffte, beim Gedeihen der Stadt würde die Akzise desto reichlicher ausfallen, aber der Gedanke an diesen Zusammenhang lag in der Zeit von 1806 den Berlinern fern. Man kannte in der Stadt zwar die großen Erträge, doch finden wir nirgends Äußerungen verzeichnet, wonach ein Mehreres daraus für städtische Einrichtungen gefordert wäre, unter Hinweis darauf, daß die Einwohner der Stadt die Träger der Steuer seien.

Auch von einem anderen, eigentlich nahe liegenden Gedanken begegnen wir keinen Spuren, nämlich dem, die Einwohnerschaft aus der Zersplitterung in einzelne, verschiedenen Behörden unterstellte Gruppen zu einem einheitlichen Gemeinwesen zusammenzufassen. Zur Zeit Friedrich Wilhelms I. erwog man die Notwendigkeit einer solchen Maßregel, und zwar sollte die obrigkeitliche Gewalt des Magistrats auf die ganze Stadt ausgedehnt werden, aber nachdem durch das Reglement von 1747 in der königlichen Polizei wenigstens für einzelne Zwecke eine obrigkeitliche Spitze geschaffen war, kam man weder beim Magistrat noch bei der Kammer und dem Generaldirektorium auf eine solche Verfassungsfrage zurück. Auch in der Bedrängnis um die Bezahlung der städtischen Kriegsschulden nach dem siebenjährigen Kriege, wo es dem Magistrat am not-

[1]) Das königliche Brennholz-Verwaltungs-Comptoir (in der kleinen Jägerstraße) hatte allein das Recht, Brennholz in Berlin zu verkaufen, und zwar zu Preisen, die vom Forstdepartement festgesetzt wurden. Auf einen Gewinn war es dabei nicht abgesehen. Wer selbst Holzung hatte, konnte natürlich sein eigenes Holz brennen, außerdem durften die Bauern ihr eigenes Erzeugnis zu Markt bringen.

wendigen Kredit mangelte, dachte niemand daran, daß es zu erstreben sei, eine wirkliche einheitliche Stadtgemeinde zu bilden, die rechtlich verpflichtet werden könne, die für die Gesamtheit notwendigen Geldmittel zu beschaffen.

Weder nach einer einheitlichen Stadtgemeinde wurden Wünsche laut, noch liest man von Bestrebungen des Magistrats nach freierer Bewegung und größerem Einfluß in städtischen Angelegenheiten gegenüber dem Wirkungskreise der Staatsbehörden. Ebensowenig gab es in der Bürgerschaft Stimmen, die eine verfassungsmäßige Teilnahme an der Verwaltung forderten. Die Stadtverordneten waren in dem Regulativ von 1747 schon nicht mehr erwähnt, obwohl es so ins einzelne ging, daß es sogar die Obliegenheiten der Ratsdiener ausführlich festsetzte. Trotzdem bestand das Amt noch; sie leisteten hauptsächlich beim Serviswesen Dienste, zur Unterbringung der Einquartierung, zur Abschätzung von Mietswerten und des sogenannten Nahrungsservises der Gewerbtreibenden und ihre Hilfe war hierbei gewiß unentbehrlich. 1806 zählte man 32[1]) solche Verordnete, zwei bis drei in den einzelnen Stadtvierteln. Sie wurden teils vom Magistrat, teils von der Behörde der französischen Kolonie ernannt. Die berlinischen erhielten 20 Tlr. jährlich, die kölnischen, die auf dem Werder und in der Dorotheenstadt 15, die in der Friedrichstadt und den Vorstädten 12, die Luisenstädtischen sogar nur 10 Tlr. Außerdem bezogen die berlinischen und die kölnischen noch je 2 Tlr. für die Marktaufsicht. Man findet nirgends Äußerungen dieser Männer, dahin gehend, daß ihre Befugnis erweitert würde. Das Einzige, was sie hin und wieder beantragten, war Erhöhung ihres Gehaltes.

Die ruhige Fortentwicklung der Residenz, ihrer Verfassung und Verwaltung wurde dadurch plötzlich unterbrochen, daß die Franzosen im Verlaufe des unglücklichen Krieges von 1806 Berlin zwei Jahre lang besetzt hielten und vollständig abweichende Einrichtungen trafen. Ihre Herrschaft und ihre Einrichtungen bestanden noch, als der König bereits die Städteordnung zum Gesetz erhoben hatte. Die Verwaltung, der die Städteordnung ein Ende machen sollte, enthält der folgende Abschnitt in kurzer Darstellung.

---

[1]) Der amtliche Adreßkalender nennt 25, die Kämmereirechnung 32.

Berlin unter dem Komitee administratif.

Am 14. Oktober 1806 war bei Jena die preußische Armee derartig geschlagen worden, daß die Landeshauptstadt dem Feinde preisgegeben werden mußte[1]). Der König berührte auf seiner Reise vom Kriegsschauplatz nach den östlichen Provinzen Berlin gar nicht, nur die Königin hielt sich eine Nacht, vom 17. zum 18. Oktober, hier auf, ihre Kinder waren schon vor ihrer Ankunft nach dem Osten aufgebrochen. Einige ältere Mitglieder der königlichen Familie blieben in der Residenz, ebenso die Minister, die der König nicht zum Dienst zu sich befohlen hatte, und die höhere Beamtenschaft. Dagegen verließ eine große Anzahl vermögender Einwohner aus Furcht vor den bevorstehenden Drangsalen feindlicher Einquartierung die Stadt, zu ihrem eignen und der Verwaltung Schaden. Denn die Abwesenheit der Besitzer von ihren Häusern erschwerte die Unterbringung und Verpflegung des Feindes.

Nach der bestehenden Organisation der Behörden hätten die Anordnungen für alles, was sich bei einer Besetzung durch den Feind als notwendig ergab, folgendermaßen verteilt werden müssen. Die Aufrechterhaltung der öffentlichen Ordnung fiel dem Polizeidirektor zu, die Einquartierung der königlichen Serviskommission. Für die Verpflegung und die mannigfachen Lieferungen gab es keine Dienststelle, denn dem Magistrat fehlte es dazu an Befugnis, an Beamten und vor allen Dingen an Geld und an Vollmacht, Geldmittel aus der Einwohnerschaft aufzubringen. Der Polizeidirektor und als solcher zugleich Stadtpräsident und Vorsitzender des Magistrats, Büsching, war ein erfahrener Verwaltungsbeamter[2]), er konnte indessen nichts anordnen ohne Bestimmung des Generaldirektoriums. Die Schwierigkeit wurde dadurch erhöht, daß der leitende Minister für die kurmärkischen und berlinischen Angelegenheiten in dieser Behörde, von Voß, sich fern von Berlin in der Umgebung des Königs befand.

Am 17. Oktober, nach dem Eintreffen der Nachricht über die verlorene Schlacht, setzte der aus den anwesenden Ministern bestehende Staatsrat die kurmärkischen Behörden von den Ereignissen in Kenntnis und ordnete für Berlin die Wegführung der königlichen Kassen an, sowie die Bildung einer

---

[1]) Die Schicksale Berlins während der Franzosenzeit findet man am zuverlässigsten dargestellt bei Bassewitz: Die Kurmark Brandenburg während der Zeit vom 22. Oktober 1806 bis Ende 1808. 2 Bde., Leipzig 1851/52. Außerdem in der Arbeit von Granier „Die Franzosen in Berlin 1806—1808" im 9. Jahrgang des Hohenzollern-Jahrbuchs, Berlin 1905. Auch in Stölzel: Brandenburg-Preußens Rechtsverwaltung Bd. II. Berlin 1888. S. 370 ff.

[2]) Er war vorher Direktor der Kammer in Gumbinnen gewesen.

Bürgergarde zur Besetzung der Stadtwachen. Denn der Gouverneur, der in Friedenszeiten mit den Truppen für die öffentliche Sicherheit sorgte, hatte mit diesen die Stadt verlassen. Die Spitzen der meisten Behörden in der Stadt traten, ebenso wie der Staatsrat, zu einer Beratung über das, was zunächst geschehen solle, zusammen. Hierbei erhielt der Magistrat vom Justizminister von Goldbeck die Weisung, auch seinerseits Gelder und Archiv des Magistrats auf dem Wasserwege nach Stettin in Sicherheit zu bringen, was aber nicht zur Ausführung kam. Welche Maßregeln sonst für die Stadt dabei beraten und beschlossen wurden, wissen wir nicht. Nach Bassewitz[1]) soll der Magistrat durch Voß schon vor dessen Abreise mit geschäftlichen Anweisungen für sein Verhalten versehen gewesen sein. In den Akten wird nur auf eine mündliche Besprechung Büschings mit Voß Bezug genommen ohne nähere Angabe des Inhalts. Eine Benachrichtigung des Generaldirektoriums an den Magistrat vom 18. zeigte an, daß zunächst ein Mitglied der kurmärkischen Kammer seinen Sitzungen dauernd beizuwohnen hätte, es wurde tatsächlich aber ein Mitglied des Direktoriums selbst, der geheime Rat Brese, dem Magistrat überwiesen. Am 19. schon erschien dann die gedruckte, vom Fürsten Hatzfeld eigenhändig verfaßte Bekanntmachung, worin er mitteilte, daß er auf Antrag des Magistrats sich an dessen Spitze gestellt habe, die Einwohnerschaft zur Ruhe ermahnte und aufforderte, bereitwillig in die bewaffnete Bürgerschaft einzutreten, die nach dem Ausrücken des gesamten Militärs die Wachen besetzen sollte.

Dadurch, daß nicht mehr Büsching, der nur im Range eines geheimen Kriegsrats stand, sondern eine Persönlichkeit von fürstlichem Range als Leiter des Polizeidirektoriums und des Magistrats auftrat, erhielt der Magistrat mit einem Male ein ganz anderes Ansehn und wurde tatsächlich zur obersten Stadtbehörde. Von wem der Gedanke ausgegangen war, gerade dem Fürsten diese Stellung anzutragen, die doch ein Minister hätte übernehmen können, ist nicht überliefert, vielleicht ist es der Minister von Voß gewesen. Fürst Franz Ludwig von Hatzfeld besaß die im preußischen Schlesien gelegene Herrschaft Trachenberg, aber da er erst vor kurzer Zeit, 1803, den österreichischen Dienst mit dem preußischen vertauscht hatte, kannte er die hiesigen Verhältnisse wenig und war also wohl für die übernommenen Pflichten kaum der geeignetste Mann. Man nimmt an, er habe sich dazu bewegen lassen, weil der abziehende Gouverneur Graf Schulenburg sein Schwiegervater war, und er das ausführen wollte, was Schulenburg bei seinem schleunigen Verlassen der Residenz unausgeführt lassen mußte. Er gab sich wohl außerdem, wie viele in Berlin, der Hoffnung hin, es werde bald zum Abschlusse eines Friedens kommen und die Stadt von der französischen Einquartierung verschont bleiben. Der Magistrat hatte ja sogar in einem Immediatgesuch den König gebeten, mit in die Friedensbedingungen aufzunehmen, daß kein Einmarsch der französischen Truppen in die Stadt stattfinden sollte.

Das Amt, zu dem Fürst Hatzfeld sich bereit erklärt hatte, wurde als das eines Zivil-Kommandanten oder Zivil-Gouverneurs bezeichnet. Er nahm die ersten

1) Bassewitz, Die Kurmark 1806. S. 545.

Amtshandlungen aus eigner Machtvollkommenheit vor, ehe noch die am 21. Oktober erteilte Zustimmung des Königs am 22. in Berlin zu seiner Kenntnis gekommen war. Unter den noch anwesenden Ministern hatte der Magistrat, soviel aus den Akten zu ersehen ist, nur an von der Reck, Thulemeier, Goldbeck und Massow Mitteilung von der Erwählung des Fürsten gemacht, mit der Bemerkung, daß man ihnen selbst die Übernahme des Amtes wegen der damit verbundenen Geschäftslast nicht zumuten wollte. Bekanntmachungen an das Publikum erschienen bis zum 22. Oktober nicht unter dem Namen Hatzfelds, sondern mit der Unterschrift Präsident, Bürgermeister und Rat, gezeichnet von Büsching und drei Stadträten. Nur ein Beglaubigungsschreiben vom 21. für zwei Abgesandte an den Kommandeur der französischen Avantgarde, die diesem Milde und Großmut anempfehlen sollten, trug die Unterschrift: le Commandant civil et la Municipalité.

Die Bildung einer Bürgerwache zum Ersatz des Militärs machte unter Büschings Leitung keine Schwierigkeiten, zumal die Einwohnerschaft sich ruhig verhielt. Zugleich wurde die Schützengilde für den Sicherheitsdienst herangezogen. Die Wache erhielt schon am 19. in dem Polizeikommissar Meudtner einen Befehlshaber mit dem Titel Stadtmajor. Allein der Magistrat war, wenn sich auch ein Fürst an seine Spitze gestellt hatte, wie schon angedeutet wurde, keine geeignete Behörde, um einer feindlichen Armee gegenüber die Residenz zu vertreten und die Anforderungen der Truppen zu befriedigen. Weder die Zahl seiner Beamten noch deren Praxis genügte, da ihre wesentlichste Tätigkeit bisher eigentlich nur in der Verwaltung der Kämmerei und in der Beaufsichtigung der Innungen bestanden hatte (S. 27). Es reichte auch bei weitem nicht aus, daß das Generaldirektorium den geheimen Finanzrat Brese zur Verfügung stellte. Man mußte vielmehr den Magistrat einer völligen Umgestaltung unterwerfen. Dies geschah nach einer Konferenz am 19. Oktober, deren Teilnehmer unbekannt geblieben sind, bei der aber jedenfalls Vertreter verschiedener Staatsbehörden anwesend waren. Man bildete sieben Abteilungen für den neuen Magistrat: ein Generalbureau, ein Einquartierungsbureau, eins für Verpflegung, ein viertes für die Polizei, das fünfte für Armenwesen und Schulen, das sechste für Kasse und Rechnung, das siebente als Anmeldungsbureau. Später kam noch ein neues hinzu, das Requisitionsbureau. Aus dieser Geschäftsverteilung ist ersichtlich, daß nicht bloß die Sorge für den Bedarf der Truppen, sondern die ganze obrigkeitliche Gewalt und die bisher staatlichen Verwaltungszweige in die Hand des Magistrats gelegt wurden. Ausgeschlossen blieben das Steuerwesen, als Akzise, Stempelsteuer usw., die Regalien und die Verwaltung der Domänen, auch das Berliner Brennholzkontor. Alles dies behielt das Generaldirektorium und die kurmärkische Kammer. Die Hilfskräfte, die zum Magistratskollegium, man weiß nicht durch wessen Vollmacht, vielleicht durch eignes Erbieten hinzutraten, bestanden nur aus Mitgliedern höherer Staatsbehörden, jedoch weder aus dem Generaldirektorium noch der kurmärkischen Kammer als den eigentlichen Verwaltungs- und zugleich vorgesetzten Behörden des Magistrats, sondern aus Mitgliedern des Kammergerichts, des Obertribunals, des französischen

Obergerichts, des auswärtigen Ministeriums, der Ansbacher Kammer (Präsident Kammerherr Freiherr von Dörnberg), der geheimen Finanzkontrolle, der geheimen Oberrechnungskammer, des kurmärkischen Oberkonsistoriums. Die eigentlichen Verwaltungspraktiker fehlten also gänzlich.

Am 22. Oktober hatte dann der Minister von Angern, der im Generaldirektorium dem Departement der linkselbischen Provinzen vorstand, als der einzige in Berlin anwesende Verwaltungsminister durch Kabinetsorder den Auftrag erhalten, über die Zivilangelegenheiten der Stadt zu wachen. Von da an erscheint dieser Minister, auch noch in der Zeit, als das Komitee administratif schon als oberste Stadtbehörde eingesetzt war, als leitende Person im Hintergrunde, wenn auch keine Erlasse und Bekanntmachungen seinen Namen trugen. Als die nächste Folge des an Angern erteilten Auftrags zeigte sich, daß der Magistrat durch Räte aus dem Generaldirektorium und der kurmärkischen Kammer ergänzt wurde, und zwar allein schon beim Verpflegungsbureau durch drei des Direktoriums und vier der Kammer. Die Namen übergehen wir hier, wie die der vorigen, da noch verschiedene Veränderungen bis zur Einrichtung des Komitee administratif stattfanden. Aus der Bürgerschaft zog man niemand zur Mitarbeit in die Abteilungen hinzu. Natürlich mußte dagegen bei den Geschäften der Einquartierung, der Verpflegung, der Requisitionen die Hilfe der bisherigen Stadtverordneten und mancher Bürger in den einzelnen Bezirken sehr in Anspruch genommen werden.

Obwohl nun Präsidenten und andere Beamte von höherem Range, als Büsching mit in der neugebildeten Verwaltungsbehörde saßen, so geschahen die Veröffentlichungen doch stets im Namen des Magistrats, mit Büschings Unterschrift, sobald nicht Hatzfeld selbst die seinige angeordnet hatte. Den Fürsten entließ der Kaiser Napoleon schon am 27. Oktober, als er nach seinem Einzuge in Berlin sich den ganzen Magistrat vorstellen ließ, formell aus seiner Stellung: „Ich bedarf Ihrer Dienste nicht, gehen Sie auf Ihre Güter", soll der Kaiser zu ihm gesagt haben[1]). Am folgenden Tage ordnete er seine Verhaftung an, weil angeblich der Verdacht gegen ihn vorlag, die Rolle eines Spions gespielt und den König mit Nachrichten über die französischen Truppen versehen zu haben. Wenn der Fürst nun auch noch am nämlichen Tage außer Verfolgung gesetzt wurde, so blieb er doch nach dem Willen des Kaisers seiner Stellung enthoben. Sein Name findet sich zwar zunächst noch in den Verzeichnissen der Mitglieder der Magistratsbehörde an der Spitze, aber Amtshandlungen scheint er nicht mehr vorgenommen zu haben. Eine andere Persönlichkeit trat in der folgenden Zeit, bis das Komitee administratif seine Wirksamkeit begann, offiziell nicht an seine Stelle, tatsächlich war jedoch Angern der Leiter des Ganzen, die Verfügungen und Bekanntmachungen zeichnete Büsching. Die S. 38 genannten Abteilungen arbeiteten übrigens sehr selbständig.

Während der Organisierung der Behörden und der Vorbereitungen für das Einrücken der fremden Truppen war der Feind bis vor Berlin vorgedrungen. Das erste Korps, das über Wittenberg und Treuenbrietzen die

1) Bassewitz, Die Kurmark. I. S. 81.

Nähe der Residenz erreichte, das des Marschalls Davout, biwakierte am 23. Oktober mit 2 Divisionen bei Tempelhof, kleine Abteilungen besetzten an demselben Tage bereits das Kottbuser und das Hallesche Tor. Am 24. rückte ein kleines berittenes Kommando in die Stadt ein, und General Hulin von der kaiserlichen Garde, der vom Kaiser zum Kommandanten für Berlin ernannt war, nahm hier seinen Aufenthalt. Am 25. zog dann Davout mit seinem ganzen Korps durch die Stadt, um sich in Friedrichsfelde und den umliegenden Ortschaften einzuquartieren, dagegen besetzte das Korps des Marschalls Augereau, das inzwischen von Sarmund her hier angelangt war, an demselben Tage die ganze Stadt, so daß die kaiserlichen Garden bei ihrer Anwesenheit am 27. zunächst auf den öffentlichen Plätzen biwakieren mußten.

Die Schilderung der Drangsale der Einwohner unter der Fremdherrschaft, die in ihrem Besitz, ihrer Lebenshaltung und seelisch schwer unter dem Drucke zu leiden hatten, gehört nicht in den Rahmen dieser Schrift. Das platte Land wurde hier und da wohl noch härter bedrückt, dafür dauerte die ständige Besetzung der Residenz mit Truppen weit länger. Die Folge für die städtische Verwaltung war eine schwere Schuldenlast, die nachher nicht am wenigsten von denen getragen werden mußte, die bereits große Opfer gebracht hatten.

Der Magistrat erhielt durch das Erscheinen der Korps von Davout und Augereau noch Gelegenheit genug, seine neue Organisation als alleinige Obrigkeit der Stadt zu erproben, bevor Napoleon kam und andere Anordnungen traf. Die Hauptsorge bestand in der Beschaffung der dringend notwendigen Geldmittel. Die königlichen Kassen waren ziemlich leer. Man hatte infolge eines Beschlusses des Staatsministeriums vom 17. Oktober ihre Gelder auf den Weg nach Küstrin und Stettin bringen lassen, außerdem den Beamten ihre Gehälter vorausbezahlt. Was inzwischen wieder eingekommen war, belegte der Kriegskommissar des Davoutschen Korps, Desirat, durch Versiegelung der Kassen am 25. Oktober mit Beschlag. Der Betrag aus 20 verschiedenen Kassen belief sich auf etwa 50 000 Tlr. Die Kämmereikasse, die ebenfalls versiegelt wurde, enthielt nur 622 Tlr. Jedenfalls befand sich der Magistrat beim Anmarsch des Feindes ohne genügende Mittel. Da es für die Ausschreibung einer Steuer an Zeit zu den Vorbereitungen fehlte, blieb ihm nichts übrig, als kraft seiner jetzigen obrigkeitlichen Stellung die Einwohnerschaft zu Vorschüssen aufzufordern. Eine solche Aufforderung erging unter Androhung von Zwangsmaßregeln an die beiden Gilden der Kaufmannschaft, an die Judenschaft und an alle begüterten Einwohner überhaupt. Die Kaufmannschaft konnte gleich 100 000 Tlr. zur Verfügung stellen, die bei der königlichen Bank lagen. Diese Summe hatte die Bankleitung, als sie vor dem Anmarsch der Franzosen ihre Bestände nach Stettin flüchtete, den Vertretern der Kaufmannschaft für den notwendigsten Bedarf zurückgelassen. Aber dies Geld, das inzwischen in die Hände von Bankiers übergegangen war, erhielt der Magistrat erst am 29. Oktober gezahlt, nachdem er sich den Kaufleuten gegenüber als Selbstschuldner der Bank erklärt hatte. Er war also zunächst auf das angewiesen, was auf die erlassenen Aufforderungen bar einging. Die Deputierten der

Kaufmannschaft versprachen etwa 100 000 Tlr. aufzubringen, außer den eben genannten, die von der Bank herrührten, von der Judenschaft meinte man 152 000 Tlr. erlangen zu können, betreffs der sonstigen vermögenden Einwohner nahm man keine bestimmte Summe in Aussicht. Die Gelder gingen aber für die nunmehr neu zu bildende Stadtkasse nur allmählich ein. Als Unterpfand dafür sofort auf den Inhaber lautende Obligationen auszugeben, trug der Magistrat Bedenken, wohl in zu sorgfältiger Erwägung der damit verbundenen Rechtsfragen, er quittierte nur mit Schuldverschreibungen. Erst das Komitee administratif entschloß sich später Stadtobligationen zu schaffen, nachdem die Genehmigung des Ministers von Angern, dessen Unterschrift die Obligationen tragen sollten, eingeholt war[1]). Am 25. Oktober wurde dann die Kasse von Davout mit einem Bestande von 162 300 Tlrn. in Beschlag genommen.

Da die Rechnungen aus den ersten Tagen der Anwesenheit des Feindes fehlen, so wissen wir nicht, was damals bereits ausgegeben war. Doch läßt sich annehmen, daß der Verbrauch an barem Gelde in diesen Tagen nicht groß gewesen ist. Es handelte sich bis zur Ankunft des Kaisers nur um Verpflegung und Einquartierung der Truppen, von einer Kontribution war noch nicht die Rede. Mit den großen Geschenk- und Tafelgeldern für französische Offiziere und Bevollmächtigte, die sich schließlich auf über 320 000 Tlr. beliefen, machte man erst nur den Anfang. Für die Verpflegung standen noch ziemlich gefüllte königliche Fouragemagazine zur Verfügung, die wenigstens bis Ende Oktober den Bedarf deckten. Bei der Verpflegung der Soldaten und der Lieferung aller Dinge, die eine Armee sonst noch gebraucht, verfuhr der Magistrat in der Weise, daß zunächst die Bürger selbst ihre Vorräte gegen Quittung hergeben mußten. Wo Zwang notwendig war, erhielten die Truppen Anweisungen, bei wem sie die verlangten Gegenstände einzufordern hätten. Dieses System erschien erst recht geboten, nachdem die Stadtkasse mit ihren 162 300 Tlrn. in Beschlag genommen war. Man ging außerdem dazu über, gewerbsmäßige Lieferanten, die sich vorläufig mit Bescheinigungen begnügten, heranzuziehen. Später, zur Zeit des Komitee administratif wurden die Lieferungen meistens ausgeschrieben. Die Last der Einquartierung, bei der es sich in der ersten Zeit vornehmlich um das Korps des Marschall Augereau und die kaiserlichen Garden handelte, legte der Magistrat ganz den Eigentümern auf, da die Franzosen zunächst keine Kasernen beziehen wollten. Die Mieter wurden erst nachher vom Komitee administratif zur Quartierleistung mit herangezogen. Die Quartiergeber erhielten als Entschädigung Bons. An der Spitze des Einquartierungsbureau des Magistrats stand der geheime Oberfinanzrat Hellwig. Wo der Feind in solchen Massen in die Stadt eindrang, hatte dies Bureau das schwierigste aller Geschäfte.

Am 27. Oktober hielt Napoleon seinen Einzug in Berlin und nahm an demselben Tage Wohnung im Schlosse. Von da an wurden neue An-

[1]) Die Akten über die Entstehung der Obligationen sind nicht mehr vorhanden, auch ist kein Stück der Obligationen selbst erhalten geblieben.

ordnungen für die Verwaltung der Stadt getroffen. Zwar hatte der Kaiser schon vorher den General Hulin zum Kommandanten ernannt und dieser schon am 24. gleich nach der ersten Besetzung seine Wirksamkeit begonnen, auch war am 26. der Generalintendant der französischen Armee, Daru, eingetroffen und hatte sich mit dem Minister von Angern als dem eigentlichen Bevollmächtigten des Königs in Verbindung gesetzt. Aber diese Personen besaßen keine Befugnis zu irgendwelcher Organisation, noch weniger der Kriegskommissar des Davoutschen Korps, Desirat, in den Tagen, wo Davout als Höchstkommandierender für die Residenz galt. Der Kaiser verfügte nun über die Mark wie über ein erobertes Land und nahm die ganze Verwaltung an Stelle des Königs in die Hand, mit der Absicht, es möglichst auszusaugen[1]), wie Bassewitz sehr zutreffend bemerkt. Zum Intendanten für Berlin, der als Vorgesetzter sämtlicher Behörden im Stadtbezirk gelten sollte, wurde schon am 29. der frühere französische Gesandte in Kassel, Bignon, ernannt und seine Befugnis am 30. auf die Mittelmark ausgedehnt. Gouverneur der ganzen Kurmark und Vorgesetzter der kurmärkischen Behörden wurde der Divisionsgeneral Clarke. Beide waren indessen dem Generalintendanten Daru, der für die Bedürfnisse der ganzen Armee zu sorgen hatte und dem Minister Esteve als Generaladministrator des preußischen Finanzwesens unterstellt.

Den Justizbehörden und den Berliner Gerichten gab der Kaiser keinerlei Vorschriften. Sie waren ihm gleichgültig, weil sie zur Unterhaltung der Armee und zu den öffentlichen Geldmitteln keine Beziehung hatten. Ebenso ließ er das Kirchen- und Schulwesen und andere für ihn aus demselben Grunde unwesentliche Verwaltungszweige unbehelligt. Das Generaldirektorium wurde als nicht mehr bestehend betrachtet, dagegen das eroberte Land in vier Departements geteilt, wovon das erste das Departement Berlin hieß mit den Unterabteilungen Mittelmark, Prignitz, Altmark und Uckermark. In diesen Departements blieben zwar die bisherigen Verwaltungsbehörden bestehen und sämtliche Beamte sollten in ihrem Dienste weiter verbleiben, sie erhielten aber kaiserliche Intendanten und Kommissarien zur Beaufsichtigung, namentlich hinsichtlich der Einnahmen. Selbstverständlich hatte auch jede Landesabteilung einen militärischen Gouverneur. Entsprechend diesen Einrichtungen bestand für das Departement Berlin die kurmärkische Kammer als preußische Behörde weiter, unter des Intendanten Bignon Aufsicht, und in der Provinz blieben alle Steuerräte, Landräte, Magistrate usw. im Amte. Nur für die Stadt Berlin wollte Napoleon es anders.

Die Stadt Berlin sollte eine besondere Verfassung erhalten, so erklärte der Kaiser schon bei seiner Ankunft am 27. Oktober, als ihm die Magistratsmitglieder vorgestellt wurden. Er bestimmte, der Magistrat solle 2000 der wohlhabendsten Bürger namhaft machen, die dann aus ihrer Mitte 60 Personen als Generalverwaltungsbehörde der Stadt zu wählen hätten und aus diesen würden durch Wahl wieder 7 als eigentliche Verwalter und Vertreter aus-

[1]) Bassewitz a. a. O. Bd. 1, S. 103.

zuscheiden sein. Diese sieben wolle er selbst bestätigen. Es verstand sich von selbst, daß hiermit jede Unterordnung der städtischen Verwaltung unter die kurmärkische Kammer oder eine andere Staatsbehörde aufhörte. An die Stelle der Kammer trat als Aufsichtsinstanz der Intendant Bignon und sein Untergebener, der Kriegskommissar Baudon. Woher dem Kaiser der Gedanke zu dieser Maßregel gekommen war, weiß man nicht, auch die Absicht dabei ist schwer erkennbar. Daß die französische Munizipalverfassung dabei als Vorbild gedient hätte, davon konnte keine Rede sein. Denn bei dieser verwaltete der Maire allein als Ortsobrigkeit mit seinen ihm untergebenen Adjunkten die Stadt. Er selbst und die Adjunkten waren von der Regierung ernannt, aus keiner Wahl hervorgegangen. Es stand also kein Kollegium in der Art des Komitee administratif an der Spitze. Der Munizipalrat, der neben dem Maire bestand, setzte sich ebenfalls aus den von der Regierung ernannten Mitgliedern zusammen, nur mit dem Unterschiede, daß der Departementsrat sie vorzuschlagen hatte. Der Maire war auch Präsident des Munizipalrats, der eigentlich nur eine beratende Körperschaft vorstellte. Bassewitz meint, Napoleon habe bei seinen Bestimmungen nur daran gelegen, soviel Geld als nur möglich für seine Armee zu erpressen und zugleich für deren Sicherheit zu sorgen. Aber dies hätte er wohl auch ohne solchen Apparat erreichen können.

Die Wahlen wurden sofort in der Petrikirche, wo sich die 2000 auserlesenen Bürger versammelt hatten, vorgenommen. Nach Einholung der vorgesehenen Bestätigung durch den Kaiser trat die neue Behörde unter der Bezeichnung Komitee administratif am 7. November in Wirksamkeit, nachdem der oben charakterisierte erweiterte Magistrat inzwischen seine Tätigkeit bis dahin fortgesetzt hatte. In einer Bekanntmachung des Gouverneurs Clarke vom 8. November betreffend die Verwaltung des eroberten Landes hieß es über Berlin: das Magistratskollegium der Stadt Berlin wird von jetzt an aus einem Rat von 60 Mitgliedern und aus einem Ausschuß von 7 Mitgliedern bestehen.

Die nächste Frage war: wer würde bei dieser Anordnung nun eigentlich die Geschäfte führen? Die sieben allein oder unter Mitwirkung der sechzig? Nach einer Erklärung des als Aufsichtsinstanz eingesetzten Intendanten Bignon sollte die Verantwortung für die ganze Verwaltung dem siebener Ausschuß oder Komitee zufallen, das sich mit den 60 in den wichtigsten Angelegenheiten zu beraten habe, im übrigen aber sich der Magistratsbeamten, die bis jetzt tätig gewesen seien, bedienen möge. Die eigentlichen Magistratspersonen, die nicht erst zur Verstärkung aus dem Staatsdienst hinzugetreten waren, seien sogar verpflichtet, für das Komitee zu arbeiten. Bei diesen Vorschriften konnte die Verfassung, wie sich gleich zeigen wird, fast ganz so bleiben, wie sie bisher bestanden hatte.

In das Komitee der Sieben, also als Spitzen der neuen Verwaltung wählte man den Buchhändler Delagarde, den Teppichfabrikanten Hotho, die Maurermeister Zelter und Meyer, den Materialwarenhändler Béringuier, die Galanterie- und Modewarenhändler Wibeau und Nitze. Es waren alles im Verwaltungsdienst gänzlich unerfahrene Leute, wie sie selbst betonten, und sie machten sich auch bei der Übernahme der Ämter zur ausdrücklichen Bedingung, daß alle jetzigen Mitglieder des Magistrats und der Verwaltung in ihren Geschäften verblieben[1]). Die bisherige Verwaltung des vergrößerten Magistrats (S. 38) arbeitete, als das Komitee seine Tätigkeit beginnen sollte, in 8 Abteilungen, deren Leiter folgende waren[2]): beim Generalbureau der Stadtpräsident Büsching, beim Einquartierungsbureau der geh. Oberfinanzrat Hellwig, beim Verpflegungsbureau der geh. Oberfinanzrat Brese, beim Polizeibureau der geheime Kriegsrat und Bürgermeister Koels, beim Armen- und Schulwesen der Konsistorialpräsident von Schewe, beim Kassen- und Rechnungswesen der geh. Oberkriegsrat von Puttkammer, beim Anmeldebureau Stadtrat Metzing, beim Requisitionsbureau der Finanzrat Eichmann. Die Stelle des Zivilgouverneurs an der Spitze, die Fürst Hatzfeld innegehabt hatte, war nicht wieder besetzt. Als allgemeiner Leiter galt Büsching, eigentlich war es, wenn auch nicht offiziell, wie früher noch der Minister von Angern. Da nach Napoleons Befehl der bestehende Magistrat aber aufhören und das Komitee eine neue Behörde sein sollte, so bildete man anstatt der Abteilungen wieder Bureaus, und zwar 1. Das Generalbureau unter dem geheimen Oberfinanzrat Sack, der früher Mitglied des Verpflegungsbureaus gewesen war. 2. Das Einquartierungsbureau unter Hellwig. 3. Das Verpflegungsbureau unter Brese. 4. Das Requisitionsbureau unter Eichmann[3]). 5. Das Kassen- und Rechnungsbureau unter von Puttkammer. 6. Das Schul- und Armenbureau unter von Schewe. 7. Das Petitions- und Anmeldebureau unter dem Stadtrat Metzing. 8. Das Polizei- und Sicherheitsbureau unter Präsident Büsching. Ein Vergleich mit dem bisherigen Magistrat ergibt sofort, daß die Verwaltung und die Zusammensetzung fast dieselbe geblieben war. Der Unterschied bestand nur darin, daß die sieben Mitglieder des Komitees den einzelnen Bureaus zugeteilt wurden. Aus dem Generalbureau bildete man eine Art Plenum, in dem alle 7 Mitglieder des Komitees saßen, zum Einquartierungsbureau kam Wibeau, zum Verpflegungsbureau Nitze, zum Requisitionsbureau Hotho, zum Rechnungsbureau Béringuier, zum Schul- und Armenbureau Delagarde, zum Petitionsbureau Zelter und Meyer. Das Polizeiwesen blieb ohne Komiteemitglieder. Das Justizwesen wurde nach Anordnung Napoleons in der bisherigen Weise weiter geführt und das gleiche war mit Akzise, Lotterie, Domänen und sonstigen Ertragsverwaltungen der Fall, die unter den preußischen Beamten zu Gunsten des französischen Fiskus fortbestanden.

Nach Bignons Absicht sollte eigentlich für das Ganze des Komitee administratif ein Präsident aus den sieben gewählt werden. Dies geschah indessen nicht. Gewissermaßen als Vorsteher der sieben galt Delagarde, unter

---

[1]) Akten des Komitees, Sektion XXI, Organisation Nr. 2, Bl. 7.

[2]) Laut Anzeige v. 6. Nov. an den Kriegskommissar Baudon. Akten Sektion XXI, Organisationen 1. Vol. II.

[3]) Bei diesem Bureau arbeitete Bassewitz, der Verfasser des oft zitierten Werkes über die Kurmark.

dessen Namen auch die allgemeinen Erlasse ergingen. Für die einzelnen Bureaus zeichneten die ihnen zugeteilten Komiteemitglieder, obwohl sie tatsächlich doch nicht die Bureauleiter waren. Die gesamte Organisation der Komiteeverwaltung und die Bestimmungen für den Geschäftsgang hatte — aber ohne Auftrag von französischer Seite — der Minister von Angern unter Mitwirkung des geheimen Oberfinanzrats Sack verfaßt. Veranlaßt durch die französischen Behörden unterließ das Komitee dann alsbald, sich mit Angern weiter amtlich in Verbindung zu setzen, die Franzosen wünschten die volle Selbständigkeit der neuen Verwaltung. Tatsächlich blieb er aber der Ratgeber, ohne den in wichtigen Sachen keine Entscheidung getroffen wurde. So wurden die Stadtobligationen nicht ohne seine Zustimmung geschaffen. Im August 1807 mußte der König Angern, da es wegen der Verkleinerung des Staates an Mitteln für die Besoldungen fehlte, entlassen, und Sack trat von da an in seine Stelle in dem Verhältnis zum Komitee. Für den Gang der Verwaltung war es nicht vorteilhaft, daß die sieben aus der Bürgerschaft erwählten Personen an die Spitze des Ganzen und der einzelnen Abteilungen gestellt wurden. Einige von ihnen konnten zwar hin und wieder den Verkehr mit den französischen Befehlshabern erleichtern, aber sonst war auf ihre Wirksamkeit wenig zu rechnen. Daß sie nur zum Schein als Leiter der Geschäfte galten, weil es die französischen Behörden so wollten, wußten sie und übernahmen ihre Rolle nur aus Patriotismus. Es erklärt sich aus diesem Zusammenhang, wenn man in den Akten aus ihrer Feder nur Unterschriften findet, keine von ihnen herrührenden Entwürfe Voten oder Randverfügungen. Ihre Stellung erschwerte vielfach die Verwaltung, insofern sie als Vorsitzende der einzelnen Abteilungen nicht genügend Ansehen besaßen, um die häufigen Ressortstreitigkeiten unter diesen beilegen zu können. Hier mußte dann Angern, der als maßgebende Persönlichkeit von allen anerkannt war, aushelfen. — Es fragt sich noch, was aus dem anderen Faktor der von Napoleon beliebten Verfassung, dem Ausschuß der 60, wurde. Mit diesem sollten nach der Absicht des Gesetzgebers die Sieben in wichtigen Angelegenheiten beraten. Eine solche Beratung hat aber niemals stattgefunden und konnte bei der Stellung, die die Mitglieder des Komitees in der ganzen Verwaltungsbehörde einnahmen, auch niemals stattfinden. Die 60 sind überhaupt nicht wieder zusammenberufen worden. Einzelne aus ihrer Zahl erhielten Aufträge bei der Einquartierung, den Requisitionen und in ähnlichen Geschäften, in derselben Weise, wie die Stadtverordneten als untere Organe der Bürgerschaft mitwirkten. In welchem Umfange dies geschah, lassen die Akten nicht mehr erkennen. Die Absicht Napoleons, in den 60 eine berechtigte Vertretung der Einwohnerschaft einzusetzen, war also verfehlt.

Einen besseren Erfolg erreichte die von ihm befohlene Bildung der Bürgergarde, die eine wirkliche Bürgerpolizei unter städtischer Obrigkeit wurde. Schon vor dem Einrücken der Franzosen hatte Büsching eine Bürgerwehr von 800 Bürgern, meist Freiwilligen organisiert (S. 38), die nach dem Abmarsch des Militärs den Wachtdienst übernahmen. Daneben besorgten etwa 50, zum Teil berittene Freiwillige den Ordonnanzdienst. Napoleon befahl dann am ersten

Tage seiner Anwesenheit die Errichtung einer uniformierten Bürgergarde von 2000 Mann. Über die Art ihrer Verwendung sind wir nicht mehr genügend unterrichtet, da die Instruktionen verloren gegangen sind. Jedenfalls hatte sie einen polizeilichen und einen militärischen Zweck. In letzterer Beziehung sollte sie für Sicherheit und Ruhe auch gegen unbotmäßige Angehörige der französischen Armee sorgen; wie weit sie daneben zur Unterstützung der Polizeibeamten zwangsweise bei Einquartierungen, Requisitionen usw. einzugreifen befugt war, darüber geben die Akten keinen Aufschluß.

Napoleon hatte die Absicht ausgesprochen, die Garde aus 2000 angesehenen und vermögenden Bürgern bilden zu lassen, und der Magistrat faßte dies so auf, daß hierzu diejenigen 2000 zu verwenden seien, die zugleich auch den Ausschuß der 60 aus ihrer Mitte zu wählen bestimmt waren (S. 43). Deshalb wurden sie bei ihrer Versammlung am 29. Oktober, nach Vollziehung der Wahl der 60, aufgefordert, eine Persönlichkeit für die Stelle eines Obersten der Truppe in Vorschlag zu bringen. Man einigte sich indessen nicht auf eine bestimmte Person, sondern gab sieben Bürger, fast alle von der französischen Kolonie als die geeignetsten an. Es scheint, als habe der Magistrat dann den Obersten in der Person des Juwelier Paul André Jordan und die Hauptleute selbst ernannt, die der Kommandant Hulin bestätigte. Obwohl schon die Versammlung der 2000 am 29. Oktober die Errichtung der Garde mit großem Beifall aufnahm, so ergaben sich doch Schwierigkeiten in der Erfüllung der Zahl. Sie wurde zwar schon vor dem 1. November auf 1200 herabgesetzt, vermutlich durch Napoleon selbst, denn Hulin wußte nichts davon, als ihm der Magistrat die Verminderung anzeigte, aber auch diese 1200 ließen sich nicht aus den 2000 Bevorzugten zusammenbringen. Man mußte also in weitere Kreise greifen. Der Umstand, daß die Truppe Uniform haben sollte, veranlaßte viele zum Eintritt, wenn sie auch die Kosten dafür selbst tragen mußten. So konnte denn Büsching bis gegen Ende November die Garde fertig organisieren. Die berittene Kompagnie, die dazu gehörte, wurde größtenteils durch die schon bestehende berittene Abteilung aus der Berliner Schützengilde gebildet. Es sind viele Zeugnisse darüber vorhanden, daß die Bürgergarde während der ganzen Zeit der Anwesenheit der Franzosen, auch über den Tilsiter Frieden hinaus, der Stadt recht wesentliche Dienste geleistet hat. In militärischer Hinsicht stand sie unter Hulin, im übrigen unter Büsching. Ihre Uniform war ähnlich der der französischen Garde, nur trugen sie zweispitzige Hüte anstatt der Grenadiermützen.

Der Verwaltungskörper des Komitee administratif — eine deutsche Benennung der Behörde ist erst in der letzten Zeit des Bestehens 1809 (s. weiter unten) versucht worden — war, wie wir sahen, ein durch Zutritt von Staatsbeamten erweiterter Magistrat. Die vorher im Amte befindlichen Magistratsmitglieder hatten darin selbstverständlich alle in den verschiedenen Bureaus ihren Platz. Sie setzten aber daneben ihre Tätigkeit als alter Magistrat, wie er vor dem Kriege bestanden hatte, noch fort und hielten ihre Sitzungen, wenn auch verhältnismäßig seltener, nach wie vor. Wie früher erledigten sie während der Fremdherrschaft die Angelegenheiten, die außerhalb des Rahmens der Geschäfte des

Komitees lagen, Gewerkssachen, Patronatssachen, Verpachtungen und dergleichen Fragen des Kämmereiwesens. Die dem alten Magistrat angehörenden Beamten bezogen ihre Gehälter auch nicht vom Komitee, sondern aus der Kämmereikasse. Die Franzosen hatten bei ihrem Einrücken die Bestände dieser Kasse fortgenommen (S. 40), ließen sie später aber unbehelligt. Sie bestand also weiter, die Pachtsummen aus der Stadt und von den Gütern wurden an sie gezahlt, nur die Dienstgelder der Bauern blieben rückständig. Dafür erhöhte sich die Einnahme aus dem Einlagegeld, so daß der Etat der Kasse ziemlich der gleiche blieb, wie unter normalen Verhältnissen. Alle übrigen Beamten des Komitees wurden aus seinen eigenen Kassen besoldet. Viele Staatsdiener bemühten sich um Beschäftigung bei dieser Behörde, da die französische Regierung denen, die sie bei ihrer Verwaltung nicht notwendig brauchte, die Gehälter aus den in Beschlag genommenen Staatskassen nicht weiter zahlen wollte.

Das Komitee begann seine Tätigkeit Anfang November 1806 und mußte zwei Jahre lang bis zum 3. Dezember 1808 die französischen Truppen unterhalten. Wenn auch der französische militärische Gouverneur Hulin von allen Beteiligten als milde und rücksichtsvoll bezeichnet wird, so waren dafür der Intendant Bignon und der Generalintendant Daru um so maßloser in ihren Ansprüchen. Außerdem bemaß Napoleon die Kontribution, da er die Barmittel und die Produktionskraft des Landes weit überschätzte, in einer unerschwinglichen Höhe. Die Kosten der Lieferungen zum Unterhalt der französischen Armee, bis sie Berlin verließ, betrugen 4 447 000[1]) Tlr. Dazu kamen an sonstigen Ausgaben, wie die persönlichen für die Verwaltung, Verluste am Geldwerte und an den Staatspapieren, Wechselunkosten usw. zusammen 1 272 500. An Kontribution hatte Napoleon 10 Millionen Franken oder 2 702 700 Tlr. gefordert. Hiervon gelang es jedoch, 1 502 300 Tlr. in Abzug zu bringen, indem man einen Teil der Lieferungen für den Armeebedarf abrechnete. So wurden denn nur 1 200 400 Tlr. zur kleineren Hälfte bar, zur größeren in Wechseln gezahlt. Im ganzen hatte die Stadtverwaltung also bis Ende des Jahres 1808 6 919 900 Tlr. aufwenden müssen. Hierin ist natürlich die Einquartierungslast nicht mit einbegriffen, weil sie fast ganz von der Einwohnerschaft unmittelbar getragen wurde. Bassewitz berechnete sie auf 8 249 900 Taler[2]).

Das Komitee als alleinige Stadtverwaltung und Stadtobrigkeit hatte also große Summen aufzubringen und befand sich während der zwei Jahre der Fremdherrschaft beständig in Verlegenheit, mit dem Notwendigsten an barem Gelde versorgt zu sein. Berlin war wohl eine leidlich wohlhabende, aber durchaus keine reiche Stadt. Es fehlte der Geldverkehr eines großen Handelsplatzes. Die bedeutendsten gewerblichen Unternehmungen hatte bisher nicht

---

1) Die Ziffern sind abgerundet.

2) Die Kostenberechnung der Armeebedürfnisse und der Kontribution, die Berlin zu tragen hatte, ist bei Bassewitz, Die Kurmark 1806 bis 1808 I 289, 293, 302 und II 271 ff. aus den Akten zusammengestellt.

das Privatkapital, sondern die Unterstützung des Staates zustande gebracht. Ein reicher Adel war auch nicht in der Stadt ansässig. Welche Mühe es machte, in Berlin im Notfalle Geld aufzutreiben, hatte sich schon einmal im siebenjährigen Kriege bei den Einmärschen der Österreicher und der Russen gezeigt[1]). Jetzt wirkte noch besonders erschwerend die politische Lage. Man war zweifelhaft über das künftige Schicksal des Landes, ob vielleicht die Kurmark von den übrigen Landesteilen losgerissen und ob Berlin preußische Residenz bleiben würde. Demgegenüber wagte sich das Kapital nicht heraus, man kaufte die Obligationen und Tresorscheine nicht. Dem Magistrat hatte es früher an Kredit gefehlt, weil ihm keine eigentliche Vertretung der Stadt zur Seite stand, und weil er nur über die Kämmerei verfügte. Dem Komitee administratif erging es nicht besser, denn es stellte eine Verwaltungsbehörde mit unsicherer Zukunft vor, die keine Bürgschaft bieten konnte. Das Schicksal der Stadt, für die man sein Geld leihen sollte, lag nicht in der Hand dieser Behörde. Eine ergiebige städtische Steuer stand nicht zur Verfügung, die einzige, die Akzise, war in der Hand des Feindes, eine andere mußte erst unter den ungünstigsten Verhältnissen zustande kommen und es war ungewiß, was sie einbringen würde.

Beim ersten Erscheinen der Franzosen, als es sich zunächst nur um Lieferungen handelte, hatte man zu einer Zwangsanleihe und zur Ausgabe von Schuldscheinen und Bons seine Zuflucht genommen (S. 41). Außerdem standen damals 100 000 Tlr. zurückgelassene Gelder der königlichen Bank zur Verfügung. Das Komitee administratif fand bei seiner Organisierung nur Reste jener spärlich eingegangenen Anleihen vor, die nicht einmal zu den Requisitionen hinreichten, und sollte nun 10 Millionen Franken Kontribution beschaffen. Es entschloß sich zu einer neuen Zwangsanleihe bei der jüdischen Kaufmannschaft, die bisher sich der Beisteuer entzogen hatte und forderte zugleich sämtliche Einwohner auf, freiwillig Geld jeder Art, auch Silbergeschirr einzuliefern gegen Interimsscheine, bis fünfprozentige Stadtobligationen ausgegeben werden könnten. Diese Maßregeln brachten indessen wenig Geld, so daß der französische Finanzminister, der durchaus eine Abzahlung auf die Kontribution beitreiben wollte, selbst eingriff, sich 58 wohlhabende Einwohner durch das Komitee bezeichnen ließ und diesen unter Zwangsandrohung die sofortige Erlegung von 400 000 Tlrn. befahl. Für die betreffenden Personen war die Beschaffung eine Unmöglichkeit, und das Komitee beschloß hierauf am 12. November 1806, den Kaiser um Ermäßigung zu bitten, daneben nochmals die ganze Einwohnerschaft zu Darlehen aufzufordern und fünfprozentige Stadtobligationen auszugeben. Der Kaiser war zu einem Nachlaß nicht geneigt, aber die Ausgabe von Obligationen kam zustande, und zwar ließ das Komitee, obwohl es oberste Stadtbehörde und völlig selbständig war, die Anordnung noch vom Minister von Angern mitzeichnen (S. 41). So konnten wenigstens am 19. November 93 000 Tlr. abgetragen werden, allerdings gegen die verlangten 2 Millionen eine geringe Abschlagssumme. Als

[1]) Vergl. S. 32.

dann die Zahlungen von neuem stockten, setzten die französischen Intendanten im Dezember 1806 fest, daß die 58 vermögenden Bürger, die zur Zahlung einer größeren Summe ausersehen waren, bis auf 300 vermehrt würden, um zunächst eine Million Franken abliefern zu können. Es kam wieder nur ein Teil des verlangten Betrages ein, aber man gewann doch immerhin einen Aufschub.

Neben der Kontribution handelte es sich zugleich beständig um Barmittel für die unausgesetzten Lieferungen an die Armee. Diesen Bedarf zu decken, mußte dem Komitee, so lange der Feind in der Stadt stand, sogar als das dringendere Erfordernis erscheinen. Seitdem Stadtobligationen ausgegeben waren, flossen diese als Steuern oder sonstige Beiträge in die Kasse zurück, ließen sich aber ebensowenig wie die Tresorscheine und Staatspapiere als bares Geld verwerten. Für die Stadtobligationen wurden auch schon Zinsen fällig. Das Komitee schritt daher zur Erhebung einer Steuer von den Hauseigentümern und Mietern. Diese waren zwar durch die Einquartierung stark belastet und vielfach schon in Geldverlegenheit, dennoch mochte es die unter den Umständen einzig mögliche Besteuerungsart sein, wenn man überhaupt diesen Weg beschreiten wollte. Die Vorbereitung zu der Maßregel fand bereits zu Ende des Jahres 1806 statt, eine Bekanntmachung vom 12. Dezember 1806 setzte die Bedingungen für die Steuer dahin fest, daß jeder Hauseigentümer von 1000 Tlrn. Versicherungssumme 1 Prozent und jeder Mieter von der Miete über 30 Tlr. $1^1/_2$ Prozent zahlen sollte. Für die Gültigkeit der Verordnung hielt man auch jetzt wieder, wie bei der Ausgabe der Stadtobligationen, die Zustimmung des Ministers von Angern für notwendig. Da die Kataster nicht früher fertig wurden, so gelangte die Steuer erst im Juni 1807 zur ordnungsmäßigen Durchführung. Man erhob sie dann für die weiteren Monate des Jahres 1807, mit Ausnahme des Oktober, und für das ganze Jahr 1808. Sie brachte im ganzen 648 800 Tlr., war aber auf 1 194 500 Tlr. veranschlagt.

Nach dem Tilsiter Frieden war zwar Napoleon nicht mehr rechtmäßiger Herr des Landes, aber er blieb im tatsächlichen Besitz, und es traten namentlich für Berlin keine wesentlichen Veränderungen in den Verhältnissen ein. Der König hatte, um für die noch von den Franzosen festgehaltenen Provinzen vorläufig eine Verwaltung einzurichten, Zivilkommissarien ernannt, für die Kurmark den Minister von Voß und, als dieser die Stelle ablehnte, den Präsidenten der kurmärkischen Kammer von Gerlach. Der Zivilkommissar war jetzt also gewissermaßen die oberste Instanz für die Stadt Berlin. Außerdem hatte der König zufolge der Königsberger Konvention vom 12. Juli 1807, die verschiedene nähere Bestimmungen über die Ausführung der Friedensbedingungen zwischen den Kronen Preußen und Frankreich festsetzte, eine Friedens-Vollziehungskommission in Berlin ernannt. Sie sollte noch bestehende Differenzen, namentlich wegen der Kriegsentschädigungen, gütlich beilegen. An ihre Spitze kam zunächst der geheime Ober-Finanzrat Sack, der aber daneben in seiner dirigierenden Stellung beim Komitee administratif blieb (S. 45). Das Komitee behielt auch seine bisherige Verfassung, nur trat vielleicht die

Eigenschaft wieder mehr bei ihm hervor, daß es eigentlich der durch Staatsbeamte vermehrte und erhöhte Magistrat war. Die französischen Intendanten und Kriegskommissare blieben die nämlichen bis auf den Kommandant Hulin, der abberufen und durch den Divisionsgeneral St. Hilaire ersetzt wurde. Büsching legte im Mai 1808 angeblich aus Gesundheitsrücksichten die Direktion der Polizei nieder, worauf St. Hilaire an seiner Stelle ohne weiteres den französischen Kriegskommissar Taulon ernannte. Erst kurz vor dem Abmarsch des Feindes nahm Büsching das Amt wieder auf.

Die Räumung der Stadt und des Landes vom Feinde wurde nach dem Frieden von der vollständigen Bezahlung der Kontributionssumme abhängig gemacht. Aber da die Ablösungssumme für den Staat erst festgestellt werden mußte und die Franzosen überhaupt anscheinend zunächst gar nicht die Absicht hatten, das Land zu verlassen, so blieb es noch beinahe anderthalb Jahre, bis in den Dezember 1808 besetzt. Somit konnte auch der Hauptstadt nichts an der schnellen Abtragung ihrer besonderen Kontribution liegen, sie wäre von den Truppen doch erst zugleich mit der Provinz frei geworden. Die Ansprüche der Fremden minderten sich auch durchaus nicht durch die Abzahlungen, wie die Erfahrung bereits gelehrt hatte. Überdies verbot sich eine beschleunigte Entrichtung der Kontribution von selbst. Unausgesetzt folgten sich Durchmärsche und Einquartierungen großer Truppenkörper, dazu kamen die Unterhaltung von Lagern, Errichtung von Lazaretten, beständige Requisitionen aller Art für den Armeebedarf, endlich die Kosten der städtischen Verwaltung selbst, der vermehrten Armenpflege, der Polizei und alles dessen, wofür sonst der Staat gesorgt hatte, was jetzt vom Komitee erhalten werden mußte. Der tägliche Bedarf verschlang alles, was einkam, man konnte für die Kontribution nichts erübrigen. Nach dem Tilsiter Frieden war erst der dritte Teil an Esteve abgeliefert.

Da das bare Geld immer knapper wurde, das Papier immer mehr im Werte sank, bei den Anleihen Rückstände blieben, ebenso bei der Haus- und Mietssteuer, die französischen Machthaber dagegen auf Zahlung drangen, so versuchte das Komitee wieder neue Mittel. Es schloß im August 1807 einen Vertrag mit sechs Berliner Bankiers, demzufolge diese versprachen, die französische Intendantur für die noch fehlenden etwa 2200000 Franken mit in Paris akzeptierten Wechseln zufrieden zu stellen, wovon die letzten am 15. März 1808 fällig sein sollten. Das Komitee verpflichtete sich dem Konsortium der Bankiers durch einen Schuldschein, worin es mit allen Beständen der Kontributionskasse, den jetzigen und den künftigen, sogar mit dem Vermögen aller Einwohner Bürgschaft leistete. Der alte Magistrat (S. 46) mußte daneben das gesamte Kämmereivermögen der Stadt verpfänden. Dies genügte aber noch nicht. Auf Verlangen des Konsortiums mußte die Schuldverschreibung noch mit der Genehmigung der Friedens-Vollziehungskommission versehen werden.

Da der Erlös für die Wechsel nur zur Abzahlung der Kontributionen dienen sollte, so beschloß das Komitee zur Aufhilfe für die Stadtkasse neben der Haus- und Mietsteuer eine Vermögensteuer der reichsten Einwohner, zugleich auch die Errichtung eines Lombard-Instituts für Papiere, um den von der Steuer Betroffenen die Zahlungen zu erleichtern. Die Steuer ergab bis Ende 1808 etwa 287 000 Tlr., wenig mehr als den dritten Teil dessen, was man von ihr erwartete. Zur Ergänzung hatte man selbst das dienende Personal, Handlungsgehilfen und dergleichen Personen zu einer monatlichen Abgabe herangezogen und einen Betrag von etwa 23 000 Tlrn. vom Dezember 1807 bis Dezember 1808 erzielt. Aber alle diese Auflagen genügten nicht für die täglichen Ansprüche zur Unterhaltung der fremden Truppen. Im Anfang des Jahres 1808 mußte sich deshalb das Komitee von dem vorher genannten Lombard-Institut 220 000 Tlr. leihen, im Februar 635 000 Tlr. von einem Konsortium von vier Bankiers, die das Geld auf Wechsel aus Hamburg bezogen. Zur Sicherheit für die Wechsel, die in 11, 12 und 13 Monaten eingelöst werden sollten, gab das Komitee mit dem Magistrat zusammen den vier Bankiers wieder eine Schuldverschreibung unter Zustimmung der Friedens-Vollziehungskommission. Zugleich mußten 1 200 000 Tlr., also im Nennwert fast das Doppelte, an Stadtobligationen hinterlegt werden. Die Ausgabe von Stadtobligationen hatte früher der Minister von Angern genehmigen müssen; da Angern jetzt nicht mehr im Dienste war, befahl der König die Genehmigung durch die Friedens-Vollziehungskommission, behielt sich aber die Bestimmung vor, bis zu welchem Betrage man gehen dürfte. Bis Ende Dezember 1808 wurden gegen 6 Millionen Tlr. ausgegeben.

Die Verhandlungen mit der Friedens-Vollziehungskommission wurden von den Franzosen in die Länge gezogen und immer neue Forderungen von ihnen aufgestellt, so daß es den Anschein hatte, als wollte Napoleon die Ausnutzung des Landes möglichst lange fortsetzen. Man konnte glauben, das Schicksal des Staates sei durch den Tilsiter Frieden überhaupt noch nicht endgültig entschieden worden. Erst am 8. September 1808 wurde dann endlich der Vertrag geschlossen, der alle noch bestehenden Streitpunkte zwischen der preußischen und der französischen Regierung beseitigte. Der Abzug der fremden Truppen stand nun fest, und die Zukunft des Staates und der Stadt erschien gesichert. Aber das bare Geld, unter dessen Mangel die städtische Verwaltung litt, konnte trotzdem nicht zu billigeren Bedingungen beschafft werden. Noch im November mußte das Komitee wieder eine Anleihe von 50 000 Tlrn. bei einem Bankier aufnehmen, zu 5 Proz. Zinsen, $5^{1}/_{2}$ Proz. Provision und mit Verpfändung von 100 000 Tlrn. Stadtobligationen, eine zweite von 6000 Tlrn. gegen Verpfändung von 10 000 Tlrn. in Tresorscheinen. Und am Ende des Monats, kurz bevor die letzten Franzosen am 3. Dezember Berlin verließen, griff man zum Schluß zu einer freiwilligen Anleihe von 200 000 Tlrn. gegen Stadtobligationen zu 5 Prozent. Jetzt endlich schien in Folge der Klärung der politischen Lage eine Wendung zum Besseren im Kredit eingetreten zu sein. Obwohl sogar die Hälfte der Einzahlung in barem Gelde, das so schwer beschafft werden konnte, verlangt wurde, war schon am 28. Dezember der Betrag voll eingegangen.

Die gesamten Kosten, die der Krieg der Stadtverwaltung verursachte, sind auf S. 47 den Hauptsummen nach angegeben worden. Ende Dezember 1808 lag auf der Stadt eine Schuldenlast von fast 5 Millionen Tlrn., wovon der Hauptteil, 3 Millionen, in fünfprozentigen Stadtobligationen bestand. Außerdem aber hatte man für die Hamburger und andere Wechsel und für Schuldverschreibungen die doppelte Summe des Wertes in Stadtobligationen in Pfand gegeben. Konnte der Betrag den beteiligten Bankiers nicht rechtzeitig erstattet oder keine Prolongation erlangt werden, so trat eine neue Schuld in der Höhe jener Obligationen hinzu.

Das Komitee blieb die verantwortliche städtische Behörde zunächst auch nach dem Erlaß der Städteordnung vom 19. November 1808, obwohl diese andere Bestimmungen über die Form der städtischen Verwaltung traf. Was die leitenden Persönlichkeiten über dem Komitee betrifft, so hatte Sack, der Nachfolger von Angern, im Mai 1808 dem französischen Einfluß weichen und Berlin verlassen müssen und seine weitere Tätigkeit zunächst am Sitz der Staatsregierung in Königsberg gefunden. Seine Stelle nahm im Einverständnis mit der französischen Regierung und der Immediat-Friedens-Vollziehungskommission der geheime Finanzrat Rosenstiel ein, der zur Disposition stand und wegen seiner Gewandtheit im Gebrauch der französischen Sprache sich besonders dazu eignete. Nach der neuen Organisation der Staatsbehörden im Dezember, im nunmehr wieder selbständigen Preußen trat Rosenstiel in den Staatsdienst zurück und Sack als neu ernannter Oberpräsident beauftragte den geheimen Kriegsrat Troschel mit der Aufsicht über das Komitee. Das Komitee beschloß dann am 5. Februar 1809 mit Zustimmung des Oberpräsidenten, nicht mehr die Benennung Komitee administratif, sondern „Stadtverwaltungsbehörde" zu führen. Nachdem im März die Einführung der Städteordnung in Berlin eingeleitet war, fand im Juni nochmals ein Wechsel in der Oberleitung dieser Stadtbehörde statt, die nach Ernennung Troschels zum Vizepräsidenten der Kammer in Königsberg Büsching erhielt. Am 6. Juli wurde das Komitee auf dem Rathause förmlich aufgelöst und entlassen. Außer den bekannten sieben Mitgliedern aus der Bürgerschaft und dem früheren Magistrat gehörten ihr von Staatsbeamten noch an der geheime Ober-Finanzrat Palm, die Kriegsräte von Zschock, Homeyer, Wach, Herbst und Frauendienst und der Stadtgerichtsassessor Langerhans. Es blieb dann noch eine Kommission zur Einziehung städtischer Kontributionsreste unter Leitung von Palm, die sich allmählich auflöste.

Das Komitee oder die Stadtverwaltungsbehörde hatte also auch im Anfang des Jahres 1809 die Leitung der städtischen Angelegenheiten in Händen. Allerdings mehr dem Namen nach, denn ihre Teilnahme an der eigentlichen städtischen Verwaltung, Polizei, Wohlfahrtspflege usw. hörte auf, hierfür traten wieder andere Behörden ein. Die Aufgabe des Komitees bestand nur noch darin, Geld für die Verwaltung und vor allem Deckung für die Zinsen und die Schuldsummen zu finden, deren Termine abgelaufen waren. Es wurden Reste eingetrieben und Fristen zu erlangen versucht, auch die Abgaben der Hauseigner und Mieter nochmals für die 3 ersten Monate des Jahres

1809 ausgeschriebeu. Die endgültige Regulierung der Finanzen, die Deckung der rückständigen Zinsen und der Wechsel mußte aber der ersten Stadtverordneten-Versammlung zufallen, die am 25. April 1809 zur ersten Sitzung zusammentreten konnte.

Die Darstellung der Verfassung und Verwaltung des Komitee administratif konnte hier nur kurz gegeben werden. Es kam hauptsächlich darauf an, die Organisation, die Stellung zu den Staatsbehörden und die Hauptaufgabe zu zeigen, die in der Beschaffung der Gelder zur Befriedigung der Ansprüche des Feindes bestand. Über die Einzelheiten der sonstigen Verwaltung, das Verhältnis zu den französischen Truppen, die Einquartierung usw. findet sich noch vieles, was zur Ergänzung von Bassewitz Darstellung dienen könnte, in den Akten.

Die Entstehung der Städteordnung[1].

Schon vor dem endlichen Abzuge der Franzosen aus Berlin war wohl bei der Bürgerschaft und den Behörden die Ansicht verbreitet, daß sich die frühere, vor dem Kriege geltende Stadtverfassung schwerlich von neuem ins Leben rufen lassen würde. Unter der Verwaltung des Komitee administratif war der Unterschied zwischen Bürgern und Eximierten verschwunden, alle Einwohner trugen gleichmäßig nach ihren Kräften die Lasten und mußten sich den Anordnungen der Stadtbehörde fügen. Sollte nun die unzweckmäßige Zersplitterung der Einwohner nach den verschiedenen Obrigkeiten zurückkehren? Sollten das Militär und die Polizei wieder dieselbe Rolle im bürgerlichen Leben spielen wie früher? Bei den gewerblichen Korporationen hatte die Abgrenzung der Zünfte, der Zwang in Herstellung bestimmter Erzeugnisse während der Anwesenheit der Franzosen aufgehört. Viele wünschten auf diesem Gebiete die von der Kriegszeit gebrachte Freiheit beizubehalten.

Die Wiedereinführung der alten Stadtverfassung zu der Zeit, in der das Komitee administratif aufgelöst werden mußte, erschien also fraglich. Ob über die Möglichkeit einer neuen Verfassung und deren Form schon Meinungen bei den entscheidenden Behörden oder in der Bürgerschaft ausgetauscht wurden, davon erfahren wir nichts, wenigstens ergeben keine Akten etwas darüber, und in den Zeitungen und Zeitschriften pflegte man damals dergleichen Fragen nicht zu erörtern. Es sind uns auch keine Äußerungen überliefert, die eine weiter reichende Mitwirkung der Bürger bei den städtischen Angelegenheiten verlangt hätten. Ob etwa in anderen Städten des 1807 auf wenige Provinzen eingeschränkten preußischen Staates der Wunsch nach Veränderung der Verfassung, nach vermehrter Teilnahme der Bürgerschaft an der Verwaltung entstanden sei, darüber geben die Bearbeitungen der Stadtgeschichte, wenigstens

---

[1]) Von den Akten des Geheimen Staatsarchivs wurden für die Darstellung folgende benutzt:

R. 77. 344. Nr. 2. Akten betr. die Organisation der Polizeiverwaltung in den Städten. Vol. 1 u. 2. 1808/09.

R. 77. 479. Akten betr. Organisation der Munizipal-Verfassungen, Gen. 5. Vol. 1 u. 2 (Preußisches Departement).

R. 89. A. 25. 7. Geh. Kab. Registratur. Anordnung gesetzlicher Repräsentationen für sämtliche Städte der Monarchie. 1808/09.

R. 151 a. 21. 1. Die Organisation der Staatsverwaltung. 1807/08.

R. 151 a. Städte-Polizeisachen Gen. VI. Sekt. 9 a. Organisation der Munizipalverfassung. 1808/10.

R. 151 a. 20. Nr. 1. Protokollbuch der Generalkonferenz. 1808.

was die Hauptstädte Stettin, Breslau, Danzig, Königsberg betrifft, bis jetzt keine Auskunft, sie gehen so weit auf städtische Verfassungsfragen überhaupt nicht ein. Einen interessanten Beitrag über Stimmungen in der Bürgerschaft erhalten wir aus der Altmark, einem Landesteil, der durch den Tilsiter Frieden von Preußen abgetrennt worden war.

In der Altmark wurde, soweit sie nach dem Tilsiter Frieden zum Königreich Westfalen gehörte, die Napoleonische Verfassung eingeführt. Nach dieser hatte der vom Könige ernannte Maire die städtische Verwaltung allein in der Hand. Denn die ihm beigegebenen, ebenfalls vom Könige ernannten Adjunkten galten nur als seine Stellvertreter und die neben dem Maire bestehende städtische Körperschaft, der Munizipalrat, hatten den Maire als ständigen Vorsitzenden und nur eine beratende Bedeutung. Die Mitglieder des Munizipalrats gingen ebenfalls aus königlicher Ernennung hervor und die ganze Verwaltung stand unter strenger Aufsicht des Departements-Präfekten. Diese Verfassung, die für die Regierenden gemacht war, nicht für die Regierten, entfernte sich noch viel weiter von einer Selbstverwaltung, als die alte brandenburgische, wo wenigstens der Magistrat sich aus eigner Wahl frei ergänzen durfte. Geschichtliche Darstellungen von Zeitgenossen aus altmärkischen Städten berichten nun, daß man mit dieser neuen Ordnung der Dinge wohl zufrieden war und das Aufgeben der bisherigen Verfassung keineswegs bedauerte. In Gardelegen lobte man, daß alles so prompt unter den Maires und Präfekten zuginge. Es findet sich keine Andeutung, daß die Bürgerschaft ihre Ausschließung von der Verwaltung gemißbilligt hätte[1]).

Woher kam nun die Anregung zu einer neuen Ordnung der städtischen Einrichtungen? Sie kam nicht aus Berlin, sondern aus der zweiten Residenz Königsberg, wo sich die alte Verfassung ebenso wie in der Hauptstadt mehr und mehr und zuletzt in den Kriegszeiten als ein Hindernis für die Verwaltung erwies. In Königsberg hatte die alte Stadtverfassung in vieler Beziehung Ähnlichkeit mit der berlinischen. Von der Einwohnerschaft stand nur der gewerbetreibende Teil unter der obrigkeitlichen Gewalt des Magistrats und mußte das Bürgerrecht erwerben. Aber auch bei diesem Teil gab es noch zahlreiche Ausnahmen, noch mehr als in Berlin. Eine ganze Klasse von Kaufleuten und Personen aus dem Geschäftsleben (die Lieger und Zunftfreien), die oft gerade zu den wohlhabendsten Einwohnern gehörten, durften außerhalb der Bürgerschaft bleiben und trugen deren Lasten nicht mit. Ebenso verhielt es sich mit der Beamtenschaft, der französischen Kolonie und selbstverständlich mit den Militärpersonen, ganz den Berliner Verhältnissen entsprechend. Es waren auch in Königsberg Enklaven vorhanden, die nicht unter die Jurisdiktion des Magistrats fielen. Die drei Magistrate der drei verschiedenen Städte, aus denen Königsberg bestand, hatte man 1724 in einen einzigen vereinigt, mit dem

1) Man vergleiche hierzu:

Bauke, Mitteilungen aus Gardelegen. Stendal 1832.

Pohlmann, Geschichte der Stadt Salzwedel. Halle 1811.

Götze, Urkundliche Geschichte von Stendal. Stendal 1873.

Rechte der Selbstergänzung. Er übte die Jurisdiktion nur über die eigentliche Bürgerschaft aus, eingeschränkt wie der berlinische durch die Aufsicht der Regierung. Neben und über dem Magistrat stand, wie in Berlin, das königliche Polizeidirektorium, dessen Anordnungen sich alle Einwohner, auch die eximierten unterwerfen mußten. Der Direktor bekleidete der Regel nach zugleich die Stelle des ersten Bürgermeisters, wie es in Berlin verfassungsmäßig war und ebenso hatte sich hier das Militär die Sicherheitspolizei vorbehalten. Die Wachen sorgten für die öffentliche Ruhe und Ordnung und beaufsichtigten den Fremdenverkehr.

Was die Teilnahme der Bürgerschaft an der städtischen Verwaltung betrifft, so nahm der Magistrat das Recht, über die Kämmerei zu verfügen, für sich allein in Anspruch, natürlich unter der Aufsicht der preußischen Kammer. Die Verordneten der Bürgerschaft hatten nur mitzusprechen, wenn Steuern oder sonstige im hergebrachten Stadtrecht nicht begründete Leistungen von der Bürgerschaft verlangt wurden und dies war wohl sehr lange nicht vorgekommen. Denselben Grundsätzen begegneten wir in Berlin. Aber sonst nahmen die Königsberger Vertreter der Bürgerschaft eine andere Stellung ein, als bei uns. Sie wurden nicht vom Magistrate ernannt, sondern gingen aus Wahlen der Korporationen hervor, allerdings nach einem sehr umständlichen Verfahren. Drei Korporationen waren berechtigt, Verordnete als Vertreter zu wählen, die zünftige Kaufmannschaft, die Brauberechtigten, Mälzenbräuer genannt, und die Gesamtheit der Handwerkerzünfte. Die erste, die Kaufmannschaft, zerfiel wieder für sich in drei besondere Korporationen je nach den drei Stadtteilen, den ehemaligen drei Städten, aus denen sich Königsberg zusammensetzte. Dasselbe war mit den Mälzenbräuern der Fall. Diese sechs schickten ihre Vertrauensmänner, nach dem Herkommen im ganzen 20, in einen Hauptdeputation genannten Ausschuß, der zusammentreten sollte, wenn es galt, die Bürgerschaft in Angelegenheiten der Stadt zu Rate zu ziehen. Die dritte berechtigte Körperschaft, die vereinigten Handwerkerzünfte, bestand aus 12 Ältesten dieser Zünfte. Diese 12 gehörten aber nicht zur Hauptdeputation, sie wurden vom Magistrate, wenn er es für gut befand, besonders befragt. Die Mitglieder der Hauptdeputation sowohl, als die 12 Ältesten besaßen von ihren Korporationen keinerlei Vollmacht. Für etwaige Beschlüsse mußten die einzelnen bei ihren Auftraggebern erst Rückfrage halten. Es ist leicht ersichtlich, daß unter diesen Umständen ein Beschluß kaum zustande kommen konnte. Im allgemeinen scheint jene Vertretung der Bürgerschaft gegen das Ende des 18. Jahrhunderts kaum noch in Fragen der städtischen Verwaltung herangezogen worden zu sein[1]). Der Magistrat arbeitete selbständig und übertrug auf einzelne Personen oder auf Körperschaften die Geschäfte, für die er Hilfskräfte aus der Gemeinde bedurfte.

Die Mängel dieser umständlichen Verfassung machten sich empfindlich fühlbar, als im Jahre 1807 die Stadt unmittelbar unter dem Kriege zu leiden

---

[1]) Baczko (Geschichte Königsbergs, 1804), der sonst ausführlich über den Wirkungskreis aller Behörden berichtet, erwähnt nichts von einer solchen Beteiligung.

hatte, von den Russen und nachher von den Franzosen besetzt wurde. Es galt, den großen Ansprüchen von Freund und Feind zu genügen und eine schwere Kontribution zu erschwingen. Hierzu gebrauchte man notwendig die Einwohnerschaft, deren Heranziehung aber das schwerfällige Verfahren, das die Verfassung vorschrieb, im Wege stand. Die Zunftfreien und die Eximierten hatten ja das Recht, sich allen Verpflichtungen zu entziehen. Unter diesen Verhältnissen lag es nahe, mit den hergebrachten, äußerst unzweckmäßigen Einrichtungen aufzuräumen und sie durch neue, wenn nicht anders, so von Staatswegen zu ersetzen.

Nach den Akten[1]) war es der juristische Beirat der Hauptdeputation bei der Königsberger Bürgerschaft, der Kriminalrat Brand, der sich daran machte, im Laufe des Jahres 1807 einen Entwurf auszuarbeiten. Infolge seiner Stellung und da er außerdem früher als Richter in einer kleinen Stadt gelebt hatte, kannte er das städtische Wesen und wußte auch, wie weit die Wünsche der Bürgerschaften reichten. Gewiß nicht ohne Einfluß mag für die Entstehung seiner Arbeit gewesen sein, daß Stein Ende des Jahres 1806 mehrere Monate in Königsberg zugebracht hatte. Steins Bestreben, reformierend in der ganzen Staatsverwaltung vorzugehen, wirkte mittelbar und unmittelbar auf die dortigen Beamtenkreise, ihrerseits auf Umgestaltung veralteter Zustände bedacht zu sein. Als dann Brand in den letzten Monaten 1807 seinen Entwurf fertig stellte oder fertig gestellt hatte — er trägt das Datum vom 29. Dezember —, stand Stein an der Spitze der Staatsverwaltung, und Brand durfte voraussetzen, für seine Vorschläge bei der Regierung ein geneigtes Ohr zu finden.

Der 138 Paragraphen umfassende Entwurf[2]) erweist sich freilich von gründlicher Umwandlung städtischer Verfassung noch weit entfernt und verfolgt nur den praktischen Zweck, den empfindlichsten Hindernissen im Zusammenwirken der Königsberger Bürgerschaft abzuhelfen. In den Motiven, die der Verfasser seiner Arbeit folgen läßt, setzt er die bestehenden Zustände in Königsberg, wonach die Rechte der Bürgerschaft ausschließlich von bestimmten Korporationen ausgeübt wurden, auseinander, erklärt aber, die Korporationen als Grundlage der Verfassung beibehalten zu müssen, und lehnt es entschieden ab, die bürgerlichen Rechte auf das Allgemeine, auf die gesamte Einwohnerschaft zu übertragen. „Eine mißgeleitete Aufklärung, sagt er, und übertriebene Humanitätssucht dürfte hier anders denken." Er läßt den Schwerpunkt bei der Ausübung bürgerlicher Rechte in der Korporation, aber unter der Bedingung, daß die bisher Eximierten sich den Korporationen anschließen und an allen städtischen Lasten teilnehmen sollten.

Nach seinen Vorschlägen ist zum Betriebe jedes Gewerbes das Bürgerrecht notwendig, von anderen Einwohnern brauchen es nur die Grundeigentümer zu erwerben. Aber das Bürgerrecht gewährt nicht das Stimmrecht zu

---

[1]) Man vergleiche den Aufsatz Zur Vorgeschichte der preußischen Städteordnung, von E. Joachim, in der historischen Zeitschrift. Bd. 68. 1892.

[2]) Abschrift in den Akten des Geh. St. Archivs Rep. 151a. Tit. VI. Sekt. 9a. Organisation der Munizipalverfassung.

den Wahlen von Verordneten. Dies sollen nur die Korporationen durch ihre Mitglieder besitzen, die Ordnungen der Kaufleute, der Brauer und der Gewerke. Jede Korporation soll berechtigt sein, eine Anzahl Verordneter in die Versammlung der Repräsentanten der Bürgerschaft zu entsenden. Bei den übrigen außerhalb der Korporationen stehenden Bürgern sind nur die Eigentümer wahlberechtigt, müssen sich aber zuvor erst nach Stadtteilen korporationsartig gliedern. Die Verfassung wird also, wie bisher, auf den Korporationen aufgebaut, eine durchgreifende Änderung gegen früher ist — neben der Aufhebung aller Exemtionen unter den Gewerbtreibenden — dabei die, daß die Repräsentanten unbeschränkte Vollmacht erhalten, nicht mehr Rückfragen an ihre Wähler, die Korporationen, aus denen sie hervorgehen, nötig haben. Die Versammlung der Repräsentanten heißt Hauptdeputation, sie wird von ihrem Vorsitzenden einberufen, darf Kommissionen und Deputationen ernennen und ihre Beschlüsse sind für alle Einwohner verbindlich, unter Genehmigung der Obrigkeiten.

Auf die angedeuteten Forderungen beschränkte sich Brands Entwurf. Der Geschäftskreis, der den Vertretern der Bürgerschaft zufallen sollte, wird nur sehr unbestimmt umschrieben. Sie sollen teilnehmen an allen Angelegenheiten der Stadt, „wozu Verfassung und Gesetz ihre Einwilligung erfordern". Sie „üben das Wahl- und Präsentationsrecht zu den Stadtämtern aus, bei welchen es ihnen verfassungsmäßig zusteht". Ferner sollen sie über ihr eignes Vermögen — also nicht über die Kämmerei — verfügen dürfen und bei Einführung oder Aufhebung von Lasten mitzubestimmen haben, Rechte, die ihnen bereits von alters her zustanden. Vom Magistrat und seinem Wirkungskreise, von der Polizei ist im Entwurf nirgends die Rede. Hierin wollte der Verfasser also alles bei dem bisherigen Zustande belassen.

Man erkennt, daß Brand sich an eine entschiedene Neubildung der städtischen Verfassung nicht wagte, daß es ihm nur darauf ankam, eine wirkliche, wenn auch durch umständliches Verfahren geschaffene Vertretung der gesamten Bürgerschaft zu gründen und die Bürgerpflicht auf Einwohner auszudehnen, die sich ihr mit Unrecht entzogen hatten. Wenn er seinem Entwurfe diesen Inhalt gab, ließ er sich ohne Zweifel von den Wünschen der Bürgerschaft dabei leiten. Man wollte in diesen Kreisen nicht weiter gehen, wie die eingeholten Gutachten bewiesen. Da Brands Absicht war, seinen Vorschlägen in Königsberg wirklich Eingang zu verschaffen, so holte er zunächst die Begutachtungen und die Genehmigung der beteiligten Korporationen ein[1]. Die Fassung[2], die der Entwurf dadurch erhielt, wich nur wenig von der ursprünglichen Form vom 29. Dezember 1807 ab. Der wichtigste Unterschied war der, daß die Erwerbung des Bürgerrechts für die Eigentümer obligatorisch gemacht wurde. Unter dem 15. Juli 1808 reichte Brand auf Steins Rat den Entwurf dem Könige ein[3].

---

[1] Vergl. Joachim in dem angeführten Aufsatz S. 87.

[2] Original in den Akten des Geh. Staatsarchivs. R. 77. 479. Minist. des Innern. Gener. 5. Vol. I.

[3] Preuß, Friedrich der Gr. IV. 485.

Daß der Königsberger Entwurf mit seinem Aufbau auf den Korporationen und seinen geringen Befugnissen für die Vertreter der Bürgerschaft als Grundlage zu einer neuen Verfassung, auch nur der Stadt Königsberg allein, den leitenden Personen in der Staatsregierung nicht genügen konnte, ist leicht erklärlich. Durch Kabinetsorder vom 25. Juli 1808 wurde der Bürgerschaft mitgeteilt, daß der Plan bestehe eine neue Gemeindeverfassung für die preußischen Städte überhaupt ins Leben zu rufen und durch diese dann auch die Wünsche der Königsberger Bürgerschaft erfüllt würden. Zugleich erging an den Staatsminister Freiherrn von Schroetter, den Vorsitzenden des preußischen Provinzialdepartements ebenfalls am 25. Juli eine zweite Kabinetsorder mit dem Auftrage, eine neue allgemeine Gemeindeverfassung entwerfen zu lassen. Von dieser Order wird weiter unten noch die Rede sein.

Von dieser Absicht der Regierung wird Brand Kenntnis erhalten haben, was ihn zu einem neuen Entwurfe veranlaßte, den er am 31. August 1808 mit dem Datum des 24. August dem Minister vorlegte. Auch dieser Entwurf gibt nur die Umrisse zu einer Städteverfassung, weicht aber von dem früheren, für Königsberg geplanten, grundsätzlich ab. Die Korporationen werden gar nicht erwähnt, die Wahl der Vertreter geschieht nach Distrikten. Die Vertreter erhalten bestimmte Befugnisse, ihre Einwilligung ist erforderlich bei neuen oder bei Änderung bestehender städtischer Einrichtungen, bei Vermögensangelegenheiten und bei Auflagen. Bei Besetzung der Magistratsstellen sollen sie nur durch Präsentierung von Kandidaten mitwirken, der Magistrat wählt, und der Landesherr bestätigt. Das Stimmrecht der Bürger ist sehr eng begrenzt, nur die Eigentümer und gewisse Kategorien von Kaufleuten sind berechtigt. Von Übertragung der Polizei an die Stadt sieht Brand gänzlich ab. „Polizei und Justiz können nicht Zweige der Verwaltung der Stadtgemeinden werden, sondern verbleiben dem Staate." Das Verhältnis der Stadt zum Staate faßt er in dem etwas dunklen Satze zusammen: „Die Selbstregierung der Städte darf mit dem Grundsatze der Gleichheit in der Staatsverwaltung nicht in Widerspruch stehen." Bemerkenswert ist dabei, daß hier wohl zum ersten Male der Ausdruck Selbstregierung gebraucht wird. — Der Entwurf kam zu spät zur Kenntnis Schroetters. Die Arbeiten für die neue ihm übertragene Städteordnung waren inzwischen zu weit vorgeschritten, was der Minister auch Brand am 4. September mitteilte. Aber auch bei rechtzeitiger Vorlegung wären die Vorschläge kaum von Nutzen gewesen. Die Ziele waren bereits viel weiter gesteckt worden.

Eine anderweitige Anregung zu Reformen der städtischen Verfassung war weder von Berlin noch von einer anderen Stadt ausgegangen, die einzige lag in dem Königsberger Entwurf. Auch bei diesem ist es nicht unwahrscheinlich, daß der Gedanke dazu durch Stein bei dem Verfasser erweckt worden sei. Der Entwurf selbst — der vom 29. Dezember 1807 — vermochte allerdings nicht als Grundlage zu einer allgemeinen Reform zu dienen, sein Inhalt bot Stein kein Material für seine bereits gefaßten Pläne. Nichtsdestoweniger wußte er später die Arbeit Brands als einen amtlichen Anstoß zur Durchführung seiner Absichten zu gebrauchen. Er sorgte dafür, daß das Gesuch der

Königsberger um eine neue Verfassung ihrer Stadt dem Könige vorgelegt wurde. Denn es war zweifelhaft, ob der König ohne einen in dieser Weise ausgesprochenen Wunsch einer Bürgerschaft den Befehl zum Entwurf einer Städteordnung gegeben hätte.

Karl Freiherr vom Stein[1]) war mit einer vielseitigen akademischen Bildung, die er durch Reisen in Deutschland und Österreich noch erweitert hatte, 1780 23 Jahr alt in den preußischen Staatsdienst getreten. Dreizehn Jahre gehörte er dem Bergwerk- und Hüttendepartement der clevesche Kriegs- und Domänenkammer an, machte Reisen in England und wurde 1793 Präsident der Kammer. Als solcher mußte er sich noch in andern Verwaltungszweigen heimisch machen, und die ganze Verwaltung der cleve-märkischen Lande fiel ihm zu, als er 1796 Oberpräsident von Westfalen wurde. 1802 ging er nach Münster, um in den beiden westfälischen Bistümern Münster und Paderborn, die durch Vertrag vom 23. Mai 1802 an Preußen gekommen waren, die Behörden den neuen Verhältnissen anzupassen, 1804 ernannte ihn der König zum Minister und übertrug ihm im Generaldirektorium in Berlin die Leitung des Akzise- und Fabrikendepartements, später auch noch die der Bank, der Seehandlung und der Salzadministration. Als die Franzosen 1806 auf Berlin marschierten, verließ er am 20. Oktober die Residenz und kam über Danzig im November nach Königsberg, wo der Sitz der Regierung war. Infolge seines Widerstrebens gegen den Einfluß, den das Kabinet des Königs auf die Staatsregierung ausübte, erhielt er am 3. Januar 1807 den Abschied, verweilte noch bis Anfang Februar in Königsberg und begab sich dann in seine Heimat nach Nassau. Im August entschloß er sich auf Wunsch des Königs wieder zum Staatsdienste und trat am 30. September in Memel als leitender Minister an die Spitze der gesamten Zivilverwaltung. Mit dem Könige und der Regierung ging er am 16. Januar 1808 nach Königsberg. Vorübergehend, von Anfang März bis Ende Mai hielt er sich in Berlin auf, um mit dem französischen Generalintendanten Daru einen Vertrag wegen der Festsetzung der preußischen Kriegsschuld zu schließen. Ein halbes Jahr später war es mit seiner amtlichen Tätigkeit zu Ende, denn am 24. November 1808 mußte er auf Betreiben Napoleons vom Könige aus seiner Stellung entlassen werden. Vierzehn Monate ungefähr hatte er an der Spitze der Regierung gestanden. In den preußischen Staatsdienst ist er nicht wieder zurückgekehrt, konnte also bei der weiteren Entwickelung der Landesgesetze, insbesondere der Städteordnung nicht mitwirken.

Stein hatte seine Laufbahn im preußischen Staatsdienst in der praktischen Verwaltung gemacht und sich dabei um das Gewerbewesen, sowie um die allgemeine Kultur seines Bezirkes große Verdienste erworben. Die juristischen Vorstufen, wie sie damals schon im Anfange der Laufbahn des höheren Verwaltungsbeamten üblich waren, durfte er umgehen, und darauf bezieht sich wohl die Äußerung Schöns, daß ihm alle Vorbildung als Staats-

[1]) Die maßgebende Darstellung seines Lebens ist die von Max Lehmann, Freiherr

Karl Freiherr vom Stein.

mann fehle[1]). Er wirkte auf seine Mitarbeiter und Untergebenen durch seine reiche Erfahrung, die er aus seiner vielseitigen Tätigkeit gewonnen hatte, vor allem aber, wie Ernst von Meier sich ausdrückt, „durch die große intellektuelle und moralische Kraft, welche die Gemüter zu durchdringen und fortzureißen, fremde Talente zu beseelen und zu leiten wußte"[2]). Die Besserung oder, wenn man will, die Gesundung des Staatswesens nach den unglücklichen Jahren erwartete er von einer ausgedehnten Teilnahme der Staatsbürger nicht allein an der örtlichen, sondern auch an der allgemeinen Verwaltung unter Herabminderung der Alleinherrschaft des besoldeten Beamtentums. Durch diese Teilnahme erhoffte er den Sinn des Bürgers für das Wohl seines Gemeinwesens und des Ganzen und so die Fähigkeit zur Aufopferung für öffentliche Zwecke zu erwecken. Die nötigen Reformen für diese Teilnahme bildeten das Ziel seines Strebens. Er selbst war von Patriotismus durchdrungen, aufopfernd, ohne nach Gewinn oder Bezahlung zu fragen. „Man kann wohl sagen", äußert auch Schön, der ihn nicht in allen Stücken günstig beurteilt, bei seinem Ausscheiden aus dem Dienste, „alle Edeln im Volke, welche dem Könige unbedingt ergeben waren, und ihr Vaterland liebten, trauerten tief"[3]). Die Eigenschaft der Uneigennützigkeit setzte Stein aber auch bei anderen voraus. Sein Idealismus in Beurteilung der Menschen wird sehr deutlich beleuchtet durch eine Randbemerkung zu Freys Vorschlägen wegen Verbesserung der Munizipalverfassung. Frey verlangt für die besoldeten Ratsstellen in großen Städten eine anständige Besoldung, um ausgezeichnete Männer dafür gewinnen zu können. Stein bemerkt: „ausgezeichnete Männer müssen den Posten suchen aus Liebe zum gemeinen Besten".

Es war Stein nicht vergönnt, die von ihm erstrebten Reformen auf dem Gebiete der öffentlichen Verwaltung zu verwirklichen. Vermutlich wäre es ihm auch dann nicht gelungen, sie ganz in seinem Sinne durchzuführen, wenn er länger an der Spitze gestanden hätte. Aus seinem Reformprogramm für die Organisation der Staatsverwaltung konnte er nur die neue Verfassung der Städte zur Ausführung bringen. Es ist bekannt, daß auch bei der Entstehung der Städteordnung die eigene Arbeit Steins nur wenig hervortritt, was bei einem vielbeschäftigten Minister, wie er es damals war, natürlich erscheint. Das Gesetz ist außerdem teilweise nicht in seinem Sinne und weit umfassender ausgefallen, als er es geplant hatte. Ihm gebührt aber das alleinige Verdienst, daß es zustande kam und im Geiste der Selbstverwaltung geschaffen wurde. Dies wäre ohne die von ihm ausgehende Anregung und ohne seine Energie in der Durchführung durch alle Instanzen nicht möglich gewesen. Man hätte nach seinem Abgange lange auf eine Neuordnung des städtischen Wesens warten können, und es ist sehr zweifelhaft, wie sie ausgefallen wäre.

---

1) Aus den Papieren Theodor von Schöns. Tl. 1. S. 51. Halle 1875.

2) Ernst von Meier, Die Reform der Verwaltung unter Stein und Hardenberg. S. 146.

3) Aus den Papieren Schöns a. a. O. S. 58.

Als Stein nach seiner ersten Entlassung im Januar 1807 sich nach Nassau zurückgezogen hatte, entwarf er dort die vom Juni d. J. datierte Denkschrift „über die zweckmäßige Bildung der obersten und der Provinzial-, Finanz- und Polizeibehörden in der preußischen Monarchie"[1]). In der Schrift gibt er eine ausführliche, ins einzelne gehende Anweisung, wie man die gesamte Staatsverwaltung für die Zukunft organisieren müsse, um sie unter Loslösung aus veralteten Formen einheitlicher und praktischer zu gestalten. Großes Gewicht legte er dabei auf die Teilnahme von Grundeigentümern an der öffentlichen Verwaltung, und zwar selbst bei den Landeskollegien der Provinzialverwaltung, so wie auf die Bildung von Ständen in den Provinzen. Auch wegen der Städte machte er einige Vorschläge. Er wünschte die Magistratsmitglieder von den Eigentümern auf 6 Jahre gewählt, ohne Gehalt, vom Staate bestätigt, dazu in einer größeren Stadt — über 3000 Einwohner — einen besoldeten Stadtdirektor, der von der Staatsregierung aus drei von der Bürgerschaft präsentierten Personen ernannt würde. Außerdem wären Stadtverordnete oder Bürgerschafts-Deputierte zur Rechnungsabnahme, Vererbpachtungen und ähnlichen Geschäften zuzuziehen. Die Geschäfte des Magistrats sollten bestehen in der Verwaltung des Gemeinde-Vermögens und was dazu gehört, in der niederen Gerichtsbarkeit in Bagatellsachen und der örtlichen Polizei. Es waren nur ganz flüchtige Umrisse, die er zeichnete, daher blieb wesentliches unbestimmt. Man ist im Zweifel, woher die Stadtverordneten kommen und ob der Magistrat aus direkten Wahlen hervorgehen solle. Die Befugnisse der Stadtverordneten sind augenscheinlich ziemlich eingeschränkt. Das besoldete Beamtentum wird aus dem Magistrate verdrängt, der im übrigen mit Ausnahme der Gerichtsbarkeit den gleichen Wirkungskreis wie bisher behält, ebenso bleibt die Aufsicht der Regierung über die gesamte Verwaltung bestehen. Wie bei der Provinzialverwaltung, so erhoffte er auch hier von der Reform, durch größere Teilnahme der Bürger an den öffentlichen Angelegenheiten die Belebung des Gemeinsinns und die Erweckung der Gefühle für Vaterland, Selbständigkeit und Nationalehre. Vielleicht führte ihn sein idealer Sinn in letzter Beziehung doch zu etwas gewagten Schlüssen.

Mit der Absicht, das in seiner Mußezeit erdachte Reformprogramm zu verwirklichen, kam Stein im September 1807, als er wieder zum Minister ernannt und mit der Leitung der gesamten Zivilverwaltung betraut war, nach Memel, wo der König und die Staatsregierung sich damals befanden. Den Vortrag im Kabinet des Königs hatte zur Zeit, als Stein wieder eintrat, für alle Zivilangelegenheiten der Kabinetsrat Beyme. Außerhalb des Kabinets bearbeitete die Justizsachen der Kanzler von Schroetter, der Bruder des Ministers für Ostpreußen, für alle übrigen Angelegenheiten der inneren Verwaltung bestand die von Steins Vorgänger, Hardenberg, eingesetzte sogenannte Immediatkommission, gebildet aus den geheimen Oberfinanzräten und Finanzräten, Mitgliedern des bisherigen Generaldirektoriums in Berlin von Klewitz, von Altenstein, von Schön, von Stägemann, von Schlabberndorf als Kassen-

---

[1]) Abgedruckt bei Pertz, Leben Steins. Bd. 1. S. 415.

kurator und dem Direktor der Seehandlung, Staatsrat Niebuhr. Außerdem waren in Memel von den ostpreußischen Provinzialbehörden, die noch fortbestanden, die Spitzen vertreten, der Minister des preußischen Provinzialdepartements von Schroetter (Friedrich Leopold) und der Präsident der ostpreußischen Kammer v. Auerswald.

Zunächst erhielt der geheime Oberfinanzrat Altenstein der Immediatkommission von Stein den Auftrag, einen Organisationsplan für die zukünftige Staatsverwaltung zu entwerfen. Altenstein war neben Klewitz in der Kommission der einzige, der den Auftrag übernehmen konnte. Vor Klewitz hatte er umfassendere Erfahrung in der inneren Verwaltung voraus. Die anderen besaßen wegen ihrer bisherigen Laufbahn und Beschäftigung nicht die Vorbedingungen dazu. Von Altenstein lag bereits eine Denkschrift vor, die diesen Gegenstand behandelte, ebenso eine zweite von Hardenberg herrührende. Mit Hilfe dieser Vorarbeiten und der Nassauer Denkschrift verfaßte Altenstein dann seinen „Plan zu einer neuen Organisation der Geschäftspflege im preußischen Staate" vom 23. November und 27. Dezember 1807[1]). Der Entwurf kommt für die Entstehung der Städteordnung nur wenig, nur wegen des Grundsatzes, Nichtbeamte in die Verwaltung einzuführen, in Betracht. Denn obwohl er die Organisation der Verwaltung sehr in das Einzelne verfolgte, so schloß er doch mit den Provinzialbehörden ab, ohne sich auf das Gemeindewesen auszudehnen.

Altenstein sah nämlich in seinem Plan schon bei den obersten Behörden für einige Departements wissenschaftliche und technische Deputationen vor, zusammengesetzt aus Fachmännern, die nicht Beamte, sondern nur Ratgeber der Verwaltungsbeamten sein sollten. In noch umfassenderer Weise wollte er bei den Provinzialbehörden, den Kriegs- und Domänenkammern — jetzt als Regierungen bezeichnet — unbesoldete ständische Repräsentanten aus dem Bezirke einreihen und an den Beschlüssen und Geschäften teilnehmen lassen. Stein begründete in dem Schreiben, mit dem er am 23. November 1807 den Plan dem Könige vorlegte[2]), diese Verwendung von Nichtbeamten ausführlich. Die beständige Berührung der Beamtenschaft mit Fachleuten sei sehr vorteilhaft, die Mitarbeit von Repräsentanten verringere die Verwaltungskosten, verhindere das unnütze Formenwesen, die Stagnation in der Verwaltung und ihr allmähliches Loslösen von der Nation. Den Gesichtspunkt aber, daß der Gemeinsinn, die Liebe zum Vaterlande, der Sinn für Nationalehre erweckt würde, betonte er bei weitem nicht so lebhaft wie in der Nassauer Denkschrift. Er sagte nur, wenn man das Bürgerelement ausschließe, leide der Nationalwohlstand und die Nationalehre.

Auf Steins Wunsch wurden über den Plan verschiedene Gutachten oberster Staatsbeamten eingefordert. Wir dürfen sie hier übergehen, weil sie ebensowenig wie der Plan selbst von der Organisation der Gemeinden sprechen. Dem System der Repräsentanten in der Staatsverwaltung waren sie im all-

---

1) Über die Entstehung zu vergleichen Lehmann, Stein. II. S. 368 ff.

2) Abgedruckt bei Pertz a. a. O. II. 642.

gemeinen nicht geneigt. Nur zwei Äußerungen, die wohl mit diesen Gutachten im Zusammenhange standen, sind hier zu erwähnen, weil sie auf das Städtewesen Bezug nehmen. Am 13. Januar 1808 legte Kabinetsrat Beyme dem Präsidenten der ostpreußischen Kammer, von Auerswald, zwar nicht den Organisationsplan Altensteins, sondern Steins Nassauer Denkschrift zur Äußerung vor. Auerswald berichtete darüber am 28. Januar, und da in der Denkschrift auch über die Einrichtung in den Städten Vorschläge gemacht waren, so knüpfte er hierüber einige Bemerkungen an. Auffallender Weise lauteten sie ziemlich übereinstimmend mit einzelnen Teilen aus der Freyschen Denkschrift über die Städteverfassung[1]). Nicht nur leitet er die bestehenden Mängel, an einzelnen Stellen sogar mit Freys Worten, aus der Versorgung der Invaliden durch städtische Ämter, aus der Einmischung des Militärs in städtische Dinge, aus dem Übergewicht der einseitig richterlich geschulten Beamten her, sondern er stimmt auch mit Frey in seinen Vorschlägen zur Abhilfe überein, insofern er 2 bis 6 unbesoldete Ratsverwandte von Bürgern gewählt wissen will. Er geht aber so wenig auf Freys Gedanken weiter ein, daß er Repräsentanten der Bürgerschaft überhaupt nicht erwähnt. Mit der Einführung solcher Elemente in die Teilnahme an der Verwaltung schien er nicht einverstanden zu sein.

Die zweite Äußerung kam vom geheimen Kriegsrat Kunth, Mitglied des Manufaktur- und Kommerz-Kollegiums in Berlin, mit dem Vortrag in Fabrik- und Handelssachen beim Generaldirektorium. Sie datiert erst aus einer späteren Zeit, vom 12. April 1808, als der Altensteinsche Organisationsplan schon als aufgegeben galt. Kunth, der sich damals in Königsberg aufhielt, hatte keine Aufforderung zu einem Gutachten erhalten, er stand ja mit seiner Tätigkeit auf einem ganz anderen Gebiete. Weil aber die Frage der Beteiligung von Leuten bürgerlichen Berufes an der Staatsverwaltung die höhere Beamtenschaft lebhaft beschäftigt hatte, fühlte er sich vermutlich bewogen, in einer Eingabe an den leitenden Minister auch seine Ansichten auszusprechen in einem Aufsatz, betitelt: Gedanken über die Teilnahme unbesoldeter Staatsbürger an der öffentlichen Verwaltung. Er klagt über das Zeitalter der Selbstsucht, wo alle Tätigkeit sich rein dem Geldgewinn zugewendet habe. Wohlhabenheit, die das Dienen für den allgemeinen Nutzen erleichtere, sei bei uns selten und dann sei sie oft auf Wegen erworben, die nicht zum Vertrauen der Bürger führten. Auf Grund solcher Betrachtungen, die übrigens für jedes Zeitalter passen, sollte man meinen, hätte er nun die Teilnahme von Leuten aus bürgerlichen Kreisen an der Verwaltung durchaus ablehnen müssen. Trotzdem hält er ihre Verwendung für den kleinen Bezirk einer Gemeinde-Verwaltung für unbedenklich. Hier würden sich als Ersatz besoldeter Beamter „taugliche Subjekte" für die Verwaltung des Gemeindevermögens, des Armen-, Schul- und Kirchenwesens, der Sicherheitspolizei, zum Teil der Gewerbepolizei finden. Aber über die Städte hinaus, in die Verwaltung der Kreise und weiter, will er mit solchen Elementen nicht gehen. Erst solle man

[1]) S. weiter unten. S. 69.

abwarten, wie sich der Gemeingeist in den Städten entwickeln werde. Seine Auffassung von der Befähigung der Laien, namentlich der moralischen, zur öffentlichen Verwaltung war also pessimistisch, er riet aber doch, wenigstens in den Städten den Versuch zu machen. Irgendwelche Vorschläge für die Organisation gab er nicht an, wie dies auch nicht von ihm beabsichtigt war. — Die Bemerkungen der beiden Männer sind wegen der darin ausgesprochenen Anschauungen von Interesse, als Material für die Reform der Stadtverfassung sind sie von den maßgebenden Personen nicht in Betracht gezogen worden.

Der Organisationsplan Altensteins vom 23. November 1807 mit seinen verschiedenen Gutachten blieb zunächst in den Akten. Eine Reihe von Hindernissen stellte sich seiner Ausführung in den Weg[1]). Vor allem die Lage des Staates, der sich in der Hauptsache auf Ost- und Westpreußen beschränkte, alles übrige war, soweit es der Tilsiter Frieden dem Könige gelassen hatte, noch in der Gewalt der Franzosen. Man lebte gänzlich in Ungewißheit, wann sie die besetzten Gebiete räumen würden. Was nutzte unter den Umständen eine umfassende Organisation? Den leitenden Personen in der Staatsregierung mußte vor allem daran liegen, sich mit dem Feinde abzufinden und Geld für die Abtragung der Kriegsschuld, sowie für den eignen Bedarf zu schaffen. Eine einstweilige neue Organisation der Behörden für den verkleinerten Staat wurde aber doch vorzugsweise aus Rücksichten der Sparsamkeit dringend notwendig. Den von Stein dazu entworfenen Plan genehmigte eine Kabinetsorder vom 25. Juli 1808[2]). Danach bildete die oberste Behörde für die allgemeine innere Staatsverwaltung das Generaldepartement der Polizei und Finanzen unter Steins Leitung, mit den geheimen Oberfinanzräten von Klewitz, Sack, von Altenstein, von Schön und Stägemann. Diese Behörde übernahm die Geschäfte der bisher bestehenden Immediatkommission (S. 62). Daneben, aber ebenfalls unter Stein, stellte die Kabinetsorder das preußische Provinzialdepartement mit dem Minister Freiherrn von Schroetter an der Spitze und den geheimen Oberfinanzräten von Klewenow und Jaeschke nebst den geheimen Kriegsräten Wilckens und Friese. Es wurden außerdem noch Departements errichtet für das geistliche und Schulwesen, das Steuer- und Zollwesen, das Militärwesen, indessen hatten diese nicht mitzusprechen, wenn es sich um Fragen über eine Neugestaltung der Stadtverfassungen handelte.

Als Vereinigung aller dieser Departements, gewissermaßen als oberste begutachtende und entscheidende Instanz wurde eine Generalkonferenz aus ihnen angeordnet, bei der anwesend sein sollten: der Minister für Preußen von Schroetter und der geheime Rat Friese, der Staatsminister Graf Golz und der geheime Legationsrat Lecoq, der Kanzler von Schrötter und der Kammergerichtsrat Albrecht, der Generalmajor von Scharnhorst und der Oberstleutnant Graf Lottum, die geheimen Oberfinanzräte von Klewitz, Sack, von Altenstein, von Schön und Stägemann.

[1]) Vergl. Max Lehmann a. a. O. II. 421 ff.

[2]) Bassewitz, Die Kurmark 1806 bis 1808. Bd. 1. S. 466.

Diese neue vorläufige Einrichtung betraf nur die oberste Staatsverwaltung, das Generaldirektorium und andere Zentralbehörden waren dadurch aufgehoben, eine Reihe hoher Beamten wurde entbehrlich. Die Provinzial- und Unterbehörden ließ man zunächst in ihrer Zuständigkeit und ihren Geschäften. Indessen auch bei ihnen hatte Stein schon im Juni 1808, obwohl die Zukunft der meisten Provinzen noch durchaus unsicher erschien, beschlossen, mit neuen Gestaltungen den Anfang zu machen, vorerst nur in der vom Feinde freien Provinz Preußen. Er beauftragte hierzu in einem Schreiben vom 27. Juni 1808[1]) den Minister für Ostpreußen von Schroetter mit der Aufstellung von vier Entwürfen: 1. eines Organisationsplanes für die Kammern, 2. eines solchen für die Kreisbehörden, 3. für die künftige Organisation der Magistrate, 4. für die Einrichtung des Schulzenwesens auf dem Lande. Zum Schluß bemerkte er, „daß durch die Ausbildung von bestimmten Grundsätzen für die Wahl der Individuen aus der Bürgerschaft und auf dem platten Lande zu gewissen Stellen und von Grundsätzen für die Geschäftsführung einzelner Behörden, sich data ergeben würden, die eigentliche Volksrepräsentation bei den höheren Behörden näher zu bestimmen und einen vollständigen Plan für die ständische Verfassung zu entwerfen". Dieser Schluß zeigt, wie weitgehende Erwartungen Stein für die allgemeine Landesverfassung an die Verwirklichung der Pläne, besonders der das Städtewesen betreffenden, knüpfte.

Das Schreiben enthielt mit der Aufforderung zu den Entwürfen zugleich die Grundsätze, von denen der Minister ausgehen sollte. Die Stelle, in der ein Plan für die Stadtverwaltung verlangt wird, lautet folgendermaßen: „Über die künftige Organisation der Magistrate und der Kommunalverwaltungen habe ich mehrere Gutachten erfordert, bisher aber noch nichts erhalten. Ich überlasse daher Eurer Exzellenz lediglich ganz ergebenst, einen Plan hierzu gefälligst zu entwerfen, der zu dem Ganzen paßt. Schon dadurch werden die Hauptgrundsätze und daß so wenig als möglich dabei auf besoldete Diener zu rechnen ist, bestimmt. In dem Aufsatze des Herrn Präsidenten von Vincke finden sich auch schon mehrere Materialien dazu. Ein nur auf gewisse Jahre gewählter Magistrat mit einem Paar permanenten Offizianten, den Sekretär und Kämmerer, beide in einer Person vereint oder getrennt, Bürgerschaftsvorsteher zur Berathung und Kontrolle und eine gut organisirte Bürgerschaft, nemlich feste Bestimmungen, wer dazu gehören und was die Bürgerschaft für Einfluß und Rechte haben soll, scheint mir die Hauptsache[2])."

Die hier ausgesprochenen Grundsätze deckten sich mit denen, die schon die Nassauer Denkschrift, und soweit sie allgemeiner Natur waren, der Organisationsplan vom 23. November 1807 gegeben hatten. Wenn Stein für die künftige Organisation der Stadtverwaltungen wünscht, der Plan solle zu dem Ganzen passen, so meint er, daß, wie bei den übrigen Provinzialbehörden, auch hier den Repräsentanten des Bürgertums eine wesentliche Mitwirkung

[1]) Abgedruckt bei Pertz II, 670 ff.

[2]) Pertz, a. a. O. S. 674.

einzuräumen sei. Die Grundzüge, die er für die Einrichtung der Magistraturen angibt, stimmen ebenfalls mit den in der Nassauer Denkschrift aufgestellten (S. 62) überein. Betreffs der Äußerung Steins, er habe schon mehrere Gutachten erfordert, bisher aber noch nichts erhalten, ist nicht aufgeklärt, an wen er sich gewendet haben könnte. Jedenfalls erkennt man, daß er auf die Regelung gerade der städtischen Verhältnisse schon besonders seine Aufmerksamkeit gerichtet hatte. Zunächst empfahl er als Anhalt nur den von ihm erwähnten Aufsatz von Vincke. Dieser Aufsatz, der nirgends abgedruckt ist, war betitelt: „von der Organisation der Unterbehörden für die Kommunal-Verwaltung"[1]).

Ludwig von Vincke, 1806 Präsident der westfälischen Kammer, verlor seine Stellung nach dem Ausbruch des Krieges, war im Dezember 1807 kurze Zeit beim Hofe und der Regierung in Memel und hielt sich dann als Privatmann an verschiedenen Orten auf, im Frühjahr 1808 auf Wunsch Steins, der damals dort mit Daru verhandelte, in Berlin. Nach Steins Abreise blieb er in der Nähe von Berlin, und stellte von da aus seine Gutachten in nichtamtlicher Form dem Minister zur Verfügung. Vincke war 1808 erst 34 Jahr alt, seine kurze, durch große Reisen unterbrochene Beamtenlaufbahn hatte ihn auf Gebiete geführt, wo er Erfahrungen in der städtischen Verwaltung Preußens kaum erwerben konnte. Er war auf seinen Reisen auch einige Zeit in Hamburg gewesen und die dortigen Einrichtungen sind ihm wohl zum Teil nachahmenswert erschienen. Seine in dem Aufsatz gemachten Vorschläge ließen sich den heimischen Verhältnissen gar nicht anpassen, sie konnten überhaupt nur für große Städte in Betracht kommen. Er teilte die Städte in Viertel, in denen durch engere und weitere Ausschüsse die eigenen Geschäfte des Viertels verwaltet würden. Diese Ausschüsse sollten den Magistrat wählen. Die Wahl unterlag der Genehmigung durch die Staatsregierung, und die Befugnisse des Magistrats erstreckten sich nur auf Verwaltung des Vermögens und der städtischen Anstalten unter Mitwirkung bürgerlicher Deputierter. Die Ausführungen Vinckes über die zukünftige Verfassung unserer Städte, besonders das umständliche Verfahren in der Verwaltung der einzelnen Stadtviertel, sind jedenfalls bei den entscheidenden Entwürfen nicht verwertet worden. Wenn Stein sagte, in dem Aufsatze von Vincke fänden sich schon „mehrere Materialien" zu einem Plane, so meinte er wohl nur Vinckes Verurteilung der zu großen Bevormundung der Städte durch den Staat, sowie seine allgemeinen Gedanken über die Selbstverwaltung in den Stadtvierteln und über die Teilnahme von Deputierten bei den Geschäften des Magistrats.

Noch eine andere Äußerung über das Munizipalwesen mußte aber Stein in Händen haben, nämlich die Bemerkungen Auerswalds vom 28. Januar 1808 zur Nassauer Denkschrift (S. 64). Stein übergeht sie vermutlich an dieser

[1]) Der Inhalt ist teilweise angegeben bei Meier, Reform S. 278 ff. Stein hatte in seinem Schreiben an Schroetter auch die anderen Aufsätze Vinckes über die Gestaltung der Unterbehörden beigefügt. Nach den Ausführungen Meiers scheint es unzweifelhaft, daß an dieser Stelle der obige gemeint sei.

Stelle und empfiehlt sie nicht Schroetters Urteil, weil die dort ausgesprochenen allgemeinen Grundsätze schon in der Nassauer Denkschrift standen und bestimmte Vorschläge fehlten. Der Plan der Königsberger Bürgerschaft vom 29. Dezember 1807 war, als Schroetter den Auftrag Steins vom 27. Juni 1808 erhielt, noch nicht zur Kenntnis der Behörden gekommen, da Brand ihn erst am 15. Juli dem Könige einreichte, ebenso lag noch keine Arbeit von Frey vor. Ob dieser damals schon seine Gedanken niedergeschrieben hatte, bleibt ungewiß. Der Teil in Auerswalds Gutachten vom 28. Januar 1808 über die Städte stimmte auffallend mit Einzelheiten in der später bekannt gewordenen Schrift von Frey überein, es läßt sich aber nicht entscheiden, ob Auerswald hierbei der eigentliche Urheber war, oder Frey. Sollte das Letztere der Fall sein, so hatte Frey seinen Entwurf schon lange unter der Feder gehabt, er entstand nicht erst, nachdem Schroetter am 27. Juni aufgefordert war, für einen Plan zur Organisation der Kommunalverwaltungen Sorge zu tragen.

Schroetter ging nach der Aufforderung vom 27. Juni sofort an die Ausführung der Verfügung. Die Anfertigung der nötigen Entwürfe fiel zunächst seinen beiden Räten im Provinzial-Departement Friese und Wilckens zu. Schon am 15. August konnte der Minister eine Denkschrift über die Organisation der Kammern oder Regierungen vorlegen. Die Arbeiten über die Kreisbehörden und über die Städte waren der Natur der Sache nach umständlicher, immerhin hatte Wilckens, auf dessen Teil der Organisationsplan für die Stadtgemeinden kam, am 6. September den Entwurf zur Überreichung an seinen Minister fertig gestellt. Als Anhalt für seine Arbeit bot sich Wilckens zunächst nur das Allgemeine Landrecht dar, woran er als an das bestehende Recht gebunden war und daneben die allgemeinen Hinweise, die sich in der Nassauer Denkschrift und in den Gutachten von Auerswald und Vincke vorfanden. Soviel stand außerdem fest, die neue Munizipalverfassung für die beiden Provinzen sollte einen doppelten Zweck haben. Sie sollte Mißstände beseitigen und praktisch brauchbar sein für die Städte sowohl, als für die Regierung, daneben aber sollte sie auch das ideale Ziel verfolgen, die Bürger zu aufopfernder Teilnahme an der öffentlichen Verwaltung, zur Heimats- und Vaterlandsliebe zu erziehen. Ob Wilckens die Denkschrift Freys schon kannte, wissen wir nicht, amtlich ging sie ihm von Schroetter, der sie von Stein erhalten hatte, als Material nach dem 20. Juli zu unter dem Titel: Vorschläge zur Organisierung der Munizipalverfassungen.

Frey[1]), ein geborener Königsberger, hatte als Mitglied dem dortigen Stadtgericht, das wie in Berlin mit dem Magistrat im Zusammenhang stand, auch dem Magistrat selbst als Stadtrat angehört und war dann Polizeidirektor geworden. Diese Stellung, die neben dem eigentlichen Leiter der Polizei, dem Stadtpräsidenten bestand, bekleidete er im Jahre 1807. Königsberg hatte königliche Polizei, wie Berlin und ebenso war der oberste Polizeibeamte zugleich der erste Bürgermeister, die Spitze des Magistrats. Frey mußte daher mit der

[1]) Näheres über ihn bei Lehmann, Freiherr vom Stein, Band II. S. 450 ff.

städtischen Verwaltung Königsbergs genau vertraut sein. Seit dem August 1805 arbeitete er auch nebenamtlich zur Aushilfe bei der ostpreußischen Kammer[1]). Daß er von Stein zu einer Denkschrift aufgefordert war, geht aus dem weiter unten zu erwähnenden Schreiben Steins an Schroetter vom 17. Juli 1808 hervor. Wir wissen indessen nicht, wann sie entstanden ist. Schon Auerswalds kurzes Gutachten über die Städte vom 28. Januar 1808 zeigte, wie wir sahen, an einzelnen Stellen auffallende Übereinstimmung mit der Einleitung in Freys Arbeit. Sollte Frey — wie Lehmann annimmt — die Quelle dieser Äußerungen Auerswalds sein, so müßte er damals schon mit seiner Arbeit beschäftigt gewesen sein. Lehmann vermutet, daß Frey durch Auerswald an Stein empfohlen und von diesem dann zu seiner Denkschrift veranlaßt worden sei[2]).

Wie nun auch der Zusammenhang sei, Stein hatte im Juli eine Arbeit über die Organisierung der Munizipalverfassungen aus Freys Feder in Händen; wann er sie erhielt, geht nicht aus den Akten hervor. Er versah sie mit Bemerkungen und überwies eine Abschrift und zugleich einen Auszug seiner Bemerkungen am 17. Juli an die königliche kombinierte Immediatkommission, die damals noch als oberste Behörde für die meisten inneren Angelegenheiten des preußischen Staates in Königsberg bestand (S. 62), mit dem Auftrage, ein Gutachten über die Schrift abzugeben. Zugleich aber ließ er mit demselben Datum eine zweite Abschrift der Denkschrift von Frey und seine eigenen Anmerkungen an Schroetter als den Minister des preußischen Provinzial-Departements abgehen, der ja die Verfassung für die Provinzialbehörden entwerfen lassen sollte. Diesmal enthielt das Überweisungsschreiben den Zusatz, daß Frey auf seine Veranlassung die Arbeit angefertigt habe, und daß er bis auf die von ihm angefochtenen Punkte mit den Vorschlägen einverstanden sei. Er überläßt dem Provinzial-Departement die weitere Prüfung und wünscht, daß von den Vorschlägen, sowie von seinen eigenen Bemerkungen bei dem Plan zur neuen Munizipalverfassung, zu dem er schon früher den Auftrag gegeben habe[3]), Gebrauch gemacht werde[4]).

Das Schreiben Steins vom 17. Juli erhielt Schroetter am 20. und fertigte es unter demselben Datum Wilckens und Friese zu. Zu dieser Zeit gelangte also Freys Denkschrift in Wilckens Hände.

Freys Arbeit bezeichnet man wohl am richtigsten als Denkschrift, denn einen eigentlichen Entwurf zu einer neuen Gemeinde-Verfassung stellt sie nicht vor, sondern gibt nur Materialien zu einer solchen. Sie zählt auch nur 74

---

[1]) Man wollte ihn anfänglich bei der Kammer nur behalten, wenn er das erforderliche Examen machen würde. Ob er es gemacht hat, geht aus den Akten (Gen. Dir. Ostpreußen Tit. X. 15. 16) nicht hervor, er blieb aber in seiner Tätigkeit. Danach scheint er doch früher nicht Steuerrat gewesen zu sein, sonst hätte er das Examen nicht gebraucht. Vgl. S. 21 und Lehmann, Stein II 450.

[2]) Lehmann, Freiherr vom Stein a. a. O. Ebenda.

[3]) Gemeint ist der Auftrag vom 27. Juni betr. die Organisation der Provinzial-Unterbehörden (S. 66).

[4]) Das Schreiben mit Steins Bemerkungen ist abgedruckt bei Pertz, Stein. II. 680.

Paragraphen und Frey selbst betitelt sie als „Vorschläge zu einem Entwurf". Ihr Inhalt wurde von Stein, wie er selbst in seinem Schreiben an Schroetter äußerte, als sehr brauchbar gefunden, sie ist infolgedessen von Wilckens bei seinem Entwurf gebührend berücksichtigt worden und bei der Gestaltung der Städteordnung in manchen Teilen von entscheidendem Einfluß gewesen.

Max Lehmann hat das Verdienst, auf die Beziehungen der Städteordnung zu der Gesetzgebung Frankreichs zur Zeit der französischen Revolution aufmerksam gemacht zu haben[1]). Er zeigt, daß Frey mit dem Inhalt der französischen konstitutionellen und Munizipalgesetze von 1789 bekannt gewesen sei und sie verwertete, denn in der Denkschrift finden sich zwei Stellen, die aus jenen Gesetzen wörtlich entlehnt sind. Sie betreffen die Vollmacht der Stadtverordneten und die Lösung ihrer Verbindung mit Zünften oder Korporationen[2]). Wie E. von Meier ausführt[3]), enthält zwar das, was Frey dort entnommen hat, keine Vorschriften von praktischer Bedeutung, es sind nur moralische Pflichten, die mit jenen Sätzen den Verordneten auferlegt werden, immerhin bleibt aber die Tatsache von Interesse, daß Frey versucht hat, die französische Gesetzgebung auf unsere Einrichtungen anzuwenden. Freilich war der Unterschied zwischen den französischen und den ostpreußischen Städten, auf deren Besserung es Frey doch ankam, sehr groß, so daß Frey für deren Organisation in den französischen Munizipalgesetzen kaum weitere Anhaltspunkte finden mochte.

Worauf Frey sich sonst noch stützen konnte und sich auch stützen mußte, waren die Nassauer Denkschrift und das Allgemeine Landrecht. Man darf bei der Beurteilung von Freys Vorschlägen nicht vergessen, daß er nur die ostpreußischen Verhältnisse kannte und auch nur diese zu berücksichtigen hatte. Er führt in den einleitenden Worten bittere Klage über Mißstände in der Verwaltung der Städte. Aber nicht über schlechte Vermögenswirtschaft, üble polizeiliche Zustände, mangelhafte Einrichtungen in den öffentlichen Anstalten, davon ist bemerkenswerter Weise nicht die Rede, er verurteilt nur die völlige Ertötung des Bürgersinns durch die bestehende Organisation, durch die Ausschließung aller Mitwirkung der Bürgerschaft in der Verwaltung. Mangel an Gemeingeist, Geringschätzung des Bürgers und der Magistraturen sei die Folge. Die Hauptursachen für die mißlichen Zustände seien: die Besetzung der Magistratur- und Polizeistellen mit Invaliden, die Einmischung der Garnisonchefs in die Polizei- und Kommunal-Angelegenheiten, die bis ins kleinste Detail einwirkende Vormundschaft der Kammer — also des Staates — und endlich die fehlerhafte Einrichtung der Justizverwaltung und ihre Verbindung mit anderen Administrationszweigen, besonders mit der Polizei.

Solche Übelstände waren ohne Zweifel im Lande, auch außerhalb Ost-

[1]) Max Lehmann, Stein. II. 452 ff.

[2]) Sie finden sich wieder in der Städteordnung § 110 und 73.

[3]) E. v. Meier, Französische Einflüsse auf die Staatsentwicklung Preußens im 19. Jahrh. Leipzig 1907. II. 314 ff.

preußens vorhanden. In den ostpreußischen Provinzen mochte die Stellenbesetzung mit Invaliden vielleicht noch mehr verbreitet sein, als z. B. in Brandenburg, wo die Fälle doch nur vereinzelt vorkamen. Das Militär machte überall im Staatswesen sein Übergewicht geltend, nicht nur in der Gemeindeverwaltung. Die Aufsicht des Staates durch die Kammern war bei allem Guten, was sie gebracht hatte, in übertriebene Bevormundung und Vielschreiberei ausgeartet. Von der Notwendigkeit, Justiz und Verwaltung zu trennen, war man bereits in der Staatsregierung überzeugt. Indessen um allen diesen Übeln in den Städten abzuhelfen, hätte es keiner neuen Organisation der Gemeindeverfassung bedurft. Die Besserung hätte sich durch Befehle von oben herab bewirken lassen, durch Fernhaltung der Invaliden, durch Einschränkung der Ansprüche des Militärs; die Bevormundung der Verwaltung konnte durch Instruktionen an die Kammern und die Steuerräte vermindert werden. Auch die Gerichtspflege hätte man in den Städten ohne große Reformen ausscheiden können.

Eine Änderung durch Gesetz in allen diesen Punkten war natürlich der Abhilfe durch Verordnung vorzuziehen. Aber wie jenen Übelständen abzuhelfen sei, darüber äußert sich die Denkschrift nicht, sie beklagt die Zustände, gibt aber kein Mittel an zu deren Beseitigung. Frey will nur die angebliche Folge der Mißstände, die Ertötung des Bürgersinns ausgleichen, aber auf anderem Wege, er will der Bürgerschaft mehr Rechte verleihen, zunächst gegenüber den Magistraten. Ein Teil ihrer Befugnisse sollte an die Bürgerschaft übergehen. Er erwartete, in gleicher Weise wie Stein, von der ausgedehnteren Teilnahme der Bürgerschaft an der öffentlichen Verwaltung in der Stadt Interesse für das Gemeinwohl und „größeren Reiz zur öffentlichen Tätigkeit, die den Geist der Nation erhebt, zur Erwerbung von Kenntnissen anfeuert und den Egoismus und die Frivolität zügelt".

Seine Einleitung beginnt er mit den Worten „Zutrauen veredelt den Menschen". Daß sich ein Gesetzgeber von solchen psychologischen Grundsätzen nicht zu weit leiten lassen dürfe, hat der Verfasser selbst gefühlt. Er meint am Schlusse des Entwurfes, die neue Gestaltung der Dinge werde im ersten Betriebe manches verderben, die besseren Früchte erst später nachkommen und seine Zugeständnisse an die Selbstverwaltung, die den Vertretern der Bürgerschaft dabei eingeräumten Befugnisse, sind nach heutiger Schätzung recht vorsichtig bemessen. Den Schwerpunkt legte er in die Organisation der Bürgerschaft, die damals in Ostpreußen und besonders in Königsberg nach Korporationen und daneben zum Teil nach historischen Stadtteilen gegliedert war (S. 56). Hier traf er radikale Abänderungen, die Bürgerschaft sollte einheitlich gestaltet werden mit denselben persönlichen Rechten, ganz gleich, ob jemand einer Korporation angehörte oder nicht und wo er wohnte. Auch der Unterschied zwischen Groß- und Kleinbürgern sollte aufhören[1]). Den Zwang zur Er-

[1]) In den märkischen Städten besaßen die Zünfte keine Vorrechte mehr, es gab auch keine verfassungsmäßigen Unterschiede mehr zwischen Groß- und Kleinbürgern, nur noch Verschiedenheit der dinglichen Lasten und Rechte auf den Grundstücken.

werbung des Bürgerrechts wollte er auf alle Eigentümer und alle Gewerbtreibenden, die einen gewissen jährlichen Ertrag erzielten, ausdehnen, was namentlich in Königsberg bei den vielen Ausnahmen sehr wirksam sein mußte. Alle Rentner, Beamte, Leute der Künste und Wissenschaften ließ er aber vom Zwange frei und stellte es in ihr Belieben, Bürger werden zu wollen. Er trug also doch den hergebrachten Vorurteilen gegen die Einreihung in die Bürgerschaft Rechnung. Juden, Erbuntertänigen und Kantonisten gab er die Erlaubnis nur unter gewissen Bedingungen.

Die Bürger sollten ihre Rechte in der öffentlichen Verwaltung aber nur durch Repräsentanten ausüben, ausgenommen in ganz kleinen Städten mit wenig Bürgern. Als Grund für die Repräsentation wird die Unzweckmäßigkeit der Verwaltung durch eine zu große Anzahl von Personen angegeben und außerdem — was sehr bemerkenswert ist — der Umstand, daß viele nicht den nötigen Grad der Kultur haben könnten. Er fordert allgemeines, gleiches Stimmrecht zur Wahl der Repräsentanten für alle, die das Bürgerrecht besitzen, und geheime Abstimmung. Kein Repräsentant wird Vertreter einer Korporation, der er zufällig angehört, oder eines Stadtteils, sondern alle vertreten die ganze Stadt, handeln in deren Auftrag allein, sind auch nicht an Instruktionen derjenigen Mitbürger, denen sie ihre Wahl verdanken, gebunden. Die Korporationen bestehen bei ihm überhaupt nur als privatrechtliche Vereinigungen fort.

Die Stadt wird durch den Magistrat zum Zwecke der Wahlen in Bezirke geteilt, da die Korporationen als Wahlkörper ausgeschlossen sind. Eine Bezirkseinteilung war hier und da, auch z. B. in den brandenburgischen Städten, schon vorhanden, aber ein öffentliches Wahlverfahren überall eine unbekannte Sache. Daher behandelt Frey dies Verfahren am ausführlichsten in seinen Vorschlägen, die zum Teil auch in die Städteordnung übergegangen sind. Die Wahlfähigkeit billigt er jedem zu, der das Stimmrecht besitzt; die Bedingung, daß eine Anzahl Eigentümer in der Versammlung der Repräsentanten sein müßte, fehlt aber ganz. Die Repräsentanten werden auf drei Jahre gewählt, jedes Jahr scheidet ein Drittel aus. Das Amt muß bei Strafe, das Bürgerrecht zu verlieren, angenommen werden, ebenso das des Stellvertreters. Die Repräsentanten wählen sich ihren Präsidenten selbst, sollen keinen Rechtsbeistand haben, es soll sogar niemand, der nicht selbst Repräsentant ist, ihren Sitzungen beiwohnen. Versäumung der Sitzungen wird mit Geldstrafe belegt. Die Beschlüsse der Versammlung sind für die Bürgerschaft verbindlich. Die Mitglieder üben ihr Amt unentgeltlich aus.

Als Geschäftskreis schreibt Frey den Repräsentanten zu: 1. Abgabe von Erklärungen in Fällen, wo das Allgemeine Landrecht oder die Statuten der Stadt die Zustimmung der Bürgerschaft erfordern. 2. Die Dechargierung der städtischen Kassen. 3. Abgabe von Gutachten in städtischen Angelegenheiten auf Erfordern des Magistrats oder der Staatsbehörden. 4. Befugnis zu Beschwerden, die zunächst beim Magistrat anzubringen sind. 5. die Wahl der Magistraturmitglieder, aber nur insoweit sie ihnen besonders übertragen wird. Die Befugnisse der Vertreter sind also ziemlich eng gezogen, ihre Tätigkeit soll im wesentlichen eine beratende und kontrollierende sein. Von einer Mitwirkung bei Feststellung des Stadthaushalts und von Bewilligung der Mittel dazu ist keine Rede. Das wichtige Recht der Magistratswahl ist klausuliert. Auch eine weitere Bestimmung, daß die Korporationen und der Magistrat ihnen Auskunft in städtischen Angelegenheiten zu erteilen haben, bedeutet nur kontrollierende Wirksamkeit. Für einzelne Zweige der städtischen Administration sollen die Repräsentanten geeignete Bürger in Vorschlag bringen, aber für welche Zweige überhaupt und unter welchen Bedingungen, steht ganz im Belieben des Magistrats oder der Polizei.

Bei den Vorschlägen für die Magistrate handelt die Denkschrift ausschließlich nur von den Personalien, der notwendigen Anzahl der Mitglieder, den Anforderungen, die an sie in Bezug auf ihre Befähigung zu stellen sind, der Wahl und Bestätigung, der Besoldung. Frey macht dabei Unterschiede für die kleinen, mittleren und großen Städte, bei den letzten führt er nur Königsberg als Beispiel an. In großen Städten hält er 7 besoldete und 12 unbesoldete Magistratsmitglieder für zweckmäßig. Die besoldeten sollen in kleinen Orten wenigstens aus geschäftskundigen, in mittleren und großen zum Teil aus rechtskundigen, gelehrten oder technisch befähigten Personen bestehen. Für die kleineren wird verlangt, daß diese Personen angesessen, für die mittleren sogar, daß sie außerdem noch wohlhabend seien. Die unbesoldeten müssen stets angesessen sein, sie werden von den Repräsentanten — in kleinen Städten direkt von der Bürgerschaft — frei gewählt. Bei den besoldeten dagegen macht der Magistrat Vorschläge, drei Kandidaten für jede Stelle; den ersten Bürgermeister in einer großen Stadt, mit dem Titel Stadtpräsident wählt der Magistrat selbst. Sämtliche Magistratsmitglieder, besoldete und unbesoldete, bedürfen der Bestätigung durch die Staatsbehörden. Die Amtsdauer der unbesoldeten währt drei Jahre, die besoldeten mit Ausnahme derer in den kleinen Städten werden auf Lebenszeit angestellt, sie müssen alle das Bürgerrecht besitzen oder erwerben. Für die Höhe der Besoldung stellt Frey einige Zahlen auf, gibt aber nicht an, wer für die Festsetzung zuständig sei, auch nichts von irgendwelcher Bewilligung durch die Repräsentanten.

Frey plant also zwei städtische Behörden nebeneinander, Magistrat und Repräsentanten, wie sie die Städteordnung dann auch wirklich schuf. Aber ihr gegenseitiges Verhältnis läßt er durchaus unbestimmt, man erfährt nur, daß die Repräsentanten in gewisser Weise den Magistrat kontrollieren sollen und bei den Wahlen beteiligt sind, eine wirkliche Mitwirkung in der städtischen Verwaltung wird ihnen nicht eingeräumt. Was man an dem ganzen Entwurf besonders vermißt, das ist die Festsetzung dessen, was überhaupt in den Kreis der städtischen Verwaltung gehört, welche Aufgaben den städtischen Körperschaften zu überlassen seien und wie weit sich die Staatsaufsicht erstrecken soll. Frey klagt in der Einleitung über die übertriebene Bevormundung des Staats bis in die kleinsten Einzelheiten, aber er macht in seinem Entwurf keine Andeutung, wo sie etwa aufhören müsse. Indessen ist dabei zu berücksichtigen, daß er dem Gesetzgeber nur einige Grundzüge für die Organisation der Stadtverwaltungen liefern wollte, nicht den Entwurf eines Gesetzes.

Stein versah die Arbeit Freys mit Randbemerkungen. Eine Abschrift der Arbeit, begleitet von seinen Bemerkungen in etwas ausführlicherer Form, ließ er am 17. Juli Schroetter zugehen mit der Weisung, von beiden bei dem Plan zur neuen Munizipalverfassung Gebrauch zu machen (S. 69). Im allgemeinen erklärte er sich mit Freys Vorschlägen einverstanden, bei einzelnen Punkten jedoch ging er von wesentlich anderen Grundsätzen aus. Daß die Zahl der Personen, die zur Erwerbung des Bürgerrechts verpflichtet seien, durch einen Zensus bestimmt wurde und es bei ganzen Klassen in deren Belieben stehen sollte, gefiel ihm nicht, er schrieb: „wer in der Stadt domicilirt, muß an dem städtischen Wesen teilnehmen". Wenn Frey die Vertretung der Bürger durch Repräsentanten dadurch mit begründet, daß viele nicht den nötigen Grad der Kultur besäßen, so will er dies nicht zugeben. Gewerbtreibende seien die besten Beurteiler städtischer Angelegenheiten. Für das Verfahren bei der Wahl der Repräsentanten macht er den Zusatz, daß der Wahlversammlung eine gottesdienstliche Handlung vorhergehen solle. Bei der Anordnung Freys, die für die Repräsentanten-Versammlung einen besonderen Syndikus oder Konsulenten verbietet, äußert er die Ansicht, daß unter den Repräsentanten überhaupt nur eine gewisse bestimmte Anzahl Rechtskundiger sitzen dürften, „damit man nicht eine Repräsentation von Advokaten, welche gar nichts taugt", erhält. Diese letzteren möchte er ganz ausgeschlossen wissen. Bei den Befugnissen der Repräsentanten ging er über Freys Vorschläge hinaus, insofern er verlangt, daß ihnen die Kämmerei-Etats vorgelegt und ihre Erinnerungen dazu entgegen genommen werden müssen. Auch bei An- und Verkauf von Immobilien, bei außerordentlichen Bedürfnissen, Anleihen, Prozessen, Festsetzung neuer Gehälter, sollen sie „zusammenberufen werden", doch deutet Stein nicht an, ebensowenig wie beim Etat, wieweit ihre Rechte in diesem Falle reichen sollen und ob die Ausgaben von ihrer Bewilligung abhängen. Er scheint es bei der kontrollierenden Tätigkeit der Vertreter bewenden lassen zu wollen. „Sie haben die Beurteilung und Prüfung der Verwaltung des städtischen Gemeinwesens, der Kämmerei, Armen-, Schulen-, Reinigkeits-, Gesundheitspolizei". Also keine Mitwirkung, keine Bewilligung von Kosten. Sie dürfen aus sich Deputationen bilden, die aber für ihre Geschäftszweige auch nur Gutachten abzugeben haben.

Bei den Bestimmungen über den Magistrat zeigt sich Stein als ein Gegner der lebenslänglichen Amtierung, der Besoldung, überhaupt der Anstellung von eigentlichen Beamten. „Vor der Verwaltung durch Offizianten muß man sich hüten" lautet eine Randbemerkung. Er will alle Mitglieder in gleicher Weise behandelt sehen, auf drei Jahre gewählt und ohne Gehalt. „Ausgezeichnete Männer", sagt er, „müssen die Posten aus Liebe zum allgemeinen Besten selbst suchen", auch die Bürgermeister könnten als solche ein Gewerbe betreiben und so für ihren Unterhalt sorgen. Die Wahl durch die Repräsentanten soll bei allen in gleicher Weise geschehen und die Präsentation durch den Magistrat, wie Frey sie wünscht, wegfallen. Nur den ersten Bürgermeister der Großstadt, den Stadtpräsidenten soll der König ernennen. Mit der Bestätigung durch die Staatsbehörden schien er einverstanden zu sein, da er nichts darüber beigeschrieben hatte.

Von den Randbemerkungen Steins ist hier nur eine Auswahl berücksichtigt worden, die die wichtigsten Punkte der Denkschrift berühren. In diesen Äußerungen besteht seine einzige schriftliche Mitarbeit für den Inhalt der Städteordnung, wenn man von den Stellen in der Nassauer Denkschrift und in seinem Schreiben an Schroetter vom 27. Juni 1808 absieht[1]). Seinen hierbei ausgesprochenen grundsätzlichen Bedenken hat man später bei dem Entwurf des Gesetzes wenig Rechnung getragen. Die Ausdehnung des Zwanges zum Bürgerrecht auf alle Einwohner fand keinen Beifall, ebenso nicht die Einschränkung rechtskundiger Elemente in der Versammlung der Repräsentanten. Bei den Befugnissen der letzteren in der Teilnahme an der städtischen Verwaltung ging man weit über seine Vorschläge hinaus und auch bei den Bestimmungen über die Aufnahme von Berufsbeamten in den Magistrat und deren Besoldung drangen ganz andere Ansichten durch.

Bald nachdem Wilckens Freys Denkschrift erhalten hatte, ging ihm noch im Juli für seine Arbeit eine neue Anregung zu, der Entwurf der Königsberger Bürgerschaft, den wir schon S. 57 näher kennen gelernt haben.

Der Antrag der Königsberger auf Gewährung einer neuen Verfassung für ihre Stadt gelangte, wie wir wissen, als Immediat-Eingabe vom 15. Juli 1808 zur Kenntnis des Königs (S. 59), wozu Stein selbst dem Urheber des Entwurfs, Brand, geraten hatte[2]). Stein hatte diesen Rat wohl in bestimmter Absicht erteilt. Die von ihm angebahnte Reformarbeit lag vorläufig in der Hand des ostpreußischen Ministeriums. Dadurch, daß das Gesuch der Königsberger sich an die allerhöchste Stelle richtete, konnte von dort aus ein unmittelbarer Auftrag für die Durchführung der Reform kommen. Es scheint außerdem, als ob der König, wie schon weiter oben hervorgehoben wurde, erst auf den direkten Antrag einer Bürgerschaft darauf hätte eingehen wollen, eine neue Städteverfassung als ein Bruchstück der allgemeinen Verwaltungsreform ausarbeiten zu lassen. Die Folge des Antrags waren denn auch zwei Kabinetsorders, beide vom 25. Juli 1808. Die eine, an die Ältesten in Königsberg gerichtet[3]), teilte diesen mit, daß ihr Wunsch demnächst mit der Einführung einer allgemeinen Munizipalverfassung erfüllt werden würde, die andere ging an den Minister von Schroetter, war von Stein eigenhändig entworfen und hatte folgenden Wortlaut[4]):

„Mein lieber Staatsminister von Schroetter! Die Ältesten der hiesigen Bürgerschaft tragen für diese, um auf eine rechtskräftige Art an den das städtische Wesen betreffenden Verhandlungen theilnehmen zu können, in der nebst ihrer Anlage urschriftlich beikommenden Immediat-Vorstellung v. 15. d. M. auf Bildung einer gesetzlichen Repräsentation an. Eine solche Einrichtung ist ein Theil der Einführung einer vollständigen Municipal-Verfassung, die der städtischen Gemeinde in ihren Vorstehern Befugnisse beilegt, wodurch sie eine

---

[1]) Man vergl. S. 62 und 69.

[2]) Schreiben Steins an Brand v. 26. Juni 1808 bei Preuß, Friedrich d. Gr. IV. 485.

[3]) Abgedruckt bei Preuß, Friedrich d. Große. S. oben S. 59.

[4]) Akten des Geheimen Staatsarchivs. R. 77. 479. Vol I.

zweckmäßige Wirksamkeit erhalten und sie nicht nur von den Fesseln unnütz schwerfälliger Formen befreit werden, sondern auch ihr Bürgersinn und Gemeingeist, den die Entfernung von aller Theilnahme an der Verwaltung der städtischen Angelegenheiten vernichtet, wieder neues Leben erhält. Ihr habt den Plan zu einer solchen städtischen Gemeinde-Verfassung sowohl in Beziehung auf die Repräsentazion der Bürgerschaften, als innere Einrichtung der Magistrate zu entwerfen, dabei die Verhältnisse der verschiedenen Städte nach ihrem Umfang und ihrer Bevölkerung zu berücksichtigen, über diese selbst mit den städtischen Ständen zu conferiren und das Ganze zur Genehmigung einzureichen, damit die Abänderung der städtischen Verfassung sobald als möglich ausgeführt werden könne. Ich bin Euer wohl affectionirter König.

Königsberg, den 25. Juli 1808. Friedrich Wilhelm."

Das wichtige Ergebnis der Kabinetsorder war folgendes. Die Aufforderung an Schroetter vom 27. Juni 1808 (S. 69), einen allgemeinen Organisationsplan der Provinzialbehörden ausarbeiten zu lassen, der auch die Verfassung der Städte enthalten sollte, war nur von Stein als dem leitenden Minister, nicht vom Könige ausgegangen. Sie hatte außerdem umfassendere Aufgaben gestellt, so daß der Plan für die Städte nur einen Teil des Ganzen zu bilden hatte und bei der weiteren Behandlung, namentlich bei der endgültigen Genehmigung im Kabinet, auch das Schicksal des Ganzen teilen mußte. Der zu entwerfende Plan war also einer ungewissen Zukunft ausgesetzt. Dies änderte sich durch die Kabinetsorder vom 25. Juli. Die Organisation der Stadtverfassung bildete nun eine Forderung für sich, der auf den königlichen Befehl ohne Verzug genügt werden mußte, und die Vollziehung des festzustellenden Entwurfs im Kabinet war mit Sicherheit vorauszusetzen. Seine Bearbeitung blieb natürlich im Provinzialdepartement in Schroetters und Wilckens Händen und der Geltungsbereich beschränkte sich nach wie vor auf die beiden preußischen Provinzen. Wie die Nassauer Denkschrift und der Erlaß vom 27. Juni, so betonte auch die Kabinetsorder die Absicht auf Belebung von Bürgersinn und Gemeingeist. Die Königsberger Vorschläge, das heißt also den Entwurf Brands, erhielt Schroetter von Stein als Anlage mit, wohl nur der Vollständigkeit wegen. Ihr Inhalt konnte bei der Ausarbeitung des neuen Gesetzes kaum Verwendung finden, er entsprach auch durchaus nicht den Ideen Steins.

Man kann behaupten, daß der von Stein entworfenen Kabinetsorder vom 25. Juli 1808 allein das Zustandekommen der Städteordnung zu verdanken ist. Sie wurde Schroetter am 27. vorgelegt, der die Sache an demselben Tage als eilig seinen Räten überwies. Zu den beiden bisherigen, Wilckens und Friese, war inzwischen seit dem 20. noch ein dritter, der Geheime Justizrat Morgenbesser, bis dahin Direktor des Kriminalsenats bei der ostpreußischen Regierung, hinzugekommen. Schroetter verfügte, auch diesem die Freysche Denkschrift zur Kenntnis zu bringen und wünschte dann eine Konferenz mit allen am 1. August. Morgenbesser erhielt die Denkschrift mit Steins Bemerkungen dann am 31. Juli und gab sie noch an diesem Tage mit seinem Gutachten zurück. Nach seiner bisherigen Tätigkeit konnte er kaum Erfahrung auf dem Gebiete der städtischen Verwaltung haben. Bezeichnend ist, daß er alle Offizianten im Magistrat und im städtischen Dienst auf jährliche Kündigung gesetzt wissen wollte. Er brachte auch keine neuen beachtenswerte Gesichtspunkte hinzu und sein Gutachten war ohne Zweifel für Wilckens ohne Wert.

Von der am 1. August abgehaltenen Konferenz besitzen wir kein Protokoll, aber man erkennt aus einem darauf folgenden Schreiben Schroetters an Frey (vom 3. August), daß man über das Polizeiwesen der Städte verhandelt hatte. Die Trennung der Rechtspflege von der städtischen Verwaltung war einer der ersten Grundsätze für die neue Ordnung. Nach dem Herkommen war mit der Gerichtsbarkeit stets die obrigkeitliche Gewalt und die Polizeigewalt verbunden gewesen und in fast allen Städten, wenige große ausgenommen, hatte der Magistrat die Polizeigewalt. Mit der Rechtspflege hätte ihm auch die Polizei genommen werden müssen. Die Polizei umfaßte nach damaliger Ansicht alle Anstalten zum allgemeinen Besten. Nach akademischer Lehre gehörten zur Landespolizei das Bevölkerungswesen, das Medizinalwesen, das Kirchen- und Schulwesen, das Versicherungswesen, die Landesökonomiesachen, die Feuerpolizei, das Bauwesen, die Gesindesachen. Zur städtischen Polizei: Die Aufsicht über den Magistrat und die Verfassung, die Versorgung der Städte mit Lebensmitteln und die Taxen, Reinigung, Pflasterung usw. der Straßen, Aufsicht über Vergnügungen und Fremdenverkehr, über die Innungen, sogar über die Kämmerei, die Judensachen.[1]) Wo solche Ansichten über den Umfang der Polizei herrschten, empfand man in der Konferenz das Bedürfnis, festzustellen, was davon dem Magistrat bei einer Trennung von der obrigkeitlichen Gewalt gelassen werden könnte. Das Schreiben Schroetters an Frey vom 3. August[2]) wollte darüber Klarheit gewinnen. Es führte aus, daß der Magistrat notwendig „Disponent" bei den Veranstaltungen der Polizei bleiben müsse, als solche werden z. B. die Armen-, Schul-, Reinlichkeits- und Gesundheitspolizei genannt. Man war also im Provinzialdepartement der Ansicht, daß dergleichen Angelegenheiten zwar eigentlich polizeiliche seien, aber die Verwaltung jedenfalls dem Magistrate zufallen müsse, auch wenn er nicht im Besitz der Polizeigewalt bliebe. Dann könnten auch einzelne solcher Verwaltungen, um Beamte zu sparen, den Repräsentanten überlassen werden, nur frage es sich, bei welchen dies zutreffen würde. Die Denkschrift Freys enthielt nichts über die Polizei und ihr Verhältnis zur Stadtverwaltung. Da Schroetter durch die Verfügung Steins vom 17. Juli an die Grundsätze dieser Schrift verwiesen war, so lag es nahe, den Verfasser um seine Meinung darüber zu befragen. Frey mußte auch aus seiner Tätigkeit als königlicher Polizeidirektor genügende

---

[1]) Borowski, G. H. Abriß des praktischen Cameral- und Finanzwesens. 2 Bde. Berlin 1805. Der Verfasser war Professor der Kameral-Wissenschaft an der Universität in Frankfurt a. O. Er rechnete also auffallenderweise das Armenwesen nicht in das Polizeigebiet.

[2]) Der Entwurf war gezeichnet von Wilckens und Friese.

Erfahrung besitzen und war als solcher verpflichtet, dem Minister Auskunft zu geben.

Bevor Frey dies Schreiben erwiderte, was erst am 29. August geschah, reichte er bei Stein eine zweite undatierte Denkschrift ein mit dem Titel: Von der Polizei und ihrem Verhältnis zur Stadtkommune. Sie kam in Abschrift auch an das Provinzialdepartement und an Wilckens, wir wissen aber weder, wann sie Stein, noch wann sie dem Provinzialdepartement vorgelegt wurde. Frey bezieht sich darauf in seinem Schreiben vom 29. August und nennt sie den zweiten Teil seiner Vorschläge zur Organisierung der Munizipalverfassungen, welcher von der Polizei und ihrem Verhältnis zur Stadtkommune handele. Sie muß also vor dem 29. August entstanden und eingesendet sein, denn die Gutachten, die Steins Räte im Generaldepartement nachher darüber abzugeben hatten, sind aus dem Anfang September datiert. Diese Denkschrift ist weit weniger umfangreich als die erste und enthält nur allgemeine Grundsätze über das Wesen der Polizei und ihre Verbindung mit der Stadtgemeinde. Sie lassen sich in folgenden Punkten zusammenfassen:

Die Polizei ist ein Teil der höchsten Gewalt und kann in den Städten nur im Namen des Landesherrn auf Grund der Übertragung verwaltet werden, die sich nicht an die erste Magistraturstelle zu knüpfen braucht, sondern an denjenigen, den der Landesherr dazu einsetzt. Alle Kosten, auch die der Offizianten, sind von den Kommunen aufzubringen. Die Ortspolizei erstreckt sich als ein Teil der höchsten Gewalt über alle Einwohner, auch über das Militär. Sie hat ein Zwangsrecht für ihre Maßregeln, das Strafamt fällt aber der Justiz zu, die Polizei kann nur bei gewissen Kontraventionen vorläufig durch Resolution eine Strafe festsetzen. Mit der Administration von Kommunalanstalten, die für Polizeizwecke erforderlich sind, darf sie sich nicht befassen, aber sie kann den Magistrat zu solchen Veranstaltungen nötigen. Die Polizei muß von aller Einmischung des Militärs befreit werden. Zur Erreichung dieser gänzlichen Befreiung ist namentlich in großen Städten eine Gendarmerie zu bilden. Die Provinzial-Polizeibehörde soll bei der Aufsicht über die städtischen Polizeianstalten nicht in das kleine Detail gehen. In dringenden Fällen kann die Ortspolizei besondere Leistungen von der Stadt beanspruchen, muß aber der Landespolizei Anzeige machen. Mit großem Eifer und beredten Worten wendete sich Frey gegen die Eingriffe des Militärs in die städtischen Angelegenheiten.

Stein hatte nur zwei Randbemerkungen dazu gemacht. Anstatt der Gendarmerie als einer französischen Einrichtung schlug er einen Ausschuß oder Schützengilden vor und bei dringend notwendigem Eingreifen sollte die Ortspolizei nicht nur der Landespolizei Anzeige machen, sondern auch die Verantwortung tragen. Freys Aufsatz war eigentlich auf die Verhältnisse in Königsberg berechnet, wo eine königliche Polizei bestand, die einer Personalverbindung mit dem Magistrate nicht bedurfte. Für kleinere Städte ließen sich die Bestimmungen nicht anwenden, denn wo Polizei und Magistrat ein und dieselbe Behörde bildet, mußte sie auch die „Administration der Kommunalanstalten“ selbst in die Hand nehmen. Vorschläge für die Organisation, welche Obliegenheiten, welche Anstalten für Polizeizwecke dem Magistrat zukämen, welche Stellung den Repräsentanten und der Bürgerschaft dabei einzuräumen sei, fehlten ganz. Wilckens konnte für seinen Entwurf wenig Nutzen daraus ziehen. Denn der Grundsatz, daß die Polizei ein Teil der höchsten Gewalt sei, stand schon beim Provinzialdepartement fest, und wie das Schreiben vom 3. August bewies, hatte man bereits beschlossen, die hauptsächlichsten Sicherheits- und Wohlfahrtsanstalten den Magistraten zu übertragen, es handelte sich nur darum, wie weit die Teilnahme der Bürgerschaft dabei reichen sollte.

Nächst dieser zweiten Denkschrift Freys liegt noch eine weitere Äußerung von ihm in einem Schreiben an Schroetter vom 28. August vor, das am 29. bei Wilckens präsentiert ist. Das Schreiben entstand infolge der drei Gutachten zu seiner ersten Denkschrift über die Organisierung der Munizipalverfassung, die von den Königsberger Stadträten Horn und Buck und dem Geheimen Justizrat Morgenbesser herrührten. Das des letzten ist schon oben (S. 77) besprochen, wer die beiden Stadträte zu den ihrigen veranlaßt hatte, geht aus den Akten nicht hervor. Die beiden Männer der Praxis standen ihren Erklärungen nach im allgemeinen auf demselben Boden wie Frey, besonders was die Zusammensetzung der Magistratur betraf. Sie wollen die Berufsbeamten unter den Mitgliedern, die „Offizianten" nur lebenslänglich anstellen. „Mit dem Augenblick, sagt Horn, wo die Bürgerschaft Offizianten nicht nur anstellen, sondern auch absetzen kann, wird dem crimen ambitus, den Ränken und Kabalen Tür und Tor geöffnet." Aber folgendes vermissen beide in Freys Vorschlägen, den Inhalt des Bürgerrechts und welche Vorteile sich daran knüpften. Wenn von dessen Erwerbung die Rede sei, müsse zunächst der Inhalt festgestellt werden. Und ferner, wenn man das bürgerliche Gewerbe zur Erwerbung zwinge, so sei zu fragen, was ist städtisches bürgerliches Gewerbe.

In dem Schreiben an Schroetter vom 28. August, worin sich Frey über diese drei Gutachten äußert, ist nur das eine bemerkenswert, daß er zustimmt, eine Erklärung über die Rechte und Pflichten des Bürgers sei an die Spitze des Gesetzes zu stellen. Er macht auch sofort Vorschläge über den Inhalt des Bürgerrechts. „Wenn Erweckung und Veredlung des Bürgersinns erreicht werden soll, sagt er, dann muß das Bürgerrecht als ein Inbegriff von Befugnissen erscheinen, deren Erlangung bei allen Lasten doch wünschenswert sein muß." Unter diesen Befugnissen versteht er die Rechte, städtische Gewerbe zu betreiben und städtische Grundstücke zu besitzen, ferner das Stimmrecht bei der Wahl der Repräsentanten, endlich die Teilnahme als Repräsentant und im Bürgeramt an der „Staatsregierung", wie er sich ausdrückt. Die Stadt wird bei dieser Bezeichnung als ein Teil des Staatswesens angesehen. Einem Zwange, der Bürgerschaft anzugehören, sollen also nur diejenigen unterliegen, die Grundstücke besitzen und die städtisches Gewerbe betreiben wollen. Was städtisches Gewerbe sei, darüber äußert er sich nicht. Demnach entband er, namentlich in den größeren Städten, einen Teil gerade der vornehmeren Einwohnerschaft von der Pflicht, Bürger zu werden. Seine Erwartung, daß sie sich wegen der übrigen Rechte in die Bürgerschaft einreihen lassen würden, ist später nicht in Erfüllung gegangen.

Am 30. August erhielt Wilckens dann einer von ihm herrührenden Randbemerkung zufolge Freys Schreiben vom 29. August, worin dieser die Anfrage des Ministers vom 3. August beantwortete, inwiefern den Bürgern die Teilnahme an den Polizeigeschäften zu gestatten sei. Frey betont darin nochmals, daß die Polizei nur durch Übertragung im Namen des Landesherrn ausgeübt werden könne, ihre Zwecke ließen sich überhaupt nur durch eine gewisse Einheit über alle Städte erreichen. Die Repräsentanten der Bürgerschaft dürften niemals an der Polizei-Aufsicht teilnehmen, nur an der Administration, wie ihnen überhaupt in der Stadtregierung nicht die Gesetzgebung und die Auflagen, sondern nur die Kontrolle zukäme. Er beschränkt die Funktionen der Repräsentanten überhaupt folgendermaßen: 1. Über alle Gegenstände des Gemeinwohls nach Antrag des Magistrats zu beratschlagen und Beschlüsse zu fassen. 2. Bewilligung neuer Beiträge oder Dispositionen über das Bürgervermögen, wo die Gesetze die Zustimmung der Bürgerschaft vorgeschrieben haben. 3. Kontrolle der Verwaltung durch Dechargierung der Rechnungen. 4. Wahl der Magistrate und Deputationen. Wie die Verwaltung der städtischen Angelegenheiten überhaupt, so gebührt auch diejenige zur Erreichung polizeilicher Zwecke allein dem Magistrat. Es bleibt ihm überlassen, Bürger dabei zuzuziehen. — Frey versucht dann auch eine Scheide zwischen Magistratur und Polizei zu ziehen, wenn der Magistrat nicht die Polizeigewalt besäße. Dem Magistrat gehören in diesem Falle alle Anstalten, die eine besondere Administration erfordern, Armenwesen, Schulen, Nachtwach-, Feuerlösch-, Bau-, Brunnen-, Pflaster-, Beleuchtungs-, Reinigungswesen, Gefängnisse, Arbeitshaus, Charité usw. Die Polizei hat nur die Aufsicht und, wenn es nötig sein sollte, den Zwang auszuüben. Das Militär muß sich vollständig von aller Beteiligung fernhalten. Die Bürgerschaft — also nicht die Einwohnerschaft — trägt die Kosten, auch der Polizeibeamten. — Demnach rechnete also Frey, abweichend von den üblichen Anschauungen, eine Reihe städtischer öffentlicher Veranstaltungen nicht mehr zu den polizeilichen. Nur die Oberaufsicht darüber will er bei der Polizei belassen. Von denselben Grundsätzen ging dann auch die Städteordnung aus.

Vergleicht man die Befugnisse, die Frey hier den Repräsentanten zuerkennt, mit denen seiner ersten Denkschrift, so ist er kaum darüber hinausgegangen. Er fügt zwar die Bewilligung neuer Beiträge und die Dispositionen über das Bürgervermögen hinzu, aber mit dem sehr unbestimmten, einschränkenden Zusatz: wo die Gesetze die Zustimmung der Bürgerschaft vorgeschrieben haben. Außerdem bleibt es zweifelhaft, ob er unter dem Bürgervermögen die Kämmerei mit begreift, was nicht wahrscheinlich ist. Die Geschäfte einer königlichen Polizei dem Magistrat gegenüber sind so flüchtig angedeutet, daß sich der Wirkungskreis einer solchen Behörde nicht danach bezeichnen läßt. Über die Staatsaufsicht fehlen, wie in der ersten Denkschrift, alle Bestimmungen.

Diesem Antwortschreiben vom 29. August hatte Frey außerdem noch einen Aufsatz beigefügt „von der Geschäftsorganisation", der für Wilckens entschieden wichtiger war als das Schreiben selbst. Der Inhalt bildete einen Plan für die Organisation in der Stadt Königsberg mit dem Hinweis, daß sich vieles daraus wohl auch auf andere Städte würde anwenden lassen[1]). Der Magistrat sollte nach diesem Plan die von der Bürgerschaft gewählte, von der Staatsbehörde eingesetzte Obrigkeit der Stadt, die Geschäftsführung in ihm konzentriert, alle Bürgerämter und Deputationen von ihm abhängig sein. Die Verwaltung zerfällt in zwei Hauptteile, das Armenwesen und das Kämmereiwesen mit der übrigen Stadtwirtschaft. Das Armenwesen steckte nach Freys Ansicht noch in der Kindheit. Er rechnet dazu Armenversorgung und -Beschäftigung, Krankenpflege, Erziehung und Unterricht. Es soll unter einem Direktorium stehen, das aus dem Stadtpräsidenten, zwei gelehrten und einigen anderen Mitgliedern des Magistrats gebildet wird. Daneben sind Kommissionen für die Hospitäler, Stiftungen usw. nötig. Möglichst viel freiwillige Hilfskräfte sind dabei erforderlich. Ein besonderer Plan zur Verwaltung ist unter Zustimmung des Ortspolizeidirektoriums zu entwerfen. Nach diesen Grundzügen sind die Bestimmungen über das Armenwesen in Wilckens Entwurf und hiernach die in der Städteordnung im wesentlichen ausgeführt, mit den Zusätzen, die für kleine und mittlere Städte erforderlich waren. (St. O. § 179c.)

Bei dem Kämmereiwesen und der übrigen Stadtwirtschaft trennte Frey, was zur Geschäftsführung des Magistrats allein gehört und was sich zur Verwaltung in Deputationen eignet. Den Deputationen sind zu überweisen und demnach solche zu bilden für 1. die kirchlichen Angelegenheiten, 2. die Schulsachen, 3. die Feuersozietät, 4. das Nachtwachtwesen, 5. das Serviswesen, 6. das Adjustieramt, 7. die Bau-, Brunnen- und Pflastersachen, 8. die Straßenbeleuchtung, 9. den Stadthof, 10. die Gefängnisse, 11. die Sanitätsanstalten, 12. die Kuratel der Kämmereikasse, 13. das Schützenpatronat. Über die Zusammensetzung der Deputationen werden Vorschläge gemacht. Wilckens Entwurf läßt Nr. 9. und 13 fortfallen, 6, 8 und 10 werden vereinigt (St. O. § 179c). Die übrigen Deputationen behält er bei, aber zum Teil in sehr veränderter Zusammensetzung. Unverändert erscheint nur Nr. 1, die kirchlichen Angelegenheiten betreffend. Wilckens Fassung fand dann unverändert Aufnahme in die Städteordnung. Unter den Gegenständen, die Frey der Geschäftsführung des Magistrats allein unterordnete, befand sich eine Anzahl, die der Stadt Königsberg eigentümlich waren. Wilckens nahm in seinen Entwurf diejenigen auf, die im § 178 der Städteordnung stehen. Die gewerblichen Konzessionen (§ 178d) wollte Frey ohne Unterschied dem Magistrat überlassen mit Übergehung der Polizei, Wilckens nur, wenn dem Magistrat die Polizei übertragen sei. Für die Aufsicht über die Geschäftsführung sämtlicher Deputationen und Kommissionen verpflichtete Wilckens den Magistrat durch eine besondere Bestimmung, § 178f der St. O.

Frey hatte also der Anfrage des Ministers vom 3. August durch sein Schreiben vom 29. August und durch den Organisationsplan genügt, er hatte namhaft gemacht, was an polizeilichen und nichtpolizeilichen Angelegenheiten für die Deputationen geeignet sei, auch den Geschäftskreis des Magistrats umschrieben. Vieles davon erwies sich, wie oben gezeigt wurde, für den Entwurf

[1]) Akten des Geheimen Staatsarchivs R. 77, 479. Vol. I, S. 121 ff.

der Städteordnung als sehr brauchbar. Aber andererseits blieben viele Vorschriften über die Zusammensetzung der Deputationen, grundsätzliche Bestimmungen über ihr Verhältnis zum Magistrat und zu der Repräsentantenversammlung, über ihre Verantwortlichkeit noch der Festsetzung durch Wilckens überlassen. Sie finden sich in den §§ 174 bis 177, 180, 181, 183, 185 der Städteordnung. Ebenso war von Frey nicht unterschieden, wo die Polizeibehörde, sobald sie gesondert neben dem Magistrat bestand, mitzuwirken hatte. Dies wurde dann wenigstens teilweise im § 179 bestimmt.

Der Organisationsplan von Frey war das letzte Material, was Wilckens zu dem ihm übertragenen Entwurf zuging. Zwar hatte der Justizrat Brand noch am 31. August seine Beiträge für die Aufstellung einer neuen Stadtverfassung (S. 59) an Schroetter eingesendet, doch gelangten sie zu spät in die Hände Wilckens, denn schon am 9. September konnte Schroetter dessen fertigen Entwurf Stein vorlegen. Der Entwurf war von Wilckens und Friese am 6., von Morgenbesser am 8. gezeichnet worden. Brands Arbeit hätte ihrem Inhalt nach auch nichts mehr zur Verbesserung beitragen können. In dem Schreiben, mit dem Schroetter den Entwurf unter dem Titel „für Ost-, Westpreußen und Litthauen entworfene Konstitution nebst einer Instruktion für die Repräsentanten der Bürgerschaft" Stein überreichte, unterließ er nicht, den Unterschied des Entwurfes mit den Freyschen Vorarbeiten hervorzuheben. „Die Konstitution sei auf das ganze Kommunalverhältnis ausgedehnt, sie wolle nicht bloß die Repräsentation und Magistraturen zweckmäßig gründen, sondern auch die Verhältnisse der Einwohner zum Ganzen und zu den städtischen Behörden sowohl gegen einander, als gegen den Staat angemessen regulieren."

Bevor wir weiter auf den von Wilckens verfaßten Entwurf eingehen, hier einige Bemerkungen über die Person des Verfassers, da er doch ein großes Verdienst darum hat, daß die Städteordnung in der Form, wie sie Gesetz wurde, zustande kam. Schön sagt in seiner Selbstbiographie an der Stelle, wo er von den Arbeiten zur Städteordnung spricht[1]): „Bald darauf[2]) zog Alles nach Königsberg, und hier, wo der geistreiche Stein geistreiche Menschen suchte und fand, sollte nun das große Staatsskelett ausgearbeitet werden, dessen einzelne Teile nach und nach ins Leben treten sollten. Das erste, was mit Eifer verfolgt wurde, war die Städteordnung, um durch diese selbständige Kommunen und dadurch selbständige Menschen zu bilden. Jeder, der im Konseil war, sowie jeder geistreiche Mann, der davon Kenntnis erhielt, wenn er auch nicht im Konseil war, trug sein Scherflein dazu bei. Für Stein war es genug, daß die Franzosen damals keine selbständigen Munizipalitäten hatten, um das Oppositum davon, die Städteordnung, eifrigst zu fördern. Die Redaktion der Städteordnung bekam ein Mann, dem zwar der Sinn derselben erst gegeben werden mußte, der aber warm die Sache aufnahm und mit einer seltenen Pflichtmäßigkeit und mit einem seltenen Eifer

1) Aus den Papieren des Ministers Theodor von Schön. Halle 1875. S. 48.

2) Ende Januar 1808.

das Gesetz aufstellte." Diese Auslassungen Schöns sind nicht eben wohlwollend für das Gesetz und die Mitarbeiter und zeugen von Voreingenommenheit, sind aber jedenfalls nicht vollständig aus der Luft gegriffen. In der Organisation der öffentlichen Verwaltung, der Ausarbeitung „des großen Staatsskeletts", trat allerdings die Städteordnung in den Vordergrund, da die Pläne über die Einrichtung der obersten Staats- und der Provinzialbehörden wegen der unsicheren Zukunft des Staates ruhten. Und daß nicht allein Mitglieder des Konseils, d. h. wohl der Immediat-Kommission, der damaligen obersten Staatsbehörde, sondern auch andere außerhalb stehende Personen ihre Ratschläge für die Neuordnung des Städtewesens erteilten, hat man schon aus dem Lauf unserer Darstellung ersehen können. Es hatte demnach auch bei aller Übertreibung vielleicht seinen Grund, wenn Schön sagt, dem Manne, der die Redaktion bekam, mußte der Sinn für die Städteordnung erst gegeben werden. Es ist aber schwer erkennbar, wohin der Vorwurf zielt, ob dem Manne das Städtewesen überhaupt fremd gewesen sei, oder ob ihm der Sinn für die freiheitliche Gestaltung der Kommunen, namentlich in der Ausdehnung, wie Schön sie sich dachte, gefehlt hätte. Wilckens, denn nur er konnte gemeint sein, hatte bei der Magdeburger Kammer als Referendar und seit 1795 als Assessor gearbeitet. Er scheint dann durch Vermittelung seines Bruders, eines geheimen Ober-Finanzrats in der General-Finanzkontrolle, an Schroetter in Berlin empfohlen zu sein und wurde 1802 in die „Pepiniere"[1]) des General-Direktoriums berufen. Er war dort zunächst in Schroetters Departement, dem ostpreußischen, mit dem Charakter als Kriegs- und Domänenrat beschäftigt, erhielt aber noch im Jahre 1802 eine Anstellung in demselben Departement und 1803 die Ernennung zum geheimen Rat mit dem Rechte zu Vorträgen im General-Direktorium. 1804 wurde er zugleich im Nebenamt zweiter Rat des Stempel-Departements. Nach dem Eintritt der französischen Herrschaft ging er mit Schroetter nach Ostpreußen, wo er in dessen Departement bei der Sektion für Domänen und Forsten arbeitete; der Entwurf der Städteordnung war ein besonderer Auftrag. Im Juni 1809 wurde er zum Staatsrat in der Sektion für Domänen und Forsten ernannt und ging mit nach Berlin, als die Landesregierung dorthin zurückkehrte. 1821 rückte er in die Stellung eines Direktors der Generalverwaltung für Domänen und Forsten mit dem Titel wirklicher geheimer Ober-Finanzrat, 1826 trat er in den Ruhestand. Aus seiner Laufbahn geht hervor, daß er eine Reihe von Jahren, und zwar bis 1802 bei der Magdeburger Kammer tätig gewesen war, also wohl praktische Erfahrung im Städtewesen besitzen konnte.

Wilckens Entwurf ist fast ganz so, wie er niedergeschrieben wurde, als Städteordnung Gesetz geworden. Von den an maßgebender Stelle beliebten Änderungen betrafen nur wenige wesentliche Bestimmungen. In der Behandlung der Materie war Wilckens an das Allgemeine Landrecht als das bestehende Gesetz gebunden und an Freys Denkschriften, die ihm die Ver-

[1]) Eine Einrichtung, um die neu eintretenden Mitarbeiter des General-Direktoriums in die Geschäfte der einzelnen Abteilungen einzuführen.

fügung des Ministers als Richtschnur vorgeschrieben hatte. Von den 178 Paragraphen des Landrechts im 8. Titel des 2. Teils, die vom Bürgerstande und den Stadtgemeinden handeln, fanden etwa 25 in dem Entwurf Berücksichtigung. Er wollte an den hergebrachten Begriffen der Stadt, des Bürgers, des Bürgerrechts mit seinen Befugnissen und Pflichten, des Nichtbürgers festhalten. Aber der Inhalt der Paragraphen kehrte nur dem Sinne nach wieder, zur wörtlichen Aufnahme gelangten nur die §§ 29, 35, 42, 54, 86, 87. Die §§ 86 und 87 strich die Generalkonferenz, die übrigen findet man unter § 191, 30, 37, 39 der Städteordnung. Manche Materien des Landrechts, wie die von der Bannmeile, den Märkten, den Eximierten, den Bürgerhäusern, den Mediatstädten fielen so gut wie ganz fort. Aus den Paragraphen, die den Magistrat und die Kämmerei behandeln, wurden manche Grundsätze beibehalten und nur in anderer Form und in anderem Zusammenhange ausgesprochen. Die wichtigen Bestimmungen über das Bürgervermögen finden sich in dem § 53 der Städteordnung zusammengezogen.

Bedeutend mehr als aus dem Landrecht konnte aus Freys Vorschlägen in den Entwurf übergehen, worauf schon weiter oben (S. 81) hingewiesen wurde. Wir finden Freys Vorschläge wieder in den Bestimmungen der Städteordnung über das Bürgerrecht bei den Paragraphen 15, 16, 18, 19, 23. Doch bestand ein wesentlicher Zusatz Wilckens darin, daß der landrechtliche Grundsatz, der keinem Unbescholtenen das Bürgerrecht versagte, wieder zur Geltung kam (§ 17). Wilckens bringt dann in einer Reihe von Paragraphen die Bestimmungen über die Rechte und Pflichten des Bürgers, die Frey überging und bei der knappen Fassung seiner Arbeit auch wohl übergehen mußte. Es folgt der Titel von den Schutzverwandten, der bei Frey ganz fehlt. Auch der nächste Titel von der Stadtgemeinde mit 24 Paragraphen ist bei Wilckens vollständig neu eingefügt. Dagegen weist der Abschnitt von der Wahl und dem Wechsel der Repräsentanten eine Reihe von Bestimmungen auf, die zum Teil wörtlich aus Freys Vorschlägen entnommen sind. Die Grundsätze bei der Wahl der Repräsentanten waren ja auch eigentlich der Kernpunkt in Freys erster Denkschrift. Die §§ 69—73, 79, 83, 84, 86, 88, 90, 93, 94, 95 der Städteordnung sind auf die Denkschrift zurückzuführen. Wilckens hatte die Erlangung des Bürgerrechts nicht versagen wollen, schränkt nun aber das Stimmrecht ein (§ 83 der St. O.) und fügt den sehr einschneidenden Zusatz hinzu, daß zwei Drittel der Repräsentanten Hauseigentümer sein müssen (§ 85). Auch bei diesem Abschnitt und bei dem folgenden, der von den Rechten der Repräsentanten handelt, sind die Vorschriften durch Wilckens erst systematisch zu einem Gesetze ausgestaltet, Frey gibt 40, Wilckens 71 Paragraphen. Bei den Rechten der Repräsentanten sind besonders die §§ 110, 114, 117, 119, 121, 122, 131, 139 auf Frey zurückzuführen. Aber das wichtigste Recht, die Bewilligung der Geldmittel, das Etatsrecht, ist erst durch Wilckens in das Gesetz gebracht (§ 109 der St. O.). Der Titel 8 „Von den Magistraturen" befolgt im allgemeinen den Grundsatz Freys, daß die Magistrate aus besoldeten und unbesoldeten Mitgliedern bestehen sollen, auch die Größe der Städte Unterschiede bedingen. Selbstverständlich mußte Wilckens bei Festsetzung der persönlichen Verhältnisse mehr in das Einzelne gehen, nur die §§ 142, 143, 144, 148, 155 der St. O. stammen aus Freys Entwurf. Wesentlich weicht Wilckens von ihm ab, indem er sämtliche Mitglieder des Magistrats durch die Repräsentanten wählen läßt, nur mit Ausnahme des Oberbürgermeisters (§ 152, 153). Über das Polizeiwesen sagt Wilckens im Titel „von der Geschäftsorganisation und dem Verhältnis der Behörden gegeneinander", daß sich einheitliche Vorschriften für die Städte im Rahmen dieses Gesetzes nicht geben ließen, zumal der Staat die Polizei dem Magistrate oder einer besonderen Behörde übertragen könne. Man findet deshalb in der Städteordnung nichts über den Umfang der Geschäfte der Ortspolizei, bei ihrer Begriffsbestimmung heißt es nur, daß sie „für die Sicherheit und das Wohl der Einwohner hauptsächlich tätig sei", die Kosten in jedem Falle die Stadtgemeinde zu tragen habe. Über die gegenseitigen Befugnisse von Magistrat und Repräsentanten macht Wilckens genauere Angaben, die Frey vermissen läßt. Danach ist der Magistrat zwar Obrigkeit und ausführende Behörde, aber er darf eine Reihe von Angelegenheiten, die mi „Administration" verbunden sind, nur durch Deputationen besorgen lassen. Die Repräsentanten dürfen sogar die Geschäftsführung der Deputationen überwachen (§ 183 der St. O.). Auch besitzen die Repräsentanten die Initiative zu neuen Einrichtungen ebenso wie der Magistrat. Andererseits wird die Stellung des Magistrats dadurch befestigt, daß Deputationen ohne Magistratsmitglieder nicht möglich sind, daß ein solches Mitglied stets den Vorsitz hat, der ganze Magistrat für die Geschäftsführung der Deputation haftet und keine ihren Etat ohne seine Genehmigung überschreiten darf. Die Geschäfte, die dem Magistrate und die den Deputationen zufallen sollen, hat Wilckens nach dem Muster von Frey aufgenommen (§ 178 und 179 der St. O.), für den Magistrat aber die Vokationen der Geistlichen und die Innungssachen hinzugefügt. Man vermißt bei beiden Verfassern eine direkte Bestimmung über die Kämmereiverwaltung durch den Magistrat. Bei den Geschäften der Deputationen trug Wilckens dem Umstande Rechnung, daß die Verschiedenheit der Städte und ihrer Einrichtungen genaue Vorschriften ausschließen, Deputationen also nach Bedarf zu errichten seien. Polizeiliche Mitwirkung verlangt er direkt nur beim Armenwesen, bei den Sicherungsanstalten, dem Sanitätswesen.

Die Rechte der Repräsentanten oder Stadtverordneten erweiterte Wilckens über Freys Forderungen, die Kontrolle betreffend, hinaus noch dahin, daß keine neuen Gehälter ohne ihre Einwilligung zugestanden werden dürften (§ 183c der St. O.), er schrieb außerdem ihre Befugnisse bei der Feststellung des städtischen Etats genau vor (§ 184) und gab ihnen das Recht, Pflichtwidrigkeiten des Magistrats bei der Provinzialbehörde anzuzeigen. — Im letzten Titel behandelte Wilckens ausführlich die Amtsdauer der öffentlichen Ämter und die Verpflichtung der Bürger zu deren Annahme, worüber Frey wenig in seinem Entwurf gebracht hatte. Die Amtsdauer der unbesoldeten Beamten setzt Wilckens auf 6 Jahre fest, Frey nur auf drei. Als Strafe für die Weigerung der Übernahme von Ämtern wird Verlust des Stimmrechts und der Teilnahme an der Verwaltung des Gemeinwesens, sowie stärkere Heranziehung zu den Lasten nach Gutachten der Repräsentanten bestimmt. Frey bestraft nur die Weigerung, das Amt der Repräsentanten zu übernehmen, und zwar mit Verlust des Bürgerrechts. Den Schluß des Ganzen bildet bei Wilckens die Instruktion für die Geschäftsführung der Repräsentanten, die ebenso in die Städteordnung übergegangen ist.

Mit der Herstellung des Entwurfs war allein das Provinzialdepartement unter Schroetter beauftragt gewesen, weil die Verfassung nur für die Städte der Provinz gelten sollte. Ihr weiteres Schicksal hing nunmehr von anderen Behörden ab. Stein hatte den Entwurf am 18. September von Schroetter erhalten, er legte das Werk natürlich der Behörde vor, die für den preußischen Staat jetzt als Zentralstelle der Zivilverwaltung galt, dem Generaldepartement (S. 65).

Wir müssen aber, bevor wir das Werk dort weiter verfolgen, zunächst darauf zurückkommen, daß Stein diese Behörde, als sie noch Immediatkommission hieß, durch eine Verfügung vom 17. Juli schon mit derselben Angelegenheit beschäftigt und ihr den Königsberger Antrag sowie die ersten Denkschriften Freys, nämlich die über die Organisierung der Munizipalverfassung und über das Verhältnis der Polizei zur Stadtkommune, zugesandt hatte. Sie sollte darüber Gutachten erstatten, aber ohne Vorschläge daran zu knüpfen. Der Organisationsplan Freys (S. 71) sowie die sonstigen Materialien hatten sich nicht dabei befunden. Es war Stein offenbar nur darauf angekommen, allgemeine Grundsätze im Generaldepartement erörtern zu lassen. Mehr konnte er von dort auch nicht erwarten. Die Räte, die hier Freys Denkschriften begutachten sollten, waren Klewitz, Altenstein, Stägemann und Schön. Klewitz war als Assessor in die Magdeburger Kammer gekommen, hatte ihr nur ganz kurze Zeit als Domänenrat und dann dem Generaldirektorium als vortragender Rat in der südpreußischen Abteilung angehört. Altenstein kam bei dem Anfalle Ansbachs an Preußen 1791 in preußischen Dienst und blieb bei der gesonderten Landesverwaltung der Fürstentümer, bis er 1799, 29 Jahr alt, eine Stelle im Generaldirektorium erhielt. Stägemann hatte eine rein juristische Laufbahn hinter sich, er war Kriminalrat bei dem ostpreußischen Kriminalkollegium und zugleich Syndikus bei dem ostpreußischen Kreditinstitut gewesen, bis er 1806 an die königliche Bank in Berlin versetzt wurde. Schön endlich hatte 1796, im Alter von 23 Jahren, das Examen als Assessor gemacht, war beinahe 4 Jahre beurlaubt auf Reisen, zuletzt in England gewesen und nach einem einjährigen Dienst bei der neuerrichteten Kammer in Bialystock 1800 in das Generaldirektorium berufen worden. Bei keinem von den vieren konnte man seiner Beamtenlaufbahn nach gründliche praktische Erfahrung in den Einzelheiten unserer städtischen Verwaltung voraussetzen, am allerwenigsten bei Schön. Der Antrag der Königsberger Kaufmannschaft fand bei ihnen wenig Beachtung und zu Freys Denkschriften gaben eigentlich nur Altenstein und Stägemann Gutachten ab, die beiden anderen begnügten sich mit Randbemerkungen zu dem, was jene beiden geschrieben hatten. Altenstein pflichtete den Anmerkungen Steins zu der ersten Denkschrift (S. 74) bei, mehr aus Rücksicht auf seinen Vorgesetzten, als wegen des Inhalts der Denkschrift selbst.

Denn bei aller Zustimmung zu Steins Absichten stand es doch bei ihm fest, daß man sich von der geplanten Neuerung wenig Erfolg versprechen dürfe. Der ganze Zeitgeist sei jetzt einer Verbesserung hinderlich. Stägemann erklärte sich mit Freys Vorschlägen im ganzen einverstanden, vermißte aber vor allem als wesentliches Stück einer neuen Organisation Bestimmungen über das Verhältnis zu den Staatsbehörden. Einzelne Vorschläge, die er machte, zeigen ebenso wie die wenigen Zusätze von Klewitz und Schön nur geringe Vertrautheit mit städtischer Verwaltung und wenig Kenntnis von der Bildungsstufe des Bürgertums jener Zeit.

Die Gutachten erhielt Stein in wenigen Tagen. Sie machen den Eindruck, als ob sie geschrieben seien, ut aliquid factum esse videatur. Für Wilckens Entwurf kamen sie nicht in Betracht, da Stein sie dem Provinzialdepartement gar nicht zugehen ließ. Die zweite Denkschrift Freys von der Polizei besprach Altenstein auch wieder am ausführlichsten, Klewitz und Schön nur in Randbemerkungen. Zu einer Äußerung war diesmal noch Sack hinzugezogen, der sich zur Zeit vorübergehend in Königsberg aufhielt. Da die Denkschrift selbst nur allgemeine Leitsätze aufstellte, so behandelten die Gutachten auch nur das Wesen der Polizei, ihr theoretisches Verhältnis zur Munizipalität und zur Justiz. Alle waren darin einig, daß die Polizei ein Zweig der höchsten Gewalt sei und nur bedingungsweise der Magistratur und nur ihr allein übertragen werden könnte, die Städte aber die Kosten tragen müßten. Die Äußerungen sind nur insofern von Interesse, als sich daraus die Ansichten der Verfasser, als hoher Staatsbeamten, über die Polizei beurteilen lassen, für Wilckens Arbeit waren sie ohne Nutzen, denn sie trugen das Datum vom 6. bis 11. September. Wilckens hatte seinen Entwurf schon am 6. gezeichnet.

Mit diesem Entwurf sollte sich das Generaldepartement nunmehr beschäftigen. Stein selbst hatte, bevor er ihn dort vorlegte, einige Bemerkungen ohne Datum hinzugefügt. In dem Entwurf waren einige wichtige von den Bedenken, die er zu Freys Denkschrift seiner Zeit gemacht hatte (S. 74), nicht berücksichtigt worden. So seine Forderung der Zwangsausdehnung des Bürgerrechts auf alle, die in der Stadt ihren Wohnsitz haben; die Einschränkung der Zahl der Juristen unter den Repräsentanten, womöglich die Ausschließung der Advokaten; die gänzliche Vermeidung von Besoldungen im städtischen Dienst. Auf diese Dinge kam er jetzt nicht wieder zurück, er hatte aber anderes einzuwenden. Er vermißte in der Einleitung die Erwähnung des *Hauptgrundes für die Einführung einer neuen Städteverfassung*, nämlich, „daß die Teilnahme an der Verwaltung des Gemeindewesens Gemeinsinn errege und erhalte". Auch mißfielen ihm die Fremdwörter, Distrikt wollte er in Bezirk, Repräsentant in Stadtverordneter, Kommunalsache in Gemeindesache geändert haben und die Nummern der Paragraphen sollten durch das Ganze durchlaufen. Die geheime Abstimmung bei der Wahl der Repräsentanten war nicht in seinem Sinne. Bei den Bestimmungen über die Polizei wünschte er besser zum Ausdruck gebracht zu sehen, daß sie der Magistrat nur ex jure delegato von seiten des Staats ausübe. Neuerungen in städtischen Einrichtungen, auch wenn sie nicht gegen das Gesetz oder bestehende Vorschriften wären (§§ 171 und 172 der St. O.), sollten der Bestätigung der Provinzialbehörden bedürfen.

Die Bearbeitung der Vorlage für das Plenum des Generaldepartements erhielt Altenstein, daneben wurde Schön zu einem Gutachten aufgefordert. Schön erstattete es am 1. Oktober. Er fand den Entwurf, dem er im allgemeinen zustimmte, nicht einfach genug, ein Vorwurf, der wohl nicht zutraf, denn für die vollständige Umgestaltung der Stadtverfassung war der Umfang des Gesetzes nicht zu groß. Ferner wünschte er, daß der Entwurf zunächst dem Landrecht hätte folgen und bei jedem von dessen Paragraphen die Abweichungen oder Zusätze angeben sollen. Aber man hatte aus dem Landrecht doch nur eine geringe Zahl von Paragraphen und sonst nur zerstreute Bestimmungen aufgenommen, außerdem war dort die Materie vollständig anders geordnet. Im übrigen machte Schön nur wenig Abänderungsvorschläge. Altenstein, dem außer Schöns Gutachten auch die Bemerkungen Steins vorlagen, was bei Schön nicht der Fall gewesen zu sein scheint, erklärte sich ebenfalls mit Wilckens Arbeit einverstanden, es sei mit Rücksicht auf die Schwierigkeit der Arbeit sehr viel geleistet worden. Er hielt sich meist an die Stellen, zu denen bereits Bemerkungen von Stein und Schön vorlagen. Schöns Ansichten widersprach er in einem wesentlichen Punkte, insofern er die Anstellung von Magistratsmitgliedern auf Lebenszeit aufrechterhalten wollte, die Schön verwarf. Gegen Stein befand er sich nur darin in ernstem Gegensatz, daß er an der geheimen Abstimmung festhielt. Neue Forderungen von ihm waren, daß er die ersten Paragraphen des Entwurfes, die über den Begriff der Stadt handelten und aus dem Landrecht herstammten, streichen wollte, ferner daß er für die Rechte der Mediatherren eintrat. Denn der Entwurf nahm ihnen alle Befugnisse, die mit dem öffentlichen Rechte zusammenhingen, also auch die Polizeibefugnisse.

Altenstein hatte seinen Bericht für das Plenum des Generaldepartements am 3. Oktober vollendet. Die Sitzung muß noch an demselben Tage stattgefunden haben, denn die Beschlüsse finden wir schon vollständig von Altenstein ausgearbeitet mit dem Datum des 4. Oktober. Wen Stein an der Sitzung teilnehmen ließ, wissen wir nicht, es liegt nur das Ergebnis der Verhandlung in Aufzeichnungen von Altensteins Hand vor. Danach hatte das Generaldepartement verlangt, daß für den Bericht an die Generalkonferenz vorerst noch eine Darstellung der bisherigen Städteverfassung mit den Grundzügen ihrer Entwicklung vorangeschickt würde. Im übrigen ließ man Wilckens Entwurf in seiner äußeren Form fast ganz bestehen. In der Einleitung sollte noch Steins Wunsch zum Ausdruck kommen, daß die Teilnahme der Bürgerschaft am Gemeinwesen den Gemeinsinn erregen solle. Die drei ersten Paragraphen mit dem Begriff der Stadt, die dem Landrecht entlehnt sind, sollten fortfallen, die fremdsprachlichen Bezeichnungen, wie Repräsentanten usw., ollten durch die heut gebräuchlichen, Stadtverordnete, Stellvertreter usw. ersetzt werden. Bei dem Inhalt handelte es sich, wenn man Altensteins Bericht über die Verhandlungen folgt, nur um wenige Änderungen, die die Grundlagen berührten. Die Bestimmungen über das Bürgerrecht, die Schutzverwandten, die Wahl der Stadtverordneten ließ man, wie sie waren, auch die geheime Abstimmung gegen Steins Wunsch. Ebenso unverändert blieben der Wirkungskreis der Stadtverordneten, ihr Verhältnis zum Magistrat, die Einrichtung der Deputationen, die Geschäftsverteilung und die Stellung der Aufsichtsbehörde. Dies alles bringt denn auch die Städteordnung in der Fassung von Wilckens Entwurf. Das Recht der Stadtverordneten, die Mittel für den Stadthaushalt zu bewilligen, war nach Schöns Ansicht nicht klar genug ausgesprochen. Hierzu wünschte das Plenum eine deutlichere Erklärung. Bei den Verhältnissen der Magistratspersonen stellte man einige abweichende Grundsätze von Wichtigkeit auf. Schöns Vorschlag, die besoldeten Mitglieder nicht auf Lebenszeit, sondern nur auf 12 Jahre anzustellen, drang durch, dazu der von Stein herrührende, ein Alter von 25 Jahren als genügend anzunehmen. Der Aufsichtsbehörde gestand man die Befugnis, bei Festsetzung der Gehälter mitzuwirken, nicht zu. Dem Magistrate nahm man die Ausübung des Kirchenpatronats, wie denn überhaupt die kirchenrechtlichen Anschauungen bei allen Beteiligten etwas eigentümlich waren. Die Konzessionen in Gewerbesachen sollten dem Magistrat nur überlassen werden, wenn ihm die Polizei vom Staate übertragen sei, man strich auch seine Aufsicht über die Innungen.

In Bezug auf die Polizei hieß es bei Wilckens: „Wo für die Polizei keine besondere Behörde ist, gehört ihre Verwaltung dem Magistrat als Obrigkeit. Derselbe muß sie nach den Vorschriften besorgen. Er bleibt hierin der Aufsichtsbehörde unterworfen." Hierbei schienen Stein die Rechte des Staats nicht genügend gewahrt, insofern dadurch ein für allemal schon festgesetzt sei, wer die Polizei auszuüben habe. Er wollte zum Ausdruck gebracht sehen, daß die höchste Gewalt sich vorbehalte, wer die Polizei ausüben solle, und wenn es vom Magistrat geschehe, so nur ex jure delegato. Das Plenum beschloß, daß eine Fassung in diesem Sinne zu entwerfen sei. — Die Aufsicht der Landesbehörde über die Vermögensverwaltung sollte nach dem Entwurf insoweit fortbestehen, als ihre Genehmigung bei der Veräußerung, Verpachtung usw. von städtischen Grundstücken oder nutzbaren Rechten einzuholen sei. Diese sehr einschneidende Vorsichtsmaßregel lehnte man ab. Besonders Schön hielt sie für überflüssig. — Das Generaldepartement endete seine Beratungen mit dem Beschluß, daß der Geltungsbereich des neuen Gesetzes über die Provinz hinaus auf den ganzen Staat auszudehnen sei. Der beste Beweis für die sorgfältige Fassung des Wilckensschen Entwurfs.

Die Beschlüsse des Generaldepartements, von Altenstein zusammengestellt, gingen an das Provinzialdepartement als den Urheber des Entwurfs zurück. Das Generaldepartement hatte nur Kritik geübt, es war Sache der Provinzialbehörde, den Text nach den Erwägungen des Konklusums zu vervollständigen oder Gegenvorstellungen zu machen. Das Provinzialdepartement gab seine Gegenerklärungen am 12. Oktober ab, der Verfasser des Schriftstücks war Wilckens. Es schickte die verlangte Entwicklung der bisherigen Städteverfassung in ihren Grundzügen gewissermaßen als Motive voran und stimmte den sonst im Generaldepartement gewünschten Abänderungen mit wenigen Ausnahmen zu. Demgemäß hatte Wilckens die Einleitung nach Steins

Wunsch entworfen, und sie lautete nun so, wie sie in die Städteordnung aufgenommen ist. Gegen den Fortfall der Paragraphen aus dem Landrecht über den Begriff der Stadt hatte man nichts einzuwenden und die Einführung der deutschen Bezeichnungen fand man zweckmäßig. Ebenso strich das Provinzialdepartement, daß die Landesbehörde bei der Festsetzung der Gehälter von Magistratsmitgliedern gehört würde. Es stimmte der Entziehung des Kirchenpatronats aus den Händen des Magistrats ohne weiteres zu, ließ auch dessen Aufsicht über die Innungen fallen und gestand das Recht der gewerblichen Konzessionierung nicht dem Magistrat als solchem, sondern der Polizei zu. Die Herrschaften in den Mediatstädten sollten durch die Fassung des § 8 der Städteordnung gewisse Rechte, besonders die Polizeigewalt behalten.

Unausgeglichen blieben nur wenige Punkte. Dem allgemeinen Landrecht zu folgen unter Angabe dessen, was durch das neue Gesetz abgeändert oder aufgehoben würde, wie das Generaldepartement auf Schöns Antrag verlangt hatte, lehnte das Provinzialdepartement wegen der Weitschweifigkeiten ab, unter Hinweis darauf, daß doch zu wenig Paragraphen wörtlich übernommen seien. — Nach Wilckens Entwurf sollten die Stadtverordneten das Recht der Geldbewilligung im heutigen Sinne haben. Dies hatte das Generaldepartement nicht ganz unzweifelhaft ausgedrückt gefunden, außerdem ging ihm das Recht auch nicht weit genug, die Stadtverordneten sollten den Bedarf allein festsetzen, der Magistrat nur die ausführende Behörde sein. Wilckens mußte deshalb dem betreffenden Paragraphen eine neue Fassung geben zur weiteren Erörterung im Generaldepartement. So entstand der § 184 der Städteordnung zunächst ohne den Schlußsatz. Da Stein Bedenken gehabt hatte, ob die Abhängigkeit der Polizei von der Staatsgewalt genügend gewahrt worden sei, so mußte auch hierfür ein Ausdruck gefunden und neu vereinbart werden. — Von der durch das Generaldepartement verlangten Aufhebung der landesherrlichen Aufsicht bei der Veräußerung usw. von Kämmereivermögen wollte das Provinzialdepartement nichts wissen, es befürchtete ein allmähliches Aufzehren dieses Vermögens, wenn die Stadt Geld gebrauchte. — Endlich bestand noch eine Meinungsverschiedenheit. Man wollte von der Amtskleidung der Beamten, die das Generaldepartement durch andere Amtszeichen zu ersetzen wünschte, nicht abgehen.

Die Erklärungen des Provinzialdepartements, wie oben bemerkt, am 12. Oktober von Schroetter gezeichnet, wurden sehr bald zunächst Stein zur Prüfung vorgelegt, der nicht unterließ, sie für die letzte Behandlung noch mit einigen Bemerkungen zu versehen. Dem Bewilligungsrecht der Stadtverordneten hatte Wilckens, wie wir eben sahen, eine neue Fassung gegeben. Stein vermißte dabei eine Bestimmung für den Fall, daß Magistrat und Stadtverordnete in Streitigkeiten gerieten, und verlangte für solche Fälle einen Rekurs an die Aufsichtsbehörde. — Da man vor den lebenslänglichen Magistratsmitgliedern den auf 12 Jahre gewählten den Vorzug gegeben hatte, schlug er Pensionsbestimmungen vor. Dadurch würde „das leichtsinnige Verwerfen vermieden und das lästige Behalten ebenfalls". — Um die Befugnis der Aufsichtsbehörden zur Genehmigung bei Veräußerung usw. von Kämmereivermögen entbehrlich zu machen, wünschte er Bedingungen festgesetzt zu sehen, unter denen eine solche nur stattfinden dürfe.

Am 17. Oktober trat dann das Generaldepartement zu einer Konferenz zusammen, um die wichtigsten Punkte nochmals zu besprechen und den Entwurf zum Vortrag in der Generalkonferenz fertig zu stellen. Hierbei äußerte Stein noch das besondere Bedenken, ob die Bestimmungen der neuen Konstitution über die Befugnisse der Aufsichtsbehörden auch die Aufsichtsrechte des Staates genügend wahrten, und zwar erstens über Verfassung und Vermögen der Gemeinden und zweitens über die Polizei, möge sie nun dem Magistrate oder einer besonderen Behörde übertragen sein. Ein bestimmt vorgeschriebenes Aufsichtsrecht halte er für nötig, „damit nicht eine Menge kleiner Republiken entständen". Schön als Gegner jeder Staatsaufsicht lehnte eine Ergänzung in diesem Sinne ab, aber Altenstein entwarf noch dementsprechend Zusätze für die Generalkonferenz.

Stein mochte sich erinnern, daß den Städten in Deutschland Jahrhunderte lang das Bestreben inne gewohnt hatte, sich von der Verbindung mit dem Lande loszulösen, wenigstens ihre Interessen, sobald es der Vorteil verlangte, ohne Rücksicht auf das Staatswesen zu verfolgen. Er kannte den gewissermaßen zentrifugalen Zug in den Stadtgemeinden. Wenn die Verhältnisse nun auch andere geworden waren und er außerdem annahm, die Teilnahme der Bürgerschaft an der öffentlichen Verwaltung sollte ihren Gesichtskreis erweitern und den Sinn für das Ganze, für das Wohl des Staates beleben, so wollte er doch vorbeugen, daß lokale Interessen denen des Staats gefährlich werden könnten. Deshalb verlangte er ein ausdrückliches Aufsichtsrecht. Schön vertraute dem Bürgertum so, daß er jene Möglichkeit für ausgeschlossen hielt.

Das Ganze gelangte nunmehr an die Generalkonferenz als die oberste Staatsbehörde, um die noch bestehenden Meinungsverschiedenheiten zwischen den Departements auszugleichen, die letzten Bedenken zu beseitigen und den Entwurf für die allerhöchste Genehmigung fertig zu stellen.

Der Bedeutung der Generalkonferenz und ihrer Zusammensetzung wurde schon früher (S. 65) gedacht. Das Referat für die entscheidende Sitzung am 19. Oktober übernahm Altenstein. Die Notwendigkeit der neuen Verfassung, zunächst für Ostpreußen, begründete er durch Freys Schilderung der bestehenden Mängel mit etwas starken Farben, wobei er sich an die erste Denkschrift von Frey hielt. Die Konferenz ging sofort darauf ein, die Konstitution nicht auf Ostpreußen zu beschränken, sondern auf den ganzen Staat auszudehnen. In der weiteren Verhandlung kamen die Punkte zur Sprache, die zwischen General- und Provinzialdepartement in der Schwebe gewesen waren, und auch einige andere wurden nochmals berührt. Die Einleitung blieb so, wie sie Wilckens geändert hatte. Für das Recht der Oberaufsicht des Staates über Verfassung und Vermögen, das Stein besonders gewahrt wissen wollte, setzte man einen eignen Titel (§ 1 und 2 der St. O.) nach Altensteins Fassung voran. Den Paragraphen des Landrechts sollte nicht gefolgt, sondern nur gesagt werden, daß die der Städteordnung zuwiderlaufenden Stellen aufgehoben seien. Die

Bestimmungen über den Begriff einer Stadt ließ man fallen. — Bei den Pflichten der Bürger wurde auf die Schützengilde aufmerksam gemacht und diese für eine notwendige Anstalt der Stadt erklärt, da Stein großen Wert auf eine bürgerliche Polizeihilfe legte. — Die Feststellung des städtischen Etats durch Magistrat und Stadtverordnete genehmigte die Konferenz in der zweiten Fassung von Wilckens (§ 184 der St. O.) unter Hinzufügung eines Zusatzes von Stein, daß bei Uneinigkeit der Rekurs an die Aufsichtsbehörde offen stehen solle. — Die Anstellung besoldeter Magistratsmitglieder auf Lebenszeit ließ man endgültig fallen und traf nach Steins Vorschlag Bestimmungen wegen der Pensionierung (§ 158, 159). In die Festsetzung der Gehälter sollte sich die Aufsichtsbehörde nicht mischen und ein Alter von 25 Jahren für die Wahlfähigkeit genügen. — Die Bestimmungen über das Verhältnis des Magistrats zur Polizei, wo Stein Bedenken gehabt hatte, ob das Hoheitsrecht des Staates richtig zum Ausdruck gebracht sei, erhielten in der Konferenz selbst die Fassung, wie sie in § 165 und 166 der St. O. vorliegt. — Bei der umstrittenen Frage der Genehmigung der Behörden zur Veräußerung von Kämmereigut stellte sich die Generalkonferenz auf die Seite derer, die der Gemeinde hierin freie Verfügung lassen wollten, schloß sich aber den Vorschlägen Steins an, wie sie § 189 der St. O. wiedergibt, wonach die Notwendigkeit der Veräußerung vorhanden sein müsse und außerdem ein besonderes Verfahren vorgeschrieben wird, das die Stadt vor Schaden schützen soll. Auch wurde wenigstens eine nachträgliche Anzeige bei der Aufsichtsbehörde vorbehalten. — Gegen eine Amtskleidung von Magistrat und Stadtverordneten endlich sprach sich die Generalkonferenz auch aus und bestimmte Ketten oder ein anderes Amtszeichen. — Eine Befragung der ostpreußischen Stände um ihr Gutachten zu dem Gesetze erschien der Konferenz überflüssig, da die Konstitution ja für den ganzen Staat gelten sollte.

Den nunmehr bei der obersten Behörde durchberatenen Entwurf erhielt das Provinzialdepartement von Stein zur endgültigen Festsetzung des Textes zurück. Dieser endgültige Text, der sich nur durch einige redaktionelle Änderungen vom Konklusum der Generalkonferenz unterschied, ging mit einem Begleitschreiben Schroetters vom 9. November am 13. an Stein zurück, damit er seine Genehmigung erteile. Inzwischen hatte Schroetter im Provinzialdepartement, um keine Zeit zu verlieren, schon den Begleitbericht, mit dem das Gesetz dem Könige vorgelegt werden sollte, fertig stellen lassen. Der Bericht war vom 9. November datiert, von Wilckens entworfen und brachte als Begründung den Inhalt von Altensteins Referat für die Generalkonferenz[1]). Er ist dann mit dem Text des Gesetzes von Stein unmittelbar dem Könige eingereicht worden, nur das Konzept ist am 17. an Schroetter zurückgelangt[2]).

Es ist merkwürdig, daß Frey am 6. November noch ein Schreiben an das Provinzialdepartement gerichtet hatte, worin er äußerte, der Entwurf zu

---

[1]) Das Schreiben ist abgedruckt bei Pertz, Steins Leben II 682.

[2]) Das Schreiben Steins, mit dem die Anlagen wieder an das Provinzialdepartement gelangten, ebenfalls bei Pertz, a. a. O. S. 687.

dem Gesetz hätte ihm zwar nach einer allerhöchsten Verfügung zugehen sollen, es sei aber nicht geschehen. Er gibt dann noch einige seine Denkschriften ergänzende Vorschläge und man gewinnt tatsächlich den Eindruck, daß er über den Gang und den Abschluß der Verhandlungen gar nicht unterrichtet war. Er wußte sogar nicht, daß das Gesetz für die ganze Monarchie gelten sollte. Seine Vorschläge konnten natürlich nicht mehr berücksichtigt werden.

Die Städteordnung wurde Gesetz durch die Kabinetsorder vom 19. November 1808, die folgenden Wortlaut hatte[1]):

> Meine lieben Staatsminister Freiherr von Schroetter und Freiherr vom Stein! Der Wunsch der hiesigen Bürgerschaft nach einer gesetzlichen Repräsentation und einer Teilnahme am städtischen Gemeinwesen ist gewiß allgemein. Beides wird auch den Bürgersinn und Gemeingeist beleben. Gerne habe ich daher die mir von Euch am 9ten d. M. vorgelegte hierbei zurückgehende Städteordnung sogleich für sämmtliche Städte Meiner Monarchie vollzogen, ohne deshalb noch weitere Rückfragen nötig zu finden; genehmige ich auch, daß die Ausführung geschehe und damit sogleich in den großen Städten der Anfang gemacht und sodann fortgefahren werde. Ihr der Staatsminister Freiherr von Schroetter werdet für das Königreich Preußen und Ihr der Staatsminister Freiherr vom Stein durch die Immediatcommission[2]) in Berlin für die übrigen Provinzen wegen der sogleich vorzunehmenden Publication das Nöthige verfügen.
>
> Den Kämmereyen die bisherigen Zuschüsse aus landesherrlichen Kassen, soweit sie nicht Entschädigung für aufgeopferte Nutzung sind, für immer zu belassen, kann Ich mich nicht entschließen; es wird vorläufig genug sein, wenn es für jetzt auf ein Jahr geschieht. Theils kann der Staat nicht mehr freigebig seyn, theils ist jede Stadt verpflichtet, die Bedürfnisse des Gemeinwesens und die Kosten der Polizei- und Justizverwaltung selbst aufzubringen. Ich bin euer wohl affektionirter König.
>
> Königsberg, den 18ten November 1808.
>
> Friedrich Wilhelm.

Der zweite Absatz der Kabinetsorder bezieht sich auf eine Stelle in dem Berichte Steins und Schroetters vom 9. November, mit dem das Gesetz dem Könige vorgelegt wurde. In dieser Stelle hieß es, daß viele Kämmereien jetzt etatsmäßige Zuschüsse aus königlichen Kassen erhielten, deren sie auch dringend bedürften, und die ihnen deshalb nicht entzogen werden könnten. Von der ablehnenden Bestimmung der Kabinetsorder erfuhren die Städte zunächst nichts, sie hätte den günstigen Eindruck des Gesetzes sehr beeinträchtigt. Die Schwierigkeiten, die sich mit der Entziehung der Zuschüsse verbanden, stellten sich erst später bei der Regelung der Verhältnisse in den einzelnen Städten heraus.

---

[1]) **Abgedruckt bei Pertz, Steins Leben II 688.**

[2]) Die Immediatkommission in Berlin ist die Friedens-Vollziehungskommission.

Bis der Wortlaut der Städteordnung bekannt wurde, verging geraume Zeit. Von Anfang Dezember 1808 an ließ man den Text zuerst, um Kosten zu sparen, bruchstückweise als Zeitungsbeilage mit viermaliger Fortsetzung erscheinen, und im Januar erhielten die Domänenkammern als Aufsichtsbehörden das Gesetz in Heften, die aus diesen Bruchstücken gebildet waren. Die Regierung veranstaltete also keine Ausgabe, obwohl die Veröffentlichung von Gesetzen in einer besonderen staatlichen Gesetzsammlung noch nicht begonnen hatte. — Die Einführung in den einzelnen Städten der Monarchie kam dann im Jahre 1809 nach und nach zustande.

Die Einführung der Städteordnung in Berlin.

Als die Städteordnung am 19. November 1808 Gesetz geworden war, besaß Berlin als Obrigkeit der Stadt das Komitee administratif mit dem Geheimen Oberfinanzrat Rosenstiel an der Spitze. Einzelne Mitglieder des Komitees nahmen daneben die Geschäfte des alten Magistrats wahr, wie dies weiter oben (S. 46) dargestellt wurde. Das Verhältnis der städtischen Behörde zur Staatsgewalt hatte noch keine feste Gestalt gewonnen. Tatsächlich galten bis zum Abzug der französischen Truppen aus Berlin am 3. Dezember 1808, obwohl der Friede doch längst geschlossen war, der Generalintendant Daru, der Generaladministrator der Einnahmen in den preußischen Provinzen Bignon und der Kommandant von Berlin, General St. Hilaire in erster Linie als die maßgebenden Personen für die Berliner Stadtverwaltung. Ihre Anordnungen beschränkten sich nicht auf das, was die Truppen und die französische Regierung für ihren Bedarf beanspruchten, sie griffen in alle Verwaltungszweige ein, wo es ihren Zwecken dienlich schien, besonders auf dem Gebiete der Polizei. So hatte Büsching im Mai 1808 in der Leitung der Polizei dem französischen Auditor Taulon weichen müssen, dem der Polizeirat Rück zur Seite gestellt worden war. Die französischen Machthaber duldeten bis zuletzt nicht, daß das Komitee administratif und die städtische Verwaltung einer preußischen Staatsbehörde untergeordnet wurden. Die preußische Regierung durfte ihm nur Ratgeberin sein, und es blieb der städtischen Verwaltung überlassen, sich Rat bei den dazu befugten königlichen Beamten zu holen. Ein Ersatz für die mangelnde Staatsaufsicht lag allerdings darin, daß stets ein höherer Staatsbeamter an der Spitze des Komitees stand, nach Sacks Ausscheiden im Mai 1808 der Geheime Oberfinanzrat Rosenstiel. Die staatlichen Behörden, die als Aufsichtsbehörden hätten gelten können, waren der vom Könige für die Kurmark nach dem Friedensschluß ernannte Zivilkommissar und daneben die königliche Friedens-Vollziehungskommission (S. 49). Die Stelle des Zivilkommissars bekleidete bis zum Ende der Fremdherrschaft der Präsident der kurmärkischen Kammer von Gerlach, die Vollziehungskommission leitete Sack und vom Mai 1808 ab, als Sack nach Königsberg gegangen war, der Minister von Voß.

Dieser Zustand nahm natürlich ein Ende, als im Dezember 1808 die Franzosen die Kurmark geräumt hatten. Die Stelle eines Zivilkommissars für die Kurmark kam in Fortfall, eine Kabinetsorder vom 16. Dezember 1808 hob die Friedens-Vollziehungskommission auf. Vor dem Kriege war dem Magistrat die kurmärkische Kammer, dem Polizeidirektorium aber das Generaldirektorium, und zwar dessen kurmärkisches Departement vorgesetzt gewesen. Ein Generaldirektorium gab es jetzt nicht mehr, indessen die kurmärkische Kammer war geblieben, und es verstand sich von selbst, daß sie wieder die nächste Aufsichtsbehörde des Magistrats wurde. An Stelle der Provinzialdepartements des Generaldirektoriums, denen die Kriegs- und Domänenkammer untergeordnet waren, traten die neugeschaffenen Oberpräsidien. Das Gesetz vom 16. Dezember 1808 bildete für den Staat drei Oberpräsidialbezirke, deren Leiter unmittelbar unter dem gesamten Staatsministerium standen. Der Bezirk für die Kurmark umfaßte zugleich die Neumark, Pommern und was westlich bis zur Elbe noch zu Preußen gehörte, Sack wurde zum Oberpräsidenten ernannt. Den bei dieser Organisation entstandenen Gedanken, für Berlin einen besonderen Oberpräsidenten zu ernennen, gab man wieder auf.

Die Stellung Berlins im staatlichen Organismus war also insofern bestimmt, als die kurmärkische Kammer und darüber der Oberpräsident die vorgesetzten Behörden bildeten, von denen die Neuordnung der Verhältnisse ausgehen mußte. Den Text der Städteordnung erhielt das Publikum in Berlin bei der langsamen Veröffentlichung durch die Zeitungen vollständig erst im Januar 1809. Auch die kurmärkische Kammer kam nicht viel früher in den Besitz. Denn erst mit Verfügung vom 30. Dezember 1808 gingen ihr wie auch den anderen Kammern vom Minister Grafen Dohna Exemplare zu, gleich mit dem Auftrage, in den Städten des Bezirks das Gesetz einzuführen und mit einer Anleitung, welche Hauptvorarbeiten dazu zu erledigen wären[1]). Die kurmärkische Kammer forderte darauf die einzelnen ihr unterstellten Städte zu den erforderlichen Schritten auf, und zwar den Berliner Magistrat in einem Schreiben vom 26. Januar 1809. Sie übersandte ihm zwei Exemplare der Städteordnung und verlangte die nötigen Vorbereitungen so zu treffen, daß die Einführung spätestens am 1. April geschehen könnte. Auch ein besonderes Geschäftsreglement für die Magistratur müsse bis dahin fertig und auch schon von der Stadtverordneten-Versammlung geprüft sein. Man solle dabei „aus kleinlichen Ansichten keine Schwierigkeiten entstehen lassen". Bis zur vollendeten Einführung der Städteordnung habe die jetzige Verwaltung, also das Komitee administratif zu gelten.

Die Kammer hätte ihren Auftrag füglich an das Komitee richten müssen, weil es zur Zeit die oberste städtische Verwaltungsbehörde in Berlin war. Dies geschah nicht, weil die Städteordnung dem Wortlaut nach dem Magistrat die vorbereitenden Arbeiten zuwies. Das Komitee war auch, wie der Schluß des vorigen Abschnittes berichtete, schon im Anfang des Jahres in der Umwandlung begriffen. Die wichtigsten Verwaltungszweige kamen wieder in andere Hände, die im Komitee befindlichen Mitglieder des Magistrats von 1806 sonderten sich zu ihrem früheren Kollegium aus und setzten dessen Geschäfte fort. Die übrigen Mitglieder des Komitees regelten nur noch die Finanzen. So hatte denn der geheime Kriegsrat Troschel, der seit dem

[1]) Akten des Geh. Staatsarchivs R. 77, 479. Vol. II.

Dezember nach Rosenstiels Austritt an der Spitze des Komitees stand, eigentlich nur dem Namen nach die Leitung des Ganzen, denn der Vorgesetzte des sich wieder bildenden Magistratskollegiums war, wie früher, Büsching. Büsching bekleidete vor dem Kriege, seit 1804[1]) die Stelle des königlichen Polizeidirektors und Stadtpräsidenten, womit sich das Amt des Oberbürgermeisters von selbst verband. Infolgedessen erhielt er während der Kriegszeit im Komitee administratif die Sektion des Polizeiwesens bis zum Mai 1808, wo er auf Verlangen Darus die Polizei einem Franzosen überlassen mußte. Nach dem Abzug des Feindes gab ihm der Oberpräsident Sack im Dezember sein Amt als Dirigent der städtischen Polizei zurück und auf Grund dieser Stellung gebührte ihm dem Herkommen nach wieder der Vorsitz im Magistrat, wenn er auch nicht mehr den Titel Stadtpräsident führte.

Der Magistrat unter Büschings Vorsitz erhielt die Verfügung der Kammer am 3. Februar. Der Minister des Innern, Graf Dohna, hatte aber inzwischen der Kammer schon die Zuständigkeit in dieser Angelegenheit entzogen, indem er am 2. Februar anordnete, daß in Berlin eine besondere Kommission unter dem Oberpräsidenten das Geschäft der Einführung leiten sollte[2]). Der Erlaß selbst befindet sich nicht in den Akten, dagegen ein Schreiben der kurmärkischen Regierung[3]) vom 14. Februar, wonach sie dem Magistrat mitteilte, daß der Minister den Oberpräsidenten mit der Organisation der Städteordnung in Berlin beauftragt habe[4]). Sack selbst zeigte dann am 7. März dem Magistrate an[5]), er habe die Leitung des Geschäfts dem Kammerdirektor Gruner zugewiesen, der auch schon durch allerhöchste Anordnung zum Kommissarius dazu bestellt worden sei, und ihm den geheimen Kriegsrat Köls und den Stadtrat Rück — beide waren Mitglieder des Magistrats — beigegeben. Gruner stehe ganz neutral der städtischen Verwaltung gegenüber und sei besonders geeignet, etwaige Bedenken des Magistrats gegen die neue Verfassung unparteiisch zu beurteilen. Von diesen Bedenken wird gleich die Rede sein; was Gruner betrifft, so war er beim Beginn des Krieges Direktor der Posener und zuletzt auch der Pommerschen Kammer gewesen und galt für einen gewandten Geschäftsmann.

Inzwischen hatte sich der Magistrat auf die erste Aufforderung der kurmärkischen Kammer vom 26. Januar schon am 6. Februar in einer Sitzung mit den Vorbereitungen zur Einführung der Städteordnung beschäftigt. Zunächst war für die neue Stadtverfassung eine Stadtverordneten-Versammlung nötig, damit diese einen Magistrat wählen könnte, und für die Stadtverordneten-Wahlen mußten erst Bezirke geschaffen werden. Hierbei ließ sich im voraus übersehen, daß die höchste in der Städteordnung vorgesehene Zahl von Verordneten, 102, erreicht werden würde, wonach man sich bei der Einteilung in

1) Vorher war er Direktor der Kriegs- und Domänenkammer in Gumbinnen.

2) Bassewitz, Die Kurmark Brandenburg in den Jahren 1809 und 1810. S. 212.

3) Die kurmärkische Kriegs- und Domänenkammer hieß laut Bekanntmachung vom 14. Febr. 1809 von diesem Tage an kurmärkische Regierung.

4) Akten des Magistrats, Städteordnung, A. Nr. 1. Bl. 126.

5) Ebenda Bl. 130.

Wahlbezirke also zu richten hatte. Ferner waren die Rollen der Eigentümer und Mieter — damals auch noch Incoln genannt — aufzustellen und zu prüfen, wer von den letzteren gemäß der Städteordnung stimmfähig sei. Hierzu fehlte es an allen Unterlagen. Für die vorbereitenden Arbeiten hielt man es für zweckmäßig, sich, soweit dies möglich war, der aus der alten Verfassung her vorhandenen Stadtverordneten, die, wie bekannt, vom Magistrat ernannt wurden und eine Besoldung erhielten, zu bedienen, auch Polizeibeamte und Leute aus der Bürgerschaft dazu heranzuziehen. Außerdem sollten einige Mitglieder des Magistrats das Ortsstatut der Stadt nach § 49 und das Geschäftsreglement nach § 190 der Städteordnung entwerfen. Da das Kollegium aber über manche wesentliche Punkte des Gesetzes im unklaren war und das Gesetz selbst zu Zweifeln Raum gab, so beschloß es, sich um Rat an die kurmärkische Kammer zu wenden, wobei allerdings die alte Gewohnheit mitsprach, sich möglichst viel Anweisungen von der vorgesetzten Behörde einzuholen. Auch entstanden Bedenken über den praktischen Wert der Städteordnung überhaupt, die man der Kammer nicht vorenthalten wollte.

Was die zweifelhaften Punkte betrifft, so verlangte z. B. § 23, daß alle Eigentümer unbedingt das Bürgerrecht erwerben sollten, natürlich auch die Eximierten, denn das Gesetz wollte ja diese zu den bürgerlichen Lasten heranziehen. Dennoch wußte der Magistrat nicht, ob er gegen die Eximierten vorgehen dürfe, zumal das Gesetz keine Zwangsmaßregeln angab. — Nach § 184 hatte der Magistrat die Geldbedürfnisse der Gemeinde zusammenzustellen, die Stadtverordneten die Notwendigkeit zu prüfen und die Bedarfssumme zu bestimmen. Der Magistrat meinte nun, daß das Letztere schon von den jetzt vorhandenen, von ihm ernannten Verordneten des alten Systems, die doch eine ganz andere Stellung einnahmen, vorgenommen werden müßte, denn den neu nach der Städteordnung zu wählenden würde es an Erfahrung dazu fehlen. — Ferner nahm man im Magistrat zwar an, daß die Polizei eine königliche Behörde bleiben würde und richtete hierüber keine Frage an die Kammer, aber wegen Übertragung verschiedener anderer Verwaltungen auf den Magistrat nach den §§ 178 und 179 glaubte er der Auskunft zu bedürfen, z. B. wegen der Strom-, Schiffahrts-, Fabriken-, und Manufakturangelegenheiten, die bisher unter staatlicher Fürsorge standen. Sollte er diese in Zukunft übernehmen? Nach § 179 hätte auch die bisher königliche Armen-Verwaltung, das Sanitätswesen, das Bauwesen mit Straßenpflasterung, Entwässerung und anderen Anlagen, was bisher Sache des Gouvernements gewesen war, jetzt städtischen Deputationen überwiesen werden müssen.

Über diese und eine Reihe sonstiger Fragen erbat der Magistrat in einem Schreiben vom 16. Februar Auskunft von der Kammer. Daran schloß er ein Promemoria, worin er seine Ansichten über die Nützlichkeit der Städteordnung überhaupt darzulegen für gut befand. Es bestand in einem Auszuge, der aus verschiedenen Gutachten einzelner Magistrats-Mitglieder zusammengestellt war. In der am 6. Februar wegen der Vorbereitungen zur Einführung des Gesetzes abgehaltenen Sitzung hatte man nämlich beschlossen, daß jedes Mitglied ein schriftliches Votum über die Brauchbarkeit der neuen

Ordnung abgeben sollte, es waren indessen nur die des ersten Bürgermeisters Büsching, der Bürgermeister Köls und Gerresheim und der Stadträte Oeding und Metzing eingekommen.

Auf den Inhalt der Gutachten, die mehr oder weniger an der Städteordnung etwas auszusetzen hatten, dürfen wir hier nicht näher eingehen. Vor längerer Zeit wurde in einem Aufsatze der „Nation"[1]) darauf aufmerksam gemacht und dem damaligen Magistrate vorgeworfen, daß er den Geist des neuen Gesetzes so wenig zu würdigen verstanden hätte. Der Aufsatz gab aber nur aus dem Zusammenhange gelöste Bruchstücke der Gutachten wieder, ohne das aus ihnen gebildete Promemoria an die Staatsbehörden zu berücksichtigen. Die Gutachten verkannten allerdings zum Teil die Mängel der damaligen und die Vorteile der neuen Verfassung und bewegten sich in Übertreibungen, aber sie waren als Interna des Kollegiums anzusehen, die Verfasser durften sich rückhaltslos äußern, wie sie es für die Öffentlichkeit wohl nicht getan hätten. Auch die persönlichen Verhältnisse machten sich dabei geltend. Gerresheim war Stadtgerichtsdirektor und vorher stets Richter gewesen, Metzing erst 1804 vom Kammergericht zum Magistrat übergegangen, beiden fehlte also die Erfahrung in der eigentlichen städtischen Verwaltung. Oeding war ebenfalls aus der Justiz übergetreten und seit 1787 Kämmerer, weshalb sein Votum nur die zu erwartende Vermehrung der Lasten behandelte. Als eigentlicher Praktiker im Städtewesen konnte unter den fünf nur Büsching angesehen werden. Er hatte nicht nur bei der kurmärkischen Kammer, sondern auch vorher 9 Jahre als Steuerrat, also als der eigentliche Aufsichtsbeamte der kleinen Städte in der Altmark und in Frankfurt gearbeitet, bevor er Kammerdirektor in Gumbinnen wurde. Für die Ansicht des gesamten Magistrats aber konnte allein das Promemoria an den Oberpräsidenten maßgebend sein. Zur Beurteilung dieser Eingabe muß man sich erinnern, daß die Städteordnung in Königsberg im engen Kreise der obersten Staatsbehörden zustande gekommen war, und beim Berliner Magistrat niemand wissen konnte, welche leitenden Gedanken, die sich ja auch erst in späterer Zukunft verwirklichen sollten, dazu geführt hatten, ein solches Gesetz zu schaffen. Man konnte sich wegen der Absicht des Gesetzes nur an die Worte der Einleitung halten, die von dem Bedürfnis einer wirksameren Teilnahme der Bürgerschaft an der Verwaltung des Gemeinwesens sprachen und als Ziel hinstellten, durch jene Teilnahme „den Gemeinsinn zu erregen"[2]). Ein Verlangen der Berliner Bürgerschaft, mehr an der Verwaltung teilzunehmen, war dem Magistrat wohl kaum jemals entgegengetreten (man vergleiche S. 35), und daß der Begriff Gemeinsinn so weit gehen sollte, Aufopferungsfähigkeit und Vaterlandsliebe mit zu umfassen, wie wir aus der Entstehungsgeschichte der Städteordnung wissen, konnte im Magistrate niemand ahnen, weil niemand die Entstehungsgeschichte kannte.

Man ging im Magistrat vielmehr in erster Linie von der Vorstellung

---

[1]) Zur Geschichte der preußischen Städteordnung, von A. Stern. „Nation", Jahrg. 1. 1883. S. 116.

[2]) Einleitung zur Städteordnung von 1808.

aus, mit der neuen Verfassung verbinde sich die Absicht, den an sich schon nicht wohlhabenden und durch den Krieg noch besonders mitgenommenen Städten aufzuhelfen, und man meinte, dazu gäbe es einfachere Mittel. Schon deshalb also wurde das neue Gesetz abfällig kritisiert. Man hob alles hervor, was bei der Mitwirkung des bürgerlichen Elements in der Verwaltung infolge der Unerfahrenheit dieser Leute in den Geschäften, ihrer Gleichgültigkeit und ihres Egoismus zu befürchten stand. Dergleichen Bedenken waren ja auch schon bei den Kommissionsverhandlungen in Königsberg von den Gegnern des Gesetzes zur Sprache gebracht worden.

Indem der Magistrat durch sein Promemoria pflichtschuldig seine Einwendungen dem Oberpräsidenten vortrug, wollte er aber zugleich Stellung nehmen gegen einen Aufsatz in der Vossischen Zeitung vom 11. Februar 1809, der, wie man wohl wußte, von einer amtlichen Stelle aus seinen Weg in das Blatt gefunden hatte und um so mehr allgemein beachtet wurde, als Besprechungen politischer Fragen in den Zeitungen damals nicht üblich waren. Der sehr ausführliche Aufsatz, betitelt „Aus welchem Gesichtspunkte muß die neue Städteordnung betrachtet werden?" ging davon aus, daß die Städte schon vor dem Kriege verarmt gewesen seien, und zwar hauptsächlich infolge der zu tief eingreifenden staatlichen Bevormundung. Der Bürger habe dadurch das Vertrauen auf seine Kraft verloren, sich selbst wohlhabend zu machen, alles sei mit Staatshilfe geschehen. Dadurch sei auch sein Ansehen gesunken. Früher hätten die Bürger selbst den Magistrat als Obrigkeit aus ihrer Mitte erwählt, seit dies nicht mehr der Fall sei, zeige diese Obrigkeit kein Interesse mehr für die Bürgerschaft. Das Allgemeine Landrecht habe versucht, dem abzuhelfen und dem Bürgerstande Selbständigkeit und Selbstvertrauen wiederzugeben, aber ohne genügenden Erfolg. Es sei eine vollständige Reform nötig. Die Städteordnung stelle die Bürgerehre wieder her, verschaffe dem Bürger die Verwaltung seiner Angelegenheiten, die Wahl des Magistrats, die Verteilung der Gemeindelasten. Gefährliche Neuerungen seien nicht zu befürchten, da alle Änderungen von Statuten von höherer Genehmigung abhingen und der Magistrat, der alle exekutivische Gewalt besitze, dem Staate für den Gebrauch verantwortlich bleibe. Der Übergang zur neuen Verfassung und deren Handhabung würden nicht leicht sein, aber in der Bürgerschaft wohne eine Fülle gesunden Menschenverstandes und sie stehe der „schreibenden Klasse" auch an Kenntnissen nicht nach. Auch neben seiner Erwerbstätigkeit würde der Bürger Zeit für den öffentlichen Dienst gewinnen können. — Diese Kundgebung fußte auf einigen falschen Voraussetzungen. Eine Verarmung hatte vor dem Kriege in Wirklichkeit nicht stattgefunden, und Mängel im Wohlstande beruhten auf ganz anderen Ursachen, ebenso war es falsch, daß die Bürger ihre Magistrate früher selbst wählten. Wie wir wissen, ergänzten sich die Magistrate von alters her selbst. Aber sonst wurden der Inhalt der Städteordnung und die Zweckmäßigkeit ihrer Einführung in dem Aufsatze gebührend gerechtfertigt und richtig gezeigt, mit welcher Auffassung man an die Anfangsschwierigkeiten herantreten müsse.

Die Gründe, mit denen sich der Magistrat gegen die Ausführungen des

Aufsatzes wendete, waren für die damals in den Städten herrschenden Ansichten sehr charakteristisch. Den Rückgang der Provinzialstädte gab er zu, schrieb ihn aber nicht der amtlichen Bevormundung zu, sondern hauptsächlich der Bevorzugung der Dörfer durch den Staat, denen man die Verarbeitung der Naturprodukte überlasse, die doch nur den Städten zukomme. Durch diese veränderte Stellung der Städte sei in ihnen auch der Gemeinsinn gesunken, nicht dadurch, daß die Magistrate nicht mehr aus Bürgern beständen. Die Zusammensetzung aus nichtbürgerlichen Elementen und die Loslösung von der Bürgerschaft sei eine natürliche Folge des im 18. Jahrhundert eingeführten Zunftzwanges[1]) und der damit verbundenen Aufsicht der Magistratsmitglieder über den hauptsächlichsten Teil der Bürgerschaft. Diese Aufsicht bedingte den Eintritt nichtbürgerlicher Elemente in den Magistrat, zugleich auch erforderten die Amtsgeschäfte vermehrte Kenntnisse. Für Berlin sei deshalb das Reglement von 1747 erlassen worden. Wolle man nun durch größere Selbständigkeit des Bürgers in der Verwaltung den Gemeinsinn heben, so würde dies auch durch eine Modifikation der bisherigen Verfassung zu erreichen sein. Den Begriff der Selbständigkeit könne der Staat nicht dahin ausdehnen, daß der Bürger unabhängig von den Gesetzen und der Staatsaufsicht das Gemeinwesen betreibe und darin das Vertrauen auf seine Kraft finde. Die Selbständigkeit der Bürgerschaft würde auch dadurch hergestellt werden, wenn alle Mitglieder der Obrigkeit Bürger würden, und dies ließe sich doch leicht erreichen. Der jetzige Magistrat nähme sicher keinen Anstand, das Bürgerrecht zu erwerben. Man könne ja wohl nicht leugnen, daß ein Magistrat, der aus allgemeiner Wahl hervorginge, das größere Vertrauen der Bürgerschaft haben müsse. Aber schon die Stadtverordnetenwahlen könnten auf nicht geeignete Leute fallen, da die weniger gebildeten Bürger sich leicht durch andere bestimmen ließen, die von irgendwelchen Absichten geleitet würden, wie man dies bei den Wahlen in den Innungen oft erlebt hätte. Die weitere Frage wäre dann die, ob die Mehrzahl der Stadtverordneten das Verständnis besäßen, die richtigen Männer zu finden. Jedenfalls gereiche es zum Nachteil, wenn die jetzigen erfahrenen Männer ausscheiden müßten.

Nach dieser Kritik des Artikels in der Vossischen Zeitung äußerte sich das Promemoria dann noch zu einigen einzelnen Vorschriften der Städteordnung. Es bemängelte die zeitweilige Anstellung auf 12 Jahre, ebenso den Zwang zur Annahme eines unbesoldeten Amtes, zumal die dazu ausersehenen Gewerbtreibenden ihr Geschäft vernachlässigen müßten. Wie mißlich eine Verwendung von Leuten aus der Bürgerschaft sein könne, habe das Komitee administratif bewiesen. Die Verwaltungsgeschäfte hätten dort eigentlich in ganz anderen Händen, als bei den Sieben des Komitees gelegen, und doch wäre es diesen schwer geworden, ihr Amt so lange führen zu müssen. Wie es in kleinen Städten zugehe, wenn vieles in der Verwaltung den Mitgliedern aus der Bürgerschaft überlassen bliebe, das mögen die Steuerräte bekunden. Erfahrungsmäßig

---

[1]) Es findet auch hier die Ansicht Ausdruck, daß durch die Generalprivilegien eigentlich der Zunftzwang wieder eingeführt sei (vergl. S. 27).

gehe es auch nicht gerecht zu, wenn die Bürger selbst die städtischen Lasten unter sich verteilten. Sie würden dann durchaus nicht immer auf die stärkeren Schultern gelegt. Und dann kommt zum Schluß der Haupteinwand, dem die anderen wohl nur als Beiwerk dienen sollten: es ist unmöglich, daß alle Städte für die Justizpflege, die Polizeikosten, die Armenanstalten, für die Erleuchtung, die Nachtwachen, die Reinigung der Gassen, die Unterhaltung der Straßen, Brücken, Dämme, die Schulanstalten, die Gehälter und Pensionen der Beamten selbst die Mittel aufbringen könnten. Alles das aber verlange die Städteordnung, und diese Forderung müßte gerade dem Berliner Magistrat äußerst bedenklich erscheinen, wo bisher der Fiskus den größten Teil aller dieser Aufwendungen bestritten hätte.

Bei der Beurteilung des Promemoria muß man den Urhebern manches zugute halten. Man muß voraussetzen, daß die Ideen, die zunächst nur in Stein und wenigen Köpfen seines Kreises in Königsberg lebendig waren, noch nicht bei den städtischen Beamten in Berlin Eingang gefunden haben konnten. Es war auch selbstverständlich, daß der Magistrat die gleichen Einwände fand und geltend machte, die schon bei den Verhandlungen über den Entwurf des Gesetzes vorgebracht waren. Die Kämmerei und die Verwaltungen, die der Magistrat in Händen hatte, befanden sich in guter Ordnung, man kann es also wohl verstehen, wenn er gegen eine Umgestaltung Bedenken erhob, die einer langen Tradition zuwiderlief und deren Erfolg er nicht abzusehen vermochte. Bei ihm mußte vor allem schwer ins Gewicht fallen, daß der Stadt nach dem Wortlaut des Gesetzes ungewohnte Lasten auferlegt wurden, und es herrschte selbst darüber noch Unklarheit, ob es wirklich möglich sein würde, die große Klasse der Eximierten zu den bürgerlichen Lasten heranzuziehen. Aus verschiedenen Stellen des Promemoria sprechen die Ansichten und Erfahrungen eines ehemaligen Steuerrats, was Büsching ja gewesen war.

Das vom 16. Februar datierte Schriftstück des Magistrats ging nicht an die kurmärkische Kammer, sondern an den Oberpräsidenten, weil dieser inzwischen mit der Organisation der Städteordnung in Berlin beauftragt war. Der Oberpräsident beschied darauf am 7. März den Magistrat dahin, daß er die Angelegenheit dem nunmehrigen Kommissarius für die Einführung der Städteordnung, Kammer-Direktor Gruner, überwiesen habe. Wegen der vom Magistrat gestellten Fragen und der allgemeinen Bedenken gegen das Gesetz fand dann am 14. März eine Verhandlung zwischen Gruner und dem vom Magistrat dazu bevollmächtigten Bürgermeister Koels statt. Auf die grundsätzlichen Einwände des Promemoria gegen die Einführung der Städteordnung ging Gruner nicht ein, weil dies außerhalb seines Wirkungskreises als Kommissarius liege. Das Promemoria des Magistrats blieb infolgedessen auf sich beruhen und es ist auch später von keiner Seite nochmals darauf eingegangen worden. Die Zweifel des Magistrats wegen der Eximierten behob er durch die Weisung, daß diese aufzufordern seien, das Bürgerrecht zu erwerben, anderenfalls sie nach § 23 ihre Grundstücke veräußern oder ihr bürgerliches Gewerbe niederlegen müßten. Die Festsetzung der erforderlichen Geldmittel für die Verwaltung gemäß § 184 der St. O. sei zunächst Sache des jetzigen Magistrats, die weitere Bestimmung darüber bleibe dem künftigen Magistrat und den künftigen Stadtverordneten überlassen. Auch solle der jetzige Vorschläge über die notwendige Anzahl der Mitglieder des künftigen machen. Was für die Vorbereitungen zu den Wahlen der Stadtverordneten anzuordnen sei, konnte ebenfalls zwischen Gruner und Koels erledigt werden. Die Frage aber, wer in Zukunft die Geschäfte des Fabrikwesens, des Armenwesens und anderer bisher dem Staate vorbehaltenen Anstalten übernehmen solle, wurde von Gruner dahin beantwortet, daß sie einer höheren Entscheidung vorbehalten werden müsse.

Zu den notwendigsten Anordnungen, zunächst für die Einsetzung einer Stadtverordnetenversammlung, gab Gruner dem Magistrate Vollmacht unter Vorbehalt seiner Aufsicht. Am 1. Mai sollte die Einführung der Städteordnung in Berlin vollendet sein, aber die Schwierigkeiten, zum ersten Male Wahlkörper in der zersplitterten und verschiedenen Obrigkeiten gehorchenden Einwohnerschaft zu schaffen, die stimmfähigen Bürger nach § 74 festzustellen, waren nicht gering. Daß die Eximierten, besonders die französische Kolonie, die sich gegen das Aufgeben ihrer Sonderstellung sträubte, das Bürgerrecht, entsprechend der Vorschrift des § 23 gewinnen müßten, hatte zwar die Staatsbehörde als unzweifelhaft hingestellt und der Magistrat am 15. März eine dahin lautende Aufforderung[1]) ergehen lassen, aber sie zögerten Folge zu leisten und verursachten dem Magistrate viel Zeitverlust. Wegen der Juden erfuhr der Magistrat erst in einer späteren Konferenz mit Gruner am 28. März, daß die ansässigen verpflichtet seien, Bürger zu werden, den übrigen Schutzjuden solle es freistehen. Die Stimmfähigkeit der nicht angesessenen Bürger war in Berlin an den Nachweis einer Reineinnahme von 200 Tlrn. jährlich gebunden. Die Ermittlungen hierzu waren beim Fehlen aller Vorarbeiten schwer in der Kürze durchzuführen. Die Genehmigung der Einteilung der Stadt in 102 Bezirke hatte der Minister des Innern erst am 23. März erteilt, so daß der Magistrat erst am 1. April in der Vossischen Zeitung die Abgrenzung der Bezirke bekannt machen konnte[2]). Endlich stellte die Verbindung des Wahlaktes mit einer kirchlichen Feier besondere Aufgaben.

Die Bestimmung des § 87, wonach eine gottesdienstliche Handlung der Wahl vorhergehen sollte, verdankte einem ausdrücklichen Wunsche Steins ihre Entstehung. Man sah aber diesen Gottesdienst nicht als eine nebenbei für sich bestehende Feierlichkeit vor der Wahl, sondern als einen integrierenden Teil davon an. Durch diese Verbindung erhielt der ganze Wahlakt einen besonderen feierlichen Charakter, insofern die Wahlversammlungen sowie die Vollziehung der Wahl in die Kirchen gelegt werden mußten. Weil nun jeder Bezirk seinen Stadtverordneten besonders wählen sollte, also 102 Wahlen stattfinden mußten, so erforderte dies eine ausgedehnte Benutzung der Kirchen und außerordentliche Hilfsleistungen der Geistlichkeit. 22 Kirchen konnten zur

[1]) Spenersche Zeitung 1809, Nr. 32.

[2]) Die Anzeigen finden sich stets auch in der Spenerschen Zeitung.

Verfügung gestellt werden. Die katholische und die Garnisonkirche ließ man frei, doch sollte in der katholischen der Propst am Sonntage vorher die Gemeinde auf die Wahl vorbereiten. Eine entsprechende Feier wurde auch für die Synagoge vorgesehen. Da die Zahl der Kirchen 22 betrug, so waren 5 Tage nötig, um die 102 Wahlen zu vollziehen. 45 Geistliche hatten sich zu dem Gottesdienste bereit erklärt.

Am 11. April brachte die Vossische Zeitung die Bekanntmachung des Magistrats vom 7. April, daß die Wahlen vom 18. bis 22. April, Dienstag bis Sonnabend, stattfinden sollten, zugleich die Übersicht der Bezirke und der Kirchen unter Angabe, an welchen Stellen Eigentümer zu wählen seien. Dasselbe wurde außerdem noch durch Anschläge kundgegeben. Danach gingen dann die Wahlen an den bezeichneten Tagen, nachdem schon am Sonntag zuvor in den Kirchen auf die Wichtigkeit der Handlung hingewiesen worden war, in feierlicher Weise vor sich. Die Glocken läuteten wie zum Gottesdienst, vier Gardisten und ein Unteroffizier der Bürgergarde standen an allen Eingängen der Kirchen. Jeder stimmfähige Bürger war mit einer gedruckten Karte versehen, als Wahlkommissare leiteten die Mitglieder des Magistrats und fast alle Richter des Stadtgerichts das Wahlgeschäft in den einzelnen Versammlungen.

Streckfuß erzählt in seinem Buche „Berlin im 19. Jahrhundert" Band 1 S. 96, die Berliner Bürger hätten der Städteordnung mißtrauend gegenübergestanden, manche sogar Nachteile für die Stadt aus ihr prophezeit. In den Zeitungen und in der zeitgenössischen Literatur ließ sich keine Quelle finden, aus der er seine Angaben geschöpft haben könnte. Die Vermutung spricht mehr dafür, daß man, abgesehen von den verschiedenen Klassen der Eximierten, denen das neue Gesetz manchen Zwang auferlegte, in Berlin der Neuerung ziemlich gleichgültig gegenüberstand. Alles befand sich noch unter dem Eindrucke der großen Ereignisse und der durchlebten Kriegszeiten, und die Zukunft erschien unsicher. Es wird aber berichtet, daß die Wahlen, wohl Dank der feierlichen Zurüstungen unter großer Teilnahme vor sich gingen. Leider fehlt das Aktenmaterial über die Zahl der Stimmberechtigten und über die Beteiligung. Nur über die Wahl der nach § 71 notwendigen 33 Stellvertreter, die zugleich mit der der Stadtverordneten selbst geschah, ist noch eine Tabelle vorhanden[1]). Danach betrug die größte Stimmenzahl nur 105, und zwar im Gouvernementsbezirk (Jüdenstraße und Jüdenhöfe), gewählt wurde Schmiedemeister Spatzier mit 68 Stimmen.

Am 25. April veröffentlichte der Magistrat in der Vossischen und in der Spenerschen Zeitung Namen und Stand der gewählten 102 Stadtverordneten[2]). Man ersieht aus der Liste, daß die Verordneten fast ausschließlich Repräsentanten der eigentlichen Bürgerschaft waren. Die Versammlung setzte sich zusammen aus 31 Kaufleuten, 28 Gewerbetreibenden, die sich Meister

[1]) Akten der Stadtverordneten, die Organisation des Collegii betr. Vol. 1.

[2]) Streckfuß, Berlin im 19. Jahrh. Bd. 1, S. 104 gibt die Liste, aber nicht nach der Zeitung, sondern nach den oben genannten Akten der Stadtverordneten.

nannten, worunter auch die Maurer- und Zimmermeister, 9 Fabrikanten, 5 Eigentümern und Rentiers, 5 Gärtnern und Ackerbürgern, 5 Brauern und Destillateuren, 4 Gastwirten, 4 Apothekern, 1 Schiffer, 1 Juwelier, 1 Pächter, 1 Arzt. Der Beamtenstand war nur durch 3 Polizeibeamte und 2 Bauinspektoren vertreten. Außerdem befanden sich als besonders bemerkenswerte Personen unter den Gewählten der Oberst der Bürgergarde Jordan und der Kammerpräsident von Gerlach, der schon aus seiner amtlichen Stellung ausgeschieden war. Gerlach war nicht allein Vertreter des höheren Beamtentums, sondern auch des Adels, der damals noch eine besondere Stellung in der Einwohnerschaft und in der Gesellschaft einnahm. Es muß bei den Anschauungen jener Zeit auffallen, daß die Wahl zu einem solchen bürgerlichen Amte, wie das eines Stadtverordneten, auf ihn fiel und daß er sie annahm. Der Oberpräsident sagte in seinem Bericht an den Minister des Innern über die Vollziehung der Wahlen, die Wahl Gerlachs habe eine freudige Sensation unter den übrigen Stadtverordneten hervorgerufen, und am 23. habe ihm der Bäckermeister Schäffer[1]) ein großes Mittagessen in der Stadt Paris gegeben, wozu er eine bedeutende Anzahl Stadtverordneten und Honoratioren Berlins eingeladen hatte. Alles dies läßt sich nur aus der großen Beliebtheit Gerlachs erklären, zugleich aus seinem Entgegenkommen und dem Wunsche, an dem neuen Gemeindewesen mitzuwirken.

Leopold von Gerlach[2]) war 1757 in Berlin geboren, sein Vater geheimer Finanzrat. Noch minderjährig, im Jahre 1780 hatte er es schon zum Rat bei der kurmärkischen Kammer gebracht, deren Präsident er 1795 wurde. Diese Stelle bekleidete er noch, als die Franzosen das Land eroberten. Gleich nach dem Tilsiter Frieden ernannte ihn der König zum Zivilkommissar für die Kurmark zwischen Oder und Elbe. Als solcher war er den französischen Anmaßungen sehr entschieden gegenübergetreten und hatte die Einwohner der Mark vor übertriebenen Forderungen zu schützen gesucht. Wenn seine Wirksamkeit sich dabei auch nicht mit auf Berlin erstreckte, weil das Komitee administratif nicht unter dem Zivilkommissar, sondern unmittelbar unter der französischen Behörde stand, so wurde sein energisches Auftreten doch bekannt und gewann ihm viele Freunde[3]). Umsomehr erregte es Aufsehen und Bedauern, als er Ende Januar 1809, nachdem Sack am 17. Dezember 1808 die neugeschaffene Stelle eines Oberpräsidenten erhalten hatte, seinen Abschied nahm. Er war mit der neuen Organisation der staatlichen Behörden nicht einverstanden, fühlte sich auch wohl gekränkt, daß man ihn bei der Ernennung übergangen hatte. Frau von Gerlach erzählt[4]), daß nach seiner Verabschiedung eine Ver-

---

[1]) Ein Bäckermeister Schäffer oder Schäfer in jener Zeit ließ sich nicht ermitteln. Unter den Stadtverordneten wird nur ein Eigentümer J. Ph. Schäffer genannt, gewählt im Bauakademiebezirk. Die Bauakademie lag an der Ecke der Zimmer- und Charlottenstraße. Ein Bäcker J. Sch. findet sich erst 1820, Charlottenstr. 5.

[2]) Näheres über ihn in dem Werke über Ernst Ludwig von Gerlach von Jakob von Gerlach, Schwerin 1903, auch bei Bassewitz.

[3]) Bassewitz II, S. 16, 115, 380.

[4]) In dem angeführten Buch über Ernst Ludwig v. G.

sammlung von 500 Bürgern stattgefunden hätte, die beraten wollten, wie er festgehalten werden könnte. So erklärt sich einigermaßen seine Wahl zum Stadtverordneten. Immerhin erscheint sie merkwürdig, da er als ein Gegner der neuen Organisation der Stadtverwaltung und auch der Städteordnung galt. Er selbst schrieb an Beyme am 2. Mai, daß er schon damals für die Stelle des zukünftigen Oberbürgermeisters in Vorschlag gebracht worden sei, obwohl er sich selbst für die Stelle nicht geeignet hielt. Seine fast einstimmige Wahl zum Stadtverordneten sei ihm dann ganz unerwartet gekommen.

Nach Beendigung der letzten Wahlen am 22. April versammelte am 25. der königliche Kommissar Gruner, der inzwischen Polizeipräsident geworden war, die gewählten Verordneten zur Konstituierung. Die Versammlung fand im ehemaligen Palais des Prinzen Heinrich statt, dem jetzigen Universitätsgebäude, wo der Polizeipräsident Räume zur Verfügung stellen konnte. Nach § 85 der Städteordnung sollten wenigstens zwei Drittel der Mitglieder Eigentümer sein, es stellte sich aber heraus, daß sogar nur sechs Mieter darunter waren. Darauf ernannte der Polizeipräsident den ältesten anwesenden Bürger, Rentier Glaser[1]) zum einstweiligen Vorsitzenden und erklärte die Versammlung für konstituiert. 100 Stadtverordnete waren anwesend, man wählte einstimmig den Präsidenten von Gerlach zum Vorsteher und den Kaufmann Humbert[2]) zum Stellvertreter mit 89 gegen 10 Stimmen.

Es handelte sich nunmehr um die Einsetzung eines Magistrats. Das noch vorhandene Kollegium bestand aus 18 Mitgliedern, nämlich einem Vorsitzenden, der früher den Titel eines Stadtpräsidenten führte, 4 Bürgermeistern und 13 Stadträten, worunter ein Syndikus, ein Ökonomiedirektor, ein Kämmerer und ein Baurat waren. Den Titel Stadtrat führten sie nach einer Kabinetsorder vom 6. März 1787. Alle bezogen natürlich Besoldung. Mit der zukünftigen, den Bestimmungen der Städteordnung entsprechenden Gestaltung des Kollegiums hatte sich der Magistrat schon im März beschäftigt. Man hielt 15 besoldete und 15 unbesoldete Mitglieder für notwendig. Gruner entschied, nachdem er die Ansicht des Ministers eingeholt hatte, daß nur 10 besoldete und 15 unbesoldete erforderlich seien. Die große Zahl der unbesoldeten wurde dabei damit begründet, daß 15 von ihnen wohl soviel leisten würden, wie drei oder vier besoldete. Man hatte also noch nicht viel Vertrauen zu der Arbeitskraft oder Arbeitslust der zukünftigen Inhaber dieser Ehrenämter. Die Stadtverordneten begannen auf Anweisung Gruners die Bildung des Magistrats mit der Wahl eines Oberbürgermeisters, nachdem dessen Gehalt in einer Sitzung am 28. April auf 4000 Tlr. festgesetzt war. Einstimmig wählte man am 1. Mai Gerlach. Nach § 153 der St. O. mußte er mit zwei anderen Kandidaten, wozu Büsching und Laspeyres ausersehen waren, dem Könige zur Bestätigung vorgeschlagen werden, worauf der König

---

1) Heiligegeiststraße 17, war vorher Sattler, Leder- und Lederwarenhändler.

2) Johann Paul Humbert, in der Tuch- und Seidenwarenhandlung Humbert & Labry, Brüderstr. 29.

die Wahl am 8. Mai genehmigte. Für Gerlachs Stellung als Oberbürgermeister war es von großem Vorteil, daß er über 10 Jahre als Präsident der kurmärkischen Kammer Aufsichtsinstanz der hiesigen städtischen Verwaltung gewesen war, sie also genau kennen mußte. Doch war er andrerseits mit der Annahme seines Amtes von der höheren Behörde in die niedere herabgestiegen. Der Schritt erklärt sich vielleicht aus seinen Vermögensverhältnissen. Denn obwohl die Familie das Gut Rohrbeck in Pommern und in Berlin ein Haus[1]) besaß, schien er doch infolge der Kriegsereignisse in finanzielle Verlegenheit geraten zu sein[2]).

Für die übrigen Mitglieder des Kollegiums, die nach Verfügung Gruners aus einem Bürgermeister, zwei Syndicis, einem Baurat, einem Kämmerer und vier gelehrten Räten bestehen sollten, bestimmten die Stadtverordneten dann in einer Sitzung am 5. Mai die Gehälter, etwa in der gleichen Höhe wie bisher. Für den Bürgermeister 2500 Tlr., für die Syndici und den Kämmerer 1800 Tlr., für alle übrigen, auch den Baurat 1200 Tlr.[3]). Die Genehmigung der Gehälter durch die Aufsichtsbehörde war durch die Städteordnung nicht geboten, so konnte die Versammlung alsbald die Wahlen vornehmen und der vorgesetzten Behörde am 23. Mai mitteilen, daß zum Bürgermeister Büsching gewählt sei, zu Syndicis Wernitz und Metzing, zum Kämmerer der bisherige Oeding, zum Baurat Langerhans, zu Stadträten Laspeyres, Drake, Carow und Rück. Alle waren dem alten Magistrate entnommen. Als zunächst vorgesetzte Behörde galt wieder die kurmärkische Kammer, die jetzt die Bezeichnung kurmärkische Regierung führte. Seit Gruner am 25. März Polizeipräsident geworden war, hatte der Oberpräsident die fernere Leitung der Einführungsgeschäfte der Städteordnung in Berlin dieser Regierung übertragen. Sie genehmigte am 29. Mai die Wahlen mit Ausnahme der des Rück, weil dieser dem Polizeipräsidium überwiesen werden sollte, und bestimmte zugleich, daß abgesehen von den Bürgermeistern, sämtliche übrigen Mitglieder des Magistrats, besoldete und unbesoldete, im Range völlig gleich stünden, über ihre Stellung im Kollegium müßte durch das Los entschieden werden. An Stelle Rücks wählte man den Stadtrat Saeger[4]), ebenfalls aus dem alten Kollegium, und zu unbesoldeten Mitgliedern die folgenden: Kaufmann Heinr. Ferd. Becker, Zimmermeister Oertel, Knopfmachermeister Meinhoff, Bankbuchhalter Pieper, Kriegsrat Spener, Bäckermeister Witte, Buchhändler Maurer, Maurermeister Schülzky, Kaufmann Jury, Assessor David Friedländer, Mitglied des königlichen Manufaktur- und Kommerzkollegiums, Bankier Beneke, Bäckermeister

---

[1]) Es wurde bezeichnet: „Hinter der Hedwigskirche 1", ist aber beim Durchbruch der Französischen Straße verschwunden.

[2]) Ernst Ludwig von Gerlach S. 41.

[3]) Die Rechnungen der ersten Jahre weisen in Wirklichkeit höhere Summen auf, z. B. bei dem Bürgermeister 3102 Tlr. Nur zwei Räte bezogen tatsächlich 1200 Tlr. Gewisse Nebeneinnahmen waren den Inhabern der Stellen noch verblieben.

[4]) Saeger war der erste, der von der Regierung nicht bestätigt wurde, und zwar wegen nicht genügender Qualifikation. Man wählte an seiner Stelle erst nach der abgeschlossenen Einführung der Städteordnung den Assessor beim Stadtgericht Rehfeldt.

Schulze. Keiner von ihnen war aus der Stadtverordnetenversammlung hervorgegangen. Nach einigen Monaten kamen noch hinzu die an der Zahl 15 fehlenden: Barthelemy, Sekretär der französischen Kolonie, königlicher Bankbuchhalter Natorp und Bankier Delmar.

Mit der Wahl eines genügend vollständigen Magistrats durch eine gesetzmäßige Stadtverordneten-Versammlung waren die Vorbedingungen dazu erfüllt, daß die städtische Verwaltung nach der neuen Ordnung gestaltet werden könnte. Den Übergang dazu wünschte die Regierung durch einen besonderen Akt ausgezeichnet zu sehen. Die neuen Stadtbehörden sollten in formeller Weise in ihr Amt eingeführt werden. Am 6. Juli 1809 geschah dies in großartiger Feier[1]). Unter dem Läuten der Glocken versammelten sich alle Beteiligten, Stadtverordnete, Magistrat, Mitglieder der vorgesetzten Behörde im berlinischen Rathause. Dort verabschiedete der Oberpräsident zunächst im Namen des Königs das noch bestehende Komitee administratif oder die Stadtverwaltungsbehörde, wie die Bezeichnung nach dem Abzug der Franzosen lautete. Die Persönlichkeiten, die außer den eigentlichen Sieben Delagarde, Hotho, Nitze, Wibeau, Beringuier, Zelter und Meyer noch dazu gehörten, sind S. 43 genannt. Ebenso entließ er mit feierlicher Ansprache den alten Magistrat. Nachdem dann der Buchhändler Delagarde als Präsident des Komitee administratif und von den ausscheidenden Magistratsmitgliedern der Bürgermeister Gerresheim als der älteste geantwortet hatten, begab sich die ganze Versammlung unter Glockengeläut aller Kirchen in die Nikolaikirche. Voran gingen der Oberpräsident und der Gouverneur Generalleutnant von L'Estocq, ihm folgten der neue Magistrat und die Stadtverordneten. Auf dem Wege des Zuges war die Bürgergarde aufgestellt, in der Kirche erwartete den Zug eine zahlreiche Gemeinde aus den Spitzen der Einwohnerschaft. Der Propst Ribbeck hielt die Predigt und dann nahm der Oberpräsident, der vor dem Altar Platz genommen hatte, die feierliche Vereidigung des Magistrats vor. Der Oberbürgermeister, Präsident von Gerlach, leistete seinen Eid allein, die übrigen Mitglieder des Magistrats schwuren den gleichen Eid gemeinschaftlich. Er lautete: Ich schwöre zu Gott dem Allmächtigen einen leiblichen Eid, daß, nachdem ich in Gemäßheit der Allerhöchst ergangenen Ordnung für sämtliche Städte der preußischen Monarchie d. d. Königsberg den 19. November 1808 zum Mitgliede des Magistrats der Haupt- und Residenzstadt Berlin durch die Stadtverordneten hierselbst erwählt und von der königlichen kurmärkischen Regierung bestätigt bin, ich den Pflichten meines Amtes nach Vorschrift der Städteordnung getreulich, lediglich nach Pflicht und Gewissen obliegen, das Beste der Stadt in allem, was an mir ist, befördern und allen meinen Rat und Bemühung dahin verwenden will, daß der Verwaltung des Gemeinwesens dadurch der möglichste Nutzen entstehe; alles, wie es einem rechtschaffenen Stadtrat der Stadt Berlin eignet und gebühret. So wahr mir Gott helfe zur ewigen Seligkeit durch seinen Sohn Jesum Christum.

[1]) Bericht darüber gleichlautend in der Vossischen und Spenerschen Zeitung vom 8. Juli. Abgedruckt auch bei Streckfuß, Berlin im 19. Jahrh. S. 107.

Oberbürgermeister Leopold von Gerlach

Stadtverordneten Vorsteher
Johann Paul Humbert.

Amen[1])! Die kirchliche Feier schloß mit Gebet und einem Tedeum, worauf sich der Zug in derselben Art, wieder vom Geläute der Glocken aller Kirchen begleitet, nach dem Rathause zurückbewegte. Dort setzte der Oberpräsident den Magistrat förmlich in sein Amt ein, und der Oberbürgermeister übernahm die Führung mit dem Dank an die Stadtverordneten und der Bitte um Beistand an die Staatsbehörden.

Nachdem man dann noch in der nächsten Sitzung der Stadtverordneten am 10. Juli an Stelle des zum Oberbürgermeister ernannten Vorstehers von Gerlach den Stellvertreter Humbert gewählt und diesem in dem Elbschiffer Bando einen neuen Stellvertreter beigegeben hatte, war die neue Verwaltungsbehörde vollständig eingerichtet.

[1]) Der jetzt vorgeschriebene Eid verpflichtet zugleich zur Treue und zum Gehorsam gegen den König und zur Beobachtung der Verfassung.

Die ersten zwanzig Jahre der neuen Verwaltung.

Welche Aufgaben wurden nun zunächst der neuen städtischen Verwaltung gestellt? Die Städteordnung ließ die Frage offen, welche Zweige der Verwaltung den Stadtbehörden zu überlassen seien, sie gab nur an, welche Angelegenheiten sich für Deputationen und Kommissionen eigneten. Es war vorauszusetzen, daß in Berlin der Staat dem Herkommen nach die Fürsorge für verschiedene öffentliche Einrichtungen für sich beanspruchen würde. Eine Zeitlang hatte die ganze Verwaltung in der Hand des Komitee administratif allein gelegen. Jetzt trat die Zeit ein, wo es sich entscheiden mußte, was dem neuen Magistrat und den zu bildenden Deputationen zu übergeben sei, und was der Staat selbst zu verwalten beabsichtige.

Die Bestimmung hierüber hing, wie sich zeigen wird, meist von höchster Stelle ab, zunächst aber kam es auf das Gutachten der vorgesetzten Behörden an. Als unmittelbare Aufsichtsbehörde und zuständige Stelle für alle Anträge des Magistrats galt nach Erlaß der Städteordnung die kurmärkische Kammer, daneben war der Oberpräsident mit der Oberaufsicht der städtischen Behörden beauftragt. Das Verhältnis gewann dadurch nicht an Klarheit, daß dem im März 1809 errichteten Polizeipräsidium, das direkt unter dem Ministerium des Innern stand, Befugnisse über die städtische Verwaltung eingeräumt wurden. Gruner leitete ja das ganze Verfahren der Einführung der Städteordnung in Berlin. Daß an Stelle der kurmärkischen Kammer am 14. Februar die Regierung getreten war, bedeutete in der Zuständigkeit keine Veränderung, auch nicht die Verlegung der Regierung nach Potsdam durch die Kabinetsorder vom 3. März 1809. Durch eine neue Organisation der Behörden vom 27. Oktober 1810 kam die Stelle des Oberpräsidenten in Fortfall, und Berlin verlor eine einflußreiche vorgesetzte Instanz. So fehlte es in der ersten Zeit an ständigen, in ihren Aufsichtsrechten bestimmt abgegrenzten übergeordneten Behörden. Die Jahre 1812 und 1813 brachten neue Schwierigkeiten. Nach der Wiederkehr der Franzosen bildeten der französische Gouverneur und der Inspecteur de l'arrondissement de Berlin neben der Regierung eine besondere Neben- oder auch Oberinstanz. Im Januar 1813 setzte der König, als er nach Breslau ging, zur Verwaltung des Landes in seiner Abwesenheit eine eigene Regierungs-Kommission ein, die auch für Berlin als entscheidende Behörde galt. Daneben wurde nach einigen Monaten noch das Gouvernement für das Land zwischen Elbe und Oder errichtet mit dem General von L'Estocq und dem früheren Oberpräsidenten Sack an der Spitze, das in alle Verwaltungen einzugreifen befugt war. Bei dieser schwankenden Organisation und bei der politischen Lage des Landes hatten die Staatsbehörden wenig Interesse an der Verwaltung der Stadt Berlin und an ihrer Umwandlung nach den Grundsätzen der Städteordnung. Günstigere Verhältnisse brachte erst die Verordnung vom 30. April 1815 über die verbesserte Einrichtung der Provinzialbehörden, die eine besondere Regierung für Berlin vorsah[1]). Diese Regierung erhielt weitere Befugnisse, als sie den Regierungen sonst zustanden, insbesondere wurde ihr unter Aufhebung des Polizeipräsidiums die gesamte Polizei für Berlin, soweit der Regierungsbezirk reichte, übertragen. Der Bezirk schloß eigentlich mit der Stadt zugleich die nächsten Gemarkungen ein, dies galt aber nicht hinsichtlich der Polizei, für die ein engeres Gebiet festgesetzt war, das nicht viel mehr als das alte Weichbild, wie es vor der Städteordnung bestanden hatte, umfaßte[2]). In diesem engeren Bezirk verwaltete unter dem Regierungspräsidenten ein Polizeiintendant die Ortspolizei. Diese Einrichtung einer besonderen Regierung und die ihr verliehene Zuständigkeit machten es möglich, daß man mit der Regelung des Verhältnisses zwischen Staat und Stadt nunmehr schneller vorwärts kam. Die Regierung von Berlin wurde zwar durch Kabinetsorder vom 21. Dezember 1821 wieder aufgehoben, aber dies gereichte der Stadt nicht zum Nachteil, denn die Aufsicht über ihre gesamten Kommunal-Angelegenheiten erhielt das Ministerium des Innern, als nunmehr unmittelbar dem Magistrat vorgesetzte Behörde, nur in einzelnen Sachen bildete der durch die Verordnung vom 30. April 1815 wiedergeschaffene Oberpräsident die Zwischeninstanz. Das von neuem errichtete Polizeipräsidium stand jetzt auf gleicher Linie mit dem Magistrat.

Durch die Regierung von Berlin und mit Hilfe des Ministers wurden wichtige Verwaltungszweige in jener Zeit an die Stadt übertragen. Anerkennung dieses Fortschritts findet man in dem Verwaltungsberichte, den die Stadtverordneten 1822 veröffentlichten[3]). Er rühmt in der Einleitung besonders den Minister des Innern von Schuckmann wegen seines Entgegenkommens gegenüber den städtischen Behörden[4]). Lange hat die unmittelbare Unterstellung unter das Ministerium allerdings nicht bestanden. Eine Kabinetsorder vom 2. August 1828 führte das frühere Verhältnis wieder ein und machte die Regierung in Potsdam zur nächsten vorgesetzten Behörde des Magistrats, überließ ihr auch die Bestätigung seiner Mitglieder. Mit Ausschaltung des Oberpräsidenten sollte der Minister des Innern als nächste Instanz gelten und der Polizeipräsident befugt sein, die zu seinem Wirkungskreise gehörigen Verfügungen unmittelbar an den Magistrat zu erlassen.

---

[1]) Gesetzsammlung 1815.

[2]) Die Grenzen findet man in Clauswitz, Die Pläne von Berlin und die Entwickelung des Weichbildes. Berlin 1906. S. 97.

[3]) Die Stadtverordneten an ihre Mitbürger über die Verwaltung ihrer Kommunal-Angelegenheiten. 1822.

[4]) Kaspar Friedrich von Schuckmann war Minister des Innern von 1814 bis 1834.

Welche Verwaltungen den Vertretern der Bürgerschaft zu überlassen seien, darüber drückte sich die Städteordnung nicht mit voller Bestimmtheit aus, aber zur Beschaffung der nötigen Geldmittel für alle verpflichtete sie die Stadtgemeinde im § 184 unzweifelhaft. Auf Verlangen des Polizeipräsidenten Gruner, der damals Bevollmächtigter der Stadt gegenüber war, hatte der Magistrat im April 1809 eine Übersicht der zukünftigen laufenden Ausgaben der Stadt zusammengestellt[1]). Darin waren außer dem gewohnten Bedarfe der Kämmerei eine Reihe von Aufwendungen aufgenommen, die die Stadt bisher nicht bezahlt hatte, nämlich für das Nachtwachwesen, die Straßenerleuchtung, die Straßenreinigung, die Unterhaltung aller Dämme, Brücken und Schälungen, die ganze, bisher nur teilweise aus städtischen Mitteln bestrittene Besoldung der Polizei, die Kosten des ganzen Armenwesens mit der Charité und allen anderen Anstalten, so daß der Ausgabeetat auf 292 860 Tlr. zu stehen kam, wogegen die gesamte Kämmerei-Ausgabe für das Jahr Juni 1808 bis 1809 nur 31 098 Tlr. betragen hatte. Dieser Entwurf entsprach den Vorschriften der Städteordnung, aber der Magistrat kam nachher nicht in die Verlegenheit, die gesamten Mittel aufbringen zu müssen. Andrerseits ging, im Zusammenhang damit, auch die Erwartung nicht in Erfüllung, daß den städtischen Behörden bei jenen Verwaltungszweigen die gebührende Mitwirkung eingeräumt würde.

Eine Grundfrage für die künftige Verwaltung war schon gleich nach dem Erlaß der Städteordnung entschieden, sie betraf die Justiz und die Polizei. Über die Gerichtspflege enthielt die Städteordnung keine Vorschriften, obwohl man bei der Beratung des Entwurfs die bestimmte Absicht hatte, sie von der Verwaltung zu trennen, also den Magistraten zu nehmen. Nur die Kosten wurden erwähnt, der § 184 legte sie den Städten auf. Die wirkliche Trennung der Gerichte von den Magistraten, die die Städteordnung nicht aussprach, wurde erst vorgenommen, nachdem die Verordnung vom 26. Dezember 1808 wegen verbesserter Einrichtung der Provinzialbehörden erlassen war. Es geht aus den Akten nicht hervor, wie sich in Berlin der Übergang aus dem magistratlichen in das königliche Stadtgericht vollzogen hat[2]). Der Übergang konnte jedenfalls keine eingreifenden Veränderungen mit sich bringen. Denn schon vor Einführung der Städteordnung ernannte der König den Direktor, bestätigte die Richter oder ernannte sie auch ohne weiteres, erließ die Gebühren- und Sportelordnungen. Der Magistrat war also fast ohne Einfluß auf das Gericht gewesen. Hinsichtlich der der Stadt auferlegten Kosten blieb es ebenfalls bei dem Herkommen. Dabei fiel die Frage der Besoldung wenig ins Gewicht, da diese meistens aus den Sporteln bestritten wurde und den geringen Fehlbetrag die Kämmerei hinzugab. Desto mehr verlangte die Unterhaltung der Ge-

[1]) Die Übersicht war auch den Stadtverordneten mitgeteilt, befindet sich aber nicht in den Akten, sondern nur im Geh. Staatsarchiv. Abgedruckt durch J. von Gruner in den Mitteilungen des Berliner Geschichtsvereins, Jahrg. 1889 S. 108.

[2]) Bassewitz, die Kurmark 1809 und 1810; Holtze, Geschichte des Kammergerichts, Bd. 4; Stölzel, Brandenburg-Preußens Rechtsverwaltung, Bd. 2, enthalten nichts darüber.

fangenen[1]). Als daher das Gesetz vom 30. Mai 1820 über das Abgabenwesen die Unterhaltung der Gerichtsbehörden und der staatlichen Polizeibehörden auf den Staat übertrug, bedeutete dies für Berlin keine wesentliche Verbesserung. Denn das Gesetz beschränkte sich darauf, dem Staate die Kosten für die Behörde zuzuweisen, infolgedessen die Unterhaltung der Gefangenen mit damals etwa 10 000 Tlrn. jährlich der Stadt verblieb und ihr nur die Besoldungen und die sachlichen Ausgaben abgenommen wurden. Da sie zugleich die Sporteln, mit Ausnahme der Injurienstrafgelder verlor, so hatte sie also nur wenig Vorteil. Das Gesetz ordnete auch an, daß Gericht und Polizei im Besitz der Lokale bleiben sollten, die sie inne hatten. Das Stadtgericht befand sich 1820 in dem Gebäude an der Ecke der Königs- und Jüdenstraße, das ihm der König nach der Trennung vom Magistrat durch Kabinetsorder vom 6. Juli 1810 zur alleinigen Verfügung angewiesen hatte. Das Haus war bis dahin Dienstwohnung des Gouverneurs gewesen, aber damals frei geworden, weil der Gouverneur nach der Oberwallstraße in das zu dem Zwecke angekaufte Haus des Ministers von Heinitz übersiedelte. Außerdem besaß das Gericht noch einige Räume im Rathause, die es nach dem Wortlaut des Gesetzes behalten durfte. Ob die Stadt für ferneren Bedarf bei Vergrößerung des Gerichts noch zu sorgen hätte, ließ das Gesetz zweifelhaft, spätere Ministerialreskripte[2]) verneinten dies jedoch, und so war der Magistrat nur noch verpflichtet, die Gerichtsbehörde für die von ihr benutzten Räume im Rathause zu entschädigen, falls er selbst davon Gebrauch machen wollte. Die Räume wurden erst 1847 vom Stadtgericht aufgegeben.

Von dem Rechte, eine eigene Polizeibehörde für Berlin anzuordnen, § 166 der St. O., hatte die Staatsregierung nicht gleich nach dem Erlaß des Gesetzes Gebrauch gemacht. Während die Franzosen Berlin besetzt hielten, hatte das Komitee administratif die Polizeigewalt besessen, natürlich unter stetiger Aufsicht und Hoheit des französischen Intendanten und des Kommandanten. Auch nach dem Abzug des Feindes im Dezember 1808 blieb die Polizei laut Bestimmung des Oberpräsidenten noch in bürgerlichen Händen unter Leitung des früheren Oberbürgermeisters Büsching. Erst am 25. März 1809 ernannte der König den bisherigen Kammerdirektor und Kommissar für die Einführung der Städteordnung in Berlin, Gruner zum Polizeipräsidenten und hiermit war die Trennung der Polizei von der städtischen Verwaltung ausgesprochen. Gruner machte am 6. April durch die beiden Berliner Zeitungen bekannt, daß ihm der König die Sorge für die Ordnung, Ruhe und Sicherheit in der Stadt übertragen habe. Der Polizeipräsident wurde unmittelbar dem Minister des Innern unterstellt. Es kam nun darauf an, wieweit der Polizeipräsident seinen Geschäftskreis ausdehnen durfte. Gruner lehnte sich nicht an die Organisation der Polizei an, wie sie vor dem Kriege bestanden hatte, er versuchte, sie im Geiste der neuen Gesetzgebung zu gestalten, zugleich aber auch andererseits ihr einen so großen Wirkungskreis und Einfluß im städtischen

---

1) Man vergl. den Abschnitt Berlin bis zum Jahre 1806 S. 26.

2) Rönne, Städteordnungen. Breslau 1843 (S. 507).

Leben zu verschaffen, daß die Teilnahme der Bürgerschaft an der städtischen Verwaltung zurückgedrängt werden mußte. Nach seiner Meinung war eine möglichst umfassende Polizeigewalt für die Residenz vorteilhaft und auch notwendig. Bei den Kommissionsberatungen in Königsberg, die dem Erlaß der Städteordnung vorausgingen, hatten sich die hohen Staatsbeamten, die daran teilnahmen, sämtlich gegen die Einmischung des Militärs in das bürgerliche Leben als ein unwürdiges Verhältnis gewendet, das vor allem zu beseitigen sei. An diesen Grundsatz hielt sich auch Gruner. In Berlin hatte bis 1806 für die öffentliche Sicherheit hauptsächlich das Militär gesorgt, ebenso waren bei der Reinigung und der Erleuchtung der Straßen die Anordnungen vom Gouvernement ausgegangen. Die Baufluchtlinien hatte der Gouverneur festgestellt, und bei der Löschung von Feuer war die Mitwirkung des Militärs reglementsmäßig gewesen, so daß die kommandierenden Offiziere die Leitung beanspruchten. Bei Festsetzung der Lebensmitteltaxen, besonders der Fleischtaxen, mußte das Gouvernement ebenfalls zugezogen werden. Alle diese Geschäfte und wo sonst noch der Gouverneur ein Mitbestimmungsrecht gehabt hatte, nahm Gruner jetzt dem Militär und beseitigte grundsätzlich dessen Hilfe. Aber was er dem Militär entzog, räumte er nicht der Bürgerschaft ein, sondern behielt die Verwaltung ausschließlich der Polizeibehörde vor. Nur die Sorge für die öffentliche Sicherheit durfte er nicht der Polizei allein überlassen.

Über die öffentliche Sicherheit in der Stadt hatte während der Kriegszeit die Bürgergarde (S. 46) gewacht, sie versah auch im Jahre 1809 noch diesen Dienst. Gruner wollte dafür eine besoldete Polizeitruppe unter dem Namen Polizeigarde einrichten, die ähnlich wie die späteren Gendarmen dem Kriegsministerium, unmittelbar aber dem Polizeipräsidenten unterstellt sein sollten. In gleicher Weise suchte er in der Zusammensetzung der Polizei-Beamtenschaft die Verbindung mit dem bürgerlichen Element zu lösen. Die 29 Polizeikommissarien, denen in den 19 Polizeiquartieren der Stadt die ausübende Polizei übertragen war, setzten sich bis dahin fast durchgehends aus Leuten der Bürgerschaft zusammen, die der Polizeidirektor ebenso ernannt hatte, wie der Magistrat die ehemaligen Stadtverordneten, und die eine Besoldung als Entschädigung erhielten. Sie sollten nunmehr berufsmäßigen Beamten Platz machen. Dieser letzteren Maßregel trat der Minister bei, dagegen die Ersetzung der Bürgergarde durch die Polizeitruppe genehmigte der König nicht. An höchster Stelle waren die Erwägungen durchgedrungen, die beim Entwurf der Städteordnung sich geltend gemacht hatten, daß eine unmittelbar aus Bürgern gebildete Sicherheits- und Ordnungswache mehr Vertrauen genießen, mehr ausrichten — und auch billiger sein würde. Stein war für eine solche Einrichtung gewesen und besonders hatte sich Sack in seinem Gutachten über städtische Polizei vom 11. September 1808 dahin ausgesprochen[1]).

Die Bürgergarde wurde also nach dem Abzug der Franzosen am 7. Dezember 1808, als die preußischen Truppen wieder eingerückt waren, nicht auf-

[1]) Akten des Geh. Staatsarchivs Rep. 15/a Tit. VI Sect. 9a: Organisation der Munizipal-Verfassung.

gelöst, vielmehr ließ ihr der König eine Instruktion erteilen, die das Verhältnis zum Militär vorläufig festsetzte[1]). Danach sollte sie die innere Polizei und die Besetzung der inneren Wachen übernehmen, das Militär die Torwachen, die Schloß- und die Zeughauswache. Jedermann hatte den Bürgergarden unbedingt Gehorsam zu leisten. Ihr Oberst Jordan stand unter dem Oberkommando des Gouverneurs und des Kommandanten, wie früher unter dem Befehl französischer Generale in diesen Stellen. Für die Zukunft handelte es sich nun um einen geeigneten festen Organisationsplan der Garde, und hierbei kam es zum ersten Streit der neugeschaffenen städtischen Selbstverwaltung mit den Staatsbehörden.

Die Bürgergarde hatte sich, solange der Feind die Stadt beherrschte, als eine zweckmäßige Einrichtung bewährt und die dazu heranzuziehenden Personen waren im allgemeinen willig eingetreten, um die nicht leichten Pflichten zu übernehmen. Als aber die heimischen Regimenter wieder in der Stadt lagen und die Soldaten die Wachen hätten beziehen und den Dienst versehen können, hielt ein großer Teil des Publikums das Aufgebot der Bürger hierzu für überflüssig, es machte sich eine starke Abneigung gegen die Fortsetzung der Einrichtung geltend. Dies bestätigen zahlreiche Kundgebungen in den Akten und Äußerungen der Stadtverordneten. Als man von dem Entwerfen eines neuen Organisationsplans hörte, verlangten die Stadtverordneten in der sehr begründeten Vermutung, daß die Eingriffe in das bürgerliche Leben dabei ziemlich empfindlich sein würden, die Vorlegung des Entwurfs und ihre Mitwirkung auf Grund des § 173 der St. O., wonach bei neuen Einrichtungen im Gemeinwesen jedesmal die Versammlung mit ihrem Gutachten gehört werden müßte. Der Magistrat stimmte der Forderung der Stadtverordneten zu und richtete wiederholte Vorstellungen in dem Sinne an den Oberpräsidenten, dem die Angelegenheit der neuen Bürgergarde-Verfassung übertragen war, und an den Minister des Innern, erfuhr aber ziemlich scharfe Abweisung. Ob eine Bürgergarde existieren solle und nach welchen Grundsätzen sie zu organisieren sei, sei lediglich ein Gegenstand der höchsten Polizeigewalt, worüber den Stadtverordneten keine Einmischung gestattet werden könne. Verwiesen wurde dabei auf die §§ 165 bis 168 der St. O.

Inzwischen war das Reglement für die Bürgergarde von den beteiligten Behörden fertig gestellt, am 31. Oktober 1810 vom Könige unter Gegenzeichnung von Hardenberg, Dohna, Kircheisen und dem Gouverneur von Hacke vollzogen und in der Vossischen Zeitung vom 22. November 1810 veröffentlicht. Nach diesen Bestimmungen sollte jeder Bürger bis zum 60. Jahre zum Dienst verpflichtet sein. Körperlich Untaugliche hatten Geldbeiträge zu leisten, Leute im Alter zwischen 40 und 60 Jahren oder Beamte durften Vertreter stellen, doch nur Söhne oder Neffen. Jeder mußte die Uniform aus eigenen Mitteln beschaffen. Man beabsichtigte die Truppe auf 6000 Mann zu bringen; als Stamm sollten die noch aus der Franzosenzeit her bestehende Bürgergarde und die Schützengilde

---

[1]) Spenersche Zeitung vom 15. Dezember 1808. Bassewitz, Kurmark 1806 bis 1808. Bd. 2, S. 722 Anm.

dienen. Für das Ganze war folgende Einteilung vorgesehen: eine Schwadron berittener Freiwilligen, die sich auch die Pferde selbst halten mußten, zweitens die Schützenkompagnie, gebildet aus der Schützengilde, drittens die Bürgergarde zu Fuß, in Bataillone zu 4 bis 6 Kompagnien geteilt, die von den Stadtverordneten-Wahlbezirken in der Stadt gestellt wurden. Diese Gardisten trugen nur Seitengewehr, Musketen für den Notfall befanden sich auf den einzelnen Wachen. An der Spitze stand ein Oberst mit einem Generalstab von Offizieren, die der König zu ernennen hatte; die übrigen vom Hauptmann oder Rittmeister abwärts durften die Kompagnien wählen, aber nur aus Kandidaten, die von den Offizieren der Kompagnie vorgeschlagen wurden, der Gewählte unterlag der Bestätigung durch den Generalstab. Für das ganze Institut sorgte eine Kasse, an die auch die Offiziere Gebühren für ihre Patente zahlen mußten. Sie wurde im übrigen aus den Beiträgen der Untauglichen und aus Strafgeldern gespeist, vorkommendenfalls sollten Zuschüsse der Gardisten aushelfen. Die Schutzverwandten (§ 40 der St. O.) durften freiwillig der Truppe beitreten, sonst waren sie zu einer Feuerlöschkompagnie verpflichtet, der auch die Bürger angehören sollten, die nach amtlicher Feststellung zu wenig Mittel besaßen, um sich eine Uniform anzuschaffen. Die Uniform hatten schon zwei Kabinetsorders vom 16. und 27. Juli 1810 genau vorgezeichnet. Die Kosten betrugen etwa 33 Tlr. Um für die Anschaffung der Uniform einen Druck auszuüben, schrieb das Reglement vor, daß der Bürgereid in Zukunft nur in der Uniform abgelegt werden durfte.

Die eigentlichen Dienstvorschriften darüber, was die Truppe zu leisten hatte, sowie ihr Verhältnis zum Gouvernement und dem hier garnisonierenden Militär, also äußerst wichtige Bestimmungen, enthielt die Veröffentlichung in der Zeitung nicht. Sie werden in den Akten als Beilagen des Reglements bezeichnet, sind aber auch dort nirgends zu finden, sodaß sich die damaligen Anforderungen an die Dienst tuenden Bürger nicht mehr feststellen lassen. Man sieht aber aus Beschwerden des Magistrats, daß der Wachtdienst ihre Zeit außerordentlich in Anspruch nehmen mußte. Sie hatten auch die von auswärts kommenden Wagen zur Akziseabfertigung von den Toren nach dem Packhof zu begleiten, was bis dahin nur Sache der Soldaten gewesen war. Der Gouverneur durfte die Garde mustern und sogar exerzieren lassen, so oft es ihm gefiel. Das Reglement rief eine große Erregung in der ganzen Einwohnerschaft hervor. Man hatte wohl eine mildere Form der ganzen Einrichtung erwartet, die dem Bürger weniger Opfer an Zeit und Geld verursachte und ihn auch nicht so streng unter militärische Disziplin stellte. Am 4. Dezember 1810 überreichte der Magistrat dem Staatskanzler Hardenberg eine Vorstellung der Stadtverordneten, der er mit einer ausführlichen Rechtfertigung ihrer Wünsche beitrat. Die Stadtverordneten beklagten sich, daß das Reglement erlassen sei, ohne sie anzuhören und verlangten: 1. Die Bürgerschaft sollte nur bei Abwesenheit der Garnison verpflichtet sein, militärische Dienste zu tun. 2. Den Bürgern sollte freistehen, uniformiert oder nicht uniformiert einzutreten. 3. Allgemeine Erlaubnis der Stellvertretung. Die Schützengilde bat in einer Audienz beim Kanzler, überhaupt aus der Bürgergarde ausscheiden zu dürfen. Nachdem dann Konferenzen der Beteiligten beim Oberpräsidenten stattgefunden hatten, erschien am 4. April 1811 eine Kabinetsorder, die einige Abänderungen des Reglements enthielt. Magistrat, Stadtverordnete, Bezirksvorsteher, auch im Amte befindliche Staatsbeamte wurden vom persönlichen Dienste befreit, ebenso einige Kategorien unselbständiger Bürger. Aber dieser Nachlaß kam nur wenigen Bevorzugten zugute und ging auf die eigentlichen Wünsche der Stadtverordneten nicht ein. Auch der Schützengilde wurde das erbetene Ausscheiden aus dem Verbande der Truppe nicht bewilligt. Die Stadtverordnetenversammlung wendete sich am 11. April nochmals mit einem Immediatgesuch an den König, wenigstens den Wachtdienst ohne Uniform zuzulassen und von der strengen militärischen Subordination Abstand nehmen zu wollen. Eine Kabinetsorder vom 17. April lehnte aber alles ab, und als die Stadtverordneten den letzten Schritt unternahmen und eine Deputation nach Potsdam zum Könige entsendeten, wurde diese dort nicht angenommen[1]). Der Magistrat erhielt am 24. April aus dem Ministerium einen scharfen Verweis wegen seiner Unterstützung der Stadtverordneten bei ihren Protesten, wo er doch nach § 127 der St. O. dafür hafte, daß nichts gegen den Staat und die Gesetze unternommen werde. So nahm denn die Neuformierung der Bürgergarde unter ihrem Obersten Jordan, der schon zur Zeit der Anwesenheit Napoleons an der Spitze gestanden hatte, ihren Fortgang nach den Vorschriften des Reglements. Mitte August 1811 war man nach einer Liste aus jener Zeit noch nicht weit damit gekommen. Das reitende Korps beschränkte sich auf 1 Kompagnie mit 5 Offizieren und 27 Unteroffizieren und Mannschaften, das Schützenkorps auf 1 Kompagnie mit 4 Offizieren und 37 Schützen, die eigentliche Bürgergarde sollte 5 Bataillone in 20 Kompagnien bilden, hatte aber im ganzen erst 2027 Gardisten und Unteroffiziere und 99 Offiziere. In den Jahren 1812 und 1813 während der Anwesenheit zahlreicher französischer und russischer Truppen vermochte man den Bestand trotz Gewährung freier Uniform nur wenig zu erhöhen.

Am 30. Juli 1813 erließ das Militärgouvernement der Lande zwischen Elbe und Oder, an deren Spitze der General L'Estocq und der geheime Staatsrat Sack standen (S. 110), ein neues Reglement für die Truppe. Danach bestand der Dienst in der Besetzung der Wachen in der Stadt und an den Toren, in Ronden und in Patrouillen, im Wachtdienst bei öffentlichen Versammlungen und bei Feuer, in Eskorte und sogenannter Parade bei Hinrichtung von Verbrechern. Die Disziplin war der militärischen angepaßt, die Strafen bestanden in Geld- und Gefängnisstrafen. Der Dienst war mannigfaltig, nicht immer für die Bürger geeignet und sehr soldatisch. Wenn er sich, als die Garnison allmählich wiederkehrte, auch verringerte, so daß im Jahre 1816 an täglichen Wachen nur die Spittelmarkt- und die Theaterwache zu besetzen waren, und ihre Anzahl höchstens stieg, sobald das Militär zur Parade oder zum Manöver ausrückte, so gestaltete sich doch die Ergänzung der Truppe in den folgenden

[1]) Akten der Stadtverordneten betr. die jährlichen Berichte. Sekt. V. Fach 1, Nr. 2. Vol. 1.

Friedensjahren immer schwieriger, zumal die Beschwerung der Bürger mit den Landwehrübungen hinzutrat. Die Androhung und Einziehung von Geldstrafen für die Weigerung zum Eintritt hatte wenig Erfolg. Die notwendigsten Wachen mußten schließlich mit nichtuniformierten Leuten besetzt werden oder blieben unbesetzt. 1823 zählte das reitende Korps 15, das Schützenkorps 46 Mann. Bei den Bataillonen bestanden die Kompagnien aus 7—20 Uniformierten. Dabei brauchten die Schützen und Reiter nicht einmal regelmäßigen Wachtdienst zu tun. Unter diesen Umständen genehmigte der König nach mancherlei Verhandlungen in einer Kabinetsorder vom 13. Februar 1825 die Auflösung des Bürgermilitärs und die Befreiung der Bürgerschaft von allem Wachtdienst, ausgenommen die Bewachung der Stadt in Abwesenheit der Garnison, unter der Bedingung, daß die Stadtverordneten jährlich 8000 Tlr. als Beitrag für 30 Gendarmen bewilligten. Die freiwilligen Korps, die Schützen und die reitende Kompagnie sollten bestehen bleiben. Nach Verwirklichung dieser Vereinbarung hörte die Bürgergarde auf zu bestehen.

Die 30 Gendarmen wurden mit der nach dem Edikt vom 30. Juli 1812 errichteten Landgendarmerie, von der etwa 20 Mann in Berlin standen, vereinigt und entsprechend der Verordnung vom 30. Dezember 1820 über die Organisation der Gendarmerie dem Polizeipräsidium unterstellt, mit der Maßgabe, daß auch der Magistrat in geeigneten Fällen auf ihre Dienstleistungen Anspruch habe. Die reitende Kompagnie der Bürgergarde ging sehr bald darauf von selbst ein, nur das Schützenkorps, das aus Mitgliedern der Schützengilde bestand, blieb in der letzteren noch bestehen. Da laut der Kabinetsorder bei Abwesenheit des Militärs die Bürgerschaft für die Sicherheit der Stadt eintreten sollte, so wollte man für solche Zeiten eine Bürgerwache neu organisieren. Die Stadtverordneten erhoben indessen dringende Vorstellungen dagegen und so half denn die Militärbehörde in der Weise aus, daß für solche Fälle einige auswärtige Bataillone zum Wachtdienst nach Berlin kommandiert wurden. Die 30 Gendarmen versetzte die Regierung nach Einführung der Schutzmänner mit Erlaß vom 7. April 1850 in die Provinz, auch die Unterhaltungspflicht hörte für die Stadt nach dem Gesetz vom 11. März 1850 auf[1]).

Die Bürgergarde hatte Gruner nicht dem Einfluß des Gouverneurs entziehen können, ohne Schwierigkeit gelang ihm dies bei anderen städtischen Einrichtungen. Die Feststellung der Taxen für die notwendigen Lebensmittel wurde ohne weiteres Polizeisache, zumal § 179 der St. O. auch der Mitwirkung der städtischen Behörde dabei gar nicht gedachte. Für die Reinigung der Straßen hatte während der Anwesenheit der Franzosen, wo es keinen preußischen Gouverneur gab, das Komitee administratif Sorge tragen müssen. Das Komitee ließ es bei der althergebrachten Verpflichtung der Eigentümer, die Straße bis zur Hälfte des Dammes von Schmutz, Schnee und Eis zu säubern, wozu ihnen 1806 noch die Verpflichtung auferlegt war, den Schmutz aus der Stadt entfernen zu lassen. Nur vor öffentlichen Ge-

[1]) Die Mitteilungen über die Bürgergarde sind hauptsächlich den Akten des Magistrats über die Bürgergarde und Gendarmerie entnommen.

bäuden und auf Plätzen und überhaupt an Stellen, wo keine Eigentümer herangezogen werden konnten, mußte die Behörde selbst Veranstaltungen treffen. Der Gouverneur hatte die Gelder dazu aus der Akzisekasse erhalten, das Komitee, dem keine Akzisekasse zur Verfügung stand, half sich mit seinen eigenen Einnahmen. Nach Einführung der Städteordnung nahm Gruner die Leitung der Reinigung für die staatliche Polizei in Anspruch, eine abermalige Verbindung mit dem Gouvernement kam gar nicht in Frage. Die Kosten, soweit die Eigentümer nicht zur Beihilfe verpflichtet waren, ließ der König aus Staatskassen anweisen. Ebenso geschah es mit der Straßenerleuchtung. Nachdem sie 1804 sehr verbessert war, übernahm sie während der Kriegszeit das Komitee administratif und nachher auf Gruners Anordnung die Polizei. Vor dem Kriege erhielt die Einrichtung ihre Mittel aus der Nachtwachtgelder-Kasse, die aus Gebühren der Eigentümer unterhalten wurde. Die Einnahmen hatten aber niemals ausgereicht, so daß der König in der Regel zugeben mußte, zuletzt bis 24000 Tlr. jährlich. Nach dem Kriege zu Ende des Jahres 1808 und ebenso 1809 vermochte weder der Magistrat als Nachfolger des Komitees, noch der Staat das Fehlende zuzuschießen, und da die Öllieferanten nicht bezahlt werden konnten und niemand von ihnen sich auf weitere Lieferung einlassen wollte, so drohte die Möglichkeit, daß die Straßen unerleuchtet bleiben mußten. Der Sommer 1809 kam zwar noch nicht in Betracht, da in dieser Jahreszeit die Erleuchtung damals überhaupt fortfiel, aber für den Winter 1809 zu 1810 konnte der Zustand eintreten. Das Polizeipräsidium fand als einzigen Ausweg, die Laternen anstatt vom 1. September bis 1. Mai, nur vom 1. Oktober bis 1. April und täglich nur 6 Stunden brennen zu lassen, anstatt 8 bis 10 Stunden ihrer gewöhnlichen Brennzeit. Außerdem sollte bei mond- und frosthellen Nächten die Erleuchtung ausgesetzt werden. Auf diese Weise gelang es mit einem Vorschuß des Oberpräsidiums, das Berlin doch nicht im Finstern lassen konnte, und mit Beschwichtigung der Lieferanten, den Winter zu überstehen[1]). Im nächsten Jahre mußte man sich auch noch in ähnlicher Weise behelfen, bis dann der Staat imstande war, größere Beiträge zur Verfügung zu stellen, und die nächtliche Erleuchtung wieder ausreichender hergestellt werden konnte. Die städtische Verwaltung leistete vorläufig noch keine Beiträge.

Die Aufsicht über das Feuerlöschwesen nahm der Polizeipräsident ebenfalls für sich allein in Anspruch, besonders nachdem sich bei dem Brande der Petrikirche im September 1809 die Einrichtungen als recht mangelhaft herausgestellt hatten. Er rief nächtliche Feuerwachen ins Leben, die von der Bürgergarde versehen wurden, und sorgte dafür, daß auf zwei Berliner Türmen ständige Wächter angestellt wurden. Der Magistrat lehnte auch hier alle Kostenbeiträge ab, die Nachtwachtkasse und die Feuersozietätskasse sollten alle Ausgaben für die Veranstaltungen decken[2]). So hatten bei der Straßen-

---

[1]) Man vergleiche den Aufsatz von F. von Gruner: Die Straßenbeleuchtung der Stadt Berlin 1809 bis 1810. Mitteilungen des Vereins für die Gesch. Berlins, Jahrg. 1890.

[2]) Vergl. auch hierzu a. a. O. Jahrg. 1891 F. von Gruner: Das Feuerlöschwesen in Berlin 1809 bis 1811.

reinigung, der Erleuchtung und dem Feuerlöschwesen die städtischen Kassen noch keine Aufwendungen zu machen, obwohl die Städteordnung (§ 167, 168) diese Verpflichtungen dem Gemeinwesen in jedem Falle auferlegte. Aber alle diese Wohlfahrtsanstalten behielt die königliche Polizei in ihrer Verwaltung, von städtischen Deputationen, dem § 179 entsprechend, war keine Rede.

Für die Polizeibesoldungen zahlte die Stadt in Ausführung des § 167 jährlich 6000 Tlr. zur Regierungshauptkasse. Die Personalkosten waren bei der Einführung der Städteordnung noch niedrig, weil für die öffentliche Sicherheit die Bürgergarde zu sorgen hatte. Das Gehalt des Polizeipräsidenten bezahlte der Staat. Nach dem schon bei dem Gerichtswesen erwähnten Abgabengesetz vom 30. Mai 1820 fielen diese 6000 Tlr. fort, doch mußten für das Polizeipersonal, das beim Nachtwachtwesen, bei der Erleuchtung und Reinigung der Straßen tätig war, und für die Bettelpolizei beim Armenwesen die Kosten weiter bestritten werden. Außerdem verlor die Kämmerei durch das Gesetz das Grundstück Molkenmarkt 1 an die Polizei, wo sich deren Diensträume und die Gefangenen befanden. Weitere Ansprüche für den Fall, daß die Räume nicht mehr ausreichten, hatte sie aber nicht zu befriedigen[1]).

In seinem Voranschlag vom April 1809 hatte der Magistrat auch die Ausgaben für das Armenwesen eingestellt. Die Städteordnung behandelte keinen Gegenstand der öffentlichen Verwaltung so ausführlich wie diesen, und die gesamten Vorschriften liefen darauf hinaus, wie es wörtlich in § 179 hieß, daß „das ganze Armenwesen den Händen der Bürgerschaft, ihrem Gemeinsinn und der Wohltätigkeit der Stadteinwohner anvertraut wird". Es bestand auch bei den Staatsbehörden die Absicht, den städtischen Behörden diesen Zweig der städtischen Wohlfahrt überlassen zu wollen. Schon 1806 hatte das königliche Armendirektorium, um der Bürgerschaft eine größere Teilnahme an der Armenpflege zu verschaffen, für 172 Reviere unter Mitwirkung des Magistrats und des Polizei-Direktoriums 172 Deputierte ernannt, die das öffentliche Almosenwesen und die Geschäfte der Armenversorgung unentgeltlich übernahmen. Ebenfalls unentgeltlich arbeitende Distrikts-Direktoren zur Leitung für je 10 Reviere wählte das Armen-Direktorium selbst aus[2]). Aber einer vollständigen Überweisung des Armenwesens an die Stadt, wie es die Städteordnung verlangte, stellten sich nun doch Schwierigkeiten in den Weg.

Alle Einrichtungen der öffentlichen Armenpflege in Berlin waren ursprünglich von den Landesherren ins Leben gerufen worden. So verdankten ihnen die geschlossenen öffentlichen Anstalten, die Charité, das Dorotheenhospital, das Friedrichs-Waisenhaus, das Arbeitshaus ihre Entstehung und Unterhaltung, ebenso das Schulwesen für die Armenkinder, die Freischulen und ein Teil der sogenannten Erwerbs- oder Arbeitsschulen. Das Institut der Armenkasse, aus der die offene Armenpflege bestritten wurde, beruhte in seiner Grundlage auf Beiträgen aus Staatskassen und suchte nur noch durch frei-

---

1) Man vergl. hierüber Verwaltungsbericht des Magistrats 1861 bis 1876, Tl. 3.

2) Die Anordnung — in besonderem Abdruck erschienen — ist vom 21. Mai 1806, bestätigt durch Kabinetsorder vom 27. Mai.

willige Gaben der Einwohner und durch Stiftungen ihre Mittel zu erhöhen. Auch die für die armen Kranken angestellten Chirurgen bezahlte der Staat sowie sechs von den Armenärzten, die mit der Neuordnung der Armenverwaltung vom 21. Mai 1806 eingeführt wurden, die übrigen versahen ihren Dienst ohne Entgelt. Unter solchen Verhältnissen mußte das Armen-Direktorium; dem die ganze Verwaltung, zu der so große Anstalten gehörten, unterstellt war, eine ansehnliche Behörde bilden. Der Minister für die geistlichen Angelegenheiten stand an der Spitze und nach Massows Rücktritt 1807 der Präsident des Oberkonsistoriums von Scheve, die übrigen 11 Mitglieder waren der Bürgermeister Büsching, ein Oberauditeur, mehrere höhere Staatsbeamte, Medizinalräte und Geistliche. Alle Mitglieder mit Ausnahme eines beigeordneten Sekretärs arbeiteten ohne Entschädigung. Die jährlichen Kosten der Armenverwaltung beliefen sich zur Zeit der Einführung der Städteordnung auf etwa 206 000 Tlr. Es fragte sich nun, ob es gerechtfertigt sei, so bedeutende staatliche Anstalten wie die Charité und das Arbeitshaus der Staatsverwaltung zu entziehen und den Stadtbehörden zu übergeben und ob diese imstande sein würden, ein geeignetes Kollegium entsprechend dem Direktorium zu bilden, ob ferner die Stadt die Kosten, zu deren Beschaffung sie die Städteordnung gesetzlich verpflichtete, auch bestreiten könnte und inwiefern etwa der Fiskus weiter Zuschüsse geben müßte. Die Armenverwaltung verfügte über bedeutende Kapitalien, hatte aber auch ansehnliche Schulden zu tilgen. Die Schulden stammten wesentlich aus der Zeit des Komitee administratif, wo die Franzosen die bisher aus der Akzise und anderen Staatseinnahmen überwiesenen Beiträge vorenthalten und die Stiftungskapitalien keine Zinsen getragen hatten. Man war genötigt gewesen, für den Unterhalt der Armenanstalten Kapitalien anzugreifen. Die städtischen Behörden wehrten sich, die Schulden auf die Kämmerei oder die Stadtkasse zu übernehmen. Da aber alle Beteiligten die Regelung im Sinne der Städteordnung wünschten, so kam man nach Verhandlungen zwischen dem Armendirektorium und dem neugebildeten Magistrat insofern einen Schritt weiter, als mit Genehmigung des Ministers des Innern im Dezember 1809 eine interimistische Verwaltung des Armenwesens eingerichtet werden konnte. Danach traten zu den bisherigen 12 Mitgliedern des Armendirektoriums hinzu: der Präsident Gruner als Vertreter der königlichen Polizei, vier Mitglieder des Magistrats und vier Stadtverordnete, die von diesen Körperschaften selbst gewählt waren. Diese neuen Mitglieder des Direktoriums sollten mit den anderen völlig gleichberechtigt sein, außerdem erhielten einzelne Stadtverordnete die Befugnis zur Aufsicht über die Verwaltung der Charité, des Arbeitshauses, des neuen Hospitals und des Waisenhauses. Alle Tätigkeit sollte unentgeltlich sein und diese interimistische Anordnung ein Jahr dauern. Hiermit wurde den städtischen Behörden Gelegenheit geboten, sich vorläufig über alle Einrichtungen im Armenwesen zu unterrichten. — Die interimistische Verwaltung währte aber länger als ein Jahr, bis 1819. Denn die Verteilung der Beiträge zu den Lasten zwischen Staat und Stadt stieß immer wieder auf Schwierigkeiten, ebenso die Frage wegen der Zukunft der Charité und des Arbeitshauses, andrerseits griffen die politischen Verhältnisse der nächsten Jahre störend in die Verhandlungen ein, man hatte dringendere Aufgaben zu erfüllen. Die Stadtverordneten äußerten selbst in ihrem Bericht für das Jahr 1811[1]), daß es „wegen des Armenwesens keine Eile habe". Es gehörte eine längere Friedenszeit dazu, damit die beteiligten Ministerien die Bedingungen endgültig feststellen lassen konnten. Durch die Kabinetsorder vom 3. Mai 1819 wurde endlich die Armenpflege der neugebildeten städtischen Armendirektion überlassen. Aber noch nach dem Erlaß der Kabinetsorder galt es eine Schwierigkeit zu beseitigen. Der König wollte den Regierungspräsidenten als ständigen Kommissar der Armendirektion beigeben, damit „das Armenwesen mit Umsicht, Eifer und reger Teilnahme bearbeitet werde". Erst auf dringende Vorstellungen von Magistrat und Stadtverordneten nahm der König in einer Kabinetsorder vom 23. September 1819 davon Abstand.

Das interimistische Armendirektorium hatte sich im Laufe der letzten Jahre als ein unzweckmäßig zusammengesetztes Kollegium herausgestellt, das keine genügende Aufsicht übte, so daß das Kassenwesen in die größte Unordnung gekommen war. Auch insofern war der Übergang der Verwaltung an die städtischen Behörden zu einer Notwendigkeit geworden. Bei der Übertragung waren die Beteiligten darin einig, daß die Kosten des Armenwesens gemäß der Städteordnung von der Stadt getragen, die Charité aber vom Staate erhalten werden und als Staatsinstitut unter besonderer Verwaltung bleiben sollte. Für die Stadt entstand natürlich die Frage, woher sie die Mittel bereit stellen könnte. In den letzten Jahren hatte sie dem Staat nur Zuschüsse zu der Verwaltung geleistet, 1818 24 000 Tlr., und zwar aus der Mietssteuerkasse, aber von jetzt ab handelte es sich darum, selbst für alles aufzukommen und um weit größere Summen. Die 75 000 Tlr. jährliche Staatsbeihilfe, die in der Kabinetsorder vom 3. Mai, auf Grund deren man das Armenwesen übernahm, versprochen wurden, reichten zur Ergänzung nicht aus. Die Kämmerei konnte kein Geld für die Armenverwaltung geben, da sie eine ganz andere Bestimmung und für diese kaum hinreichende Mittel hatte. Das Gleiche war mit der Stadtkasse der Fall, die der Schuldentilgung diente, es blieb nur der Ausweg, aus der Haus- und Mietssteuer, die eigentlich für die Servisausgaben erhoben wurden, die Kosten zu bestreiten. 1819 mußte diese Kasse 24 000 Tlr., 1821 67 500 Tlr. hergeben. 1822 kostete das gesamte Armenwesen 224 000 Tlr. Der Staatszuschuß betrug 75 200 Tlr. Da der Zuschuß aus der Mietssteuerkasse und die freiwilligen Beiträge und Zinsen nicht ausreichten, wurden etwa 30 000 Tlr. durch Veräußerung von Stiftungskapitalien gedeckt. Erst nach und nach gelang es im nächsten Jahrzehnt der Verwaltung die nötigen Einnahmen zu verschaffen.

Die neue Armendirektion war entsprechend den Vorschriften der Städteordnung gebildet worden und bestand aus dem Oberbürgermeister, einem Syndikus, 3 Stadträten, 7 Stadtverordneten, 3 Ärzten, einem Geistlichen und

---

[1]) Akten der Stadtverordneten betr. die statistischen Übersichten und Verwaltungsberichte. Vol. I.

dem Vorsteher der Ortspolizei. Außerdem hatte man 5 höhere Beamte als Bürgerdeputierte zugezogen. Die Direktion gründete zunächst nur vier Armenkommissionen, um die Wirkung der vollständig neuen Einrichtung beurteilen zu lernen, 1825 waren aber schon 56, soviel als die Bezirkseinteilung verlangte, in Tätigkeit. Die Armendirektion ließ es sich dann angelegen sein, gewissermaßen als Fortsetzung des Berichts der Stadtverordneten von 1822, über die Jahre 1822 bis 1825 eine besondere Schrift herauszugeben[1]). Ferner ließ sie von 1825 an gedruckte Nachweisungen über alle bei der städtischen Armenpflege beschäftigte Personen erscheinen und erließ 1826 eine besondere Armenordnung[2]). Das städtische Armenwesen war jetzt vollständig gemäß der Städteordnung organisiert, nur mit ausreichenden Mitteln konnte es, wie wir eben gesehen haben, noch nicht versorgt werden.

Für das Einquartierungswesen hatte der Magistrat bei seinem Voranschlage von 1809 nichts in Ansatz gebracht, obwohl es damals große Summen erforderte. Nach § 189 der St. O. war es näherer Bestimmung vorbehalten, wem die Geschäfte der Einquartierung zufallen sollten, eine Übertragung von der königlichen Serviskommission auf den Magistrat bedurfte besonderer Auseinandersetzung. Vor dem Einmarsch der Franzosen hatte der bei weitem größte Teil des Militärs in Kasernen gelegen, den Rest hatte die Serviskommission eingemietet[3]). Nur bei den großen Revuen in der Nähe der Residenz war die Verpflichtung zum Naturalquartier eingetreten, wobei dann die Serviskommission von den Hauseignern, die kein Naturalquartier geben konnten, 3% des Nutzungswertes der Häuser, von den Mietern Beiträge je nach ihrem Erwerbseinkommen erhob und damit für die fehlenden Quartiere sorgte, auch Entschädigungen für Naturalquartier leistete. Ebenso viel als die Serviskommission von den Einwohnern aufbrachte, gab der Staat zu. Die Bestände der Serviskasse nahmen dann die Franzosen in Beschlag, die Serviskommission löste sich auf, Einquartierung und Verpflegung fielen den Einwohnern als persönliche Last zu. Wo die Mittel fehlten, mußte das Komitee administratif eintreten, da Hauseigner- und Mietersteuern anderen Zwecken dienten. Nach dem Abzug der Franzosen im Dezember 1808 war die nächste Maßregel, die königliche Serviskommission wieder einzusetzen. Man richtete aber eine Oberserviskommission für die Kurmark ein, mit dem Gouverneur der Kurmark, General von L'Estocq an der Spitze, unter der dann die besondere Kommission für Berlin arbeitete. Sie bestand aus einem Major und verschiedenen Beamten, worunter drei Mitglieder des Magistrats. Da die Kasernen durch den Feind unbewohnbar gemacht waren und erst wieder instand gesetzt werden mußten, so verursachte die Einquartierung große Kosten. Man verwendete dazu jetzt wieder die Erträge der nach dem Kriege noch fortbestehenden Hauseigner- und Mietersteuern, soweit die Naturaleinquartierung nicht möglich war.

---

1) Die öffentliche Armenpflege in Berlin mit besonderer Beziehung auf die Jahre 1822 bis 1825. Dargestellt von der Armendirektion. 1828.

2) Sie befindet sich in den Akten der Stadtverordneten, das Armenwesen betreffend.

3) Vergl. S. 29

Am 17. März 1810 erschien das nach § 189 der St. O. zu erlassende allgemeine Servisreglement, das die Ansprüche des Militärs feststellte und das Einquartierungswesen einer Deputation aus Magistratsmitgliedern und Bürgerdeputierten überwies. Allein das Reglement konnte in Berlin nicht zur Ausführung kommen, da wegen der Unbrauchbarkeit der Kasernen, der Unsicherheit, wann sie wieder benutzbar sein würden, und wegen der ungelösten Frage über die Höhe des notwendigen Staatszuschusses hier vorläufig überhaupt keine dauernde Einrichtung möglich war. Als sich dann infolge des preußisch-französischen Vertrags vom 24. Februar 1812 die Franzosen als Verbündete gegen Rußland im März des Jahres wieder in Berlin festgesetzt hatten und eine neue Zeit der Kriegsunruhen begann, ließ sich erst recht keine neue Behörde für die so wichtige Verwaltung errichten[1]. Erst 1817 konnte die Verwaltung endgültig an die Stadtbehörde übergehen. Die nun nach den Vorschriften der Städteordnung gebildete Servisdeputation war ein weit einheitlicher zusammengesetztes Kollegium, als die königliche Serviskommission, deren Mitglieder den verschiedensten Behörden angehört hatten. Sie arbeitete auch billiger, da ihre Mitglieder keine Besoldung erhielten. Man ließ die Last der Einquartierung im Frieden wie früher den Hauseignern als eine Reallast, mit einer gewissen Entschädigung[2]. Die Mieter wurden nicht mehr, wie in den Kriegszeiten, herangezogen. Für die Entschädigung der Eigentümer erhob man auf Grund einer Kabinetsorder vom 26. Januar 1815 wieder die Haussteuer und die Mietsteuer, die seit dem Jahre 1813 nicht mehr eingefordert war, und zwar die erste mit 4% des Mietertrages, die andere mit $8^1/_3$% der Miete berechnet[3]. Außerdem gaben die Eigentümer, die vom Naturalquartier frei bleiben durften, eine Sublevation und der Staat zahlte den früheren Zuschuß weiter fort. Da die Stadtverordneten bis auf einen geringen Bruchteil Hausbesitzer waren, so nahmen sie sich der Erleichterung der Natural-Einquartierungslast ganz besonders an. Man drang beständig bei der Regierung auf die beschleunigte Wiederherstellung der Kasernen und erreichte auch, daß 1820 nur noch 2135 Mann der Garnison nicht in Kasernen lagen. 1822 konnte die Haussteuer auf $3^1/_5$ und die Mietsteuer auf $6^2/_3$% herabgesetzt werden, wobei das bisher besonders erhobene Nachtwachtgeld noch mit inbegriffen war. Trotzdem ergab die Haus- und Mietsteuerkasse so ansehnliche Überschüsse, daß es möglich wurde, anderen städtischen Verwaltungen bedeutende Zuwendungen daraus zu bewilligen[4].

Das Schulwesen hatte der Magistrat in seinem Voranschlage für 1809

---

1) Vgl. weiter unten S. 134.

2) Über Einquartierung der Garnison zu vergleichen auch Verwaltungsbericht 1877 bis 1881 III S. 75.

3) Tabellen über den damaligen Mietertrag der Häuser in dem Bericht der Stadtverordneten von 1822.

4) Außer dem Bericht der Stadtverordneten von 1822 ist zu vergleichen die kleine Schrift: Über die im Jahre 1822 veränderte Erhebung des Hausservises, der Mietsteuer und des Nachtwachtgeldes. 1825. Ferner: Statistische Übersicht von der gestiegenen Bevölkerung der Haupt- und Residenzstadt 1815 bis 1828. Berlin 1829.

ebenfalls nicht berücksichtigt, entsprechend den früheren Verhältnissen, wo die Kämmerei nur einen ganz geringen Zuschuß für Schulzwecke leistete. Auch behielt die Städteordnung die Organisation der Schule besonderen Bestimmungen vor und so blieb alles in der bisherigen Verfassung, bis ein Erlaß des geistlichen Departements im Ministerium des Innern vom 20. Juni 1811 allgemeine Vorschriften für die Einrichtung von Schuldeputationen gab, deren Befugnisse sich auf die Schulen städtischen Patronats und auf alle Elementarschulen erstrecken sollten. Von der kurmärkischen Kammer kamen dann im Anschluß an den Erlaß nähere Ausführungsbestimmungen für solche Schuldeputationen oder Kommissionen. Für Berlin wurde mit Genehmigung des genannten Departements des Ministeriums zunächst eine Schulkommission gebildet, die aus dem Oberbürgermeister, einem Stadtrat, vier Stadtverordneten und elf Geistlichen, worunter vier Superintendenten, bestand. Da der Geschäftskreis sich nach dem Ministerialerlaß vom 20. Juni auch auf die höheren Schulen städtischen Patronats erstrecken sollte, so traten, sobald es sich in den Sitzungen um diese handelte, auch die Direktoren der beiden Gymnasien hinzu. In der Kommission hatten die Geistlichen bei ihrer großen Stimmenmehrheit die Entscheidung in allen Fragen in der Hand. Die Aufsicht sollte sich über die inneren und die äußeren Angelegenheiten erstrecken. Da es keine öffentlichen städtischen Elementarschulen außer den Armenschulen in Berlin gab und über die letzteren die königliche Armendirektion allein zu verfügen hatte, so blieben für die Aufsicht nur die allerdings zahlreichen Privat- und Parochialschulen. Bei diesen konnte es sich aber nur um die inneren, nicht um die äußeren Angelegenheiten handeln, ein Umstand, der bei der Zusammensetzung der Kommission jedenfalls mitgesprochen hatte. Bei den Privatschulen gab es auch noch Ausnahmen, wo der Kommission keine Befugnisse zustanden, die Erwerbsschulen. Diese wurden, soweit sie aus privater Fürsorge hervorgegangen waren, sämtlich von Geistlichen geleitet und vom Konsistorium beaufsichtigt. — Die Kommission handhabte ihr Aufsichtsrecht über die Privat- und Parochialschulen nach einem von der kurmärkischen Kammer gegebenen Reglement vom 28. Mai 1812 „für die Privat-, Lehr- und Erziehungsanstalten in Berlin“. Darnach war sie berechtigt, die Gesuche um Schulkonzessionen und die Personen der Bewerber zu begutachten, auch wohl in einzelnen Fällen Bewerber prüfen zu lassen, aber die Anstellung war Sache der Regierung und des Konsistoriums, ebenso die Aufsicht über die Lehrpläne. Im übrigen gingen ihre Befugnisse eigentlich nicht viel darüber hinaus, als daß überhaupt ordnungsmäßig Schule gehalten wurde.

Eine amtliche Äußerung über das städtische Schulwesen erschien zum ersten Male in dem 1822 durch die Stadtverordneten veröffentlichten Verwaltungsbericht[1]). Sie war bei dem geringen Einfluß der städtischen Behörden auf die Schulen nur kurz, bedauerte die ungenügende Wirksamkeit der Schulkommission und sprach den dringenden Wunsch nach einer Schulordnung aus. Da mit dem Armenwesen im Jahre 1819 auch die Armenschulen an die Stadt

---

[1]) Die Stadtverordneten an ihre Mitbürger. 1822.

übergegangen waren, so berichteten die Stadtverordneten auch über diese Schulen, aber an anderer Stelle bei der Armenverwaltung. Denn die Anstalten standen nicht unter der städtischen Schulkommission, sondern unter der Armendirektion. Von den 7 Armenschulen hatten 3 eigene Häuser, die übrigen waren mietweise untergebracht[1]), außerdem ließ die Direktion eine Anzahl Kinder in Privatschulen mitunterrichten. Die Stadtverordneten beklagten es, daß, weil es der Armenverwaltung an Geld fehlte, viele Kinder unbemittelter Eltern ganz ohne Unterricht bleiben müßten. Für den Umfang des Unterrichts waren sie der Ansicht, daß er möglichst wenig Zeit in Anspruch nehmen dürfe. Er habe sich auf die unentbehrlichsten Elementargegenstände zu beschränken: Lesen, Rechnen, Schreiben, Religion[2]). An die Errichtung von Gemeindeschulen als Ersatz der Privatschulen dachte noch niemand.

Nach allgemeinem Urteil stand das Elementarschulwesen in Berlin in Folge seiner Zersplitterung auf ziemlich niederer Stufe. Man hatte die Wissenschaften in der Residenz sehr gepflegt und eine Universität gegründet, aber die Volksschule war im Gegensatz dazu außerordentlich vernachlässigt. In Erkenntnis dieser Übelstände fanden 1824 Verhandlungen von Vertretern der städtischen Behörden mit einem Kommissar des Ministeriums der geistlichen Angelegenheiten statt. Die städtischen Behörden beschlossen, sich der Elementarschule anzunehmen und reihten zunächst einen Sachverständigen, einen besoldeten Schulrat, den früheren Regierungsschulrat Reichhelm 1826 in das Magistratskollegium ein[3]). Reichhelm widmete sich dem niederen Schulwesen mit großem Eifer und bewog in der Überzeugung, daß die Parochial- und Privatschulen für die Erziehung und den Unterricht zu wenig leisteten, Magistrat und Stadtverordnete, an die schwierige und kostspielige Aufgabe heranzutreten, Gemeindeschulen einzurichten, die den Privatschulen als Muster und als Antrieb dienen sollten, des eignen Fortbestehens wegen an ihrer Verbesserung zu arbeiten. Da die Armenschulen seit 1819 als städtische Anstalten galten, also eine Anzahl Elementarschulen tatsächlich von der Stadt zu verwalten war, so erschien es nunmehr zweckmäßig, auch eine Schuldeputation zu bilden. Sie setzte sich zusammen aus 3 Mitgliedern des Magistrats, 2 Superintendenten, 5 Stadtverordneten und einigen Bürgerdeputierten, je nach Erfordern. Die Schulkommission wurde durch Ministerialreskript vom 26. April 1829 aufgehoben. Der Geschäftskreis der Deputation sollte die Schulen städtischen Patronats, mit Ausnahme der Gymnasien und der Gewerbeschule, und sämtliche Privat- und Parochialschulen umfassen. Zwanzig Jahre waren also seit Einführung der Städteordnung vergangen, als die Deputation den Anfang machte, eine wirkliche städtische Volksschule zu gründen.

Man kann nicht sagen, daß die Berliner Volksschule ihre Entstehung unmittelbar und allein der Anregung der städtischen Selbstverwaltung ver-

---

[1]) Die Schrift der Armendirektion über die öffentliche Armenpflege. 1828.

[2]) Schriftliche Berichte des Stadtverordnetenvorstehers in den Akten der St. V. Versammlung.

[3]) Sein Gehalt betrug 2300 Tlr. Das Anfangsgehalt der übrigen Stadträte 1200 Tlr. Der Stadtbaurat hatte 1380 Tlr.

danke, die Staatsbehörden hatten ihren Anteil daran, aber jedenfalls erkannten die städtischen Behörden die Tragweite der Einrichtung von öffentlichen Volksschulen und zögerten nicht, trotz der ungünstigen Finanzlage der Stadt an die Ausführung des Planes zu gehen.

Der höheren Schulen gedachte der Bericht von 1822 nur mit wenigen Worten, die Stadtverordneten äußern Bedenken über die Erhöhung des Schulgeldes, sind aber befriedigt, daß sie das Werdersche Gymnasium wesentlich unterstützen konnten. Sie bewilligten für den Umbau des Fürstenhauses zur Aufnahme des Gymnasiums die Mittel aus der Mietsteuerkasse. Der Bau wurde 1823 und 1824 ausgeführt. 1824 gründete man die Gewerbeschule, sie konnte aber nur in einem dazu gekauften Privathause in der Niederwallstraße in bescheidenster Weise ihren Platz finden.

Das bei weitem wichtigste Geschäft für die neue städtische Verwaltung war die Beschaffung von Geldmitteln für den laufenden Bedarf und für die Abtragung der Schulden. Mit den städtischen Finanzen stand es zur Zeit der Einführung der Städteordnung, wie bei Darstellung der Verwaltung des Komitee administratif kurz auseinandergesetzt wurde, sehr schlecht. Die verzinsliche Schuld hatte im Dezember 1808 nach dem Abzuge der Franzosen etwa 5 Millionen Tlr. betragen, die jährliche Verzinsung erforderte 250 000 Tlr. Mit Zurechnung der Amortisation und der laufenden städtischen Ausgaben hatte der Minister von Voß in einem Bericht an den König im November 1808 einen jährlichen Bedarf von 580 000 Tlrn. angenommen, wovon 350 000 Tlr. nur durch neue Steuern hätten gedeckt werden können[1]). Dieser Fehlbetrag drohte sich aber noch bedeutend zu erhöhen, weil das Komitee administratif bei verschiedenen Darlehen nicht bloß für die geliehene Summe fünfprozentige Obligationen als Deckung gegeben hatte, sondern daneben nochmals die gleiche Summe in unverzinslichen Obligationen als Pfand für die fällig werdenden Zinsen. Infolge ihres schlechten Kredits war die Stadt zu solchen Zugeständnissen gezwungen gewesen. Sobald die Zahlung der Zinsen unterblieb, konnten die Pfandobligationen von den Inhabern sofort in Umlauf gesetzt werden, und es wäre eine neue verzinsliche Schuld entstanden. Die Höhe dieser Pfänder belief sich auf über 3 Millionen Tlr., das Geld für die Zinsen mußte also notwendig aufgebracht werden.

Mit diesen Geschäften hatte die Kämmerei zur Zeit des Komitee administratif nichts zu tun gehabt. Sie hatte, wie vorher, nur die Gehälter des Magistrats und der städtischen Beamten bestritten und für die Erhaltung des Kämmereieigentums sowie der Anstalten, die von der Kämmerei abhingen, gesorgt. Für alle Einnahmen und Ausgaben, die mit den Kriegsereignissen und ihren Folgen zusammenhingen, hatte das Komitee eine besondere Kasse, die Stadtkasse gebildet, die auch nach dem Abmarsch des Feindes fortbestand. Stadtkasse und Kämmerei waren zwei vollständig getrennte Verwaltungen, und dies Verhältnis blieb dasselbe, als das Komitee seine Geschäfte an Magistrat und Stadtverordnete abgegeben hatte. Da die Übergabe der Ver-

---

[1]) Bassewitz, Die Kurmark 1806 bis 1808. Bd. 2, S. 275.

waltung erst im Juli 1809 stattfand, so lag es bis dahin noch dem Komitee oder der „Stadtverwaltungsbehörde", wie es nach dem Aufhören der französischen Besetzung genannt wurde, ob, die Stadtkasse mit Mitteln zu versehen. Einen Plan, ihr höhere Einnahmen zu verschaffen, hatte die Behörde schon im Oktober 1808 entworfen, als der geheime Finanzrat Rosenstiel an ihrer Spitze stand (S. 52). Zu den Akzise- und Zollabgaben, die der Staat in Berlin erhob und die während der Herrschaft der Franzosen für deren Rechnung eingenommen worden waren, sollte nach dem Plan ein Zuschlag zu Gunsten der Stadt festgesetzt werden, jedoch mit Freilassung der Zufuhren vom Lande, die zur Versorgung der Stadt mit Lebensmitteln und Wirtschaftsbedarf dienten, ebenso der Rohstoffe für die Fabriken und des Durchgangsverkehrs. Man berechnete den Ertrag daraus auf 350 000 Tlr. jährlich. Ferner glaubte die Stadtverwaltungsbehörde die Steuer der Hauseigner und der Mieter als dauernde Einrichtung fortbestehen lassen zu können und hiermit den notwendigen Betrag von 580 000 Tlrn. jährlich zu erreichen. Zugleich hoffte sie, um sofort Barmittel zu erhalten, eine Anleihe von einer Million Tlrn. in Frankfurt a. M. zu ermöglichen. Minister von Voß billigte den Plan und legte ihn am 13. November 1808 dem Könige vor, der ihn aber mit Kabinetsorder vom 16. Dezember ablehnte. Die Erhöhung der Akzise ließe eine Verringerung der Staatseinnahmen aus dieser Quelle befürchten, und der Staat müsse sich aufs äußerste anstrengen, seine Verpflichtungen gegen Frankreich zu erfüllen. Die anderen Steuern könnten den durch die lange Einquartierungslast erschöpften Einwohnern als dauernde Belastung nicht zugemutet werden. Man möge sich durch die Anleihe von einer Million aus Frankfurt zunächst zu helfen suchen und daneben eine Einkommensteuer auf die wohlhabenden Einwohner einführen.

Die Stadtverwaltungsbehörde half sich in der Verlegenheit zunächst mit der Weitererhebung der Haus- und Mietsteuer von Monat zu Monat[1]), mit der Einziehung von Resten und zugleich auch mit der weiteren Ausgabe von Obligationen. Auch zog sie im März noch alle die Arbeiter zu Abgaben heran, die bei der Gesellensteuer frei geblieben waren. Man versuchte eben alle Mittel. Denn eine Einkommensteuer, wie sie der König empfahl, begegnete großer Abneigung, man befürchtete auch wohl einen Mißerfolg, und die Anleihe in Frankfurt kam nicht zustande. Vermehrt wurde die finanzielle Not noch weiter durch die Verpflegung der Oderfestungen. Der zwischen Preußen und Frankreich geschlossene Vertrag vom 8. September 1808 wegen Abtragung der Kriegsschuld setzte fest, daß bis zur vollständigen Bezahlung die Oderfestungen Stettin, Küstrin und Glogau mit fran-

[1]) Hierzu wurde noch die sogenannte Lagersteuer geschlagen. Auf Befehl Napoleons hatte Marschall Viktor die Infanterie und Artillerie seines in der Kurmark stehenden Korps am 1. Juli 1808 in drei Lagern zusammengezogen, bei Charlottenburg, Havelberg und Ruppin. Sie blieben bis zum Abzug Viktors Mitte August bestehen, das Charlottenburger bis 2. November, da dies noch die Truppen des Soultschen Korps besetzt hielten. Zum Unterhalt dieser Lager hatte die Stadtkasse Vorschüsse leisten müssen, die nun in besonderem Zuschlage als Lagersteuer von Hauseignern und Mietern aufzubringen waren.

zösischen Truppen belegt bleiben sollten. Die Verpflegung begann mit dem Abzug des übrigen französischen Militärs im Dezember 1808, Berlin hatte gemäß einer Verteilung auf Stadt und Land monatlich 8000 Tlr. dazu beizutragen. Einen neuen Antrag des Oberpräsidenten Sack, der Stadt durch Erhöhung der Akzise aus der Verlegenheit zu helfen, lehnte das Ministerium am 10. April 1809 wieder ab, doch bewilligte der König mit Kabinetsorder vom 13. Mai wenigstens 6000 Tlr. monatlich aus der Akzisekasse zunächst auf 6 Monate, dann aber bis Mai 1810. Mit diesen 6000 Talern wurde freilich noch nicht einmal der Beitrag zur Festungsverpflegung gedeckt.

Im Juli 1809 übernahmen nun Magistrat und Stadtverordnete die Verantwortung, die bisher das Komitee oder die Stadtverwaltungsbehörde getragen hatte. Die Stadtverordneten waren schon seit ihrer Konstituierung im März eingehend mit der Untersuchung des Finanzwesens beschäftigt gewesen und hatten gleich im April eine Deputation für die Regulierung gebildet, die sich alsbald mit der Stadtverwaltungsbehörde in Verbindung setzte. Da die Zinsen für die Obligationen und die anderen Schulden am 1. Januar nicht bezahlt waren und der nächste Termin heranrückte, da es außerdem an Geld für die laufenden Ausgaben fehlte, so konnte die Stadtverwaltungsbehörde mit Recht am 31. Mai an die Stadtverordneten schreiben: „Mit jedem Tage wird die Lage schlimmer." Die Stadtverordnetenversammlung beschloß, einen Plan zu entwerfen, wonach den dringendsten Verpflichtungen genügt und, wenn möglich, ihre Tilgung begonnen werden könnte. Man sah ein, daß dabei ohne neue Steuern nichts zu erreichen sein würde. Nochmals die Hauseigner und Mieter heranzuziehen — am 1. April war die letzte Monatsrate eingefordert — fand grundsätzlichen Widerspruch, zumal die 102 Stadtverordneten mit wenigen Ausnahmen alle Hausbesitzer waren. Es kamen eine Vermögensteuer, eine Einkommensteuer, Luxussteuern, worunter auch eine Hundesteuer, in Vorschlag, man gewann aber die Überzeugung, daß kein anderes Mittel helfe, als eine indirekte Besteuerung, und dem gab die Versammlung in einem Beschluß vom 31. August Ausdruck. An dem Gedanken hielt sie auch fest und genehmigte am 27. September 1809 den Plan, der sich auf eine allgemeine Komsumtionsabgabe gründete, die als Zuschlag zur Akzise erhoben werden sollte.

Um nun inzwischen die Gläubiger hinzuhalten, hatte man im Juni die Ausschreibung einer freiwilligen sechsprozentigen Anleihe versucht, sie ergab aber bis zum Oktober nur 30 000 Tlr. und auf den 1. Oktober fiel schon der Termin zur Rückzahlung eines Teiles der Hamburger Anleihe aus dem Jahre 1808 (S. 51), wo die Gläubiger außer den Schuldscheinen noch 1 200 000 Tlr. in Stadtobligationen als Pfand in Händen hatten. Die Gläubiger waren vier Berliner Bankiers, auf deren Wechsel man in Hamburg das Geld erhalten hatte. Die vier hatten sich dann teilweise durch kleinere Wechsel von 48 Berliner Bankiers und Kaufleuten zu decken gesucht. Am 1. Oktober 1809 war nun die Stadt tatsächlich zahlungsunfähig für die Einlösung ihrer Schuldscheine. Ob die vier Gläubiger ihre Wechsel in Hamburg einlösten, kommt hier nicht in Frage, aber sie hätten jetzt ohne weiteres die verpfändeten Obligationen an den Markt bringen und verzinslich machen können. Dies taten sie indessen nicht aus Besorgnis vor einem Kurssturze und vor der ferneren Schädigung des Berliner Kredits. Sie verklagten dagegen zunächst einzelne aus der Zahl der 48 Hintermänner, die sämtlich ihre Wechsel nicht einlösen konnten oder wollten, auf Zahlung und erlangten rechtskräftige Urteile gegen sie beim Kammergericht. Indessen kam es hierbei unter Vermittlung des Justizministers nicht zur Zwangsvollstreckung. Man befürchtete, da doch der eigentliche zahlungsunfähige Schuldner die Stadtbehörde war, bedenkliche Folgen für die gesamten Berliner Geldverhältnisse.

Zunächst vermittelte der Oberpräsident ein Moratorium von 4 Wochen, das natürlich nachher wieder verlängert werden mußte. Die städtischen Behörden kamen dann mit ihm überein, daß zwangsweise ein Darlehn von 500000 Tlrn. aus den Kreisen der wohlhabendsten Einwohner eingezogen würde, und das Ministerium genehmigte den Beschluß am 14. November 1809, da „keine anderweitigen Vorschläge von den Stadtbehörden eingegangen seien". Da aber der Oberbürgermeister Gerlach der Ansicht war, daß zu einer so harten und außergewöhnlichen Maßregel die Zustimmung des Königs notwendig sei, so wurde auch diese noch eingeholt und mit Kabinetsorder vom 11. Dezember erteilt. Alle beteiligten Instanzen gaben ihre Einwilligung nur mit großem Widerwillen und nur in der Erwägung, es wäre andere Hilfe unmöglich, da der Staat bei der traurigen Lage seiner Finanzen untätig zusehen müsse. Es erging außerdem die Weisung, daß man bei der Einziehung mit der größten Schonung verfahren solle. Ein günstiger Erfolg der Kabinetsorder war zunächst wenigstens der, daß die Gläubiger sich weiter geduldeten. Die Vorarbeiten für die Zwangsanleihe waren inzwischen schon gemacht und 995 Personen ermittelt worden, die über Kapitalvermögen von wenigstens 12500 Tlrn. verfügten und je nach ihrem Vermögen zu Beiträgen von 250 bis 1000 Tlrn. verpflichtet wurden, um ratenweise die 500000 Tlr. aufzubringen. Die Aufforderungen an die Einzelnen zur Zahlung konnten aber erst am 20. März 1810 durch den Magistrat ergehen und der Ertrag war sehr gering, obwohl die Gelder doch nur vorschußweise gegeben werden sollten. Man glaubte nicht mehr daran, daß die Stadt in absehbarer Zeit in die Lage käme, die Gelder zurückerstatten zu können. Bis Mitte Mai beliefen sich die Einzahlungen auf 38000 Tlr. Man drohte in einzelnen Fällen mit Exekution, sogar mit militärischer, unterließ aber in Wirklichkeit so ungewöhnliche Maßregeln. Der Staatskanzler Hardenberg, der im Juni 1810 an die Spitze des Ministeriums getreten war, vermittelte mit den Gläubigern eine weitere viermonatliche Frist, verbot alle exekutivische Beitreibung und trug Sorge, daß die dringendsten Wechselschulden aus Staatsmitteln wenigstens vorschußweise gedeckt wurden. Die obige Summe von 38000 Tlrn. hatte sich durch Nachzahlungen nur noch unbedeutend erhöht.

Was war nun aus dem Finanzplan der Stadtverordneten vom 27. September 1809 mit den Vorschlägen über die indirekte Steuer geworden? Der Magistrat, dem der Plan sogleich eingereicht worden war, trat ihm bei und gab ihn an die kurmärkische Regierung, mit deren Zustimmung er im Januar 1810 in das Finanzministerium gelangte. Während ihre Vorschläge unterwegs waren, hatten die Stadtverordneten inzwischen noch eine besondere Gelegenheit gehabt, für die städtischen Finanzen bei den höchsten Staatsbehörden einzutreten. Als Ende des Jahres 1809 der Sitz der Staatsregierung von Königsberg wieder nach Berlin verlegt wurde, begrüßten die Stadtverordneten durch Abgesandte den Finanzminister von Altenstein bei seiner Ankunft, wobei auch die üble finanzielle Lage der Stadt zur Sprache kam. Altenstein nahm daraus Veranlassung, die Versammlung in einem besonderen Schreiben vom 18. Januar 1810 aufzufordern, sie möge eine bevollmächtigte Deputation ernennen, um mit ihm über die Abhilfe zu verhandeln. Er überging dabei den Magistrat, entgegen den Bestimmungen der Städteordnung, obwohl er doch selbst an den Vorarbeiten dazu sich eingehend beteiligt hatte und das Gesetz genau kennen mußte. Schon auf die mündliche Unterredung mit Altenstein hin hatten die Stadtverordneten, bevor noch das Schreiben vom 18. Januar eingetroffen war, eine Denkschrift ausgearbeitet, die am 22. Januar an den Minister abging, worin sie nochmals hervorhoben, daß das einzig Richtige sei, der Stadt die Erhebung einer indirekten Steuer zuzubilligen. Nach der Aufforderung vom 18. Januar wählte man dann die verlangte Deputation, und der Magistrat schloß sich durch einen Vertreter an, obwohl das ganze Verfahren nicht seiner Stellung und den Vorschriften der Städteordnung entsprochen hatte.

Es geschah indessen trotz der hierauf mit Altenstein stattfindenden Verhandlungen nichts weiter, als daß der erste städtische Finanzplan, der seit Januar, wie wir gesehen haben, im Finanzministerium lag, am 5. Mai an das Ministerium des Innern ging. Bei dieser Verschleppung der Sache wandte sich der Magistrat mit den Stadtverordneten am 25. Mai in einem Immediatgesuch an den König. Sie stellten ihm die überaus schwierigen Verhältnisse der Stadt mit 7 367 000 Tlrn. Schulden vor. Wenn dabei auch 1 764 200 unverzinsbare Vorschüsse seien, so betrügen die monatlichen Zinsen doch 21 600 Tlr., die Verwaltungskosten 5668 Tlr., die monatliche Einnahme dagegen käme nur auf 9000 Tlr., was ein monatliches Defizit von 18 268 Tlrn. ergäbe. Außerdem würden schon seit 3 Monaten die 6000 Tlr. Zuschuß zu den Festungsverpflegungsgeldern aus der Akzise nicht mehr gezahlt, die Stadt müsse also auch noch diese Gelder mit 9300 Tlrn. monatlich allein aufbringen. Die Stadtbehörden bäten zunächst wenigstens um baldigen Bescheid über den eingereichten Finanzplan.

Kurze Zeit nach diesem Gesuch, im Juni 1810 trat Altenstein aus dem Finanzministerium zurück, das der Kanzler Hardenberg mit übernahm. Es scheint, daß dieser, vom Oberpräsidenten Sack sofort über die Finanzlage der Stadt unterrichtet, sich der Sache ernstlich annahm und der Finanzkommission, die nach Altensteins Abgang die Leitung der staatlichen Finanzen in der Hand hatte, die Abhilfe dringlich machte. Zunächst mußte allerdings der Magistrat der Kommission nochmals eine Übersicht der Schulden, der jährlichen Einnahme und Ausgabe einreichen. Der Magistrat berichtete darüber am 12. Oktober

1810. Die Schuldsumme, die er angab, deckte sich ungefähr mit der im Immediatgesuch vom 25. Mai genannten. Die jährlichen Ausgaben mit dem Armenwesen, dem Servis und der Unterhaltung der Oderfestungen bezifferten sich aber auf 890 000 Tlr., wobei ein Defizit von 506 000 Tlrn. herauskam. Die Kommission ließ den Bericht jedoch wieder unerledigt liegen, weil der König inzwischen mit dem Edikt vom 27. Oktober 1810, betreffend die Finanzen des Staates, eine Generalkommission eingesetzt hatte, die den Auftrag erhielt, zu untersuchen, welche Kriegsschulden dem Staate und welche den Gemeinden zur Last fielen. Von den Arbeiten dieser Kommission sollte auch die Ordnung des Berliner Finanzwesens abhängen. Um diese Ordnung wenigstens etwas zu beschleunigen, veranlaßte Hardenberg am 13. Februar 1811 eine Konferenz der Staatsräte Stägemann und Sack[1]) mit dem Oberbürgermeister Gerlach. Ein nochmals geprüfter städtischer Etat wurde hierbei vorgelegt, in dem man das Armenwesen, das Serviswesen, die Straßenreinigung abgerechnet hatte, da es zweifelhaft war, ob der Staat die Kosten nicht auch fernerhin tragen würde. Hiernach ergab sich ein Fehlbetrag von jährlich 316 000 Tlrn. Die Konferenz beschloß, der Magistrat solle hierauf einen neuen Plan zur Deckung aufbauen und dabei besonders auf Abgaben von Fleisch und Brot, Luxussteuern und Erhöhung der Gewerbesteuer bedacht sein.

Um aber allen diesen Verzögerungen gegenüber inzwischen die Stadt zu unterstützen, hatte Hardenberg, wie schon vorausgeschickt wurde, vorläufig die Hamburger Wechselschuld berichtigt, er gab auch im Januar 1811 einen baren Vorschuß von 8000 Tlrn. Er wiederholte diesen im April und verfügte, daß vom 1. Juni 1811 ab ein Zuschlag zur Akzise — 3 Gr. auf den Taler — unter dem Namen Übertragsakzise zu Gunsten der Stadt erhoben werde. Ferner gab er bekannt, daß die am 1. Januar 1812 fälligen Zinsen der Stadtobligationen vom Staate vorschußweise gezahlt würden und stellte die Mittel dazu bereit. Die Festungverpflegung verschwand aus dem städtischen Etat durch das Edikt vom 6. Dezember 1811, das eine Klassensteuer für diesen Zweck anordnete und also die Kosten auf die Einwohner anstatt auf die Gemeinde legte. So wurde die städtische Verwaltung zunächst aus der schlimmsten Verlegenheit befreit. Die Hilfe war um so wertvoller, als die Generalkommission für die Abwicklung der Kriegsschulden, von deren Arbeiten die Regulierung der Berliner Finanzen abhängen sollte, erst im Juli 1812 zustande kam, dann aber wegen des Krieges mit Rußland sogleich ihre Tätigkeit wieder einstellen mußte.

Die fortgesetzt ungünstige wirtschaftliche Lage der Stadt, der Mangel an Geld und an Opferwilligkeit bei den Einwohnern hatten ihren Grund zum Teil darin, daß die Zukunft des Landes auch nach der Befreiung vom Feinde unsicher blieb. Obwohl man seit dem Abmarsch der Franzosen im Dezember

[1]) Sack hatte am 1. November 1810 die Stelle des Oberpräsidenten niedergelegt und war der Chef des Departements der allgemeinen Polizei im Ministerium des Innern geworden.

1808 eigentlich im Frieden lebte, war doch das Gefühl der Sicherheit nicht in die Stadt zurückgekehrt. Es herrschte die Vorstellung, als ob man sich noch nicht in bleibenden Zuständen befinde. Berlin war seit undenklicher Zeit der Sitz des Hofes und der Staatsregierung gewesen, es diente daher zur beständigen Beunruhigung, daß beide fern blieben, da man annehmen mußte, die Residenz biete noch nicht Sicherheit genug. Der Krieg zwischen Frankreich und Österreich brach aus, der preußische Staat konnte leicht wieder mit in den Krieg verwickelt werden, und weite Kreise des Volkes, auch in Berlin, hofften sogar auf eine Teilnahme Preußens zu Gunsten Österreichs. Es geschah das Außerordentliche, daß am 28. April 1809 ein königliches Regiment, das 2. brandenburgische Husarenregiment unter seinem Kommandeur, dem Major von Schill, eigenmächtig ins Feld rückte, um am Kriege teilzunehmen. Auch die Kompagnien des Leib-Infanterieregiments wären ohne das energische Einschreiten des Generals Grafen Tauentzien gefolgt. Dies Vorgehen der Schillschen Truppen wirkte aufregend in der ganzen Stadt, die Bevölkerung stand zum großen Teil auf ihrer Seite, wie denn auch viele Freiwillige sich ihnen anschlossen und Geldunterstützungen ihnen reichlich zuflossen.[1])

Als im Dezember 1809 dann der König und die Staatsregierung nach Berlin zurückkehrten und man auf ruhigere Zeiten hoffen zu dürfen glaubte, vermochte das Erwerbsleben trotzdem nicht die alten Bahnen zu finden. Alles Geschäft litt zunächst noch unter dem drückenden Mangel an barem Gelde in Silber und Gold. Den Nennwert der Scheidemünze hatte man schon seit dem ersten Einzuge der Franzosen nicht aufrecht halten können, da diese möglichst viel Gold und vollwertige Silbermünze, das sogenannte Kurantgeld an sich zogen. Sie behielten auch noch nach dem Frieden bis zum März 1808 die königliche Münze in ihrer Gewalt und durften das einträgliche Geschäft, Scheidemünze zu prägen, weiter betreiben, sodaß sie für 3 Millionen Taler davon ausgaben. Man kann sich vorstellen, wie der Wert dieses Geldes sank, umsomehr als die gleichen Sorten aus den von Preußen losgetrennten Provinzen, wo sie so gut wie wertlos geworden waren, hierher zuströmten. Zum Überfluß kam noch falsches, in England geprägtes Kleingeld hinzu. Diese Mißstände im Geldwerte, die sie selbst mitgeschaffen hatten, wußten die Franzosen noch für sich wucherisch auszubeuten. Sie verweigerten bei Einzahlungen die Annahme der Scheidemünze, gaben sie aber selbst bei Auszahlungen zwangsweise zum vollen Nennwert und kauften sie zu diesem Zweck zu dem niedrigen Kurse ein. Die hierdurch hervorgerufene Wertlosigkeit des allgemeinen Zahlungsmittels ließ sich auch nach der Entfernung der Franzosen schwer wieder ausgleichen. Noch Ende des Jahres 1810 gab man für den Taler Kurant etwa 36 Gr. Münze anstatt 24. Die Regierung hoffte

[1]) Schill hinterließ ungeachtet dessen nicht unbedeutende Schulden. Die Lieferanten des Ausrüstungsbedarfs scheinen meist ohne Bezahlung geblieben zu sein. Einzelne meldeten ihre Forderungen beim Magistrat an, der natürlich nichts dabei tun konnte. Dem Baron Kottwitz, der aus den Mitteln der von ihm gegründeten Arbeitsanstalt 3000 Tlr. hergegeben hatte, erstattete der König diesen Vorschuß zurück. Akten des Magistrats betr. die Effekten der Husaren des Schillschen Regiments. 1809.

mit der am 12. Februar 1809 eingeführten Gold- und Silbersteuer Edelmetall zur Prägung zu erhalten, indem alles verarbeitete Edelmetall dem Staate verkauft werden oder einer Stempelung zum Betrage von 1/4 des Wertes unterliegen sollte. Doch die Maßregel hatte nicht den erwarteten Erfolg und wurde am 9. Juli 1812 wieder aufgehoben. — Die Tresorscheine, von denen vor dem Kriege für 10 Millionen Tlr. im Umlauf waren, und die mit dem Silber durchaus gleichstanden, fielen, weil die französischen Kassen sie bald ausschlossen, bis auf 20 % ihres Nennwertes, und es gelang erst 1813, sie wieder vollwertig in den Verkehr zu bringen.

Wenn die Wiederkehr des Hofes und der Regierung Ende des Jahres 1809 zur Beruhigung in der Stadt hatte beitragen können, so war dies Gefühl doch nicht von Dauer. Verschiedene militärische Vorgänge in den nächsten Jahren erhielten die Besorgnis vor kriegerischen Verwickelungen wach. Die Garnisontruppen, die seit 1809 in Berlin standen[1]), wurden verstärkt. Das 1. westpreußische Dragonerregiment z. B. rückte ein, dazu mehrere Bataillone Infanterie, die man aus dem Osten heranzog. Auch sonst hörte man oft von Truppenverschiebungen im Lande. Bei dem gespannten Verhältnis zur französischen Regierung glaubte man stets, es könnte sich um Bewegungen gegen Frankreich handeln. Das Jahr 1812 brachte dann weitere militärische Maßregeln, aber nicht in dem Sinne, wie man wohl erwartet hatte. Der Vertrag mit Frankreich vom 24. Februar 1812 machte Preußen zu dessen Verbündeten, die preußischen Rüstungen dienten zur Verstärkung der französischen Heere, denen der Durchzug durch die preußischen Lande gegen Rußland eröffnet wurde. Die Stadt erlebte infolgedessen Zeiten wie die Jahre 1806 bis 1808, die gesamte Einwohnerschaft hatte fast unter dem gleichen Drucke zu leiden, wie damals. Auf Befehl Napoleons mußten die preußischen Truppen bis auf eine ganz geringe Anzahl — wie stark das zurückbleibende Kommando war, ist aus den Nachrichten nicht ersichtlich — Berlin verlassen. Das französische Machtwort galt allein wieder, und die Befriedigung der Ansprüche des Militärs stand im Vordergrunde des öffentlichen und privaten Lebens. Es ist erklärlich, daß weder die Staats- noch die Stadtbehörden in dieser Zeit an den weiteren Ausbau der städtischen Verfassung dachten.

In den letzten Tagen des März 1812, vom 25. an verließen die letzten preußischen Truppen die Stadt, und am 30. hielt der Herzog von Reggio, Oudinot, mit einem Teile des 2. Korps der großen Armee seinen Einzug. Von da ab marschierten unaufhörlich fremde Truppen, längere oder kürzere Rast hier haltend, durch die Stadt. Zum Gouverneur für Berlin war Graf Tauentzien vom Könige ernannt, aber Napoleon setzte daneben den Divisionsgeneral Durutte und einen besonderen Inspecteur chargé de l'administration supérieure de l'arrondissement Berlin, dessen Erlasse unter der Bezeichnung: Grande Armée, arrondissement de Berlin erschienen. Beide häuften

[1]) Das Garde-Jägerbataillon, das Leib-Infanterieregiment, 1 Schwadron Garde du Korps, 1 Schwadron Garde-Ulanen, das brandenburg. Husarenregiment, das brandenburg. Ulanenregiment, 5 Kompagnien Artillerie.

die Einquartierung ganz nach ihrem Belieben. Zu den vorrückenden Armeeteilen kamen von Juni ab zurückgehende Kranke, dann im Oktober Transporte von russischen Kriegsgefangenen und von Verwundeten. Während der Nachschub nach dem Osten jetzt immer geringer wurde, mehrten sich die Transporte von dort, auch ganze Truppenabteilungen zogen auf der Flucht nach Westen über Berlin, da die Hauptrückzugslinie durch die Hauptstadt ging. Verschiedene Marschälle und eine große Anzahl von Generalen, hohen Offizieren und Beamten nahmen ihren Weg über Berlin. Am 31. Januar 1813 zählte man noch 22797 Mann Einquartierung von fremden Truppen. Im Februar trat in der Rückzugsbewegung ein Stillstand ein, die Franzosen rüsteten sich, die Stadt gegen die heranziehenden Russen behaupten zu können. Der am 16. Februar mit einer Division des 11. Korps eintreffende Marschall Augereau hatte hier den Oberbefehl übernommen und behielt ihn, bis er Ende Februar durch Marschall St. Cyr abgelöst wurde. In Köpenick stand nach seinem Rückzug von der Oder seit dem 21. Februar der Stellvertreter des Kaisers, der Vizekönig von Italien, der die Berliner Garnison noch verstärkte. Im Februar waren durchschnittlich täglich 15000 Mann und 3500 Pferde zu verpflegen.

Am 4. März zog der Vizekönig seine Truppen aus der Residenz, nachdem er es aufgegeben hatte, die hiesige Gegend gegen die Russen zu halten, die dann am 11. hier einzogen. In der Einquartierungslast brachte dies aber keine Erleichterung, denn den März hindurch lagen täglich durchschnittlich 13300 Mann und 4000 Pferde von russischen Truppen und 8100 Mann und 1000 Pferde preußisches Militär in der Stadt, eine ansehnliche Zahl für das Berlin der damaligen Zeit. Die Anforderungen setzten sich in diesem Maßstabe in den nächsten Monaten fort, die Ziffer der russischen Soldaten nahm ab, dagegen stieg die der preußischen, der Gefangenen und Kranken. Im Juli 1813 hatte man die höchsten Zahlen, preußische Soldaten täglich etwa 18000, Gefangene 2000, Kranke 5500[1]).

Die Anwesenheit der französischen Armee in Berlin vom März 1812 bis zum März 1813 hatte das ganze öffentliche Leben beherrscht und die Berliner in Aufregung erhalten. Noch bevor sie sich zum Rückzug rüstete, erschienen Anzeichen, daß ihr Verlassen der Stadt noch keine Aussicht auf friedliche Tage bedeuten würde, und daß man von neuem bewegten Zeiten entgegen ginge. Bis zum 23. Januar 1813 war der König, wenn auch nicht in Berlin, so doch in der Nähe, in Potsdam gewesen. Als er sich am 23. nach Breslau begab, erregte dies Besorgnis, denn man wußte nicht, in welcher Absicht dies geschah, aber als am 3. Februar der Aufruf zur Bildung von freiwilligen Jägertruppen bei der Infanterie und Kavallerie bekannt wurde, und am 9. Februar das Edikt, das die Befreiung von der Kantonpflicht aufhob, glaubte man sicher annehmen zu können, daß ein neuer Krieg und

---

[1]) Über die Einquartierung und die Truppenbewegung zu Berlin in jener Zeit enthalten Nachrichten die beim Magistrat vorhandenen Servisakten aus den Jahren 1811 bis 1814.

zwar jetzt gegen Frankreich vorbereitet würde. Der Verdacht, daß dies der Fall sei, war auch bei den Franzosen vorauszusetzen, die noch als Verbündete in der Stadt verweilten. Dadurch kamen die städtischen Behörden nicht wenig in Verlegenheit. Nach dem Willen des Königs und nach Weisungen der Staatsbehörden sollte der Magistrat die Bildung der in dem Aufruf vom 3. Februar verlangten freiwilligen Truppen unterstützen, besonders den Freiwilligen Quartier geben. Hiervon durfte aber der französischen Besatzung nichts bekannt werden, um der Stadt und der Regierung keine Schwierigkeiten zu bereiten.

Erst als die Russen am 11. März Besitz von der Stadt ergriffen hatten, gewannen die Behörden freie Hand. Am 16. März kam es dann zur Kriegserklärung gegen Frankreich, am 17. erschien die Kabinetsorder wegen Errichtung der Landwehr und am 21. April die Verordnung über den Landsturm. Die Stadt hatte danach 4600 Mann Landwehr zu stellen und auszurüsten, die Tätigkeit der städtischen Behörden und die Mittel der Stadt wurden bei der Organisation außerordentlich in Anspruch genommen. Die Ausführung der Bestimmungen über den Landsturm gestaltete sich für Berlin so schwierig, daß eine Deputation von zwei Magistratsmitgliedern mit dem Stadtverordneten-Vorsteher zum König nach Breslau reiste, damit er die Bestimmungen mildere. Dies geschah denn auch durch die Verordnung vom 17. Juli 1813[1]).

Bis in den Spätherbst diente Berlin als Mittelpunkt für große Truppenbewegungen, die Schlachten von Großbeeren und Dennewitz wurden in der Entfernung von wenigen Meilen geschlagen. Die Verteidigung der Hauptstadt durch die verbündeten Armeen legte der Bürgerschaft zu den übrigen Lasten neue bisher unbekannte Verpflichtungen auf. Im Mai hatte das Gouvernement für das Land zwischen Elbe und Oder der Stadt die Anlage von Schanzen auf dem Zuge der Tempelhofer und Rixdorfer Höhen und auch vor einzelnen Stadttoren befohlen[2]). Die Einwohnerschaft von Berlin wurde in ausgedehnter Weise persönlich zu den Arbeiten herangezogen und der Bau auch noch fortgesetzt, als nach der siegreichen Schlacht bei Dennewitz am 6. September ein weiterer Angriff nicht mehr zu befürchten stand. In der Mitte des September entsendeten Magistrat und Stadtverordnete den Stadtbaurat Langerhans, den Stadtrat Wilm, den Stadtverordneten-Vorsteher Humbert und den Stadtverordneten Laspeyres als Deputation in das Hauptquartier des Feldherrn der Nordarmee, des Kronprinzen von Schweden nach Zerbst, um ihm im Namen der Stadt für seine Siege, für seinen Schutz und ihre Rettung zu danken und um Erlaubnis zu bitten, daß eine Erinnerungsmedaille mit seinem Bildnis geprägt würde. Dies war jedoch nicht der eigentliche Zweck der Deputation, es war nur ein Mittel, eine Audienz beim Kronprinzen zu erreichen, der Hauptzweck war, ihn bei dieser Gelegenheit zu bitten, daß

---

1) Das Nähere in den Akten des Magistrats, die Organisation der Landwehr betreffend.

2) Die Schanzen lagen auf den südlichen Höhen von den Rixdorfer Rollbergen bis zu der Stelle hin, wo zur Zeit das Denkmal auf dem Kreuzberg steht, einzelne auch dicht bei der Stadt vor den Stadttoren auf der Südseite.

der Bau der Befestigungen eingestellt und die drückende Last der Schanzarbeit den Einwohnern abgenommen würde. Der Kronprinz genehmigte in zwei Audienzen am 20. und 22. September die Prägung der Medaille, wenn der König von Preußen damit einverstanden sei, und erklärte, die Erweiterung der Schanzenanlagen sei überflüssig, man solle nur die vorhandenen zu erhalten suchen, was durch Verwendung von Kriegsgefangenen geschehen könnte, die Mitwirkung der Bürgerschaft sollte unterbleiben. Danach verfuhr denn auch die davon in Kenntnis gesetzte Militärbehörde in Berlin, und die städtischen Abgesandten sahen ihre Wünsche erfüllt. Die Medaille ist, obwohl der König seine Zustimmung zu einem Entwurfe gab, nicht geprägt worden[1]).

Das Jahr 1814 brachte der Stadt endlich allmählich wieder die Rückkehr zu friedlichen Verhältnissen. Die Durchmärsche fremder Truppen setzten sich zwar noch fort, erreichten ihre Höhe im August mit 18 345 Mann Russen, nahmen dann aber gegen Ende des Jahres ab. In wie weit wurden nun die städtischen Behörden für Kriegsleistungen in den Jahren 1812, 1813 und 1814 herangezogen? Ihre finanzielle Lage war sehr ungünstig, da sie noch nichts von den Schulden aus der Zeit von 1806 bis 1808 hatten abtragen können. Ob die Stadtkasse im Jahre 1812 für die durchziehenden französischen Truppen in Anspruch genommen wurde, geht aus den Akten nicht hervor. Es ist aber nicht wahrscheinlich; man muß annehmen, daß die Einwohnerschaft und der Staat dafür aufkamen. Die preußische Kriegsschuld an Frankreich war zu Anfang des Jahres 1812 noch nicht viel über die Hälfte entrichtet, es blieben noch über 50 Millionen Taler zu bezahlen. Durch Vertrag vom 24. Februar 1812 übernahm Preußen die Verpflegung der durchmarschierenden französischen Truppen gegen Anrechnung der Kosten auf die Kriegsschuld, und so bestritt der Staat denn auch den Bedarf der großen Armee, was Berlin anbetrifft. Die Last der Einquartierung und zum Teil der Verpflegung fiel aber hauptsächlich auf die Bürgerschaft, da die dafür gewährte Entschädigung bei weitem nicht ausreichend war.

Unter einer Generalkommission für das Verpflegungs-, Einquartierungs- und Marschwesen mit dem Geheimen Staatsrat Klewitz an der Spitze leitete die königliche Serviskommission das Geschäft der Einquartierung nach gewissen Vorschriften, die der Minister des Innern am 1. April 1812 erlassen hatte. Es war darin festgesetzt, daß alle Eigner und Mieter zur Natural-Einquartierung verpflichtet seien; wer davon befreit werden könne, habe eine Sublevationssteuer zu entrichten. Die Staatsbehörde hatte sich mit dem Erlaß dieser Vorschriften über die Bestimmungen der Städteordnung hinweggesetzt, da zu einer städtischen Steuerauflage die Mitwirkung der städtischen Behörden erforderlich gewesen wäre. Daher lehnte es der Magistrat ab, daß Stadtverordnete oder Bezirksvorsteher an den Arbeiten der Kommission teilnähmen, ohnehin wünschte man durchaus keine Sublevation, man wollte die Einquartierung gleichmäßig auf alle Schultern gelegt sehen. Da erhielt

---

[1]) Akten des Magistrats betr. Absendung einer Deputation an den Kronprinzen von Schweden. Warum sie nicht geprägt wurde, geht aus den Akten nicht hervor.

der Magistrat vom Kanzler einfach den Befehl, binnen 24 Stunden ohne Rückfrage bei der Stadtverordneten-Versammlung vier Stadtverordnete zur Serviskommission zu deputieren, und dem Befehle mußte er natürlich auch nachkommen. — Zu Ende des Jahres 1814 ließ die Truppenbewegung soweit nach, daß die Mieter mit Natural-Einquartierung verschont wurden und die Eigentümer sie allein trugen.

Für das, was die französische Armee gebraucht hatte, trat also der Staat ein, dagegen wurden in der Zeit der Befreiungskriege der städtischen Verwaltung für das preußische Heer folgende Leistungen auferlegt: Für Verpflegung von Truppen 65 790 Tlr., für Bekleidung 67 883, für Mobilmachung der Armee 85 592, für Ausrüstung von Landwehrmannschaften etwa 200 000, für Lazarete 24 408, für die Ausrüstung von Spandau 9060 Tlr.[1]). Die Deckung dieser Ausgaben war bei dem Geldmangel in den städtischen Kassen nicht leicht. Vom Juni 1811 ab hatte Hardenberg der Stadt einen Akzisezuschlag bewilligen lassen (S. 132), eine Kabinetsorder vom 31. März 1813 verlieh ihr einen Anteil an der Schlacht- und Mahlakzise, sowie an der Einnahme aus dem Braumalz, der dann auf Veranlassung des Ministers des Innern vom 1. Oktober ab erhöht wurde, für die Schlachtakzise trat durch Kabinetsorder vom 23. Juni 1814 eine weitere Erhöhung ein. Die Stadt erhielt aus diesen Steuern für 1813 144 600 Tlr., für 1814 235 000 Tlr. Die Bedeutung der Summen läßt sich im Vergleich mit der Einnahme der Kämmerei schätzen, die in den beiden Jahren durchschnittlich 77 000 Tlr. betrug. Zu den Ausgaben für die Stellung und Ausrüstung der Landwehrmannschaften schrieben Magistrat und Stadtverordnete eine besondere Abgabe aus, eine Art Mieterabgabe, nämlich einen Groschen von jedem Taler der jährlich zu zahlenden Miete. Die Auflage wurde zweimal erhoben. Außerdem griff man dazu, die 1809 schon einmal eingeführte Abgabe der Handwerksgesellen, Gehilfen und dergleichen Personen auf einige Zeit zu wiederholen[2]). Mit allen diesen Mitteln gelang es der städtischen Verwaltung, durch die Jahre 1812, 1813 und 1814 zu kommen, ohne neue Schulden zu machen.

Nach diesen Jahren traten, wie schon bemerkt wurde, ruhige Zeiten ein, wo einer Ordnung und weiteren Entwicklung der städtischen Verfassung und Verwaltung nichts mehr im Wege war. Über die Lage der städtischen Finanzen in der ersten Zeit unterrichten uns die Veröffentlichungen der Stadtverordneten-Versammlung von 1817 und 1819[3]). Indem die Stadtverordneten damit vorangingen, Berichte über die städtische Verwaltung durch den Druck bekanntzumachen, was, wie man meinen sollte, doch zuerst Sache des Magistrats, als des Vorstehers der Stadt (§ 47 der St. O.), hätte sein müssen, scheinen sie von der Ansicht ausgegangen zu sein, daß der Schwerpunkt in der städtischen Verwaltung bei ihnen liege, nicht beim Magistrat, daß ihnen auch vorwiegend

[1]) Akten des Magistrats. Leistungen und Lieferungen, Generalia Nr. 10, Vol. V.

[2]) Sie wurde 1817 wieder aufgehoben.

[3]) Die Stadtverordneten an ihre Mitbürger über die Verwaltung ihrer Kommunal-Angelegenheiten. 1817. Ebenso 1819.

die Verantwortung, namentlich für den Haushalt, zufalle. Schon 1810 beim Beginn des zweiten Amtsjahres hatte die Versammlung beabsichtigt, auf Grund des § 40 der mit der Städteordnung verbundenen Instruktion für die Stadtverordneten, einen Verwaltungsbericht der Öffentlichkeit zu übergeben. Der Magistrat meinte jedoch damals, daß der § 40 wohl der Versammlung das Recht verleihe, über die Verwaltung des Magistrats ein Gutachten zu äußern, nicht aber über die Lage der städtischen Angelegenheiten überhaupt. Das letztere bilde aber den Inhalt ihres Berichtes, es sei darin überdies die Schuld für mancherlei Übelstände, z. B. für die drückende Last der Bürgergarde, der vorgesetzten Behörde beigemessen, und dies könne zu Mißhelligkeiten führen. So wurden denn der Bericht für 1809 und die späteren zunächst nur in der Sitzung verlesen. Bei dem Bericht für 1817 erhob der Magistrat keinen Einspruch mehr gegen die Veröffentlichung, auch die Zensurbehörde hatte nur wenig daran auszusetzen.

Der Bericht von 1817 schickt eine Einleitung voraus, worin erklärt wird, die wohltätigen Folgen der Städteordnung würden sich noch mehr zeigen, wenn die Polizei, das Bürgerwacht- und das Armenwesen nicht unter anderen Behörden ständen und Magistrat und Stadtverordnete überhaupt wenigstens einige von den öffentlichen Anstalten selbständig zu verwalten hätten. Im übrigen beschäftigen sich beide Berichte nur mit dem Finanzwesen der Stadt, besonders mit den Schulden und deren Tilgung. Die General-Regulierungskommission für die Kriegsschulden aller Provinzen hatte der König, nachdem sie eigentlich gar nicht zum Beginn ihrer Arbeiten gekommen war (S. 132), im Dezember 1814 aufgehoben und die Ordnung dieser Angelegenheiten auch für die Stadt Berlin dem Minister des Innern übertragen, der seinerseits die Arbeiten der am 30. April 1815 eingesetzten Regierung für die Stadt überwiesen hatte. Die Schuld belief sich am 1. Januar 1817 noch auf rund 4 243 000 Tlr. Durch die der Stadt gewährte Teilnahme an der Akzise, an der Mahl- und Schlachtsteuer war wenigstens die Möglichkeit geschaffen worden, die Schuld zu verzinsen, und die Stadtobligationen hatten sich aus ihrem sehr gesunkenen Kurse erhoben, aber eine Amortisierung ließ sich noch nicht sichern. Hierzu hatten Magistrat und Stadtverordnete der Regierung wieder verschiedene neue Steuern vorgeschlagen, die alle auf indirekte Besteuerung hinausliefen. Sie fanden aber damit bei der Regierung keinen Beifall und gegen eine direkte Steuer wehrten sich die Stadtverordneten, wie stets bisher. Der Bericht von 1819 weist dann einen etwas verminderten Stand der Schuld auf, so daß sie 4 Millionen nur um 37 000 Tlr. überstieg, doch erforderte die Verzinsung immer noch 180 000 Tlr. und die Amortisation wurde durch den steigenden Zuschuß, den die Kämmerei jetzt verlangte, verhindert. Auch über die Kämmerei, die der Bericht von 1817 übergeht, erhalten wir Mitteilungen. Das Einlagegeld, in der Zeit vor 1806 das Rückgrat der ganzen Kämmerei, war durch ein Edikt vom 26. Mai 1818 als der Gewerbefreiheit zuwider aufgehoben, ebenso verschiedene kleine Gefälle, wie das Bierspundgeld und dergl. Dagegen hatten sich die Ausgaben für die Beamten durch deren Vermehrung sehr erhöht, so daß die Kämmerei 1819 eines Zuschusses von 32 500 Tlrn. aus der Stadtkasse (S. 127) oder Stadtschuldentilgungskasse, wie sie eigentlich hieß, bedurfte.

Weitere Mitteilungen über die städtischen Finanzen brachten die Stadtverordneten in ihrem gedruckten Bericht von 1822. Der Bericht beschränkte sich nicht, wie die von 1817 und 1819, auf das Finanzwesen, sondern gab auch über andere Verwaltungszweige Auskunft, weshalb wir ihm schon an mehreren Stellen in diesem Abschnitt begegnet sind. Über den gesamten Haushalt der Stadt brachte er allerdings noch keine Übersicht, weder bei den Einnahmen noch bei den Ausgaben. Man erfährt, daß nunmehr drei städtische Kassen eingerichtet waren, die Kämmerei, die bisherige Schuldentilgungskasse und die Haus- und Mietsteuerkasse, die eigentlich für die Anforderungen des Militärwesens dienen sollte. Aber nicht erwähnt wird die Hauptarmenkasse für die Armenverwaltung, obwohl deren Einnahme und Ausgabe über 200 000 Tlr. betrug, fast das Doppelte der Kämmerei. Die Zusammenstellung eines Haushaltsetat fehlt noch gänzlich. Die Einnahmen der Kämmerei reichen, wie schon die früheren Berichte hervorhoben, zur Bestreitung ihrer Ausgaben, namentlich seit Hinzutritt der Polizeikosten nicht hin, den dritten Teil müssen Zuschüsse aus der Schuldenkasse und aus der Haus- und Mietsteuerkasse decken. Die letztere wird auch, wie wir früher schon sahen, erheblich für das Armenwesen, besonders für die Armenschulen in Anspruch genommen.

Die Haus- und Mietsteuerkasse sowie die Stadtschuldenverwaltung hatten die größten Einnahmen und behielten sie auch in der folgenden Zeit. Die Haus- und Mietsteuer stieg stetig wegen der Zunahme des Mietwerts der Häuser, sie betrug 1820 306 000, 1826 schon 356 000 Tlr. Die Kasse der Stadtschuldenverwaltung wurde zuerst einzig und allein aus der Kommunalakzise gespeist, das heißt aus dem Zuschlage zur staatlichen Akzise, den der Staat der Stadt bewilligte. Durch das Gesetz vom 26. Mai 1818, das die Verbrauchsteuer ausländischer Waren herabsetzte, wurde die staatliche Akzise und mit ihr auch der städtische Anteil gemindert. Er fiel 1819 um etwa 100 000 Tlr., so daß nicht nur die Schuldentilgung stockte, sondern auch die Zinsen der Obligationen nicht gezahlt werden konnten und der Staat wieder mit Vorschüssen aushelfen mußte. Als dann das Abgabengesetz vom 30. Mai 1820 an Stelle der bisher mit der Akzise verbundenen Mahl- und Schlachtakzise eine besondere Mahl- und Schlachtsteuer eingeführt hatte, durfte die Gemeinde nach Verordnung vom 21. November 1821 dazu einen Zuschlag von 50% erheben. Außerdem gewährte ihr eine Kabinetsorder vom 22. Dezember 1820 25% Zuschlag zur Braumalzsteuer, die in einer Verordnung vom 8. Februar 1819 für die Städte vorgesehen war, in denen die Akziseverfassung bestanden hatte. Durch diese Einrichtungen hob sich die Einnahme wieder, wenn auch nicht auf die frühere Höhe, so doch auf durchschnittlich etwa 240 000 Tlr. jährlich. Es konnten zwar keine Zuschüsse aus der Kasse zu sonstigen städtischen Ausgaben mehr gewährt, auch nicht die Stadtschuld amortisiert, aber doch die Zinsen gezahlt werden. Der Kurs der Obligationen kam 1822 auf Pari, wozu nicht unwesentlich der

Umstand beitrug, daß die 1818 eingerichtete Sparkasse ihre Gelder in diesen Papieren anlegte. Für die Tilgung der Stadtschulden wurde erst 1829 mit der Kabinetsorder vom 24. Juni ein systematischer Tilgungsplan genehmigt, wonach die Einnahmen aus der der Stadt bewilligten indirekten Steuer, nämlich den Zuschlägen zur Mahl- und Schlachtsteuer und zur Braumalzsteuer nur zur Verzinsung und Tilgung der Schuld zu verwenden waren. Die Zinsen der Obligationen wurden auf 4 — später auf $3^1/_2$% — heruntergesetzt. Die Tilgung sollte bis 1861 beendet sein und die Regierung in Potsdam zufolge der Kabinetsorder die Einhaltung der Bestimmungen überwachen, eine Maßregel, die man von 1838 ab fallen ließ. In einer Kabinetsorder vom 3. Dezember 1838 genehmigte der König dann auch, daß man die über einen gewissen Durchschnitt hinausgehenden Einnahmen aus den beiden Steuern zu anderem Bedarf verwenden dürfte, wodurch etwa 60000 Tlr. jährlich für andere städtische Ausgaben frei wurden.

Man war also im zweiten Jahrzehnt des Bestehens der Städteordnung dahin gelangt, daß die Einnahmen für die Ausgaben hinreichten, keine neuen Schulden gemacht werden brauchten und ein fester Tilgungsplan für die vorhandenen vorlag. Dies ermöglichten hauptsächlich die Überschüsse der Haus- und Mietsteuer, die eigentlich nur der Servisverwaltung dienen sollte, und die indirekte Steuer, die Mahl-, Schlacht- und Braumalzsteuer. Zu einer Entscheidung darüber, was der Staat zu den Verwaltungskosten in der Residenz beizutragen verpflichtet sei, kam es im zweiten Jahrzehnt noch nicht. Dem wachsenden Bedarf der Armenverwaltung, namentlich des Armen-Schulwesens, gegenüber wurde der Staatszuschuß nicht erhöht, sondern von 75000 auf 55000 Taler erniedrigt. Die Besoldung der Polizeibeamten war nach dem Gesetz vom 30. Mai 1820 der Stadt abgenommen (S. 120), ebenso die der Richter und Justizbeamten, aber die Unterhaltung der Stadtvogtei, der Gerichts- und Polizeigefangenen lag der Stadt noch ob, und die Ausgaben dafür steigerten sich von Jahr zu Jahr.

So war der Haushalt zwar einigermaßen geregelt, aber die Lage der Finanzen durchaus nicht glänzend. Dies machte sich besonders bei der Kämmerei und den von ihr abhängigen Verwaltungen bemerkbar. Für die Unterhaltung der öffentlichen Gebäude blieb wenig Geld verfügbar. 1809 war die Petrikirche abgebrannt. Man wagte es nicht, den Wiederaufbau dieser alten Pfarrkirche, der ältesten neben der Nikolaikirche, in Angriff zu nehmen, weil zu einem monumentalen Bau, wie ihn die Überlieferung verlangte, die Mittel versagt hätten. Für die Pflasterung der Straßen und die Unterhaltung der Brücken hatte von alters her, sicher seit 1684 der Fiskus gesorgt, zuletzt aus der Rücksicht, daß er sich im Genuß der Akzise befand, die von der Bürgerschaft aufgebracht wurde. 1820 trat die königliche Baudeputation mit dem durchaus begründeten Anspruche hervor, daß nach § 179 der St. O. diese Kosten der Stadt zur Last fielen, und verlangte Erstattung der seit Einführung der Städteordnung aufgewendeten Beträge. Hätte die Stadt diese Zahlungen leisten müssen, so wäre es mit der Zinszahlung für die Schulden sofort vorbei gewesen. In einem vom Fiskus angestrengten Prozesse entschied aber das Kammergericht durch das Urteil vom 17. Februar 1823, daß diese Leistungen des Fiskus privatrechtlicher Natur seien und die Vorschriften der Städteordnung darauf keinen Einfluß hätten, der Magistrat die Befreiung von den Kosten durch Verjährung besitze. Danach brauchte die Stadt nur bei den seit 1820 angelegten Straßen für das Pflaster zu sorgen, was damals wenig bedeutete.

Urteile über die Zweckmäßigkeit oder über nachteilige Folgen der Städteordnung brachten während der Kriege und der großen Umwälzungen im Staatswesen, sowie in den nächsten Jahren weder die öffentlichen Blätter der Residenz noch die sonstige Literatur. Wie man sich in Berlin zu dem Gesetze stellte, erfahren wir nur aus den Äußerungen der Stadtverordneten, zunächst aus den gedruckten Berichten. Gleich in dem ersten vom Jahre 1817 wird ausdrücklich hervorgehoben, wie wohltätig die Folgen der neuen Ordnung schon gewesen seien. Daß alljährlich der Tag des Erlasses der Städteordnung, der 19. November, festlich begangen wurde, deutete auch auf eine Wertschätzung der Einrichtung hin. In den späteren Berichten kehren derartige kritische Bemerkungen über das ganze Gesetz nicht wieder, weder in lobendem noch in tadelndem Sinne. Bei den gedruckten Kundgebungen ist aber zu berücksichtigen, daß sie, als für die Öffentlichkeit bestimmt, vorher der Zustimmung des Magistrats und der Zensurbehörde bedurften. Im Schoße der Versammlung konnten vielleicht andere Ansichten herrschen. Einige Einblicke gewähren uns in dieser Beziehung die schriftlichen Berichte, die der Vorsteher jedesmal zum Beginn eines neuen Amtsjahres über die Tätigkeit der Versammlung erstattete. Aus diesen uns in den Akten erhaltenen Stimmungsbildern ersehen wir, daß allerdings der Eifer in der Teilnahme an den Geschäften allmählich etwas erkaltete. Im ersten Jahre hatten 114 stark besuchte Sitzungen stattgefunden. Die Sitzungen verringerten sich, noch mehr aber der Besuch, der Vorsteher mußte immer wieder und wieder zum regelmäßigeren Erscheinen ermahnen. Es wird mitgeteilt, daß sich schwer Bürger finden lassen, die unbesoldete Ämter, besonders das des Bezirksvorstehers übernehmen wollen. Die Neigung, sich an der Selbstverwaltung zu beteiligen, ließ demnach zu wünschen übrig. Die Berichte führen ferner Klage darüber, daß die Städteordnung kaum etwas dazu beigetragen habe, das Bürgerrecht in höhere Achtung zu bringen, denn ein bemittelter Mann suche dessen Gewinnung nur aus zwingenden Gründen nach. Schwere Bedenken werden von Anfang an erhoben über § 184, der alle Kosten der Polizei und der Justizpflege ungerechtfertigterweise den Gemeinden auferlege und die Stadt in Zukunft so belaste, daß sie schließlich „erliegen" müsse. Die Stadtverordneten trösten sich nur damit, daß die Entscheidung darüber, was der Staat und was die Stadt zu tragen habe, vorläufig ja noch aufgeschoben sei. Deshalb erachtete man auch die interimistische Einrichtung in der Verwaltung des Armenwesens, das der Stadt eigentlich ganz überlassen werden sollte, für durchaus richtig. Die eifrigen Bemühungen des Oberbürgermeisters von Gerlach, den Vorteil der Stadt wahrzunehmen, werden dankbar anerkannt. Sehr häufig wiederholen sich Äußerungen, daß den Verordneten die Teilnahme an der Verwaltung wichtiger Zweige der städtischen Wohlfahrtpflege noch so beschränkt sei, daß sie sich immer nur mit Vorschlägen und Beschwerden begnügen müssen.

Über neue Gesetze und Verordnungen der Staatsbehörden, die nicht den Beifall der Versammlung haben, findet man hier freimütige Beurteilungen, während sich die gedruckten Berichte kein absprechendes Urteil erlauben. So äußert die Versammlung scharf ihre Unzufriedenheit mit den Einrichtungen der Bürgergarde. Sie erhebt mehrmals dringende Vorstellungen gegen das Gewerbesteuergesetz vom 2. November 1810. Weil der Gewerbeschein allein schon zur Befugnis des Betriebes genüge, ohne Erwerbung des Bürgerrechts, werde dies noch mehr entwertet. Durch die Gewerbefreiheit verliere das Handwerk seinen Absatz, die Handwerker verarmten, die für das Handwerk so notwendigen Innungen müßten zerfallen. Auch über die schwere Belastung durch Einquartierung und Servis wird häufig und heftig geklagt, da diese die Entwertung der Grundstücke nach sich zögen. Ferner tadelt man die Stempelgesetze, die direkten Steuern, die Vermehrung der Beamten. Dem größten Mißfallen aber begegnete das Gesetz über die allgemeine Wehrpflicht vom 3. September 1814. Hierbei begnügten sich indessen die Stadtverordneten nicht mit der Kritik innerhalb der Versammlung, es kam zu heftigen Auseinandersetzungen mit den Staatsbehörden.

Der geborene Berliner genoß von alters her Freiheit vom Militärdienst, die sogenannte Kantonfreiheit, derzufolge ihn keine Truppe für die Rekrutierung in ihre Listen eintragen durfte. Noch andere märkische Städte, z. B. Potsdam und Brandenburg, hatten das gleiche Recht. Das Gesetz über die allgemeine Wehrpflicht hob diese Bevorzugungen auf. Aber daß das Gesetz gerechterweise die gleichen Pflichten gegen den Staat auf alle Staatsangehörige legen mußte, fand anscheinend in der hiesigen Bürgerschaft wenig Verständnis, man glaubte dem Ganzen kein Opfer schuldig zu sein. Die Stadtverordneten beschlossen der allgemeinen Unzufriedenheit Ausdruck zu geben und sandten an den Kanzler nach seiner Rückkehr aus Paris im Dezember 1815 eine Deputation, die ihn um seine Vermittlung bitten sollte, daß dem Berliner Bürgersohn Befreiung vom Dienst im stehenden Heere, also eine Ausnahmestellung gegenüber dem Gesetze gewährt würde. Der Kanzler lehnte der Deputation gegenüber seine Vermittlung ab und ebenso das schriftlich wiederholte Gesuch der Stadtverordneten durch einen Bescheid vom 21. Februar 1816. Dem ungeachtet richteten Magistrat und Stadtverordnete am 8. Oktober 1816 ein Immediatgesuch an den König mit ausführlicher Darlegung, worin gesagt wurde, daß die Stadt durch ältere Kabinetsorders ein Recht auf Befreiung erworben habe, und daß das gleiche Recht außerdem viele Bürger für sich besäßen, insofern von ihren Vorfahren im vergangenen Jahrhundert Zahlungen an die Rekrutenkasse geleistet seien, um es für ihre Familien zu erwerben.

Es war der Geist der alten Stadtwirtschaft, der hier noch einmal wieder auflebte; von der Kirchturmpolitik, der der Staatsgedanke noch fremd war, die der Allgemeinheit dem eignen Interesse gegenüber keine Rücksicht schuldig zu sein glaubte, konnten sich viele noch nicht ganz freimachen. Die Majorität des Magistrats schloß sich dem Widerstande der Stadtverordneten an. Bei ihr siegte der Jurist der alten Schule über den Politiker. Man meinte daran festhalten zu müssen, daß das erworbene Recht vom Staate nicht beseitigt werden dürfte. Der König lehnte das Gesuch, ebenso wie das der Stadt Potsdam, mit Kabinetsorder vom 25. Oktober 1816 an den Minister des Innern ab. Die angeführten Rechtsgründe seien nicht maßgebend, die ganze frühere Kantonverfassung sei gesetzlich aufgehoben. Auf eine nochmalige Vorstellung der städtischen Behörden folgte dann aber eine äußerst scharfe Erwiderung des Königs vom 2. Januar 1817, gerichtet an das gesamte Staatsministerium[1]). Er gibt den Antragstellern, also den städtischen Behörden, seine höchste Ungnade zu erkennen, bezeichnet die zugrunde liegende Gesinnung als unwürdig und droht mit Bestrafung und öffentlicher Bekanntmachung derer, die ferner in so unpatriotischer Weise vorgehen würden. Eine darauf folgende Entschuldigung und versuchte Rechtfertigung der Stadtverordneten an den Kanzler blieb unbeantwortet. — Als später die Stadtverordneten wegen der großen Belästigungen der Berliner Landwehrmänner durch die vierwöchigen Übungen des 1. und 2. Aufgebots am 20. März 1818 Gesuche an den König, an den Kanzler, den Minister des Innern und den Kriegsminister richteten, worin sie um Kürzung der Übungen baten, wurde dies nicht als ein unpatriotischer Wunsch aufgefaßt. Sie erhielten eine wohlwollende Antwort, aber geändert wurde allerdings nichts.

Die Stadtverordnetenversammlung nahm bei dem, was sie für ihre eigene Geschäftsführung nötig hatte, in anerkennenswerter Weise Rücksicht auf die beschränkten Mittel der Kämmerei, der die Ausgaben dafür zur Last fielen. Es machte Mühe, mit wenig Kosten die Versammlung und ihre Verwaltung unterzubringen, da die Rathäuser wenig Raum boten und sich schwer durch Anbau erweitern ließen. Nachdem die Versammlung ihre ersten Sitzungen im Palais des Prinzen Heinrich, der jetzigen Universität, kostenfrei hatte abhalten dürfen, wurde eine einfache Wohnung in der Kurstraße gemietet[2]) und für den Zweck hergerichtet. Einen Teil davon erhielt noch die Bürgergarde für ihr Bureau. Gemeinschaftlich mit diesem Bureau bezog die Versammlung dann 1810 eine andere Mietwohnung Niederlagstraße 7[3]), worauf sie 1814 eine Zufluchtstätte, auch mietweise, in der alten Börse im Lustgarten fand. Erst am 1. Oktober 1822 konnte sie in einem städtischen Gebäude, dem kölnischen Rathause untergebracht und mit dauernden Einrichtungen für ihren Bedarf ausgestattet werden. Sie erhielt dort die Räume im ersten Stock an der Ecke der Breiten Straße und der Gertraudtenstraße, wo sie verblieb, bis 1870 das neue Rathaus in der Königstraße zu ihrer Aufnahme eingerichtet war[4]).

---

1) Abgedruckt bei Streckfuß, Berlin im 19. Jahrhundert. Bd. 2 S. 154.

2) Nr. 50, Ecke der Holzgartenstraße.

3) Gehört jetzt zu Schinkelplatz 1.

4) Eine Abbildung des Gebäudes ist diesem Buche beigefügt. Man vergleiche dazu, was in der Vorrede zu dem Bilde bemerkt ist.

Das Kölnische Rathaus.

Die Städteordnung von 1831, die Stellung des Magistrats zu den Stadtverordneten, der Ausgleich mit dem Fiskus 1838.

Als die preußischen Stadtgemeinden zwei Jahrzehnte nach den Vorschriften der Städteordnung verwaltet waren, begann die wissenschaftliche Kritik sich mit den Ergebnissen des Gesetzes zu beschäftigen. Nach dem allgemeinen Urteil hatte das Gesetz den Erwartungen entsprochen, die städtischen Einrichtungen und die Teilnahme der Bürger an der Verwaltung gefördert, in mancher Hinsicht hielt man es aber für verbesserungsfähig. Zwei Richtungen machten sich für das, was wünschenswert erschien, geltend. Die eine vertrat besonders Friedrich von Raumer, damals Professor der Staatswissenschaften in Berlin[1]). Von ihrem Standpunkt aus waren die bürgerlichen Rechte noch zu sehr eingeschränkt. Zunächst müßte das Bürgerrecht auf weitere Schichten der Einwohnerschaft ausgedehnt werden, die gesonderte Stellung der Schutzverwandten möglichst aufhören. Das Wahlrecht für die Wahlen der Stadtverordneten müßte weiter auf die Unbemittelten übergreifen, bei der Zusammensetzung der Stadtverordnetenversammlung dürfte der Grundbesitz weniger bevorzugt werden. Um eine vollkommnere Vertretung aller Einwohner in den städtischen Angelegenheiten zu erreichen, wären neben den Stadtbezirken Korporationen als Wahlkörper aufzustellen, z. B. die Innungen, die Universität; auch aus der Lehrerschaft und dergleichen Vereinigungen sollten Wahlen hervorgehen. Gegen das Übergewicht, das die Städteordnung den Stadtverordneten über den Magistrat verlieh, fand man nichts zu erinnern, auch eine Erweiterung der Staatsaufsicht wäre weder notwendig noch zweckmäßig.

Der anderen Richtung, deren Ansichten hauptsächlich der vortragende Rat im Ministerium des Innern Karl Streckfuß Ausdruck verlieh, gingen die den Bürgern verliehenen Rechte zu weit. Streckfuß[2]) wollte nur die Wohlhabenderen, und zwar in noch größerer Beschränkung, als bisher, zum Bürgerrechte verpflichten, dabei allen Gewerbebetrieb und die Erwerbung von Grundstücken von diesem Rechte unabhängig machen. Die Stimmfähigkeit für die

---

[1]) Fr. v. Raumer, Über die preußische Städteordnung. Leipzig 1828.

[2]) Streckfuß, K., Über die preußische Städteordnung. Beleuchtung der Schrift des Herrn von Raumer. Berlin 1828.

Stadtverordnetenwahlen und die Wählbarkeit sollte unter den Bürgern ebenfalls auf einen weit geringeren Kreis von vermögenderen Personen beschränkt werden. Die Stellung des Magistrats den Stadtverordneten gegenüber wünschte er unabhängiger und den Einfluß der Regierung verstärkt. Besonders hielt er bei Verfügungen über städtisches Vermögen ihre Genehmigung für notwendig.

Die Kritiken erschienen zu einer Zeit, wo die Regierung sich ebenfalls mit den Wirkungen der Städteordnung und mit etwa notwendig gewordenen Abänderungen beschäftigte. Deklarationen hatten sich, da das Gesetz in sehr kurzer Zeit und unter dem Einfluß der damaligen politischen Verhältnisse fertiggestellt worden war, schon im ersten Jahrzehnt nach seinem Erscheinen als zweckmäßig erwiesen. Das Ministerium des Innern ging sogar 1816 an eine vollständige Umarbeitung, zumal die Absicht bestand, die Städteordnung auch in den wieder mit dem preußischen Staate vereinigten Landesteilen einzuführen. Die Umarbeitung kam aber nicht zustande, ebenso unterblieb zunächst die Ausdehnung auf weitere Landesteile. Nachdem dann 1823 die Provinzialstände wieder ins Leben gerufen waren, wurden die Erfahrungen, die man mit der Städteordnung gemacht hatte, natürlich Gegenstand ihrer Verhandlungen. Zuerst beschäftigten sich die brandenburgischen damit. Fragen, die in der öffentlichen Kritik bei Raumer und anderen besprochen wurden, kamen auch hier auf die Tagesordnung. Die Stände hielten z. B. eine Beschränkung der Stimmfähigkeit für die Teilnahme an den Wahlen der Stadtverordneten und der Wahlfähigkeit selbst für notwendig, um eine bessere Zusammensetzung der Stadtverordnetenversammlungen und in Folge davon der Magistrate in den Provinzstädten zu erhalten. Sie wünschten besonders auch die Amtsdauer der Magistratsmitglieder auf Lebenszeit ausgedehnt und genauere Abgrenzung ihrer Befugnisse den Stadtverordneten gegenüber.

Inzwischen hatte sich das Ministerium des Innern doch entschlossen, die Städteordnung auf die wieder mit dem Staate vereinigten und auf die neuhinzugekommenen Provinzen auszudehnen, hierzu aber unter Benutzung der bisher gemachten Erfahrungen einen neuen Entwurf herstellen zu lassen. Die alten Provinzen sollten sie in der bisherigen Form behalten. Das Staatsministerium, dem der Entwurf im Jahre 1827 unterbreitet wurde, hielt es für zweckmäßig, daß die neue verbesserte Ordnung nicht nur für einzelne Provinzen, sondern für den ganzen Staat unter Aufhebung der Städteordnung von 1808 eingeführt werde. In diesem Sinne wurde der Entwurf dann auch vervollständigt. Hauptsächlich auf Vorstellung des Ministers des Innern von Brenn kam es jedoch nicht zu dieser umfassenden Maßregel, die alten Provinzen wurden nicht ohne weiteres einem neuen Gesetze unterworfen. Maßgebend war dabei die Rücksicht, daß die alten Provinzen die Städteordnung ungeachtet ihrer Mängel lieb gewonnen hatten und nach keiner neuen verlangten; durch geänderte Wahlbestimmungen, wie sie das neue Gesetz enthielt, hätten außerdem vielen Personen ihre bisher ausgeübten Rechte entzogen werden müssen. Diese Bedenken wären schon von den Provinzialständen, die sonst manches an dem bisherigen Gesetz auszusetzen wußten, zum Ausdruck gebracht worden. So vollzog denn der

König am 17. März 1831 zwar die revidierte Städteordnung als „Städteordnung für die Preußische Monarchie", aber die Einführungsorder von demselben Datum sprach nur von den „mit unserer Monarchie wieder und neu vereinigten Provinzen und Landesteilen". Hinsichtlich der alten Landesteile stellte man im Staatsministerium den Grundsatz auf, daß die neue Städteordnung den Städten gegeben werden könnte, die sie ausdrücklich für sich verlangten.

Die revidierte Städteordnung wollte den Städten freieren Spielraum in ihrer Verfassung gewähren, indem sie bei der Feststellung der Zahl der Verordneten, der Grundsätze über Stimmfähigkeit und Wählbarkeit der Einwohner, der Anzahl der Magistratsmitglieder und ihrer Amtsdauer nur gewisse Grenzen vorschrieb, im übrigen aber es den einzelnen Städten frei ließ, diese Einrichtungen nach ihren besonderen Verhältnissen zu treffen. Im ganzen bedeutete das Gesetz aber eine Einschränkung der bürgerlichen Rechte. Die Stadtgemeinde sollte zwar nicht aus den Bürgern allein, sondern aus allen Einwohnern bestehen, und Gewerbebetrieb und Erwerbung von Grundeigentum jedem einzelnen, nicht bloß dem Bürger, gestattet sein, jedoch wurden die Teilnahme an den Wahlen und zugleich das Bürgerrecht an einen höheren Zensus als früher gebunden, so daß die Mitwirkung in der städtischen Verwaltung einem engeren Kreise vorbehalten blieb. Hierzu kam als Verschärfung dieser Beschränkung, daß für die Wählbarkeit zu dem Amte des Stadtverordneten noch mehr Vermögen oder Einkommen verlangt wurde, als für das Stimmrecht. Wenn dagegen zu den Lasten alle Einwohner, auch die Nichtbürger, die nach wie vor Schutzverwandte hießen, ohne Unterschied verpflichtet sein sollten, so lag darin eine Verbesserung gegen die alte Städteordnung, die die Schutzverwandten nicht mit den vollen Beiträgen heranzog. Die Stellung des Magistrats wurde durch das Gesetz verstärkt. Bisher galt er im wesentlichen nur als ausführende Behörde, die revidierte Städteordnung betonte weit mehr seine Eigenschaft als Stadtobrigkeit. Sie setzte fest, in welchen städtischen Angelegenheiten er nicht an die Zustimmung der Stadtverordneten gebunden sein sollte und gab ihm abweichend von der ersten Städteordnung das Recht, auch in Sachen der städtischen Verwaltung den Beschlüssen der Stadtverordneten die Bestätigung zu versagen, wobei die letzte Entscheidung der Regierung vorbehalten wurde. Am tiefsten aber griff in die städtische Selbstverwaltung die Bestimmung ein, daß die Regierung Veräußerung von Grundstücken und Realberechtigungen, Ankauf von Grundstücken, Aufnahme von Anleihen, Einführung von Auflagen nunmehr von ihrer Genehmigung abhängig machte.

Die neue Städteordnung fand in den Städten der alten Provinzen wenig Eingang, auch die Berliner Stadtbehörden stellten keinen Antrag bei der Regierung auf die Einführung, Berlin blieb also bei der bisherigen von 1808. Wir besitzen keine Nachrichten darüber, ob überhaupt in den städtischen Körperschaften die Frage wegen einer Änderung erwogen wurde. Es ist auch nicht wahrscheinlich, daß Beratungen darüber stattgefunden haben, weil das Gesetz, wie der Minister von Brenn hervorgehoben hatte, durchaus eingebürgert war und außerdem die Einschränkung der Rechte der Bürgerschaft die neue Ordnung nicht besonders empfehlenswert machte. Einzelnen Unklarheiten der bisherigen

Fassung hatte die Regierung schon durch Deklarationen abgeholfen. Diese Klarstellung fehlte allerdings noch für das Verhältnis des Magistrats zu den Stadtverordneten, obwohl sie dringend notwendig gewesen wäre, weil die Städteordnung darüber keine genauen Bestimmungen enthielt.

Die Städteordnung von 1808 schien der Stadtverordnetenversammlung ein Übergewicht in der Verwaltung der städtischen Angelegenheiten geben zu wollen. Dahin deuteten der § 109 betreffend die Aufbringung und Verteilung der notwendigen Geldzuschüsse, § 183 über die Kontrolle der Verwaltung, § 173 betreffend die Einführung neuer Einrichtungen. Den Stadtverordneten stand das Recht zu, den Magistrat zu wählen, nach § 113 durfte aber kein Magistratsmitglied den Sitzungen der Versammlung beiwohnen. Es war die Auffassung der Berliner Stadtverordneten, daß bei ihnen der Schwerpunkt der Verwaltung ruhen sollte, was auch darin seinen Ausdruck fand, daß sie und nicht der Magistrat damit den Anfang machten, (von 1817 ab) Berichte über die städtische Verwaltung zu veröffentlichen. Das Verhältnis hatte sich zunächst so gestaltet, daß der Magistrat sich in allen Fragen, die ihn mit der Versammlung in Berührung brachten, mit ihr vollständig einigte. Im Laufe der Zeit gab es aber doch Veranlassungen, bei denen es darauf ankam, die Grenzen der gegenseitigen Befugnisse festzustellen und wo die Paragraphen der Städteordnung dann nicht ausreichten.

Im Jahre 1822 erhoben die Stadtverordneten dagegen Einspruch, daß der Magistrat einzelne Deputationen durch Bürgerdeputierte in größerer Zahl, als es in der Absicht des § 175 der Städteordnung lag, verstärkte, sie besorgten dadurch in diesen Verwaltungen die Majorität zu verlieren. Der Magistrat beantragte über die Frage, ob er damit seine Befugnisse überschreite, die Entscheidung der Regierung, zugleich beschwerte er sich seinerseits, daß sich die Stadtverordneten in einem Falle den Vorschriften des § 188 zuwider mit den Staatsbehörden direkt, anstatt durch Vermittlung des Magistrats in Verbindung gesetzt hätten. Der Kanzler Hardenberg, an den die Beschwerde durch die Instanzen ging, gab zwar dem Magistrat Recht, nahm auch an, daß er den § 175 richtig ausgelegt habe, machte ihm aber den Vorwurf, überhaupt den Weg der Beschwerde betreten zu haben. Er hätte selbst mit den Stadtverordneten einen Ausgleich suchen müssen, denn die Absicht des Gesetzgebers der Städteordnung sei gewesen, eine selbständige Städteverwaltung zu schaffen, in die sich die Staatsbehörde so wenig als möglich einmischen dürfte. Als dann der Magistrat eine authentische Deklaration über seine Befugnisse gegenüber denen der Stadtverordneten verlangte, erhielt er den Bescheid, daß die Städteordnung an sich für das gegenseitige Verhältnis ausreichend sei, sobald nicht die Magistrate ihre Rechte zu überschreiten strebten. Der Magistrat möge nicht das Ministerium in den Fall bringen, ihm Unrecht geben zu müssen, weil dadurch sein Ansehen beeinträchtigt und die Stadtverordnetenversammlung verleitet würde, über ihre eigenen Befugnisse hinauszugehen.

Die Staatsregierung wich also einer Deklaration über das Verhältnis zwischen Magistrat und Stadtverordnetenversammlung aus, im allgemeinen sah sie es aber so an, als ob dem Magistrat mehr die Rolle einer ausführenden Beamtenschaft zufiele. Im weiteren Verlaufe des zweiten Jahrzehntes der Städteordnung gewann bei ihr dann allmählich eine andere Anschauung Raum. Dies ging schon ziemlich deutlich aus einem Reskript des Ministeriums des Innern vom Jahre 1825 hervor, wonach die Magistrate befugt sein sollten, einen Stadtverordnetenvorsteher unmittelbar und ohne den Umweg der Beschwerde an die Regierung dazu anzuhalten, daß er Beschlüsse durch die Versammlung in einer ihr überwiesenen Sache herbeiführen lasse. Dies folgerte das Ministerium etwas gewagt aus § 47 der Städteordnung, wonach der „Magistrat Vorsteher der Stadt und die Stadtgemeinde seinen Befehlen unterworfen ist".

Als nachher die Städteordnung von 1831 dem Magistrate eine festere Stellung den Stadtverordneten gegenüber eingeräumt hatte, kam dies auch in den späteren Entscheidungen der Regierung, die Berliner Fälle betrafen, zum Ausdruck, wenn schon die neue Städteordnung hier nicht maßgebend war. Im Jahre 1834 machte es der Minister dem hiesigen Magistrat auf einen Bericht über die Form der Diensteide der städtischen Beamten in strenger Weise zum Vorwurf, daß die Minorität im Kollegium der Ansicht gewesen sei, bei dieser Frage müßten auch die Stadtverordneten gehört werden. Der Minister betonte dabei, daß der Magistrat die Obrigkeit sei und die Versammlung eine seinen Befehlen untergebene Korporation. Bei einer anderen Gelegenheit, als der Magistrat einem Beschlusse der Stadtverordneten nicht beigetreten war, äußerte sich der Minister in demselben Sinne. Die Stadtverordneten hatten fortgesetzt gesucht, ihre Beamten besser zu stellen als die des Magistrats. Diese Bevorzugung fand der Magistrat nicht in der Ordnung und versagte im Jahre 1828 einem auf eine weitere Erhöhung gerichteten Beschlusse die Bestätigung. Auf eine Beschwerde der Stadtverordneten deswegen entschied der Minister, daß eine gleichmäßige Behandlung der beiderseitigen Beamten notwendig sei und sagte dabei[1]: „Wenn aber die Stadtverordnetenversammlung, wie es nach vorliegender Vorstellung scheint, den Magistrat lediglich zum blinden und willenlosen Werkzeuge ihrer Beschlüsse machen will, weil er, wie sie sich ausdrückt, der freien Wahl der Bürgerschaft seine amtliche Existenz verdankt, so deutet dies auf eine Verwirrung der Begriffe, welche ich bei den sonst so achtungswerten Vertretern der Residenz nur mit Befremden wahrnehmen kann. Wenn auch die einzelnen Mitglieder des Magistrats ihre amtliche Stellung der Wahl der Bürgerschaft und der Bestätigung des Staats verdanken, so verdankt doch der Magistrat seine amtliche Stellung als Obrigkeit der Stadt nur dem Gesetze, ebenso wie die Stadtverordneten ihr Wahlrecht demselben verdanken."

Von solchen Anschauungen, die mehr der revidierten als der alten Städteordnung entsprachen, ging die Staatsregierung auch in der folgenden Zeit stets aus. Als 1847 Teuerung und Not in Berlin herrschten, hatten sich die Stadtverordneten, ohne sich zuvor mit dem Magistrat in Verbindung zu setzen, in einem Immediatgesuch an den König gewendet, er möge auf einige Zeit

[1] Reskript des Ministers des Innern von Rochow vom 20. November 1838.

ein Ausfuhrverbot für Getreide, Kartoffeln und Spiritus erlassen. Darauf erging ein Monitum des Ministers des Innern an sie, sie hätten ihr Gesuch nicht ohne Zustimmung des Magistrats einreichen dürfen, und nach einem Rechtfertigungsschreiben der Stadtverordneten erhielten sie den Bescheid, daß ihnen ohne Zuziehung des Magistrats keine Schritte nach außen gestattet seien, namentlich nicht an höhere Behörden und an den Landesherrn, außer wenn sie über den Magistrat selbst Beschwerde zu führen hätten. Die Stadtverordneten schlossen sich indessen der veränderten Anschauung der Regierung über die Stellung der Versammlung zum Magistrat nicht an. Sie blieben auch in den vierziger Jahren grundsätzlich bei der Ansicht, daß sie die leitende Behörde seien, auf deren Wunsch und Willen es in erster Linie ankomme. Dies läßt sich recht deutlich aus einer öffentlichen Auseinandersetzung erkennen, die 1845 zwischen dem Stadtverordneten Heinrich Runge[1]) und dem Magistrat stattfand.

Runge sprach in einem Zeitungsartikel[2]) in dem eben bezeichneten Sinne seine Meinung über das Verhältnis zwischen Magistrat und Stadtverordneten aus, worauf sich der Magistrat veranlaßt sah, ebenfalls in der Zeitung seinen abweichenden Standpunkt darzulegen. In einer besonderen kleinen Schrift[3]) faßte dann Runge seine Ansichten und die des Magistrats zusammen und stellte sie einander gegenüber. Nur die Stadtverordneten könnten, von seinem Standpunkt aus, Beschlüsse fassen, der Magistrat habe den Beschluß, sobald er nicht gegen die Gesetze verstoße, ohne Rücksicht darauf, ob er ihm zweckmäßig erscheine oder nicht, zu bestätigen und auszuführen. Der Magistrat vertritt dagegen nach Runges Annahme folgende Auffassung: Weder die Stadtverordneten noch der Magistrat allein sind die definitiv beschließenden Faktoren. Beide beraten, prüfen, beschließen, jedes Kollegium für sich, und in dem Resultate der Beschlußnahme beider liegt die Kraft des Kommunalbeschlusses, der Magistrat sei kraft seiner obrigkeitlichen Stellung für die Ausführung der Kommunalbeschlüsse verantwortlich. Die Städteordnung, so glaubt Runge schließlich sein Urteil auf Grund der betreffenden Paragraphen zusammenfassen zu können, konstituiere nur ein beschließendes Kollegium, die Stadtverordnetenversammlung, und eine ausführende Behörde, den Magistrat.

Der Magistrat hatte, wie wir schon weiter oben bemerkten, in der ersten Zeit nach Einführung der Städteordnung keinen Meinungsstreit mit der Stadtverordnetenversammlung gehabt, er war einem solchen aus dem Wege gegangen oder hatte sich auf ihre Seite gestellt, wenn es sich um ernsten Widerstand gegen Maßregeln der Regierung handelte, z. B. bei dem Einspruch gegen die mißliebige Organisation der Bürgergarde und gegen die Aufhebung der Kantonfreiheit (S. 143). Dabei war der Magistrat, der der Versammlung so entgegen kam, noch der erste, ursprünglich aus lauter Beamten der alten Zeit zusammengesetzte, die so große Bedenken gegen die Einführung der Städe-

[1]) Damals Stadtverordneter, 1848 und 1849 Stadtrat, 1862 wieder Stadtverordneter und seit 1871 Kämmerer; als solcher starb er am 26. November 1886.

[2]) Im Februar abgedruckt in der Vossischen sowie in der Spenerschen Zeitung.

[3]) H. Runge: Magistrat und Stadtverordnete. Berlin 1845.

ordnung, gegen die Teilnahme der Bürgerschaft oder ihrer Repräsentanten an der Verwaltung geäußert hatten (S. 99). Er war sogar im Gegensatz zu diesen seinen früheren Anschauungen schon darauf bedacht gewesen, den Bürgern über die Grenze der Städteordnung hinaus in der Verwaltung der Provinz Mitwirkung zu verschaffen, nämlich als landständische Repräsentanten bei der Regierung. Dies geschah im Jahre 1815 und wird das Kapitel über die Beteiligung der Stadtbehörden an politischen Fragen das nähere darüber weiter unten bringen.

Aus alledem ließ sich auf ein gutes Einvernehmen zwischen Magistrat und Stadtverordneten schließen, aber doch nicht erkennen, wie der Magistrat seine verfassungsmäßige Stellung zu der Stadtverordnetenversammlung auffaßte. Dies kam auch später nicht sobald zum Ausdruck, eigentlich nicht früher, als in der Veröffentlichung gegen Heinrich Runge 1845 und selbst da nicht mit voller Klarheit. Als die Städteordnung von 1831 genauere Bestimmungen über das Verhältnis zwischen Magistrat und Versammlung gegeben hatte, und er sich den dort ausgesprochenen Grundsätzen hätte anschließen können, scheint er dies offenbar nicht gewollt zu haben. Denn in den Streit mit dem Oberbürgermeister von Bärensprung zog das Kollegium die Stadtverordneten ohne Grund mit hinein und forderte sie zur Mitwirkung auf, wo es nicht in ihren Befugnissen lag. Im übrigen war der Magistrat in den dreißiger Jahren durch diesen Zwiespalt in seinem Schoße und durch die Verhandlungen mit der Regierung über die gegenseitigen Forderungen zwischen Fiskus und Stadtgemeinde so in Anspruch genommen, daß es ihm fern lag, in dieser Zeit auch noch seinen Standpunkt gegenüber der anderen städtischen Körperschaft wechseln zu wollen. Erst die von ihm ausgehende Herausgabe des zehnjährigen Verwaltungsberichtes nach 1840, womit er diese Veröffentlichung, die früher den Stadtverordneten überlassen war, selbst in die Hand nahm, beweist, daß er sich mehr als die leitende und verantwortliche Behörde betrachtete.

Die Befugnisse des Oberbürgermeisters bestimmte die Städteordnung nicht genau, er war ihr zufolge eigentlich nur primus inter pares. Es lag an der Persönlichkeit der ersten Inhaber der Stelle und ihrer ganzen Amtsführung, daß Fragen über die dem Präsidium zustehenden Rechte nicht aufgeworfen wurden. Nachdem Leopold von Gerlach am 8. Juni 1813 gestorben war, wählte man Büsching[1]) zum Oberbürgermeister. Man wollte ihn, als im Februar 1832 seine Wahlzeit wieder abgelaufen war, von neuem in die Stelle berufen, er schied aber wegen seines vorgerückten Alters aus und starb 1833. An seiner Statt wurde Fr. Wilh. Leopold von Bärensprung Oberbürgermeister. Er war ein geborener Berliner und hatte seine ganze Laufbahn in Berlin gemacht. Als Referendar arbeitete er bei der Kriegs- und Domänenkammer und blieb, wie diese unter der Bezeichnung Regierung 1809 nach Potsdam verlegt wurde, als Regierungsrat bei der Schuldenkommission in Berlin zurück. 1814 wählte man ihn zum Bürgermeister und erneuerte seine

[1]) Vergl. über ihn S. 99.

Wahl, bis er 1832 Oberbürgermeister wurde. Er war damals 53 Jahre alt. Sehr bald nach seiner Einführung in das Amt entstanden Zwistigkeiten zwischen ihm und dem Kollegium, man warf ihm vor, daß er seine Befugnisse als Vorsitzender überschritte. Der Streit erregte damals großes Aufsehen, und die ganze Stadt nahm lebhaften Anteil an dem Verlauf[1]).

Ob Bärensprung in den vorhergehenden 18 Jahren seines städtischen Dienstes schon mit seinen Kollegen in Streit geraten war, ist nicht bekannt geworden. Nach Andeutungen in den Akten hatte er als Bürgermeister mit dem Oberbürgermeister Büsching über das Geschäftsverfahren beim Magistrat und über seine und des Kollegiums Stellung zum Vorsitzenden mit Rücksicht auf die unbestimmten Vorschriften der Städteordnung ein Privatabkommen getroffen. Dies läßt voraussetzen, daß doch Störungen zu befürchten gewesen waren. Als er vom Bürgermeister zum Oberbürgermeister aufrückte, trat an seine Stelle der bisherige Syndikus Rehfeldt, der dem Magistrat schon seit 1809 und vorher dem hiesigen Stadtgericht als Assessor angehört hatte. Zwischen diesen beiden leitenden Personen spielte sich der Streit hauptsächlich ab, und die Schuld, daß er so heftig wurde, mag wohl beiden zuzumessen sein.

Bald nach Bärensprungs Einführung in sein Amt, im Juni 1832, hatte Rehfeldt im Auftrage des Magistrats eine Schrift über das Berliner Armenwesen vollendet. Der Magistrat wollte über ein Defizit, daß nach seiner Ansicht damals bei den städtischen Finanzen eingetreten war, an die Staatsbehörden berichten, und da er annahm, daß hauptsächlich die Ausgaben für das Armenwesen die Schuld daran trügen, so sollte eine Denkschrift über den Ursprung und die Entwicklung dieser Verwaltung dem Berichte beigefügt werden. Die Rehfeldtsche Arbeit stellte das berlinische Armenwesen geschichtlich dar und versuchte nachzuweisen, daß nicht die Stadtgemeinde, sondern der Staat eigentlich zur Unterhaltung aller dazu gehörigen Veranstaltungen verpflichtet sei. Der Fiskus schulde, so rechnete Rehfeldt nach, seit 1820, wo die Stadt die Verwaltung übernommen hatte, bis Ende 1831 der Stadt weit über 1 Million Tlr., weil er seiner Verpflichtung seit 1820 nicht mehr nachgekommen sei und der Stadt die Kosten aufgebürdet habe. Zur Nachzahlung dieser Summe sei er ganz zweifellos verbunden. Überdies könne man das Anwachsen der Armenlast in der Residenz und somit die schlechte Finanzlage auf die Gesetzgebung zurückführen. Die zur Zeit bestehende Gewerbeverfassung, die sich als eine Gewerbefreiheit darstelle, verleite viele Personen, sich leichtsinnig zu etablieren, was ihre Verarmung nach sich zöge. Die Städteordnung habe die Niederlassung in der Stadt erleichtert und brächte einen verderblichen Zuzug von Unbemittelten, die nicht nur keine Steuern leisten könnten, sondern ebenfalls der Verarmung anheimfielen. Den aus den Gefängnissen entlassenen Personen müßte der Aufenthalt in der Residenz ganz untersagt werden. Solange in der Gesetzgebung keine Änderung

[1]) Streckfuß (500 Jahre Berliner Geschichte, II. 822), der die Zeit selbst mit erlebt hat, spricht sogar von *ungeheurem* Aufsehen und daß die abenteuerlichsten Erzählungen über die Vorgänge in der Stadt verbreitet gewesen seien.

einträte, würden alle neuen Auflagen oder anderweitige Mittel den städtischen Finanzen nicht aufhelfen.

Die Denkschrift ließ der Oberbürgermeister im August für die Beratung im Magistrat drucken[1]). Von den Korrekturabzügen gelangte ein Exemplar an das Polizeipräsidium, eins an die Redaktion der „Neuen Hamburger Zeitung". In dieser erschien, bevor noch eine Beratung im Kollegium stattfinden konnte, ein Artikel, der auf die Denkschrift aufmerksam machte. Der Artikel übertrieb nicht nur, er verriet sogar mehr aus der Schrift, als wirklich darin stand. Danach sollte sie die Behauptung enthalten, der Staat habe in die Rechte der Stadt willkürlich eingegriffen und die Regierung verfahre anders, als es die wohlmeinende Absicht des Königs sei. Der Magistrat beriet am 7. September 1832 über die Denkschrift, er fand, daß sie allerdings zur Vorlegung an die vorgesetzten Behörden nicht geeignet sei, beschloß Vernichtung des Satzes in der Druckerei und gab dem Bürgermeister auf, eine Umarbeitung vorzunehmen. Irgendwelche Gegensätze im Magistratskollegium machten sich bei der Beratung nicht geltend, man wünschte auch keine Ermittlungen darüber, durch wen etwa die Hamburger Zeitung zu ihrer Mitteilung instand gesetzt worden sei. Nach einiger Zeit forderte dann der Oberbürgermeister auf Veranlassung des Polizeipräsidiums von den Mitgliedern des Kollegiums die an sie gelangten Korrekturabzüge der Schrift ein, ferner gab er Rehfeldt Weisungen, nach denen er sich bei seiner Umarbeitung richten sollte. Erst diese Maßregeln des Oberbürgermeisters, die, was die Korrekturabzüge betrifft, nur zum Teil befolgt wurden, brachten Aufregung in den Magistrat. In der Sitzung vom 2. November 1832 kam es zu einem erbitterten Wortwechsel Bärensprungs mit dem Bürgermeister und einigen Stadträten, besonders dem Stadtrat Reimer. Der Kernpunkt des ganzen Streites war, daß man dem Oberbürgermeister so gut wie keine Disziplinargewalt über die Mitglieder des Magistrats und überhaupt nur ein geringes Maß von Präsidialrechten zugestehen wollte. Man verlangte unter anderem, die eingeforderten Korrekturabzüge müsse er auf Beschluß des Magistrats wieder an die Mitglieder herausgeben. Es kam zu einer vollständigen Auflösung der Sitzung.

Der Gegensatz verschärfte sich unmittelbar nach diesem Vorgange noch dadurch, daß der Oberbürgermeister den Stadtrat Reimer seiner Stellung als Mitglied der Armendirektion enthob und ihm dafür ein anderes Dezernat gab, wozu ihm Reimer das Recht absprach. Indessen ließen die Parteien den Streit zunächst doch ruhen, da der Oberbürgermeister wegen seiner Verfügung über das Reimersche Dezernat und wegen der ihm gebührenden Präsidialgewalt an die Regierung berichtet hatte, deren Entscheidung abzuwarten war. Die Regierung hielt die an Reimer ergangene Verfügung für berechtigt, darüber aber, wie weit die Präsidialbefugnisse des Oberbürgermeisters auszudehnen seien, erbat sie sich eine Äußerung des Ministeriums. Das Ministerium machte darauf in einem Erlaß vom 10. Mai 1833 zwar die

[1]) Einige Exemplare sind noch in den Akten erhalten.

Anordnung wegen des Stadtrat Reimer nicht rückgängig, bemerkte jedoch hinsichtlich der Präsidialgewalt des Oberbürgermeisters, daß man sich nur an die Städteordnung halten müsse, die Stellung eines eigentlichen Vorgesetzten des Magistrats lasse sich aber aus ihr nicht begründen.

Diese für die Disziplinargewalt des Vorsitzenden wenig günstige Äußerung des Ministeriums machte bald ihren Einfluß auf die zur Nachgiebigkeit ohnehin wenig geneigten Parteien bemerkbar. Der Magistrat erhielt am 26. Mai von der Regierung die Aufforderung, ein Geschäftsreglement zu entwerfen, worin die Befugnisse des Vorsitzenden festzustellen seien, um allem Zwiespalt durch statutenmäßige Festsetzung ein Ende zu machen. Auf die im Ministerium herrschende Ansicht fußend, schloß das Kollegium den Oberbürgermeister von den Beratungen hierzu aus, stellte einen Entwurf her und übersandte ihn den Stadtverordneten mit dem Vorschlage, in gemischter Deputation darüber zu verhandeln, wobei der Oberbürgermeister wieder ausgeschlossen sein sollte. Daß man so schroff gegen seine amtliche Stellung als Vorsitzender vorging, hatte seinen Grund noch in einem anderen Umstande, der zu den bisherigen Differenzen hinzugekommen war.

In der Servisdeputation handelte es sich um Abschaffung der zweischläfrigen Bettstellen in den Soldatenquartieren, die üblich gewesen waren, um den Quartiergebern weniger Unkosten zu machen und das Unterbringen der Soldaten zu erleichtern. Die Militärbehörde hatte schon lange sehr erklärliche Bedenken gegen die Einrichtung gehabt nnd drang jetzt auf ihre endliche Beseitigung. Während die Deputation nun beabsichtigte, aus Rücksicht für die Quartiergeber mit der Abschaffung nur allmählich vorzugehen, erließ der Oberbürgermeister als Vorsitzender der Deputation entgegen den dahin lautenden Beschlüssen eine Bekanntmachung, die das sofortige Verbot jener Bettstellen enthielt. Ob er dazu berechtigt war, ist zweifelhaft. Der Magistrat faßte aber im Juni wegen dieser Bekanntmachung den Beschluß, ihm die Teilnahme an den Sitzungen und der Tätigkeit der Servis- und Einquartierungsdeputation zu untersagen.

Während dieser Angriffe gegen den Oberbürgermeister, über die er auch in einer Immediatvorstellung vom 23. August Klage führte, war endlich die dem Bürgermeister Rehfeldt übertragene Umarbeitung der Denkschrift über das Armenwesen fertig geworden. Der Magistrat ließ sie drucken[1]) und Exemplare an die Minister einsenden, sowie eins mit besonderem Begleitschreiben vom 16. September dem Könige überreichen. In der neuen Schrift war eine Reihe von Sätzen, die in besonders scharfer Weise auf die staatlichen Verpflichtungen zur Unterhaltung des Berliner Armenwesens hinwiesen, fortgelassen worden, doch der Gedankengang derselbe geblieben: der Staat sei durch Überlieferung, durch sein Anerkenntnis der Verpflichtung und durch besondere in der Residenz herrschende Verhältnisse verbunden, die sämtlichen Kosten der hiesigen Armenpflege, insoweit sie nicht durch freiwillige Beiträge der Einwohner gedeckt würden, zu übernehmen.

---

[1]) Der Titel lautete: Über den Ursprung des Armenwesens zu Berlin und die neuerdings eingetretene Veränderung in dessen Verwaltungsbehörde.

Für den außerordentlichen Umfang der Armenlast wurden wieder die Gewerbeverfassung und die Gesetzgebung verantwortlich gemacht, die den Zuzug der Unbemittelten nach Berlin begünstigten. Es fehlte nur die in der vernichteten Denkschrift sehr hervorgehobene Forderung, daß der Fiskus alle angeblich der Stadt entzogenen Summen — über 1 Million Tlr. — nun wirklich auch nachzahlen sollte. Das für den König bestimmte Begleitschreiben sprach von dem städtischen Defizit und gab als Grund ebenfalls die Entziehung der staatlichen Zuschüsse zur Armenverwaltung und die nachteilige Gesetzgebung an. Neue Steuern zur Abhilfe dürfte man den Einwohnern nicht auferlegen, man sei zur Besserung der Verhältnisse lediglich auf die königliche Gnade angewiesen.

Das Schreiben an den König sowohl als die Druckschrift selbst trugen die Unterschrift „Oberbürgermeister, Bürgermeister und Rath", wie der Magistrat damals seine Aktenstücke vollzog, tatsächlich hatte der Oberbürgermeister aber nicht mit unterzeichnet. Der König antwortete in zwei Kabinetsorders vom 22. und 26. September. In der zweiten teilte er dem Magistrat dankend mit, daß er von der Druckschrift mit Interesse Kenntnis genommen habe, in der ersten verlangte er Auskunft, weshalb die begleitende Eingabe nicht vom Oberbürgermeister mitgezeichnet sei. Der Magistrat gab in seiner Erwiderung vom 1. Oktober als wesentlichste Ursache dafür, daß der Name des Vorsitzenden unter dem Schreiben fehle, die Spannung an, die schon seit längerer Zeit zwischen ihm und dem Kollegium bestehe und zu einer gänzlichen Trennung beider geführt habe. Er müsse beklagen, daß das Vertrauen zum Vorsitzenden verloren gegangen sei, würde es aber nicht gewagt haben, dem Könige dies vorzutragen, wenn es nicht jetzt bei der Beantwortung der Kabinetsorder notwendig gewesen wäre. Abschrift von der Kabinetsorder und von seiner Erwiderung gab der Magistrat an die Stadtverordnetenversammlung. Der Oberbürgermeister richtete seinerseits eine Immediatvorstellung an den König und beschwerte sich über das Verhalten des Magistrats.

Die Folge des Berichtes des Magistrats vom 1. Oktober und der Immediateingabe Bärensprungs war eine Kabinetsorder vom 6. Oktober an den Minister des Innern von Brenn, deren Inhalt der Ministerialdirektor Koehler als königlicher Kommissarius dem Plenum des Magistrats mitteilen und dabei den bestimmten Willen des Königs aussprechen sollte, „daß der Zwiespalt unverzüglich beseitigt und ein friedliches Vernehmen im Kollegio hergestellt werde". Der Kommissarius versammelte den Magistrat am 29. Oktober. Die Kabinetsorder, die er vortrug, gedachte zunächst der Ministerialverfügung vom 10. Mai, wonach dem Oberbürgermeister dem Kollegium gegenüber nicht die Stellung eines Vorgesetzten eingeräumt wurde. Der König billigte diese Auslegung der Städteordnung nicht. Die Disziplin und die ganze Ordnung in der städtischen Verwaltung müsse dabei leiden, wie sich auch bereits herausgestellt habe. Es seien vor allem Regulative für den Geschäftsgang notwendig, und zwar für die Geschäfte zwischen Magistrat und Stadtverordneten gemäß § 190 der St. O. und für den Magistrat allein. Bei der Feststellung des letzteren müsse aber die Mitwirkung der Stadtverordneten ausgeschlossen werden. Das erste Regulativ solle der Minister von Brenn ausarbeiten lassen und es solle allgemein gültig sein, das andere habe die Regierung in Potsdam zu entwerfen und sei nur für Berlin bestimmt. Als Grundsatz solle bei diesem gelten, daß die Leitung des ganzen Geschäftsganges dem Dirigenten gebühre, der auch in der Disziplin nicht beschränkt werden dürfe, zumal die Städteordnung die Stadtverwaltung so unabhängig von der Einwirkung der Staatsbehörde hinstelle. Eine derartige Instruktion werde dem Magistrat also von der Regierung zugehen. Die Funktion in der Servisdeputation habe der Oberbürgermeister wieder anzutreten. Der Kommissar sprach dann noch die Erwartung auf ein friedliches Einvernehmen aus und gab anheim, alle streitigen Punkte in einem Schriftsatz der Regierung vorzulegen. Die Stadtverordneten, die sich bald darauf am 24. Oktober ebenfalls an den König mit der Bitte um Abhilfe des Zustandes im Schoße des Magistrats gewendet hatten, erhielten eine Kabinetsorder vom 8. November, worin der König sagte, die Ursache läge in der Mißdeutung der Städteordnung und er habe bereits das Ministerium zur Beseitigung der Mißhelligkeiten angewiesen.

Für die Druckschrift über das Armenwesen und die städtischen Finanzen hatte sich der König, wie wir sahen, am 26. September beim Magistrat bedankt. Jetzt folgte am 8. November eine Kabinetsorder, also gleichzeitig mit der an die Stadtverordneten, die sich sehr mißbilligend über die Schrift aussprach. Die Ansicht, der Staat habe die Kosten für das Armenwesen in Berlin aufzubringen, sei rechtlich und faktisch grundlos und die Veröffentlichung sei geeignet, gehässige Vorurteile gegen die Regierung, als ob sie sich einer Ungerechtigkeit schuldig mache, zu verbreiten. Wenn im Kriege auch Stiftungskapitalien zur Armenpflege verwendet worden seien, so sei es im Interesse der Kommune geschehen, der die Mittel fehlten, und diese sei verpflichtet, die Kapitalien zu ersetzen. Bei den Forderungen der Stadt von über einer Million Tlr. hätte der Magistrat wenigstens die von ihm bereits anerkannten Gegenforderungen des Staates erwähnen müssen, die die städtischen um das doppelte überstiegen. Was der König auf dem Wege der Gnade geben oder erlassen würde, müßte erst eine gegenseitige Abrechnung feststellen, wozu schon früher Verfügungen erlassen seien. Zugleich wird die weitere Ausgabe von Exemplaren der Druckschrift untersagt, die noch vorhandenen sollen dem Minister des Innern eingeliefert werden.

Die Kabinetsorder trug nicht dazu bei, die befohlene Versöhnung im Magistratskollegium zu fördern. Der Oberbürgermeister konnte den Mitgliedern des Kollegiums vorhalten, daß er mit dem Inhalte der vom Könige so ungünstig beurteilten Schrift nicht einverstanden gewesen sei. Der Ablieferung derjenigen Exemplare der Schrift, die sich in den Händen der Mitglieder befanden, wurde Widerstand entgegengesetzt. Es fanden sich aber auch sonst neue Veranlassungen zur Fortsetzung der Reibereien. Um das Geschäftsreglement für den Magistrat, mit dessen Abfassung die Regierung zufolge der Kabinetsorder vom 6. Oktober beauftragt war, ausarbeiten zu können, verlangte diese einen Entwurf vom Magistrat als Material und selbstverständlich waren Oberbürgermeister und die Mehrzahl im Kollegium völlig uneinig über die Grundsätze, nach denen die Präsidialgewalt des Vorsitzenden zu bemessen sei. Außerdem ließen Bürgermeister und Kollegium nicht davon ab, die Verhandlungen über den Entwurf regelmäßig trotz des Widerspruchs des Oberbürgermeisters der Stadtverordnetenversammlung mitzuteilen, obwohl die Kabinetsorder vom 6. Oktober ausdrücklich bestimmte, daß bei dieser Angelegenheit die Stadtverordneten „nicht konkurrieren dürften", und obwohl die Regierung diese Mitteilungen in der Folge mehrfach verboten hatte. Es kam zwar im Magistrat selbst nicht wieder zu so erregten Auftritten, wie am 2. November 1832, aber in einer Sitzung der Servisdeputation am 25. Januar 1834 überschritt die gegenseitige Erbitterung wieder die gebührlichen Grenzen. Als der Syndikus Moewes einem Mitgliede der Deputation ein Schriftstück aus der Hand nehmen wollte, um es selbst vorzutragen, hielt ihn der Oberbürgermeister beim Arm und verwies ihn auf seinen Platz. Es folgte ein sehr heftiger Wortwechsel zwischen dem Oberbürgermeister einerseits und dem Bürgermeister und dem Syndikus andererseits. Die Sitzung mußte aufgehoben werden.

Die gegenseitigen Kränkungen hörten also nicht auf; eine baldige Wiederherstellung des Friedens im Magistrat war nicht zu erwarten, da auch die Kabinetsorders und die Erlasse der Staatsbehörden bisher nicht den gewünschten Erfolg gehabt hatten. Wann die Geschäfts-Instruktion, die die Befugnisse des Vorsitzenden regeln sollte, erscheinen würde, war vorläufig nicht abzusehen, und inzwischen litt die ganze Verwaltung unter der Uneinigkeit. Da fanden die Stadtverordneten einen praktischen Weg, dem Zustande ein Ende zu machen. Sie sandten Abgeordnete zu Bärensprung und vereinbarten mit ihm seinen Rücktritt aus dem Amt unter Gewährung eines Ruhegehaltes[1]). Die Versammlung hatte sich nicht leicht zu dem Schritte entschlossen, da sie bei der schlechten Lage der städtischen Finanzen den Etat ungern mit einer solchen Ausgabe belastete. Am 6. Februar 1834 konnte die Versammlung den Vertrag mit ihm genehmigen, wonach er am 21. Juli 1834 sein Amt niederlegen wollte. Bis zu dieser Frist setzten sich indessen die Unverträglichkeit und die gegenseitigen Anfeindungen im Magistrat immer noch fort, so daß die Regierung den Regierungsrat von Sellentin zum kommissarischen Vertreter Bärensprungs ernennen mußte.

Soviel Schuld auch den Oberbürgermeister im Verlauf des Streites treffen mochte, so scheint doch Rehfeldt der schroffere Charakter gewesen zu sein.[2]) Auf politische Beweggründe, als ob sich der Oberbürgermeister in städtischen Verfassungs- und Verwaltungsfragen zu sehr auf die Seite der Aufsichtsbehörden gestellt habe, wurde damals die Spaltung im Magistrat nicht

---

[1]) Er bekam 3000 Tlr. Ruhegehalt, sein Diensteinkommen hatte 5000 Tlr. betragen. Er starb am 4. Juni 1841.

[2]) In seinen „Zeitbildern aus den Jahren 1830 bis 1840" gibt der 1890 verstorbene Stadtverordnetenvorst-her Heinr. Ed. Kochhann eine Charakteristik Bärensprungs. Kochhann, der ihn persönlich genau kannte, schildert ihn als einen strengen Vorgesetzten von hin und wieder etwas schroffem Benehmen, rühmt aber seine außerordentliche Tüchtigkeit und seinen Pflichteifer im Dienste der Stadt.

zurückgeführt. Denn die Stadtverordneten schlugen für die Besetzung der Stelle vor: den vortragenden Rat im Justizministerium, Geheimen Justizrat Krausnick, den Polizeipräsidenten Gerlach und den Oberlandesgerichtsrat Schulz, der Syndikus bei der Ritterschaftsdirektion der Kur- und Neumark war, also Personen, von denen man annehmen konnte, daß sie es nicht an Entgegenkommen gegen die Staatsregierung fehlen lassen würden. Der König ernannte am 23. August Krausnick zum Oberbürgermeister. Für einige Mitglieder des Magistrats, die bei dem Streit in vorderster Linie gestanden hatten, ergaben sich daraus weitere Folgen. Der Bürgermeister und elf Stadträte wurden disziplinarisch wegen Ungehorsam zu Geldstrafen verurteilt, der erste zu 50 Tlr., die anderen zu 20 Tlr., weil sie die Entwürfe zum Geschäftsverfahren des Magistrats gegen ausdrückliche Verfügung der Regierung wiederholt den Stadtverordneten vorgelegt hatten. Gegen den Oberbürgermeister beantragten 1835, als er schon nicht mehr im Amte war, Bürgermeister und Magistrat beim Justizminister die „fiskalische Untersuchung" wegen Beleidigung. Ebenso verlangte Bärensprung aus demselben Grunde die Bestrafung Rehfeldts. Das Kammergericht, vor dem die Sache verhandelt wurde, kam erst im Juni 1838 damit zum Abschluß. Es sprach Bärensprung von den Beleidigungen, deren er sich in den Akten schuldig gemacht haben sollte, frei und verurteilte ihn nur zu 10 Tlrn. Geldstrafe oder 8 Tagen Gefängnis wegen leichter wörtlicher Beleidigung von Mitgliedern des Magistrats und zwar auf Grund einer Bemerkung in einem Schreiben an das Kammergericht. Er hatte darin geäußert, daß er aus dem Magistrat ausgeschieden sei, weil er mit *solchen Leuten* nichts mehr zu tun haben mochte. Bei der Strafe galt als Milderungsgrund, daß er vom Adel und höheren Standes war als die Beleidigten. Das Urteil gegen Rehfeldt lautete dagegen auf 8 Wochen Gefängnis wegen „schwerer im Amte zugefügten Injurie", die besonders in einem Schreiben an die Stadtverordneten in den Worten gefunden wurde: „Der Oberbürgermeister hat sich jetzt schon zum zweiten Mal das Recht angemaßt und faktisch ausgeübt, unsere Beschlüsse zu suspendieren". Der Umstand, daß Rehfeldt niedereren Standes war, begründete hier Strafverschärfung. Beide beruhigten sich nicht bei dem Urteil, aber das große Jubiläum der Einführung der Reformation im November 1839 und die damit verbundene Amnestie veranlaßten die Niederschlagung des Verfahrens.

Die wichtige Folge des Zerwürfnisses im Magistrat war das „Regulativ über das Geschäftsverfahren für den Magistrat in Berlin", das am 14. Juli 1834 von der Regierung in Potsdam erlassen und am 18. vom Minister des Innern bestätigt wurde. Es machte den Oberbürgermeister zum „unmittelbaren Vorgesetzten der Mitglieder des Magistrats und seiner Beamten, sowie zum mittelbaren Vorgesetzten sämtlicher Kommunalbeamten", bestimmte sein Verhältnis zu den Deputationen, regelte überhaupt die Befugnisse des Magistrats und der einzelnen Mitglieder, sowie den Geschäftsgang des Kollegiums und auch der Deputationen. Das durch die Kabinetsorder vom 6. Oktober 1833 in Aussicht gestellte Geschäftsregulativ im Sinne des § 190 der Städteordnung, das die Vorschriften für den Geschäftsgang zwischen

Magistrat und Stadtverordneten enthalten sollte, kam bei den Staatsbehörden nicht zustande. — Die Stadtverordneten hatten sich im ganzen Verlauf des Streites unter den Mitgliedern des Magistrats sehr taktvoll unter Desselmanns Leitung verhalten und die Beteiligung an den Vorgängen abgelehnt, auch wenn sie von der Mehrheit des Magistrats dazu aufgefordert wurden. Sie gingen davon aus, daß die Städteordnung ihre Mitwirkung in diesem Falle nicht verlange. Zuletzt wußten sie den Frieden in der Weise herzustellen, die unter den obwaltenden Umständen die richtigste war.

An der Fortdauer des Zwiespaltes im Magistratskollegium hatte die Schrift über das Armenwesen einen wesentlichen Anteil gehabt. Aber es war mehr die Form der Schrift, die darin ausgesprochenen Vorwürfe gegen die Regierung, als der eigentliche Inhalt, was das Mißfallen eines Teils der Mitglieder erregte. Im Grunde hatten doch alle die Überzeugung, daß an der ungünstigen Finanzlage der Stadt die Staatsregierung schuld sei, insofern sie der Gemeinde Beiträge für die Verwaltung vorenthalte, zu deren Zahlung sie verpflichtet sei. Die vorgesetzten Behörden verwiesen zwar dem Magistrat seine dahin zielenden respektwidrigen Äußerungen in der Denkschrift, und die Kabinetsorder vom 8. November 1833 lehnte die Berechtigung seiner Ansprüche durchaus ab, aber die Tatsache bestand doch, daß irgendwelche Forderungen der Stadt an den Staat von den Kriegszeiten her noch nicht ausgeglichen waren. Schon die ersten Verwaltungsberichte der Stadtverordneten hatten darauf aufmerksam gemacht. Die Abrechnung war nur beständig hinausgeschoben worden, ebenso wie die Erledigung der Fragen wegen der Unterhaltung verschiedener städtischer Einrichtungen. Die Denkschrift über das Armenwesen setzte den Magistrat dem Tadel und der Zurechtweisung durch die Regierung aus, hatte jedoch das Gute, daß sie ernstlich an die lange vertagte gegenseitige Auseinandersetzung zwischen Staat und Stadt erinnerte, und ihr Erfolg war, daß der Ausgleich tatsächlich in den nächsten Jahren zum endlichen Abschluß kam. Für die dauernde Regelung des städtischen Haushalts und für die Entwicklung einiger städtischer Einrichtungen war dies von großer Bedeutung.

Nachdem die Einigung im Magistrat hergestellt worden war, nahm er aus der Kabinetsorder vom 8. November 1833, die von einer vorzunehmenden Abrechnung betreffs der Ansprüche der Stadt an den Fiskus sprach, Veranlassung, seinen Wunsch auf Abschluß eines Vergleichs in einem Antrage den obersten Staatsbehörden vorzulegen. Die vorgesetzte Behörde des Magistrats war nach der Kabinetsorder vom 2. August 1828 (S. 111) die Regierung in Potsdam, der Magistrat wandte sich aber unmittelbar an das Finanzministerium und an das Ministerium des Innern. Im Ministerium des Innern hielt man es für das Zweckmäßigste, einen besonderen Kommissar mit der Ordnung der Angelegenheit zu beauftragen. Der hierzu im Januar 1837 ernannte Regierungsrat Wallach erbat sich für das Geschäft der Auseinandersetzung Deputierte der städtischen Behörden, und Magistrat sowohl als Stadtverordnete stellten ihm je drei Mitglieder ihres Kollegiums zur Verfügung, die dann mit dem Regierungsrat die Ausgleichskommission bildeten.

Der Magistrat legte in einem kurzen Promemoria vom 13. März 1837 nochmals seine Ansprüche dar. Auf die Behauptung der Denkschrift von 1833, wonach der Staat die Kosten des gesamten städtischen Armenwesens zu tragen verpflichtet sei, kam er dabei nicht wieder zurück, denn beide Syndici waren im Gegensatz zu dieser Anschauung zu der Überzeugung gelangt, daß die Stadt allein für den Unterhalt der Armen einzutreten habe. Er betonte aber, daß Berlin 1807 und 1808 über seine Kräfte zu Kriegskosten und Kontributionen herangezogen worden sei, und daß der König in einer Kabinetsorder vom 29. August 1807 versprochen habe, die Kontribution der Provinz Brandenburg zu tilgen; hierbei müsse die Stadt Berlin mit einbegriffen sein. Der Stadt sei es außerdem wegen der großen Ausgaben für Armenverwaltung und Schule unmöglich gewesen, mit der Verzinsung und Tilgung der Schulden ohne Stockung vorwärts zu kommen. Man erwarte die erforderliche Beihilfe, um die städtischen Finanzen wieder in Ordnung zu bringen, von der Gnade des Königs.

Die Verhandlungen der Kommission fanden von Mai bis Juli statt. Sie war sich von vornherein darüber klar, daß die vom Staat der Stadt geleisteten Vorschüsse, die hauptsächlich in der Deckung der Hamburger Anleihe und in Zinszahlungen für Stadtobligationen bestanden (S. 129), als städtische Schuld an ihn zu betrachten seien. Die ganze Summe betrug etwa 1 300 000 Tlr. Die Stadt glaubte dagegen ihrerseits für eine Reihe von Vorschüssen zu Staatszwecken, besonders für das Nationaltheater im Jahre 1806 und 1807, für Straßenerleuchtung und Reinigung in der Zeit von 1808 bis 1814, für Unterhaltung von Armenanstalten während der französischen Okkupation, für zu viel erhobene Vermögenssteuer 1812 im ganzen 700 000 Tlr. fordern zu können. Wenn alle Ansprüche der Stadt von der Staatsregierung anerkannt werden sollten, was aber keineswegs vorauszusetzen sei, würde die berechtigte Forderung des Staates aus der Kriegszeit über 600 000 Tlr. ausmachen. Ließe dann selbst der Staat aus Rücksichten der Billigkeit noch einzelne Ermäßigungen eintreten, so würde die Stadt immer noch etwa 300 000 Tlr. zu zahlen haben. Der Regierungskommissar konnte zu diesen Aufstellungen die Erklärung abgeben, daß der König in einer Kabinetsorder vom 9. Juli ausgesprochen habe, der Staat wolle auf dem Wege der Gnade und in Ansehung der schweren von der Stadt gezahlten Kriegskontribution alle seine Forderungen erlassen, wenn die Stadt ihrerseits auf sämtliche Ansprüche, zu denen sie sich berechtigt glaube, verzichte. Diesen Vorschlag hielten die Deputierten der Stadt für durchaus annehmbar. Nur einen Einwand hatten sie entgegenzusetzen. Der Kämmerei war durch Edikt vom 26. Mai 1818 die weitere Erhebung des Einlagegeldes von Bier und Wein und anderer aus alter Zeit stammenden Gebühren entzogen worden (S. 139), der Magistrat hatte Einspruch gegen das Edikt erhoben und wegen der Entschädigung für den Ausfall der Einnahmen gegen den Fiskus den Rechtsweg beschritten. Durch Entscheidung des Obertribunals am 17. November 1834 war dann der Staat verurteilt worden, die Stadt für das Verbot vom Jahre 1819 ab und auch in Zukunft mit 9385 Tlrn. jährlich zu entschädigen. Die erstrittene, aber noch nicht gezahlte Summe betrug 1837 schon etwa 170 000 Tlr. Diese Forderung der Stadt wollten die städtischen Deputierten nicht mit in den Ausgleich hineinnehmen, und wenn die Regierung darauf bestände, daß auf die rückständigen 170 000 Tlr. verzichtet werden müßte, so bäten sie doch für die Zukunft um die jährlichen 9385 Tlr., weil der städtische Haushalt deren notwendig bedürfe.

Außerdem verhandelte der Regierungskommissar mit den städtischen Deputierten noch über die Beiträge des Staates zu einzelnen städtischen Verwaltungen, und nachdem das Ergebnis im ganzen festgestellt war, erklärten sich Magistrat und Stadtverordnete mit den Beschlüssen der Kommission einverstanden. Der Magistrat überreichte die Verhandlungen der Kommission mit einem Berichte dem Könige, stellte aber wegen der zu gewährenden Entschädigung keinen bestimmten Antrag, sondern überließ die Entscheidung aller Fragen der Gnade des Königs und sprach nur den Wunsch aus, der Staat möge einen Teil der städtischen Kriegsschulden übernehmen, wie es bei der Kur- und Neumark der Fall gewesen sei.

Die auf den Bericht erlassene wichtige Kabinetsorder vom 31. Dezember 1838, die in vieler Beziehung für das Verhältnis der Staatsregierung zur städtischen Verwaltung feste Bestimmungen traf, ging nicht auf alle Wünsche der Stadtbehörden ein, wußte sie aber doch durchaus zufrieden zu stellen. Ein Beitrag zur Tilgung der Kriegsschuld, wie ihn die Provinz erhalten hatte, wurde nicht gewährt, weil die Verhältnisse dort ganz anders lägen, als in Berlin, dagegen erließ der König der Stadt alle aus der Kriegsperiode herrührenden anerkannten Forderungen des Staates unter Kompensation der vermeintlichen städtischen Ansprüche, obwohl die städtischen weit hinter denen des Fiskus zurückblieben. Die Entschädigung für die entzogenen Einlagegefälle sollte in der Kompensation mit einbegriffen sein, doch gab der König für den Verlust ein Gnadengeschenk von 100 000 Tlrn. zur Schuldentilgung und die jährlich zu zahlenden 9385 Tlr. wurden der Kämmerei vom 1. Januar 1837 ab zugesichert. Damit nun der Haushalt der Stadt günstiger gestellt werde, sollten die Zuschläge, die die Stadt von den indirekten Steuern erhielt, von der Mahl-, Schlacht- und Braumalzsteuer, für Kommunalausgaben Verwendung finden dürfen, soweit sie nicht gemäß dem Schuldentilgungsplan der Kabinetsorder vom 24. Juni 1829 zur Amortisierung notwendig gebraucht würden. Nach diesem Plan sollte nämlich die Tilgung der Schuld, die 1829 noch etwa 4 Millionen Tlr. betrug, im Jahre 1861 ihr Ende erreichen, tatsächlich konnte es aber bei wachsendem Ertrage jener Steuern noch früher geschehen, weil die Kabinetsorder die Bestimmung enthielt, daß der ganze Ertrag zur Tilgung verwendet werden müßte. Die Abänderung dieser Bestimmung durch die Kabinetsorder vom 31. Dezember machte einen jährlichen Überschuß für den Stadthaushalt frei, was dem Magistrat bei dem gesteigerten Bedarf der Verwaltung äußerst willkommen war und ihm umsomehr die übrigen Anordnungen der Kabinetsorder annehmbar erscheinen ließ.

Ein anderer wichtiger Punkt, den sie regelte, war die Frage wegen der Reinigung und Erleuchtung der Straßen und des Nachtwacht- und Feuerlöschwesens. Alle diese Veranstaltungen standen bisher unter Verwaltung der Polizei und für die Unterhaltung von allen dreien sorgte eine vereinigte Kasse, die die Bezeichnung Nachtwachtkasse führte. Zur Kasse trugen die verpflichteten Eigentümer, die Stadt und der Fiskus bei, der einen Zuschuß von 33000 Tlrn. jährlich gab. Eine Kabinetsorder vom 8. August 1833 hatte schon den Grundsatz ausgesprochen, daß die Unterhaltung dieser Einrichtungen Sache der Kommune sei, wenn die Verwaltung auch durch die Polizei geführt würde. Der Fiskus könne nur aus Billigkeitsgründen einen Zuschuß wegen der königlichen und Staatsgebäude zahlen und weil man in einer Residenz höhere Ansprüche an die Sauberkeit und die Helligkeit der Straßen stelle. In den Verhandlungen der Ausgleichskommission hatte man den Grundsatz der Kabinetsorder vom 8. August von allen Seiten anerkannt. Die städtischen Deputierten waren auch damit einverstanden gewesen, daß die drei Verwaltungen fernerhin bei der königlichen Polizeibehörde verblieben, die zugleich das Recht haben sollte, alle erforderlichen Maßregeln zu treffen und Verträge zu schließen, soweit der Etat nicht überschritten würde. Nur zu den Überschreitungen müßte die Genehmigung der Kommune eingeholt werden. Im einzelnen setzte die Kommission dabei noch folgendes fest: Bei der Straßenreinigung haben die Eigentümer nach wie vor für die Fortschaffung des Schmutzes vor ihren Häusern zu sorgen. Die öffentliche aus der Nachtwachtkasse bestrittene Reinigung geschieht nur vor königlichen Schlössern und bestimmten öffentlichen Gebäuden, sowie auf gewissen Plätzen und Brücken, die sämtlich in einem Verzeichnis namhaft zu machen sind. Zu den Arbeiten der öffentlichen Reinigung gehört noch die Besprengung der Straße Unter den Linden sowie das Bestreuen der Brücken und Plätze bei Winterglätte[1]). Die Erleuchtung der Straßen wird innerhalb der Ringmauer nach den bisherigen Grundsätzen unterhalten (S. 119, 176), außerhalb der Ringmauer ist der Magistrat allein für die Erleuchtung verpflichtet. Wie sich diese damals gestaltete, werden wir weiter unten sehen. — Für das Feuerlöschwesen, das heißt für die Anschaffung und Unterhaltung der Feuerlöschgeräte und für die Besoldung des Personals sollte, wie zuvor, die Nachtwachtkasse sorgen. Alle diese Beschlüsse der Kommission genehmigte die Kabinetsorder vom 31. Dezember 1838 und bestimmte für die genannten Einrichtungen zusammen den bisherigen jährlichen Staatszuschuß von 33000 Tlrn.

Für das Armenwesen ließ es die Kabinetsorder bei dem damaligen Zuschuß von 55000 Tlrn. jährlich, überwies aber die Handhabung der Bettelpolizei, zu der der Magistrat verpflichtet gewesen war, an das Polizeipräsidium gegen eine Entschädigung von 3000 Tlrn., die die Stadt jährlich an die Polizeikasse zahlen sollte.

Neben einigen Angelegenheiten von geringerer Tragweite ordnete die Kabinetsorder dann schließlich nach die Frage wegen der Anlegung und der Unterhaltung des Straßenpflasters in der Stadt. Nach einem Urteil des Kammergerichts vom Jahre 1823 brauchte die Stadt nicht für das Pflaster in den Straßen zu sorgen, die vor dem Jahre 1820 angelegt waren (S. 141).

---

[1]) Akten des Magistrats Stadtschulden 15. Vol. 3.

Sie glaubte aber auch für die Pflasterung der später entstandenen den Fiskus verpflichten zu können. Eine Entscheidung des Obertribunals vom August 1832 sprach indessen den Grundsatz aus, daß der Fiskus nicht verbunden sei, die seit 1820 „innerhalb der Landwehr Berlins" neu angelegten oder anzulegenden Straßen mit Pflaster zu versehen und zu unterhalten. Über den im Erkenntnis gebrauchten Ausdruck „innerhalb der Landwehr Berlins" und über die dadurch gezogene Begrenzung war man in der Kommission verschiedener Meinung gewesen, ebenso über den Betrag, den die Stadt dem Staate als Vergütung für die Straßen zahlen solle, die er inzwischen, ohne verpflichtet zu sein, gepflastert habe. Die Kabinetsorder regelte die Angelegenheit in der Hauptsache in folgender Weise. Innerhalb der Ringmauer werden alle vor dem 1. Januar 1837 vorhandenen Straßen auf Kosten des Staates unterhalten. Für diejenigen, die zwischen dem 16. September 1820 und dem 1. Januar 1837 neu angelegt sind gibt die Stadt ein Aversum von 8000 und einen laufenden Zuschuß von 900 Tlrn. jährlich. Außerhalb der Ringmauer hat die Stadtgemeinde die Anlegung und Unterhaltung der Straßen auf ihre alleinigen Kosten zu bewirken. Für die Zukunft dürfen die städtischen Behörden bei neu anzulegenden Straßen von dem Unternehmer oder von den angrenzenden Eigentümern die Legung des ersten Pflasters oder den Betrag dafür verlangen.

Für den gesamten durch die Kabinetsorder vom 31. Dezember[1]) geschaffenen Ausgleich sprachen Magistrat und Stadtverordnete in einer Adresse dem Könige ihren Dank aus. Streitige Punkte, die seit fast 30 Jahren nicht erledigt werden konnten, waren nun beseitigt. Die Verhandlungen hatten zugleich das Bestreben der städtischen Behörden offenbart, sich mehr und mehr die Grundsätze der Selbstverwaltung zu eigen zu machen. Man schien bei aller Rücksicht auf Sparsamkeit zu der Erkenntnis gelangt zu sein, daß für die Wohlfahrt der Stadt so wichtige Einrichtungen, wie die Erleuchtung und Reinhaltung der Straßen, Sache der städtischen Verwaltung allein seien und daß man davon Abstand nehmen müsse, sich bei solchen Veranstaltungen auf den Staat zu verlassen und ihn zu den Kosten verpflichten zu wollen. Wenn Magistrat und Stadtverordnete sich doch damit einverstanden erklärten, diese Verwaltungen vorläufig besser noch in der Hand der königlichen Polizei zu lassen, so hatte dies bestimmte Gründe. Hiervon wird der nächste Abschnitt das Nähere enthalten.

---

[1]) Die Kabinetsorder ist vollständig abgedruckt im Verwaltungsbericht des Magistrats für die Zeit 1829 bis 1840 S. 55 ff.

Die Verwaltung von 1830 bis 1860.

Die Zahl der Einwohner ohne das Militär war in Berlin von 1808 bis 1831 von 145 094 auf 229 843 gestiegen[1]), die Zunahme also für die damalige Zeit, wo die Bevölkerung in den Städten sich nicht so schnell wie am Ende des neunzehnten Jahrhunderts vermehrte, sehr ansehnlich. Sie machte durchschnittlich jährlich etwa 8000 Seelen aus, höher kam der Durchschnitt auch in den nächsten Jahrzehnten bis 1860 nicht. Die städtischen Behörden sahen diese Zunahme nicht in jeder Beziehung als einen Fortschritt an. 1829 und 1831[2]) veröffentlichte der Magistrat statistische Übersichten über die Bevölkerung und über Einnahmen und Ausgaben der Stadt aus der Zeit seit 1815, mit erläuternden Bemerkungen dazu. Er erstattete damit zum ersten Male öffentlich Bericht wenigstens über einen Teil der städtischen Verwaltung, bisher waren Mitteilungen darüber nur von der Stadtverordneten-Versammlung ausgegangen. Die Schrift enthielt neben dem statistischen Material über die Bevölkerung, nicht wie man nach dem Titel erwarten sollte, Einblicke in den Stadthaushalt, sondern im wesentlichen nur Ergebnisse der Haus- und Mietsteuer. In den beigegebenen Erläuterungen dazu erschien dem Magistrat die wirtschaftliche Lage der Stadt und der Einwohnerschaft wenig glänzend. Die Zahl der unbemittelten Familien wäre unverhältnismäßig gestiegen, auf vier Mietsteuer zahlende käme eine, die wegen ihrer Armut steuerfrei bliebe. Die Mietsteuer ergäbe nicht die Sollerträge, und da sie neben der Haussteuer die einzige verwendbare Gemeindesteuer bilde, — denn die indirekte ginge für die Schuldentilgung auf — so litte auch der Haushalt unter den Verhältnissen. Dergleichen Äußerungen über mangelnden Wohlstand in der Bevölkerung finden sich auch in der bald darauf 1832 entstandenen Denkschrift des Magistrats über das Armenwesen, die im vorigen Abschnitte bei dem Streit zwischen Oberbürgermeister und Magistrat besprochen wurde, in späterer Zeit kehren sie in keiner Veröffentlichung wieder. Daß gerade damals das Bedenken der städtischen Behörde nicht ohne Grund und tatsächlich der Prozentsatz der ärmeren Bevölkerung zu groß geworden war, geht auch aus Betrachtungen hervor, die in den Zeitungen über diese Erscheinung angestellt wurden, z. B. in

---

1) Nach Boeckhs historischer Tabelle in seiner Aufnahme der Bevölkerung von Berlin i. J. 1875. Berlin 1878. Heft 1 S. 25.

2) a) Statistische Übersicht von der gestiegenen Bevölkerung der Stadt Berlin 1815 bis 1828 und der Kommunal-Einnahmen und Ausgaben. Berlin 1829.

b) Dieselbe für das Jahr 1829 und 1830. Berlin 1831.

einem Aufsatz der Vossischen Zeitung vom 2. Februar 1830. Die Ursache dieser Zunahme der ärmeren Klasse entsprang aus der allgemeinen wirtschaftlichen Lage des Landes. Der Landwirtschaft sowohl als der Industrie fehlte es an Kapital und Unternehmungslust, viele Arbeitskräfte aus der Provinz suchten vergeblich in der Hauptstadt Beschäftigung.

Der Aufsatz in der Vossischen Zeitung wies zugleich darauf hin, daß es für ärmere Leute an kleinen Wohnungen mangele, die Mieten zu teuer wären und die Wirte lieber die Wohnungen leer stehen ließen, als den Preis herabsetzten, damit sich der Wert der Häuser nicht verringere. Auch der Bericht des Magistrats von 1829 beschäftigte sich, da es sich in ihm um die Haus- und Mietsteuer handelte, eingehend mit dem Wohnungswesen. Nach seinen Mitteilungen wäre 1815 ein Überschuß von Wohnungen vorhanden gewesen, trotz vermehrten Häuserbaues aber dieses Mehr bis 1828 durch andauernden Zuzug ausgeglichen worden. Er gibt ein bedeutendes Steigen des Mietwerts zu — ein Quartier für 50 Tlr. bestehe meist nur aus Stube, Kammer und Küche — indessen ist von einer Wohnungsnot für die ärmeren Familien im Bericht nicht die Rede. Hiermit stimmen die Angaben über die Dichtigkeit der Bevölkerung überein, die sich aus ihm entnehmen lassen. Die Zahl der bewohnten Grundstücke betrug 1815 6463, schätzt man die Einwohnerzahl auf 191 000[1]), so kamen auf eins noch nicht 30 Bewohner. 1828 sollten nach dem Bericht sogar nur 28 auf ein Haus fallen. Er setzt aber die Zahl der Häuser in diesem Jahre auf 7300 an, und bei einer Einwohnerzahl von 262 000 würden sich dann etwa 35 ergeben. Dies wäre immerhin noch eine geringe Dichtigkeit und ließe nicht auf Mangel an Wohnungsräumen schließen.

Verfolgt man die Entwicklung nach den späteren Verwaltungsberichten weiter, so stellt sich heraus, daß 1840 in 7730 Häusern 331 663 Menschen wohnten, 1850 in 8725 417 665 und 1860 in 9664 473 941. Für das einzelne Grundstück steigerte sich demnach die Zahl der Bewohner auf ungefähr 43, 48 und 49.

Der Ausbau der Häuser für eine immer größere Zahl von Wohnungen schritt ebenso allmählich vor. 1815 lassen sich durchschnittlich sechs Wohnungen auf ein Haus berechnen, 1830 sieben, 1840 beinahe acht, 1850 etwas über neun und 1860 fast 10. Dabei verminderten sich im letzten Jahrzehnt die kleinen Wohnungen stetig zu Gunsten der größeren. Nach den Angaben in den Berichten über die leerstehenden Wohnungen hatte ihre Zahl im Durchschnitt $1^1/_2$ Proz. der bewohnten in der ganzen Zeit nicht erreicht. Ein Überfluß an Wohnungen scheint also, wenigstens seit 1830 in Berlin nicht bestanden zu haben.

Das bedeutende Steigen des Mietwerts hebt schon der Bericht von 1829 hervor, er enthält aber keine übersichtlichen Zahlen darüber. Von 1830 läßt sich dann das Anwachsen von Jahr zu Jahr nachweisen. Er erhöhte sich für

[1]) Nach Boeckhs statistischen Tabellen von 1875.

sämtliche Wohnhäuser von rund 4 400 000 Tlrn. im Jahre 1830 auf 5 900 000 1840, auf 7 900 000 1850 und auf 12 300 000 1860. Der durchschnittliche Mietwert einer Wohnung betrug 1850 98, 1860 130 Tlr. Der Verwaltungsbericht für 1829 bis 1840 schloß daraus, daß der Ertrag der Mietsteuer im Verhältnis erheblich mehr stieg als die Zahl der Wohnungen, auf eine Zunahme des Wohlstandes, insofern die Bevölkerung mehr für ihre Wohnungen aufwenden könnte. Ob dieser Schluß richtig war, ist zweifelhaft, die späteren Berichte haben ihn nicht wiederholt.

Der geringe Überschuß an leerstehenden Wohnungen beweist, daß der Anbau von Häusern mit dem Anwachsen der Bevölkerung gerade nur eben Schritt hielt. In welcher Weise waren nun die Stadtbehörden oder die Staatsbehörden tätig, um dem Anbau die Wege zu ebnen? Innerhalb der Ringmauer gab es noch lange nach der Einführung der Städteordnung große Ackerflächen und somit billiges Bauland nach allen Richtungen hin, sobald nur die erforderlichen Straßen angelegt waren. Das Polizeipräsidium hatte ohne Mitwirkung der städtischen Behörden 1825 für mehrere Stadtteile Bebauungspläne festgesetzt, für die Gegend innerhalb des Landsberger Tores bis zum Stralauer Tor hin, nördlich der Spree für das Gartenland in der Friedrich-Wilhelmstadt und für das sogenannte Köpnicker Feld im Südosten. Doch nur in der Friedrich-Wilhelmstadt wurden nach 1830 wirklich Straßen nach diesen Plänen angelegt. Bei den Flächen zwischen Landsberger und Stralauer Tor blieb der Anbau zunächst noch aus, die Einteilung wurde später wieder geändert und zum Teil erst nach 1859 endgültig festgesetzt. Das Köpnicker Feld innerhalb der Mauer lag damals für die Bebauung am günstigsten, weil die Köpnicker Vorstadt sich ausdehnen wollte. Aber auf den dortigen Ländereien ruhten noch Hütungslasten; bevor sie nicht abgelöst waren, konnte man nicht bauen, nicht einmal die Grundstücke einzäunen. Der Einteilungsplan des Polizeipräsidiums von 1825 ließ sich also erst nach der im Jahre 1840 vollendeten Ablösung anwenden, inzwischen hatte er sich aber als unzweckmäßig herausgestellt und wurde einige Jahre später durch einen andern ersetzt, der dann maßgebend blieb.

Der Bebauung außerhalb der Ringmauer, vor den Toren, wo sie sich an die Vorstädte, auch an die Landstraßen hätte anschließen können, legte die Städteordnung Schwierigkeiten in den Weg. § 4 setzte fest, daß zum städtischen Polizei- und Gemeindebezirk alle Einwohner und sämtliche Grundstücke *der Stadt und der Vorstädte* gehören sollten. Es entstanden natürlich alsbald Zweifel, was man zu den Vorstädten zu rechnen, wie weit man diesen Begriff auszudehnen hätte. Die Regierung erklärte daher 1810 dem Magistrat, daß unter dem Gemeindebezirk nur die eigentliche Stadt innerhalb der Mauer mit *kleinen, dichtbebauten* Gebieten vor der Stadt zu verstehen sei und diese noch zur Stadtgemeinde gehören sollten. Die ganze Feldmark,

---

[1]) Über diese Verhältnisse, sowie über das folgende findet man Ausführlicheres in der Schrift von Clauswitz, Die Pläne von Berlin und die Entwicklung des Weichbildes. Berlin 1906.

die bisher mit der Stadt das Weichbild gebildet hatte, wurde dadurch von ihr abgetrennt und dem platten Lande zugewiesen[1]).

Die Grenze des neuen Weichbildes ging demnach nur an wenigen Stellen und auch dort nicht weit über die Stadtmauer hinaus. Wer sich außerhalb dieser Grenze anbaute, war nicht mehr Stadtbewohner und erwarb nicht die Rechte eines solchen. Der Polizeipräsident hatte neben der Erklärung der Regierung sogar angeordnet, daß das Bürgerrecht nur an Einwohner erteilt werden dürfte, die innerhalb der Mauer wohnten, die übrigen seien als Schutzverwandte zu betrachten. Die Häuser außerhalb der Mauer wurden auch nicht in die städtische Feuersozietät aufgenommen und die dortigen Straßen von der öffentlichen Erleuchtung ausgeschlossen.

Außer dieser Einschränkung des Weichbildes durch die Städteordnung hinderten noch andere Umstände, ähnliche wie auf dem Köpnicker Felde, den Anbau vor den Toren. Der Benutzung der Grundstücke zu Wohnplätzen standen, wie dort die Hütungsberechtigungen, die Dreifelderwirtschaft und die unzweckmäßige Gestaltung der Parzellen entgegen. Ehe der Anbau möglich wurde, mußte die Ablösung der Hütung und die Separation vorhergehen. Beides nahm man zuerst bei den sogenannten Berliner Hufen in Angriff, den großen Ackerflächen vor dem Hamburger, Rosentaler, Schönhauser und Prenzlauer Tore, die damals wirklich noch in der alten Weise der Dreifelder bewirtschaftet wurden. Das Separationsverfahren dauerte von 1819 bis 1826. Der Anstoß zu dieser vorteilhaften Umwandlung ging nicht von den städtischen Behörden oder von den Ackerbesitzern, sondern von der Regierung aus. Sie stieß allerdings auf lebhaften Widerstand bei der beteiligten Bürgerschaft, selbst bei den Verwaltungen der Kirchen, die dort ansehnlichen Grundbesitz hatten, der Nikolaikirche, der Petrikirche und des Heiligegeist-Hospitals, und es machte viele Mühe, für die Durchführung der Maßregel die größere Hälfte der Beteiligten zu gewinnen, wie es das Gesetz verlangte. An die Wahrscheinlichkeit, den Grund und Boden zu Baustellen verwerten zu können, dachte von den Eigentümern niemand, denn die einzelnen waren bestrebt, ihre Anteile in möglichst weiter Entfernung von der Stadt zu erhalten, um die Flurschäden zu vermeiden, die ihnen die Städter zufügen könnten. Später stiegen natürlich diejenigen Grundstücke am meisten im Preise, die der Stadt am nächsten lagen. Man wehrte sich auch gegen die Einfügung neuer Wege, um kein Ackerland zu verlieren, während doch das Vorhandensein von Wegen für die Benutzung als Bauland die hauptsächlichste Vorbedingung ist.

Auf der kölnischen Seite kam man erst viel später zur Befreiung der Grundstücke in der Feldmark von allen die Bebauung hindernden Lasten. Für das Köpnicker Feld außerhalb der Stadtmauer zwischen dem Kottbuser und dem Halleschen Tore wurde diese Aufgabe 1856 beendet, beim Urban und den Gebieten vor dem Halleschen Tore, die zum Tempelhofer Unterland ge-

---

[1]) Man vergleiche die diesem Buche beigegebene Karte 1, die das alte und das durch die Städteordnung neugeschaffene Weichbild darstellt.

hörten, erst 1859 und bei den Ländereien, die von Alt-Schöneberg zu Berlin gekommen waren, 1858.

Die enge Begrenzung des Weichbildes, wie sie die Regierung nach ihrer Auffassung des § 4 der Städteordnung festgestellt hatte, konnte nicht lange aufrecht erhalten bleiben. Zu den oben bezeichneten Übelständen der Ausschließung ehemaliger Stadtteile kamen noch andere wegen der Besteuerung und der Zuständigkeit der Polizei. Die Erweiterung der Grenzen, womöglich die Wiederherstellung des alten Weichbildes erschien wünschenswert, zunächst wenigstens vor den Toren im Norden. Die Städteordnung enthielt aber keine Vorschriften darüber, wer über die Änderung der Grenzen eines Stadtbezirks zu verfügen hätte. Infolge dieses Mangels an gesetzlichen Bestimmungen waren langwierige Verhandlungen zwischen dem Magistrat, den beteiligten Nachbargemeinden und, da es sich um eine Erweiterung im Norden handelte, der Verwaltung des Kreises Niederbarnim notwendig, schließlich mußte auch das Einverständnis der Regierung nachgesucht werden. Erst 1829 kamen die Verhandlungen dahin zum Abschluß, daß das nunmehr durch die Separation nutzbar gemachte Berliner Hufenland wieder in das Weichbild einbezogen wurde und dieses im Norden und Osten nun wie früher bis an die Gemarkungen von Pankow, Weißensee und Lichtenberg reichte. Die Erweiterung erhielt die Genehmigung des Ministers des Innern.

Erst die Städteordnung vom 17. März 1831 enthielt dann im § 6 die Bestimmung, daß die Regierung selbständig Eingemeindungen „nach Anhörung der Beteiligten" anordnen könnte. Nach dieser Vorschrift erweiterte die Regierung, obwohl die Städteordnung von 1831 in Berlin nicht in Kraft trat, die Stadtgrenzen 1831 und 1832 im Westen bis an den Schönhauser Graben[1]), im Osten bis an den Markgrafendamm. Somit hatte im Jahre 1832 das Weichbild auf dem rechten Spreeufer den alten Umfang ziemlich erreicht, nur im westlichen Teil fehlten noch Moabit, Wedding und die ehemaligen Heideländereien. Zugleich war auch die Grenze gesetzlich genau festgelegt und die durch § 4 der Städteordnung von 1808 veranlaßte Unsicherheit beseitigt worden.

Auf dem linken Spreeufer hatte die Beschränkung des Stadtbezirks auf das Gebiet innerhalb der Stadtmauer in gleicher Weise zu Unzuträglichkeiten geführt, wie auf dem rechten, und die städtischen Behörden erweiterten ihn im Einverständnis mit der Regierung bald bis an den damaligen Lauf des Landwehrgrabens. Als dann die Regierung 1830 eine Ausdehnung über den Graben hinaus in das Tempelhofer Unterland wünschte, weil dort schon Ansiedelungen vorhanden seien, an die sich weitere anschließen könnten, lehnten die Stadtverordneten diesen Zuwachs mit Entschiedenheit ab. Die Regierung gab nach, und eine Grenzfestsetzung vom 14. November 1840 zwischen der Stadt und den anstoßenden Gemeinden behielt infolgedessen den Landwehrgraben als Grenze. Er wurde nur wenig an einzelnen Stellen überschritten, der Tiergarten blieb außerhalb des Weichbildes.

---

[1]) Er verließ in der Gegend des Wedding die Panke und ging westlich am Invalidenhause vorbei am Unterbaum in die Spree.

Die Stadtverordneten sträubten sich aus Gründen der Sparsamkeit gegen eine Vergrößerung des Stadtgebietes. Nach der Entscheidung des Obertribunals vom 16. Februar 1826 und nach dem Ausgleich mit dem Fiskus von 1838 wäre der Stadt die Unterhaltung des Straßenpflasters in den neu hinzukommenden Stadtteilen zugefallen (S. 163), auch hätten vielleicht neue Straßen angelegt werden müssen. Die dort Wohnenden hätten eine ausreichende städtische Straßenbeleuchtung verlangen können und ebenso würden sich die Kosten der Armenpflege erhöht haben. Es kam aber ungeachtet ihres Widerstandes später zu einer umfangreichen neuen Eingemeindung. Die wachsende Bevölkerung südlich des Landwehrkanals strebte nach Aufnahme in das Stadtgebiet, der Magistrat wünschte aus Rücksichten der Verwaltung die Einbeziehung des Weddinglandes, das der Stadt gehörte und wo der Bau von Wohnhäusern schnelle Fortschritte machte, die Regierung die der fiskalischen Moabiter Ländereien. Die Stadtverordneten zeigten sich wohl einer Vergrößerung des Weichbildes durch Tempelhofer und Schöneberger Gebiet geneigt, wollten aber von allen Einverleibungen im Norden nichts wissen. Die Regierung stellte sich dagegen im Laufe der Angelegenheit immer mehr auf den Standpunkt, daß nicht eine einseitige Erweiterung im Süden, sondern eine umfassende vorzunehmen sei, die aus polizeilichen Gründen die Ansiedelungen im Nordwesten mit einbeziehe. Der Magistrat schloß sich, als er zu der Überzeugung kam, die Regierung würde ihre Ansicht keineswegs ändern, ihren Vorschlägen an, die Stadtverordneten beharrten jedoch bei ihrer Weigerung bezüglich der nordwestlichen Gebiete. Da die Verhandlungen mit der Vertretung des Kreises Teltow wegen der Abtretung von Teltower und Schöneberger Gebiet ebenfalls scheiterten, so hätte die Eingemeindung unterbleiben müssen, wenn die Regierung nicht von dem § 2 der Städteordnung von 1853 Gebrauch gemacht hätte, wonach bei mangelnder Einwilligung der Gemeinden und Vertretungen die Veränderung des Weichbildes mit Genehmigung des Königs geschehen könnte, sobald ein Bedürfnis im öffentlichen Interesse vorliege. Ein solches Bedürfnis nahm die Regierung als vorliegend an und so kam die Eingemeindung vom 1. Januar 1861 zustande, wodurch die heutige Weichbildgrenze geschaffen wurde. Nur der Tiergarten, das Gelände der Schlachthäuser im Osten und einige kleine Streifen im Norden traten erst nachher hinzu.

Alle diese eben geschilderten Hindernisse, die von den Behörden erst beseitigt werden mußten, erschwerten die Anlage neuer Straßen in vielen Gegenden der Stadt. Der Häuserbau suchte daher zunächst die Lücken in den alten Straßen auszufüllen und fand vor allem in dem damaligen Westen und Südwesten Gebiete, wo die Bedingungen für ihn günstig waren. Das Anhalter Tor wurde durchgebrochen, und vor ihm entstand ein neues Stadtviertel.

In den Jahrzehnten von 1830 bis 1860 handelte es sich um die Lösung der Aufgabe, gewisse Einrichtungen einzuführen oder zu vervollkommnen, die das Leben und der Verkehr der sich mehr und mehr zur Großstadt entwickelnden Residenz notwendig verlangten. Die Notwendigkeit erkannten sowohl die städtischen Behörden, als die königliche Polizei, streitig war nur, wer zur Fürsorge dafür zunächst berufen sei.

Die erste dieser Einrichtungen war die Gasbeleuchtung. Wie es sich mit der Unterhaltung des städtischen Erleuchtungswesens unter polizeilicher Leitung verhielt, ist schon weiter oben (S. 119 und 162) erwähnt. Was die Art der Erleuchtung betrifft, so wendete man seit 1825 auch in Berlin das Gaslicht an.

Die öffentliche Gasbeleuchtung führte zuerst 1814 London in einem seiner Stadtteile ein. Da sich die Einrichtung bewährte, so fand sie in England schnelle Verbreitung, und es bildete sich infolgedessen eine Gesellschaft, die Imperial Continental Gas Association, die es unternahm, die Erfindung auch auf dem Festlande auszubeuten, ebenso entstand in Holland eine Gesellschaft zu demselben Zwecke. In Deutschland nahm zunächst 1823 Köln die Gasbeleuchtung von der holländischen Gesellschaft an, 1824 schloß dann die Stadt Hannover einen sehr unvorteilhaften Vertrag mit der englischen, wodurch sie ihr ein Privilegium bis zum Jahre 1900 einräumte und sich so bis dahin die Hände band. Nach Hannover folgte Berlin 1825 mit der Aufnahme der neuen Beleuchtungsart, ging also fast allen deutschen Städten hierin voran. Das Erleuchtungswesen stand unter der Verwaltung des Polizeipräsidiums, den Vertrag mit der englischen Gesellschaft schloß aber am 21. April 1825 dessen vorgesetzte Behörde, das Ministerium des Innern. Die städtischen Behörden wurden dabei um ihre Ansicht gar nicht befragt. Nach dem Vertrage sollte die Gesellschaft gegen eine festgesetzte Entschädigung gewisse Straßen innerhalb der Ringmauer mit Gas, andere mit Öllampen erleuchten und erhielt die ausschließliche Befugnis, auch Privathäuser in den durch Gas erleuchteten Straßen mit diesem Lichte zu versehen. Die Beleuchtung kam der Staatskasse und der Stadt, die einen Zuschuß gab, nach den festgesetzten Preisen etwas teuer zu stehen, auch lag darin ein Nachteil, daß es zu sehr von dem Belieben der Gesellschaft abhing, die Gasbeleuchtung in die verkehrsärmeren Straßen auszudehnen. Es fehlte an Zwangsvorschriften im Vertrage, aber seine Dauer war nur auf 21 Jahre, bis zum 1. Januar 1847 festgesetzt, alsdann erlosch das Privilegium und der andere der den Vertrag schließenden Teile trat in das Recht, neben der vorhandenen jede beliebige andere Erleuchtung selbst einführen zu dürfen, wenn er nicht den Vertrag mit der Gesellschaft verlängern wollte. Die ersten Gaslampen brannten am 19. September 1826, aber erst 1829 war die Einrichtung in den zunächst in Aussicht genommenen Straßen fertiggestellt.

In der Folge zeigte sich, daß die Gesellschaft wenig geneigt war, das Gaslicht weiter in der Stadt, namentlich auf neue Stadtteile — die Friedrich-Wilhelmstadt war im Entstehen — auszudehnen oder doch nur gegen eine bedeutend höhere Entschädigung. Die städtischen Behörden erwogen daher bei dem fortschreitenden Verlangen nach Gasbeleuchtung die Frage, ob sie sich nicht in irgend einer Weise durch eigne Einrichtungen von der englischen Gesellschaft unabhängig machen könnten, sobald der Vertrag zwischen ihr und dem Ministerium abgelaufen sein würde. In Frankfurt a. M. hatte sich zwar eine deutsche, 1828 eingerichtete Gasanstalt als nicht leistungsfähig erwiesen, aber in Dresden hatte nach einem 1827 vom Könige erteilten Auftrage der Ingenieur Rudolf Blochmann mit bestem Erfolge eine eigene Gasbeleuchtung geschaffen. Nach eingehenden Beratungen beschlossen Magistrat und Stadtverordnete, daß ein weiterer Vertrag mit der J. C. G. A. möglichst zu verhindern und es anzustreben sei, die Erleuchtung der Stadt mit eigner Anstalt zu bewerkstelligen. Sie richteten daher unter dem 12. August 1842 an den König ein eingehend begründetes Gesuch, der Stadtgemeinde vom 1. Januar 1847 ab das alleinige Recht zu erteilen, Privat- und öffentliche Gebäude mit Gas zu versorgen.

Inzwischen hatten sich das Polizeipräsidium und das Ministerium des Innern in fortgesetzten Verhandlungen mit den Bevollmächtigten der ausländischen Gesellschaft überzeugt, daß diese sich nur unter sehr ungünstigen Bedingungen zur Erweiterung ihres Betriebes auf die weniger einträglichen Straßen und Stadtteile, sowie zur Verlängerung des Vertrages über 1847 hinaus bereit finden lassen würde. Im Ministerium war man demnach einer Fortsetzung des Vertrages abgeneigt und so erlangte denn die Stadtgemeinde, nachdem der Magistrat noch einen eingehenden Plan über die von ihm einzurichtende Gasanstalt vorgelegt hatte, mit königlicher Genehmigung vom 25. August 1844 ein Privilegium zur Gasfabrikation neben der englischen Gesellschaft. Hiernach sollte ihr die Beleuchtung der Stadt vom 1. Januar 1847 ab überlassen werden mit der ausschließlichen Befugnis der Lieferung von Gas für private und öffentliche Gebäude, soweit dies nicht gegen die Rechte des Vertrags mit der J. C. G. A. vom 21. April 1825 verstieß. Das Privilegium sollte 50 Jahre gelten und die Stadtgemeinde zur Herstellung der Anlagen $1^1/_2$ Millionen Tlr. Stadtobligationen ausgeben dürfen.

Dies der Stadt verliehene Recht bedrohte natürlich die Zukunft der fremden Gesellschaft und ihre Bevollmächtigten machten daher alsbald den städtischen Behörden das Anerbieten, mäßigere Bedingungen für die künftige Erleuchtung der Stadt stellen zu wollen, wenn die Stadtgemeinde von der ihr verliehenen Befugnis keinen Gebrauch machen würde. Aber obwohl es in dem Wunsche der höchsten Behörden lag, daß eine gütliche Einigung zustande käme, und die Stadt auch bereit war, die Anstalt der Gesellschaft zu übernehmen und sie für alle ihre Rechte hoch zu entschädigen, so ließ sich trotz der redlichsten Bemühungen der Kommunalbehörden eine Einigung nicht erreichen. Am 14. Oktober 1844 beschlossen Magistrat und Stadtverordnete, die Verhandlungen abzubrechen. So mußte denn die Stadt von ihrem Privilegium Gebrauch machen und neben der englischen eigene Anstalten schaffen. Die Leitung des Unternehmens erhielt Ingenieur Blochmann, dessen Vater die Dresdener Gasbeleuchtung eingerichtet hatte. Für die Stadtteile rechts der Spree errichtete man die Anstalt am Stralauer Platz mit einem Gasometer in der Auguststraße, für die links der Spree die Anstalt vor dem Kottbuser Tor (in der jetzigen Gitschiner Straße) unweit der englischen, mit einem Gasometer in der Georgenstraße. Die beiden Gasometer sind natürlich heute nicht mehr vorhanden. Am 1. Januar 1847 konnte mit der Erleuchtung begonnen werden, 1850 waren die Öllampen aus allen Straßen fast ganz verschwunden. Die Konkurrenz des städtischen Gaslichts mit dem englischen ermäßigte bald die Preise für den privaten Bedarf. Keine andere Stadt des Kontinents, sagt der Verwaltungsbericht des Magistrats vom Jahre 1850, ist imstande, das Gas so wohlfeil zu liefern wie Berlin, und der Bericht für die Zeit von 1850 bis 1860 bemerkt, der Erfolg sei „so segensreich, wie ihn die größten Erwartungen nicht hätten ahnen lassen".

Das Verdienst, die städtische Anstalt geschaffen zu haben, gebührte allein dem Magistrat und den Stadtverordneten. Sie hatten den großen Vorteil einer eigenen Fabrikation erkannt, selbständig alle Schritte getan, das Privilegium zu erwerben und den Mut gehabt, mit der englischen Gesellschaft in Konkurrenz zu treten. Wie zweifelhaft der Erfolg sein konnte, bewies der Umstand, daß die Gesellschaft auch nach Ablauf ihres Vertrages fortfuhr, Röhren zu legen auch in Straßen, wo es ihr nicht zukam, und dies erst aufgab, nachdem ein Urteil des Obertribunals gegen sie entschieden hatte. — Von der Regierung war keine Anregung zu dem Unternehmen der städtischen Behörden ausgegangen, sie hätte im Gegenteil eine Vereinigung mit der J. C. G. A. gern gesehen. Die Errichtung der städtischen Gaserleuchtung war also ein wirklicher Akt der Selbstverwaltung und für die damalige Zeit lag darin etwas vollständig neues, daß eine Stadtgemeinde eine so umfangreiche industrielle Anstalt selbst in Betrieb nahm.

Die Stadtgemeinde erhielt das Privilegium, wie die Kabinetsorder vom 25. August 1844 ausdrücklich hervorhob, mit der Bedingung, daß in den Befugnissen des Polizeipräsidiums hinsichtlich der Verwaltung, Einrichtung und Beaufsichtigung des Straßenerleuchtungswesens nichts geändert würde. Tatsächlich hat sich die Polizei in der Folge auf die Aufsicht beschränkt, ob die Straßen nach ihrer Meinung genügend beleuchtet seien.

Die moderne Erleuchtung der Stadt war, wenn man berücksichtigt, daß damals dergleichen Umgestaltungen mehr Zeit erforderten, verhältnismäßig leicht zustande gekommen. 1825 hatte das Ministerium den ersten Vertrag mit der englischen Gesellschaft geschlossen und 21 Jahre später bestanden schon drei Anstalten, die das Gas zu billigen Preisen liefern konnten. Mit der Einrichtung einer Wasserleitung, ohne die man sich die Großstadt jetzt nicht mehr zu denken vermag, ging es langsamer und unter größeren Schwierigkeiten von statten. Klagen über schlechtes Trinkwasser gab es eigentlich nur an wenigen Stellen, z. B. in der Gegend der Wallstraße und in der Friedrich-Wilhelmstadt, auch lief das Brunnenwasser für den Wirtschaftsbedarf der Haushaltungen reichlich genug, so daß der Wunsch nach einer besseren Wasserversorgung für den Hausbedarf nicht laut wurde. Aber die Straßenrinnsteine hätten bei trockenem Wetter der Spülung bedurft. Sie bildeten überhaupt einen der größten Übelstände im Berliner Verkehrsleben. Im Laufe der ersten Jahrzehnte das Jahrhunderts waren sie immer tiefer geworden, weil die Hauseigentümer nach und nach die Bürgersteige erhöhten und die staatliche Baubehörde bei der Pflasterung die Straßen nach der Mitte zu ebenfalls aufhöhte. Namentlich in der Leipziger Straße bildeten diese Rinnsteine mehrere

Fuß tiefe Gräben. Zu jedem Hauseingang führte eine Brücke, und aus jedem Hause kam durch einen Abflußkanal das Tagewasser in den Rinnstein, das dann dort wegen der in den ebenen Straßen mangelnden Vorflut stagnierte. Die Ratten liefen am Tage selbst in der Leipziger Straße von einer Brücke zur anderen.

Wie es gewöhnlich bei solchen öffentlichen Mißständen zu geschehen pflegt, kamen allerlei Vorschläge zur Abhilfe zuerst aus dem Publikum. Es war bekannt, daß in England außer für London noch etwa für 10 Städte schon seit Jahrzehnten durch Wasserhebungsanstalten das Wasser zur Spülung geliefert wurde, und so wies man auf jene Einrichtungen zur Nachahmung hin. Die Frage beschäftigte wegen der in einzelnen Straßen gelegenen prinzlichen Häuser auch die Hofkreise und der König ernannte eine Kommission, der auch Alexander von Humboldt angehörte, zur Untersuchung, was etwa zur Besserung geschehen könnte. Die Kommission schickte den Major Baeyer nach England, der dann in einer 1843 erschienenen Schrift auf Grund seiner Studien Vorschläge machte[1]). Es handelte sich vorläufig nur um die Spülung der Straßen, nicht um Versorgung mit Trinkwasser und Filtration. Da der größte Teil der Bürgerschaft mit dem Trinkwasser in der Stadt zufrieden, reichlich versorgt und im übrigen an die Zustände in den Straßen gewöhnt war, so zeigten die städtischen Behörden keinen besonderen Eifer, den Vorschlägen Baeyers näher zu treten und Schritte zu einer Wasserversorgung nach englischem System zu tun, sie scheuten sich vor allem, Kosten zu bewilligen, da man zunächst noch die Anleihe für die zu errichtenden Gasanstalten aufzunehmen hatte. Die genannte königliche Kommission beabsichtigte unter diesen Umständen für die Herstellung eines Wasserwerks oberhalb der Stadt eine Aktiengesellschaft zu gründen, aber bei der Gleichgültigkeit der Hauseigentümer gegen die Einrichtung kam die Gesellschaft nicht zustande. Die Reinigung der Straßen stand unter Leitung der Polizei, sie hatte also in erster Linie ein Interesse daran, daß Vorrichtungen für die Spülung geschaffen würden. Der 1848 zum Polizeipräsidenten ernannte Freiherr von Hinkeldey unternahm daher entscheidende Schritte in der Angelegenheit. Zunächst wendete er sich am 11. Oktober 1852 an den Magistrat und verlangte auf Grund eines ausgearbeiteten Projekts, das darauf hinausging, nicht nur für die Straßenspülung, sondern auch für den Hausbedarf Wasser zu liefern, eine Million Tlr. aus städtischen Mitteln mit dem Hinweis, daß sich die Kapitalsanlage wohl verzinsen könnte, da die Hauseigentümer von der Einrichtung Gebrauch machen würden.

Es ist möglich, daß die städtischen Behörden vielleicht doch zu dem Entschlusse gekommen wären, die Mittel zu bewilligen und die Wasserversorgung auf Gefahr der Gemeinde zu unternehmen, allein dem Polizei-

---

[1]) Die Bewässerung und Reinigung der Straßen Berlins von J. Baeyer, Berlin 1843. Es war der später berühmte Geodät und Präsident des geodätischen Instituts, der auch für die Neuvermessung Berlins maßgebend gewesen ist.

präsidenten währten die Unterhandlungen zu lange, er wollte keinen Aufschub und schloß am 14. Oktober einen Vertrag mit den englischen Unternehmern Fox und Crampton, wodurch sie das Recht erhielten, den Häusern Wasser zu liefern, zugleich aber sich verpflichteten, die Straßen, Plätze und Gassen der Stadt — nach näheren Bestimmungen — mit fließendem Wasser zu versorgen. Das Privilegium sollte von der Betriebseröffnung an 25 Jahre gelten und erlöschen, wenn keine Prolongation zustande käme. Das Enteignungsrecht wurde später noch dem Vertrage hinzugefügt. Den Stadtbehörden stellte es der Polizeipräsident frei, sich an dem Gründungskapital von einer Million Talern mit 200 000 zu beteiligen, womit jedoch keine Mitwirkung an der Ausführung und Verwaltung der Anstalt verbunden sein sollte. Die Rechte der beiden Unternehmer gingen, da zum Ausbau des Röhrennetzes eine Vermehrung des Gründungskapitals durchaus notwendig wurde, an eine Gesellschaft, die Berlin Waterworks Company über. Das Kapital mußte auf vier Millionen Tlr. erhöht werden.

Das Wasserwerk wurde an der Oberspree vor dem Stralauer Tor errichtet auf dem Gelände, wo sich heute die Naglerstraße, die Ehrenbergstraße usw. befinden, und es war bei der Anlage nicht blos auf Zuführung, sondern auch auf Filtration des Wassers Bedacht genommen. 1856 konnte die Gesellschaft den Betrieb eröffnen. Sie erkannte alsbald, daß die Rentabilität des Unternehmens nur sehr allmählich eintreten würde und bemühte sich deshalb frühzeitig um eine Verlängerung ihres Privilegs auf weitere 25 Jahre von 1881 ab. Die Frage der Prolongation erledigten die Staatsbehörden diesmal nicht, ohne den Magistrat zu den Verhandlungen hinzuzuziehen, was sie bei der Einrichtung der Gasbeleuchtung unterlassen hatten. Die Waterworks Company wollte, wenn die Staatsregierung in die Verlängerung willigen würde, als Gegenleistung der Stadtgemeinde einen Anteil am Gewinn zusichern, aus dessen Ertrage allmählich die Aktien der Gesellschaft für die Stadt angekauft werden könnten, sodaß die Anlage schließlich in das Eigentum der Stadtgemeinde überginge. Der Magistrat war geneigt, unter diesen Bedingungen als Grundlage in Verhandlungen einzutreten, aber die Stadtverordnetenversammlung lehnte alle Vorschläge ab. Über die Motive für die Ablehnung sind wir nicht mehr unterrichtet. Man ging wohl hauptsächlich von praktischen Erwägungen dabei aus. Die aufgewendeten Kapitalien warfen der Gesellschaft noch nicht die geringste Dividende ab, die Spülung der Straßen erzielte zu wenig Erfolg hinsichtlich der Reinigung im Verhältnis zu den Kosten. Man erwartete außerdem, daß die Regierung das Privileg nicht verlängern würde und dann die Anstalt gemäß den Bestimmungen des Gründungsvertrages durch die Stadtgemeinde erworben werden könnte. Selbst wenn die Prolongation indessen eintreten sollte, glaubte man doch, daß die Aktiengesellschaft die Weiterführung des Unternehmens wegen des zu geringen Ertrages aufgeben würde. Diese Erwartungen trafen aber später nur insofern zu, als die Regierung das Privilegium nicht verlängerte, die Rentabilität dagegen blieb nicht aus, sie trat schon in den 60er Jahren ein und steigerte sich im Laufe der Zeit bedeutend. Es war also eine irrige Voraussetzung, daß die Stadt nach Ablauf des Privilegiums die Anstalt auf bequeme Weise hätte erwerben können.

Die sich steigernde Rentabilität der Anlage beruhte in dem wachsenden Privatverbrauch von Wasser und der Vermehrung der Hausanschlüsse. Die Einrichtung war offenbar für diejenigen, die ihre Grundstücke mit Leitung versehen konnten, von großem Nutzen. Aber für die Straßen wurde sie verderblich. Sie verleitete die Eigentümer zu Klosetanlagen, aus denen bei dem Fehlen von Unterpflasterkanälen aller Unrat in die Straßenrinnsteine floß, ein Übelstand, den alle Spülung nicht ausgleichen konnte, zumal die Rinnsteine bei der ebenen Lage der Straßen wie zuvor nicht die nötige Vorflut besaßen. An diese Möglichkeiten hatte der Polizeipräsident nicht gedacht, als er der Stadt mit der Wasserleitung eine Wohltat angedeihen lassen wollte. Im Laufe der 60er Jahre kam man allgemein zur Überzeugung, daß es nicht so weiter gehen könnte. Man empfand außerdem nicht allein die Nachteile der Einrichtung, die von der Polizei nicht genügend vorhergesehen waren, auch die Vorteile blieben der Stadt zum großen Teil vorenthalten. Die Gesellschaft war nicht verpflichtet, in allen Straßen, namentlich nicht in den neuen oder erweiterten Stadtteilen, Röhren zu legen und die Häuser mit Wasser zu versorgen, und es fiel ihr nicht ein, es dort zu tun, wo die Anlage besondere Kosten verursachte. So verloren viele Grundstücke, die kein Wasser erhalten konnten, an Wert gegen andere, denen es zugänglich wurde.

Unter solchen Verhältnissen, wo die Straßenrinnsteine wirklich gesundheitsgefährlich wirkten, war es natürlich, daß die Staatsregierung auf die Verbesserung dieses Zustandes in der Residenz Bedacht nehmen mußte, die königliche Polizei hatte ja durch den Vertrag mit den Unternehmern die unbefriedigende Entwicklung verschuldet. Der Minister für öffentliche Arbeiten beauftragte 1860 den geheimen Oberbaurat Wiebe, den Baumeister Hobrecht und den Ingenieur Veitmeyer mit der Untersuchung der Berliner Entwässerungsfrage. Sie kamen zu der Überzeugung, daß für die Reinigung der Stadt nur eine Kanalisation Erfolg verspräche und legten zugleich schon 1861 einen Entwurf dazu vor. Der Entwurf ging vom Ministerium an den Magistrat mit der Aufforderung zur Äußerung, wie sich die Stadtgemeinde zu der Ausführung stellen würde. Eine gemischte Deputation erhielt den Auftrag, die Entscheidung über die ungemein wichtige Angelegenheit vorzubereiten. Neun Jahr lang dauerten die Verhandlungen der Stadtbehörden darüber. Sie währten hauptsächlich deshalb so lange, weil der Streit, welches System für Entfernung der Schmutzwässer und des Unrats aus Berlin das richtige sein würde, nicht ein Internum der städtischen Körperschaften blieb, sondern unter dem Stichwort „Kanalisation oder Abfuhr" die Wissenschaft und weite Kreise der Bevölkerung lebhaft beschäftigte, so daß den Stadtbehörden immer neue Ansichten unterbreitet wurden. Im Jahre 1869 war die Frage endlich soweit gediehen, daß Hobrecht mit der Ausarbeitung eines Projektes für eine Kanalisation beauftragt wurde. Nachdem sich die Stadtverordneten mit Hilfe dieses Projektes von der Möglichkeit der Durchführung des Werkes überzeugt hatten, beschlossen sie wesentlich unter dem Einfluß Virchows 1873 auf Antrag des Magistrats den Beginn der Arbeiten zur Ausführung. Zuerst wurde das Radialsystem III, Friedrichswerder, Dorotheenstadt und die westlich und südwestlich davon gelegenen Stadtteile, in Angriff genommen.

Die Reinigung Berlins durch eine Kanalisation unter städtischer Verwaltung hätte aber nicht durchgeführt werden können, ohne daß auch die Lieferung des Wassers in städtische Hände überging. Bei der zweifelhaften Zukunft der englischen Wasserleitung nach dem Ablauf ihres Privilegs i. J. 1880, hatte der Magistrat schon mit der Möglichkeit gerechnet, eigne Leitungen anlegen zu müssen und im Einvernehmen mit den Stadtverordneten frühzeitig den Ingenieur Veitmeyer mit Vorarbeiten dazu beauftragt. Der Bericht von Veitmeyer fiel derartig aus, daß die Wasserversorgung durch eine städtische Anstalt vollständig gesichert erschien. Durch Kabinetsorder vom 11. Dezember 1872 erhielt infolgedessen die Stadtgemeinde die Genehmigung, in die Rechte des Fiskus der englischen Gesellschaft gegenüber nach Ablauf des mit ihr geschlossenen Vertrages i. J. 1880 eintreten zu dürfen. Da die Gesellschaft keine Aussicht hatte, ihr Privilegium über dieses Jahr hinaus verlängert zu erhalten, so willigte sie schon 1873 in den Verkauf ihrer Werke an die Stadt. Von diesem Zeitpunkt ab wird die Wasserversorgung allein durch die städtische Verwaltung bewirkt.

Neben der Reinigung der Rinnsteine und Häuser erschien es geboten, auch für die der Straßen, das heißt für die Beseitigung des Straßenkehrichts, mehr Fürsorge zu treffen. Die Vorkehrungen dazu hatten in den ersten Jahrzehnten der Selbstverwaltung kaum Verbesserungen erfahren, obwohl dabei nicht wie bei der Erleuchtung, der Wasserversorgung und der Entwässerung neue Erfindungen und umfassende Anlagen in Frage kamen. Es gelang nicht, die alte, wohl für kleine Verhältnisse natürliche und zweckmäßige Einrichtung, wonach jeder Eigentümer im Bereich seines Grundstückes die Straße rein zu halten, auch für das Abfahren des Kehrichts Sorge zu tragen hatte, zu beseitigen und durch ein einheitliches Verfahren zu ersetzen, wie es eigentlich für eine Stadt von der Ausdehnung Berlins unerläßlich gewesen wäre. Nur die öffentlichen Plätze, die Brücken und die Straßenstellen, wo die Eigentümer nicht herangezogen werden konnten oder sollten, waren aus öffentlichen Mitteln sauber zu halten. Die Polizei beaufsichtigte die vorschriftsmäßige Reinhaltung durch die Eigentümer und ließ die Arbeiten, die diesen nicht zufielen, durch ihre eigenen drei Reinigungsanstalten ausführen. Diese bestanden in einem Personal von angestellten Aufsehern und Arbeitern mit den nötigen Gespannen zum Abfahren des Kehrichts und zur Besprengung der Lindenpromenade und einiger Plätze. Die Kosten bezahlte der Staat nach altem Herkommen, weil sie früher von der Akzisekasse getragen waren, weiter (S. 32. 119). Die Stadt gab als Eigentümerin einer Anzahl öffentlicher Gebäude einen Zuschuß[1]), im übrigen hatten die städtischen Behörden nichts mit der ganzen

---

[1]) Wieviel die Stadt zugab, ist aus den Rechnungen bis 1846 noch nicht ersichtlich, weil die Summe in den Beträgen mit enthalten sind, die zur Nachtwachtkasse gezahlt wurden.

Verwaltung zu tun. Dies entsprach auch ihrer Anschauung, daß die Fürsorge für die Reinhaltung der Straßen in der Residenz Sache des Staates sei, der ja auch von jeher die nötigen Veranstaltungen getroffen habe. Zu der Überzeugung, daß dies lediglich Pflicht der Gemeinde sei, kamen die städtischen Behörden erst nach dem Jahre 1830 und sie wurde zuerst klar ausgesprochen bei dem Ausgleich zwischen Staat und Stadt i. J. 1838 (S. 162).

Der Ausgleichsvertrag von 1838 gab dem Geschäft der Straßenreinigung gewissermaßen eine gesetzliche Regelung, indem die fernere Verpflichtung der Eigentümer zur Beseitigung des Straßenkehrichts anerkannt und die Leistungen der polizeilichen Reinigungsanstalt sowie ein bestimmter Etat festgestellt wurden, dessen Überschreitungen von der Genehmigung der städtischen Behörden abhängen sollten. Diese Art der Regelung konnte aber unmöglich von Dauer sein. Das Kehren der Fahrdämme durch die Eigentümer erwies sich in der Großstadt immer mehr als unzweckmäßig. Die Änderung des Verfahrens wurde dadurch erleichtert, daß in der Stadtverordnetenversammlung die Hauseigentümer bei weitem die Mehrzahl bildeten und gern bereit waren, die Last in eine öffentliche umzuwandeln. Die zu Ende des Jahres 1846 beginnende Teuerung und Arbeitslosigkeit, bei der die städtischen Behörden bestrebt waren, Arbeitsgelegenheit zu schaffen, boten dann Veranlassung zu einem Versuche, die Reinigung auf Kosten der Gemeinde wenigstens in einem Teile der Stadt vornehmen zu lassen. Man wählte dazu die Königstadt und die Dorotheenstadt. Der Erfolg war so günstig und die Möglichkeit, auf diese Weise noch ferner den sich in Berlin ansammelnden Arbeitern Beschäftigung zu bieten, so willkommen, daß die städtischen Behörden am 11. April 1848 beschlossen, das Verfahren versuchsweise auf die ganze Stadt auszudehnen und das Reinigungswesen, soweit es bisher den Eigentümern oblag, einer Deputation von 2 Magistratsmitgliedern und 6 Stadtverordneten übertrugen. Die Verwaltung wendete 1848 62000, 1849 83000 und 1850 72000 Tlr. auf für das, was bisher die Eigentümer unentgeltlich geleistet hatten. Mit Genehmigung des Gemeinderats vom 30. Januar 1851 wurde dann die Einrichtung als eine dauernde eingeführt. Dieser Beschluß legte dem städtischen Haushalt für immer eine ansehnliche Last auf, aber sie war notwendig, denn ohne öffentliche Veranstaltungen läßt sich ein Zustand der Straßen, wie ihn das Leben in der Großstadt verlangt, nicht erreichen. Für die Sauberkeit, durch die sich heute die Straßen Berlins auszeichnen, schuf 1851 der Gemeinderat die Vorbedingungen.

Damit war indessen noch keine einheitliche Leitung des Reinigungswesens erzielt. Die städtische Deputation unterhielt ihre eigene Veranstaltungen und ihr Personal und ebenso die Polizei, wie früher, die ihrigen für die Straßenteile, wo ihr die Reinigung oblag. Die Vereinigung beider Verwaltungen unter der städtischen Deputation war nicht möglich, weil es dem Magistrat an der Polizeigewalt fehlte, die zur Durchführung des gesamten Reinigungswesens unbedingt gehörte. Um nun den Übelstand zu beseitigen, daß von zwei Stellen aus die Reinigung gehandhabt würde, übernahm die Polizei das Ganze und übertrug die Verwaltung am 4. Juni 1851 dem Branddirektor

Scabell. Eine Verbindung mit dem Feuerlöschwesen erschien zweckmäßig, weil beide Einrichtungen von der königlichen Polizei abhingen und insofern eine bedeutende Ersparnis möglich wurde, als die Arbeiter der Straßenreinigung zugleich zur Bedienung der Spritzen verwendbar waren. Von da an ließ das Polizeipräsidium die Straßenreinigung und Besprengung durch die Feuerwehr ausführen bis zum 1. Oktober 1875. Mit Genehmigung des Ministers des Innern übernahm von diesem Zeitpunkt ab die Stadtgemeinde selbst das ganze Reinigungswesen unter der Bedingung, daß über Art und Umfang der Reinigung stets das Polizeipräsidium zu bestimmen habe. Für die Kosten kam, als man anfing den Eigentümern die Verpflichtung unentgeltlich abzunehmen, der geringe Zuschuß des Staates zu der polizeilichen Reinigung, wie er zuletzt noch in dem Ausgleich von 1838 (S. 162) festgesetzt war, kaum in Betracht. Daß er von 1851 ab gänzlich fortfiel, stellte keine erhebliche Mehrbelastung der Stadt vor, denn die Ausgaben für das Reinigungswesen wuchsen ohnehin nach Vereinigung der Verwaltung 1852 auf über 100 000 Tlr. und stiegen mit den erhöhten Anforderungen, die man an die Reinhaltung stellte, und mit dem Anwachsen der Stadt. Ihr Betrag ist aus den Finalabschlüssen der Stadthauptkasse aber nicht erkennbar. Der Plan, die Eigentümer aber wenigstens teilweise zur Reinigung zu verpflichten, wurde in den fünfziger Jahren nochmals in Erwägung genommen, aber man sah ein, die Ersparnis würde nicht im Verhältnis zu dem Schaden stehen, den man damit dem Verkehr in der Großstadt zufügen könnte.

Das Feuerlöschwesen hatte Gruner verbessert (S. 119), es bedurfte aber, da es auf der persönlichen Dienstleistung und der Bereitwilligkeit der Bürger dazu beruhte, noch sehr der Vervollkommnung, da nicht alle Verpflichteten immer bereitwillig waren. Die notwendige Sparsamkeit in der städtischen Verwaltung erlaubte außerdem wenig Anschaffungen neuer Geräte. Der Ausgleichvertrag mit dem Staate von 1838 hatte für das Nachtwacht-, Feuerlösch- und Straßenreinigungswesen den bisherigen Staatszuschuß von 33 000 Tlrn. jährlich festgesetzt, der zur Bestreitung der Kosten aller dieser Einrichtungen schon vorher nicht ausgereicht hatte. Bereits in den 30er Jahren stieg der der Stadtgemeinde dabei zufallende Beitrag von 30 000 bis auf 60 000 Tlr. und kam 1846 auf 80 000 Tlr., dann sank er, weil die Straßenreinigung der Bürgerschaft ihren besonderen Etat erhielt. Der Etat für das Nachtwachtwesen blieb mit dem Feuerlöschwesen verbunden und daher lassen sich auch für die folgende Zeit die Kosten des Löschwesens nicht angeben, weil die Finalabschlüsse die Ausgaben nicht trennen. 1843 kostete die Feuerwehr, wie man aus anderen Quellen erfährt, 23 500, 1849 36 000 Tlr. Der ganze Etat der Nachtwachtkasse erhöhte sich bis 1860 auf über 130 000 Tlr. Zur Leitung des Ganzen, also auch als Befehlshaber der diensttuenden Bürger, war ein Polizeiinspektor durch den Polizeipräsidenten eingesetzt.

Weil nun mancher Mangel abzustellen, besonders eine schleunigere Hilfe bei Ausbruch des Feuers zu erstreben war, auch verbesserte Vorrichtungen angeschafft werden mußten, so machte der Polizeipräsident 1843 dem Magistrat, der die Mittel hergeben sollte, ausführliche Vorschläge dazu. Sie fanden nicht ganz seinen Beifall, und er sah sich zunächst veranlaßt, einen Bericht an den Minister des Innern über den Zustand des Feuerlöschwesens zu erstatten. Der Minister ordnete darauf mündliche Besprechungen von Deputierten der städtischen Behörden mit dem Polizeipräsidium an, um sich über die notwendigen Maßnahmen zu äußern. Diese Besprechungen fanden nicht statt, Magistrat und Stadtverordnete kamen aber nach einigen Verhandlungen unter sich 1846 zu dem Entschluß, vom Polizeipräsidium die Überlassung des Feuerlöschwesens an die Gemeindebehörden zu verlangen. Sie stellten diese Forderung als Bedingung für die Bewilligung von Geldmitteln, besonders auch des Gehalts für die neu zu errichtenden Stellen eines Branddirektors und eines Brandmeisters. Das Polizeipräsidium lehnte zunächst die Forderung ab, erklärte sich aber dann nach Einholung eines ministeriellen Bescheides über die Frage in einem Schreiben vom 30. November 1847 mit der Übertragung der Verwaltung auf die Stadt einverstanden, mit der Einschränkung indessen, daß dem Polizeipräsidenten die persönliche Leitung der Löschmaßregeln in allen Fällen zustehen sollte, sobald er es seinem Ermessen nach für nötig halte. Diese Bedingung war den Stadtverordneten nicht annehmbar, sie wollten, daß die Leitung ausschließlich dem von der Gemeinde anzustellenden Branddirektor zustehe, obwohl das Polizeipräsidium erklärt hatte, daß das Eingreifen des Präsidenten doch nur bei ganz außerordentlichen Gelegenheiten stattfinden würde. Das Jahr 1848 war für eine Einigung in solchen Fragen gerade nicht geeignet, da Zugeständnisse an die Staatsbehörden hinsichtlich der Aufsicht und der Einmischung in die städtische Verwaltung grundsätzlich auf Einspruch zu rechnen hatten. Vor wenigen Jahren hatte man in der städtischen Verwaltung noch anders gedacht. Die Kabinetsorder vom 25. August 1844, die ihr das Privilegium der Gasbeleuchtung verlieh, enthielt die Bedingung der polizeilichen Aufsicht über das Erleuchtungswesen und niemandem war es damals eingefallen, daran Anstoß zu nehmen.

Nachdem dann im April 1849 der Magistrat der Stadtverordneten-Versammlung vorgestellt hatte, daß das Ministerium aus Rücksichten der Sicherheitspolizei niemals auf die Aufsicht des Polizeipräsidiums ganz verzichten würde, gaben die Stadtverordneten insoweit nach, als sie vorschlugen, daß der Befehl an den Polizeipräsidenten in „außerordentlichen Fällen" übergehen könnte, hierdurch sollte das von ihm beanspruchte freie Ermessen etwas eingeschränkt werden. Diesen Vorschlag konnte das Ministerium nicht gutheißen, denn die unbestimmte Bezeichnung „außerordentliche Fälle" wäre die Veranlassung zu vielfachen Zwistigkeiten geworden. Hierauf fanden abermals Verhandlungen der städtischen Körperschaften unter sich und mit dem Polizeipräsidium statt, sie hatten das Ergebnis, daß die Stadtverordneten ihren bisherigen ablehnenden Standpunkt gegen die Befugnisse des Polizeipräsidiums aufgaben und mit Beschluß vom 1. Februar 1850 dem Polizeipräsidenten das Recht zustanden, auf der Brandstelle die Leitung zu übernehmen, sobald er es für notwendig halte, er müsse aber seine dahingehende Absicht dem Branddirektor ausdrücklich mitteilen.

Dem Übergange des Feuerlöschwesens auf die Gemeinde stand nun eigentlich nichts mehr im Wege, und es sollte hierbei zugleich eine neue Organisation der Feuerwehr vorgenommen werden. An dieser Organisationsfrage scheiterte in letzter Stunde doch die Überlassung der Verwaltung an die Stadt. Die Polizei beanspruchte das Recht, bei der Organisation einer für die Sicherheit der Stadt so wichtigen Einrichtung entscheidend mitzuwirken, und dies führte zunächst wieder zu Verhandlungen mit Magistrat und Stadtverordneten. Diese verzögerten sich schon aus dem Grunde, weil Berlin im Jahre 1850, wo sie stattfanden, eine neue Stadtverfassung erhalten sollte. Die Stadtverordneten überließen daher die Angelegenheit der zukünftigen Stadtvertretung, dem Gemeinderat. Der Polizeipräsident sah aber in der Verschleppung der neuen Organisation des Feuerlöschwesens eine Gefahr für die Sicherheit der Stadt und dieser Ansicht schloß sich der Minister des Innern, von Westphalen, an. Er genehmigte die sofortige Einführung eines ihm vorgelegten Planes für das Institut und bestimmte zugleich, daß die Verwaltung endgültig dem Polizeipräsidium belassen werden sollte. Die Leitung als Branddirektor erhielt der früher bei der Straßenerleuchtung, zuletzt beim Feuerlöschwesen als Inspektor angestellte Baumeister Scabell. Seit der Zeit, seit dem Jahre 1851 ist die Feuerwehr unter der Verwaltung des Polizeipräsidiums als „königliche Feuerwehr" geblieben. Wen die Schuld daran trifft, daß die langen Verhandlungen damals zu keinem anderen Abschluß kamen, läßt sich nicht mehr entscheiden. Man darf vielleicht annehmen, daß es den Staatsbehörden zuletzt doch nicht ernst gewesen sei, das Löschwesen in Berlin aus der Hand zu geben. Von den Ausgaben für die Unterhaltung der gesamten Verwaltung ist der Stadt nichts abgenommen worden. Der Magistrat hat später versucht, auf Grund des Gesetzes über die Polizeiverwaltung vom 11. März 1850 für die persönlichen Kosten den Staat verantwortlich zu machen und wiederholt den Rechtsweg beschritten, aber ohne den gewünschten Erfolg (S. 194).

Die städtische Armendirektion hatte sich, wie wir gesehen haben, im Laufe der zwanziger Jahre zu einer vollständigen Selbstverwaltungsbehörde ausgebildet, und in allen Stadtbezirken besorgten aus Mitgliedern der Bürgerschaft bestehende Armenkommissionen die Armenpflege. Da die aus jener Zeit vorliegenden Nachrichten über unser Armenwesen (S. 123) durch weiteres ausführliches Material fortgesetzt wurden, so sind wir auch über die spätere Verwaltung gut unterrichtet. Der Magistrat veröffentlichte Verwaltungsberichte und kleine Gelegenheitsschriften, und die Armendirektion gab ein besonderes Monatsblatt heraus, das von 1833 bis 1860 erschienen ist. Aus allen diesen Publikationen geht hervor, daß dem Armenwesen große Aufmerksamkeit gewidmet wurde, daß es von allen städtischen Verwaltungen die umfangreichste Tätigkeit erforderte, daß aber auch keine andere der städtischen Behörden so viel finanzielle Sorgen verursachte.

Den Beitrag des Staates zur Armenpflege von 75 000 Tlrn. jährlich hatte die Regierung 1826 auf 55 000 Tlr. herabgesetzt, da 20 000 Tlr. davon zu dem Fonds für Straßenpflaster geschlagen werden mußten, und von 1840 an noch weiter bis auf 29000 Tlr. gekürzt. Die Kosten der Armenpflege machten 1830 271000 Tlr. aus, die städtischen Kassen trugen davon 138000 Tlr., 1851 belief sich die Ausgabe auf 431000 Tlr., wovon auf die Stadthauptkasse 326000 Tlr. kamen, 1860 stellte sich dies Verhältnis 445000 zu 346000. 1830 gab die städtische Kasse noch nicht die Hälfte zu, 1851 fast dreiviertel. Die Einwohnerzahl war in dieser Zeit von 267700 auf 423800, also noch nicht auf das Doppelte gestiegen, dagegen hatte sich der städtische Zuschuß zur Armenpflege verdreifachen müssen. Allerdings trugen in den beiden Jahrzehnten außergewöhnliche Umstände dazu bei, die Hilfsbedürftigkeit der unteren Schichten der Bevölkerung zu steigern. Die Cholera suchte nach 1830 wiederholt die Residenz heim, Mißernten verursachten Teuerung, namentlich 1846 und 1847, das Jahr 1848 brachte ebenfalls Notstände. Dazu zogen die damaligen Zustände in Berlin noch andere Wirkungen nach sich, wodurch die Armenverwaltung in Verlegenheit gesetzt wurde, insofern sich bei einem nicht geringen Teil der Einwohnerschaft die Auffassung geltend machte, daß die Unterhaltungspflicht der Gemeinde weit über die eigentliche Unterstützung im Falle der Armut hinausgehen und sie überhaupt für die Lebensbedingungen gewisser Bevölkerungsklassen sorgen müsse.

Gegen die unverhältnismäßig schnell anwachsenden Ansprüche an die städtischen Kassen hatten die Stadtbehörden in jenen Jahrzehnten verschiedene Mittel versucht. Den Armenkommissionen wurde strengeres Verfahren bei Gewährung von Unterstützungen angeraten. Um solche Personen abzuwehren, die sich für Notleidende ausgaben, ohne es wirklich zu sein, versuchte man ein Mittel, von dem die Verwaltungsberichte nichts erzählen. Man veröffentlichte die Namen der Almosenempfänger. Doch alle dergleichen Maßregeln brachten keinen Rückgang in den Anforderungen an die Verwaltung. Die städtischen Behörden dachten bereits daran, eine Änderung des bisherigen Organismus der Armenverwaltung vornehmen zu müssen, und der Gemeinderat[1]) beschloß am 15. Mai 1852, diese Frage durch eine gemischte Deputation untersuchen zu lassen. Man gelangte zu dem auffälligen Ergebnisse, ein Abweichen von den Grundprinzipien der städtischen Selbstverwaltung in Vorschlag zu bringen. Die Deputation beschloß fast einstimmig, daß für je 5 oder 6 Armenkommissionen ein besoldeter Distriktsdirektor angestellt werden solle, der der Armendirektion verantwortlich sei. Dies hätte eine Dezentralisation zur Folge gehabt, indem aus den betreffenden 5 oder 6 Kommissionsvorstehern eine Distriktsbehörde gebildet worden wäre, zugleich aber hätte man damit den Grundsatz, daß die Überwachung der Armenpflege ein Ehrenamt sei, durchbrochen. Die Anträge der Deputation wurden bei den städtischen Behörden abgelehnt, aber nicht wegen der darin ausgesprochenen, der Selbstverwaltung widerstreitenden Grundsätze, sondern nur, weil die Zeitumstände zu der Reform nicht geeignet seien.

[1]) Der Gemeinderat war nach der Gemeindeordnung vom 11. März 1850 an die Stelle der Stadtverordneten getreten.

Noch andere Vorschläge hatten die damals geführten Verhandlungen gebracht. Weil es immer schwierig war, in den Kommissionen geeignete Persönlichkeiten für das Vorsteheramt zu finden, kam man auf den Ausweg, überall besoldete Vorsteher anzustellen. Diese Einrichtung hätte noch mehr als die Einsetzung besoldeter Distriktsdirektoren den Grund dazu gelegt, aus der Selbstverwaltung in die Beamtenverwaltung überzugehen. Die städtischen Behörden waren keineswegs abgeneigt, in einzelnen Fällen die bürgerlichen Vorsteher durch Beamte zu ersetzen, aber sie widerstrebten einer vollständigen Umwandlung und so blieb es bei dem bisherigen Verfahren.

Eine andere Organisation der seit ihrem Übergang an die Stadtgemeinde bestehenden Verwaltung erwies sich natürlich durch die Vermehrung der Bevölkerung und der Geschäfte als notwendig. 1853 wurde ein neues, verstärktes Direktorium gebildet, das sich aus 10 Mitgliedern des Magistrats, aber ohne den Oberbürgermeister, 7 Stadtverordneten, 7 Bürgerdeputierten und 3 Assessoren zusammensetzte. Die Assessoren waren besoldete Hilfskräfte, die man — eigentlich auch gegen das Prinzip der Selbstverwaltung — notgedrungen in das Direktorium einfügen mußte. Auch die Armen-Kommissionsvorsteher, die die Gemeindebehörden, wie wir eben sahen, als besoldete Beamte nicht anstellen wollten, erhielten eine Entschädigung.

Für die Armenkranken, bei denen anstatt der offenen Pflege die Behandlung in einer Anstalt eintreten mußte, besaß die städtische Verwaltung vor 1874 kein Krankenhaus. Das einzige öffentliche Krankenhaus war die königliche Charité. Sie hatte seit ihrer Stiftung teils zur Erfüllung ihrer Bestimmung, teils als Vergünstigung für die Residenz die Stadtarmen aufgenommen und kostenlos verpflegt, bis zum Jahre 1835. Nach einer Kabinetsorder vom 1. Juli 1835 sollten von da ab nur arme Gemütskranke Kostenfreiheit genießen, die freie Verpflegung aller übrigen von der Gemeinde überwiesenen Kranken auf jährlich 100 000 Verpflegungstage beschränkt werden. Die Stadt mußte also nun für einen großen Teil ihrer Kranken bezahlen und konnte sie daher ebenso gut auch anderweitig unterbringen, sie wurde sogar allmählich dazu gezwungen, weil die Räume und Einrichtungen der Charité bei dem Anwachsen der Bevölkerung nicht mehr ausreichten. Zum Glück für die städtische Verwaltung waren inzwischen Privathäuser für Krankenpflege entstanden, 1847 das Diakonissenhaus Bethanien und 1855 das katholische Krankenhaus, mit deren Hilfe sie ihre Kranken zu versorgen vermochte. Auch einige geeignete ärztliche Kliniken waren schon vorhanden. Dem Siechtum verfallene Männer und Frauen wurden in Privatpflege gegeben, zur Aufnahme der Frauen richtete man 1857 ein ehemaliges Cholera-lazaret am Halleschen Tor ein. Den unheilbar Irren — die heilbaren behandelte die Charité — war eine Abteilung des Arbeitshauses eingeräumt. So behalf sich die Verwaltung, um ihren Verpflichtungen gegen die unbemittelten Kranken nachkommen zu können. An die Errichtung eines städtischen Krankenhauses, das auch der Bürgerschaft Gelegenheit böte, ihre Angehörigen dort gegen Erstattung der Kosten in ärztliche Behandlung zu geben, dachte man nicht früher als 1864, nachdem der Rentner

Jean Fasquel 50 000 Tlr. zum Bau eines allgemeinen Krankenhauses gestiftet hatte.

Die Charité und die Privatanstalten durften jedoch nicht oder wenigstens nur teilweise in Anspruch genommen werden, sobald Epidemien ausbrachen. Als die Cholera 1831 Berlin heimsuchte, mußte die Armendirektion zwei Häuser zur Unterbringung der Kranken kaufen und einrichten, eins in der Kochstraße, eins in der Luisenstraße, die dann bei dem zweiten Auftreten der Cholera 1837 wieder dazu benutzt werden konnten. 1848 bis 1850 brach die Krankheit abermals herein, und da die beiden Häuser wieder verkauft waren, half man sich damit, in dem eben erst erbauten Friedrich-Wilhelms-Hospital, das zu einer Alterversorgungsanstalt dienen sollte, eine Abteilung für die Cholerakranken einzurichten. 1850 konnte diese Cholera-Abteilung in das Hospital an der Waisenbrücke verlegt werden, das nach Übersiedelung der Hospitaliten in das Friedrich-Wilhelms-Hospital leer stand. Um bei einem erneuten Eindringen der Seuche sofort Räume zur Verfügung zu haben, beschlossen die städtischen Behörden alsbald, ein eigenes Choleralazaret am Halleschen Tore zu erbauen. Es war 1855 eingerichtet, wurde aber von 1857 ab, da keine Choleragefahr mehr zu drohen schien, zum Siechenhaus für Frauen bestimmt und hieß damals das städtische Krankenhaus. Als dann die Cholera 1866 wiederkehrte, sahen sich die Stadtbehörden genötigt, gleich mehrere Häuser in verschiedenen Stadtteilen für Lazarete zu mieten. Bei der Pockenepidemie von 1870 und 1871 ging man dazu über, Baracken auf dem Tempelhofer Felde und in Moabit aufzustellen.

Die Cholera des Jahres 1831 veranlaßte zum ersten Male eine Organisation der öffentlichen Gesundheitspflege in Berlin, und zwar ging die Anregung dazu von der Stadtverordneten-Versammlung aus, dadurch, daß sie schon im Oktober 1830 bei der Annäherung der Krankheit den Magistrat zu Schutzmaßregeln aufforderte. Auf weitere Vorstellung des Magistrats bei der Regierung wurde dann im Mai 1831 eine Immediat-Schutzkommission für den ganzen Staat und durch Verfügung des Oberpräsidenten vom 6. Juli 1831 ein besonderes Gesundheits-Komitee für Berlin gebildet. An dessen Spitze trat der Oberpräsident, es bestand aus dem Kommandanten, einigen Ministerialräten und Ärzten und einer städtischen Deputation mit dem Oberbürgermeister und dem Stadtverordneten-Vorsteher. Die Stadtbehörden errichteten außerdem Schutzkommissionen in den einzelnen Stadtteilen. Am 8. August 1831 erschien eine Kabinetsorder mit polizeilichen Vorschriften für das Verhalten bei ansteckenden Krankheiten überhaupt und am 23. August eine Verordnung des Berliner Gesundheits-Komitees „über das Verfahren bei der Annäherung und dem Ausbruche der Cholera in Berlin".

Die Verordnung legte der Gemeinde die Errichtung von öffentlichen Heilanstalten — zwei Häuser wurden, wie schon erwähnt, dazu angekauft — und Kontumazanstalten für Rekonvaleszenten und Verdächtige auf. Neben anderen strengen Vorsichtsmaßregeln galt auch die, daß jede Wohnung, in der sich Cholerakranke befänden, abgesperrt werden müßte. Magistrat und Stadtverordnete erhoben gegen verschiedene den Verkehr hemmende Maßregeln, insbesondere gegen die kostspielige und schwer durchführbare Wohnungssperre, sowie gegen die Kontumazanstalten, für die sie sorgen sollten, Einspruch. Da man über die Ursache der Seuche tatsächlich wenig aufgeklärt war, so wiesen sie darauf hin, daß die Kontagiosität der Krankheit nicht sicher festgestellt sei und es hauptsächlich auf Reinlichkeit der Häuser, nicht auf Absperrung ankomme. Die Anordnungen wurden indessen aufrecht erhalten, bis eine Bekanntmachung vom 9. Februar 1832 Berlin wieder für seuchenfrei erklärte. Als sich die Cholera bis 1850 noch zweimal über Berlin ausbreitete, verfuhr man im wesentlichen nach denselben Grundsätzen wie 1831, nur milderte man die Abwehrungsmaßregeln, die Wohnungssperre z. B. kam nicht wieder in Anwendung.

Die wiederholte Bekämpfung der Cholera hatte zur Folge, daß man allgemein anfing, größere Rücksicht auf die öffentliche Gesundheitspflege zu nehmen, die bisher in Berlin wenig Beachtung gefunden hatte. Die Polizei, als die eigentlich verantwortliche Behörde, begann ihre Aufmerksamkeit auf den wichtigsten Punkt der Gesundheitspflege, auf eine in sanitärer Beziehung mehr geeignete Reinigung der Straßen und der Häuser zu richten. Über den Verlauf dieser Bestrebungen und den Anteil der städtischen Behörden dabei wurde bereits berichtet. — Aus eignem Antriebe erwogen die Stadtverordneten schon seit den zwanziger Jahren die Anlage von Schlachthäusern, zumal ja auch vor Einführung der Städteordnung solche in Berlin im Betrieb gewesen waren. Aber da es an gesetzlichem Zwange fehlte, die Schlächter zur Aufgabe ihrer eigenen Einrichtungen zu bewegen, mußte der Bau von städtischen Schlachthäusern als bedenklich erscheinen. Erst das Gesetz vom 18. März 1868 über die Errichtung öffentlicher Schlachthäuser ermöglichte die Ausführung des Planes. — Ebenfalls aus eignen Entschlüssen, den Wert von Bädern für die Volksgesundheit würdigend, schufen die Stadtbehörden 1847 eine öffentliche Badeanstalt im Landwehrkanal, der 1850 eine zweite in der Spree an der Waisenbrücke, 1855 eine dritte an der Burgstraße und 1858 eine im Spandauer Schiffahrtskanal folgten. Allerdings waren dies nur Flußbäder, zur Einrichtung von städtischen Anstalten mit warmen Bädern für die unbemittelte Bevölkerung kam es erst in den achtziger Jahren.

Was die Vermehrung der Schulen betrifft, so brauchten die vorhandenen Gymnasien ungeachtet dessen, daß die Einwohnerzahl 1830 bis 1860 von 267 700 auf 474 000 stieg, nur um eins vermehrt zu werden, um das Friedrichsgymnasium, mit dessen Errichtung die Stadtbehörden dem Verlangen der neuen Friedrich-Wilhelmstadt entgegenkamen. Zuerst wurde 1850 eine Vorschule dazu mit 144 Schülern eröffnet. Sie bestand aus fünf Klassen, die als Unterbau für ein Gymnasium und eine damit zu verbindende Realschule dienen sollten. 1858 konnte die erste Abiturientenprüfung stattfinden. Für die Gründung weiterer höherer Lehranstalten lag anscheinend kein besonderes Bedürfnis vor; die Fürsorge des Magistrats für derartige Schulen war aber auch durch einen 1826 vom Stadtschulrat Reichhelm aufgestellten und vom

Ministerium genehmigten Organisationsplan in eine andere Richtung gewiesen. Man wollte Stadtschulen für einen gebildeten Bürgerstand schaffen, die den Schülern zugleich die Möglichkeit boten, noch in eine höhere Anstalt übergehen zu können. Von den 16 Schulen dieser Art, 8 für Knaben, 8 für Mädchen, die geplant waren, kamen nur fünf zustande, und zwar in der Zeit von 1832 bis 1838: die Königsstädtische, die Stralauer, die Dorotheenstädtische, die Luisenstädtische Stadtschule und die höhere Töchterschule in der Oranienburger Straße. Man wich in der Zahl von dem ursprünglichen Plane nicht aus Sparsamkeit ab, denn die Anstalten bedurften nur eines verhältnismäßig geringen Kommunalzuschusses, sondern in der Erkenntnis, daß diese Art Schulen doch mit dem Abschluß, den sie der Ausbildung zu geben vermochten, ihren Zweck verfehlten. Sie erhielten deshalb einen erweiterten Lehrplan und 1850 die Bezeichnung Realschulen. Die Stralauer Stadtschule, die Klassen für Knaben und Mädchen enthielt, bestand am längsten als Bürgerschule. Erst nach 1860 wurde sie, nachdem die Mädchenklassen von ihr getrennt waren, in eine höhere Lehranstalt umgewandelt. Mit der Umwandlung in Realschulen kamen die Stadtschulen aus dem Geschäftskreis der Schuldeputation unter die unmittelbare Verwaltung des Magistrats.

Die Schuldeputation, in der bei ihrer Einsetzung 1829 neben vier Bürgerdeputierten drei Magistratsmitglieder, 5 Stadtverordnete und zwei Geistliche saßen, vergrößerte sich bis 1860 allmählich auf 8 Magistratsmitglieder, 14 Stadtverordnete und 3 Geistliche. Die Zahl der Bürgerdeputierten blieb etwa dieselbe. Die Schuldeputation sollte unter Aufsicht des Magistrats, dem seit 1853 ein zweiter Stadtschulrat für die Leitung des Elementarschulwesens beigegeben war, die inneren und äußeren Angelegenheiten der städtischen Schulen bearbeiten, soweit sie nicht unter unmittelbarer Verwaltung des Magistrats standen. Die Wahl der Lehrer war jedoch Sache des Magistrats, die Deputation durfte nur Vorschläge dabei machen. Zugleich bildete sie die Lokal-Schulaufsichtsbehörde für sämtliche Parochial- und Privatschulen. Zur besseren Durchführung der Aufsicht hatte jede dieser Anstalten einen Schulvorstand von drei Mitgliedern. Eins davon war der Geistliche der Parochie, das zweite wurde vom Magistrat, das dritte von den Stadtverordneten eingesetzt. Um den Schulbesuch der Kinder, die die Elementarschulen besuchten, im Auge haben zu können, wurden in den vierziger Jahren die Schulkommissionen geschaffen und ebenfalls der Schuldeputation unterstellt. Sie wurden in allen Stadtbezirken errichtet, ihre Mitglieder wählten die Stadtverordneten, und das Amt war ein Ehrenamt. Die Schuldeputation hatte also einen großen Wirkungskreis.

Bis zum Jahre 1869 hin konnte der mittlere Bürgerstand seine Kinder für den ersten Unterricht nur in eine Privatschule schicken, in eine billigere oder in eine teurere, wenn er ihnen eine bessere, auf höhere Ziele gerichtete Erziehung zu Teil werden lassen wollte. Die öffentlichen Schulen der Unterstufe, die den Namen Armenschulen, von 1829 an Kommunal-Armenschulen und von 1841 ab Kommunalschulen führten und von der Stadt unterhalten wurden, nahmen nur Kinder von Eltern auf, die nachwiesen, daß sie den

Betrag für eine Privatschule nicht aufzubringen vermöchten. Sie zahlten dann je nach dem Grade ihrer Dürftigkeit ein Schulgeld von höchstens 10 Sgr. monatlich, oder es wurde ihnen gänzlich erlassen. Die Anzahl der Schüler, die auf diese Schulen angewiesen waren und der Arbeiterbevölkerung, zum Teil auch der niederen Bürgerschaft angehörten, machte einen bedeutenden Prozentsatz der schulpflichtigen Kinder aus. Aus d. J. 1827 ist eine Zählung überliefert, nach der 25 447 schulpflichtige Kinder überhaupt vorhanden waren[1]). 17 668 davon gingen in Privatschulen, demnach hätte etwa ein Drittel die öffentlichen Schulen besuchen müssen, deren Unterhaltung Sache der Gemeinde war. 1827 blieben aber 5003 von diesen, also über die Hälfte, ohne Unterricht, und zwar hauptsächlich, weil es an solchen Schulen fehlte. Die Stadt hatte zu jener Zeit nur 7, räumlich sehr beschränkte Armenschulen, die noch unter der Verwaltung der Armendirektion standen. Die Schulbehörde konnte sich zwar damit helfen, daß Kinder, die in diesen Schulen keinen Platz fanden, in Privatschulen auf Gemeindekosten untergebracht wurden. Aber einerseits reichten die verfügbaren Mittel dazu nicht hin, andrerseits waren nur einzelne Privatschulen bereit, solche Schüler aufzunehmen.

Für die Schuldeputation bildete es eine Hauptaufgabe, dies Mißverhältnis zu beseitigen und dafür zu sorgen, daß womöglich keine Kinder ohne Unterricht bleiben durften. Die Schwierigkeit lag vor allem in den fehlenden Geldmitteln. Noch im Anfang der dreißiger Jahre konnte der städtische Haushalt eine wesentliche Erhöhung der Ausgaben für die einzelnen Verwaltungen und so auch für das Schulwesen nicht vertragen. Wir erinnern an die Denkschrift des Magistrats über das Armenwesen vom Jahre 1833 (S. 152), wonach sich die städtischen Finanzen in sehr schlechter Lage befanden. Der Zuschuß der Stadt für den Elementarunterricht belief sich 1830 auf etwa 25 000 Tlr. und stieg bis 1840, obwohl viele Kinder noch uneingeschult blieben und die Bevölkerung sich schnell vermehrte, nur um etwa 16 500 Tlr., 1850 dagegen kam er schon auf 131 000 und 1860 auf 165 500 Tlr.[2]). In den beiden letzten Jahrzehnten konnte also weit mehr aufgewendet werden, die städtischen Finanzen hatten sich auch im allgemeinen gebessert. Bei diesen Summen ist indessen zu berücksichtigen, daß sie allein für Zwecke des Unterrichts bestimmt waren. Nicht darin enthalten sind die Ausgaben für Schulbauten. Das Fehlen von geeigneten Schulhäusern stand mit in erster Linie der Regelung des Unterrichts im Wege. Auch diesem Mangel konnte nur allmählich abgeholfen werden, wenn die Stadt in die Lage kam, mehr Mittel dafür bereitstellen zu dürfen. Die Leistungen für Schulgrundstücke und Schulbauten erhöhten sich in demselben Verhältnis, wie die für den eigentlichen Unterricht, 1825 bis 1840 gab man durchschnittlich 6000 Tlr. jährlich dafür aus, 1840 bis 1850 24 000, 1850 bis 1860 45 000. Die Schuldeputationen

[1]) Verwaltungsbericht des Magistrats für die Jahre 1829 bis 1840. Berlin 1842. S. 303.

[2]) Die Zahlen sind nicht den Finalabschlüssen der Stadthauptkasse entnommen, sondern den Verwaltungsberichten über das Schulwesen.

hatten die Zahl der Kommunalschulen 1840 bis auf 12, 1850 auf 15, 1860 auf 20 gebracht; maßgebender als diese Zahlen ist jedoch für den Fortschritt die Anzahl der Klassen, da fast alle diese Schulen zugleich erweitert wurden. An Klassen waren 1840 73, 1850 128 und 1860 185 vorhanden. 1830 mußte die Stadtgemeinde von 7712 Kommunalschulkindern 4191 in Privat- und Parochialschulen schicken, 1840 von 13 825 6292, 1850 von 22 925 11 772, 1860 von 28 327 14 178. Man ersieht daraus, daß in der ganzen Zeit fast immer die Hälfte der Schüler in städtischen Schulhäusern keinen Platz fanden, daß also die Vermehrung und Erweiterung der Schulhäuser bei weitem nicht genügte.

Immerhin erreichte es die Schuldeputation, da ihr mehr Geld zur Verfügung gestellt werden konnte, allmählich doch mit Benutzung der Privatschulen, daß etwa um das Jahr 1850 keine schulpflichtigen Kinder mehr ohne Unterricht gelassen werden brauchten. 1833 ordnete das Provinzial-Schulkollegium eine Zählung der unterrichtslosen Kinder an. Der Magistrat ermittelte 2932, also eine erhebliche Abnahme gegen 1827. Die Zahl sank bei einer zweiten Feststellung 1835 auf 1855. Nach dem Verwaltungsbericht des Magistrats für 1840 bis 1850 besuchten im Jahre 1850 über zehn Prozent der Einwohnerschaft wirklich die Schule. Der Bericht nahm an, daß es mehr als zehn Prozent schulpflichtiger Kinder in Berlin wohl nicht geben würde und schloß daraus, daß Kinder, die ohne Unterricht blieben, nicht mehr vorhanden sein könnten[1]).

Die städtische Elementarschule war auch über das Jahr 1860 hinaus nur für Bedürftige bestimmt. Wer seine Kinder darin unterrichten lassen wollte, weil seine Mittel für eine Privatschule nicht hinreichten, mußte die Erlaubnis dazu unter Angabe seiner Einkommensverhältnisse einholen. Im Jahre 1869 wurde es dann den Gemeindeschulen gestattet, für 25 Sgr. monatliches Schulgeld Kinder ohne weiteres aufzunehmen, soweit sie über Platz verfügten. Doch bezweifelte man von vornherein den Wert dieser Maßregel der Schuldeputation, man nahm an, daß sie den Schulen wenig Zuwachs aus der Bürgerschaft bringen würde. Die alte Anschauung, die in der Kommunalschule immer noch nur die Armenschule sah, ließ sich so leicht nicht beseitigen. Vom 1. Januar 1870 ab wurde dann auf Beschluß der Stadtverordnetenversammlung das Schulgeld für die Gemeindeschulen aufgehoben, und hiermit erhielten sie einen vollständig veränderten Charakter, es entstand allmählich ein einheitliches Elementarschulwesen für die Stadt. Allerdings hatte dieser Schritt außerordentliche Opfer im Gefolge, die Ausgaben für das Schulwesen stiegen bald so, daß sie im Jahre 1875 28 Prozent der Gesamteinnahme des städtischen Haushalts beanspruchten. Man hätte den Schritt kaum gewagt, wenn sich damals die städtische Finanzlage nicht von Jahr zu Jahr günstiger gestaltet und wenn man nicht die Hoffnung gehabt hätte, daß dieser Fortschritt andauernd sein würde[2]).

---

[1]) Verwaltungsbericht des Magistrats für die Jahre 1841 bis 1850. Berlin 1853. S. 359.

[2]) Die Entwicklung des Berliner Volksschulwesens hat Stadtschulrat Fischer in einer besonderen Schrift i. J. 1890 bearbeitet.

Über die Ergebnisse des städtischen Haushalts sind wir von den dreißiger Jahren an, dank der Veröffentlichungen des Magistrats, eingehend unterrichtet. Was früher fehlte, die Übersicht über das Ganze, wurde durch Einrichtung einer Zentralkasse 1836, sowie noch mehr durch die der Stadthauptkasse vom 1. Januar 1843 an erleichtert und uns durch die gedruckten Finalabschlüsse ermöglicht. Die Denkschrift des Magistrats von 1833 über das Armenwesen (S. 152) sprach von einem Fehlbetrage im Stadthaushalt, wegen dessen man damals besorgt war. In Wirklichkeit hat sich ein solcher, wie die Finalabschlüsse zeigen, nicht eingestellt. Vielleicht wollte die Schrift mit ihrer Darstellung die Staatsregierung nur desto geneigter machen, daß sie ihren Beitrag für das Armenwesen erhöhe. Die Lage der städtischen Finanzen war zu Ende der zwanziger Jahre derartig, daß die Tilgung der Kriegsschuld in sichere Bahnen gebracht werden konnte und für die laufende Verwaltung keine neuen Anleihen nötig gewesen waren. Die Verwaltung blieb in den dreißiger Jahren in ihren Ausgaben noch beengt, die Verhältnisse besserten sich jedoch stetig in den nächsten Jahrzehnten. Mit den bestehenden Steuern, die auch keiner Erhöhung bedurften, kamen die Stadtbehörden aus, obwohl neue Lasten dem Haushalt auferlegt und an die öffentlichen Einrichtungen der Residenz immer höhere Ansprüche gestellt wurden. Nur in den Jahren 1850 und 1851 erschien es notwendig, durch eine außerordentliche Steuer, die Klassensteuer, den städtischen Haushalt in Ordnung zu erhalten. Sie brachte in den beiden Jahren durchschnittlich 130 000 Tlr. ein. Daß man einen vermehrten Steuerdruck vermeiden konnte, bewirkte der wachsende Ertrag der bestehenden Steuern und zum Teil der Ausgleich mit dem Fiskus, der durch die Kabinetsorder vom 31. Dezember 1838 geschaffen war. Die den Ausgleich feststellende Kabinetsorder erlaubte einen Teil der Einnahme aus der Schlacht- und Mahlsteuer, obwohl sie grundsätzlich zur Schuldentilgung verwendet werden sollte (S. 161), dieser Bestimmung zu entziehen und andere notwendige Ausgaben der Verwaltung damit zu decken.

Der städtische Haushalt blieb dadurch geregelt, und diesem Vorteil gegenüber war die langsamere Tilgung der Schuld nicht von wesentlicher Bedeutung. Die Staatsregierung kam außerdem damit zu Hilfe, daß die Zinsen der Obligationen auf $3^1/_2$ Prozent herabgesetzt werden durften. Später gab es ohnehin noch weitere Veranlassungen, von dem 1829 festgesetzten Tilgungsplane abweichen zu müssen. Aufwendungen für städtische Wohlfahrtseinrichtungen und zur Abwehr vorübergehender Notstände waren dringender, als die Innehaltung des Tilgungsplanes. Die Kabinetsorder vom 5. Juli 1852 gestattete, die Tilgung um 30 Jahre über das festgesetzte Ziel hinauszuschieben. Außerdem veränderten auch Darlehen, die man zu städtischen Anlagen aufzunehmen hatte, wie z. B. für die Gasanstalt, das Bild des Schuldenwesens.

Die Haupteinnahmen der städtischen Verwaltung blieben wie früher die Haus- und Mietsteuer und der städtische Anteil an der Schlacht-, Mahl- und Braumalzsteuer. Die Haussteuer wurde mit $3^1/_5$ und die Mietsteuer mit $6^2/_3$ Prozent des Mietwertes forterhoben, mit Ausnahme einer kurzen Zeit, nämlich in den Jahren 1855 bis 1857, wo die ursprünglichen Sätze von 4 und $8^1/_3$ Prozent eintraten, wie sie die Kabinetsorder vom 26. Januar 1815 festgesetzt hatte, den Grund bildeten erhebliche Ausfälle bei der Schlacht- und Mahlsteuer. Haus- und Mietsteuer brachten 1830 rund 375 000 Tlr., wovon etwa ein Drittel auf die Haussteuer kam, 1860 1 105 000, wobei die Haussteuer 374 000, also etwas mehr als ein Drittel betrug. Die Ursache dieser Zunahme lag natürlich in dem Anwachsen der Bevölkerung von 267 700 auf 474 000 (ohne Militär), in der Vermehrung der Wohnungen — von etwa 50 000 (besteuerten und unbesteuerten) auf 99 700[1]) — und auch in dem steigenden Mietwerte der Wohnungen. Der Gesamtmietwert der vorhandenen Wohnungen stellte sich 1830 auf 4 405 000, 1860 auf über 12 Millionen Tlr., der Durchschnittspreis einer Wohnung betrug 1830 etwa 81, 1860 128 Tlr. Die Erhebung und Verwaltung der Steuer stand während der ganzen Zeit, um die es sich hier handelt, unter der Servis- und Einquartierungsdeputation, obwohl von ihren Erträgen schon 1830 nur etwa die Hälfte, 1860 der siebente Teil zu Leistungen für das Militär verwendet wurden. Aus der ursprünglichen Auflage für das Einquartierungswesen war eine städtische Steuer zu allgemeinen Verwaltungszwecken geworden.

Aus dem Zuschlage zur königlichen Mahl-, Schlacht- und Braumalzsteuer (vergl. S. 140), oder wie sie in den dreißiger Jahren noch hieß, der Kommunalakzise, erhielt die Stadt 1830 236 000, 1860 506 000 Tlr. Der Ertrag hatte also um mehr als das Doppelte zugenommen, was bei der Bevölkerungsziffer nicht der Fall gewesen war. Wenn man hieraus auf eine Vermehrung des Verbrauchs des Einzelnen schließen darf, so ergiebt sich daraus auch ein Anwachsen des Wohlstandes in der Stadt.

Zu diesen beiden Steuern hatten die städtischen Behörden 1830 eine dritte, die Hundesteuer, eingeführt. Ihr Zweck bestand indessen nicht darin, der Stadt eine Einnahmequelle zu eröffnen, sondern in der Verminderung der übergroßen Zahl von Hunden auf den Straßen. Man hoffte, daß die Ausgabe den Berlinern die Anschaffung von Hunden verleiden würde. Eine Kabinetsorder vom 29. April 1829 genehmigte die Steuer, das Reglement vom 23. März 1830 regelte ihre Erhebung, und für die Verwaltung bildeten ein Magistratsmitglied, vier Stadtverordnete und zwei Bürgerdeputierte eine besondere Deputation. Der Ertrag der Steuer fand eine ganz bestimmte Verwendung. Seit 1825 wurden die Hauseigner in den vornehmeren und lebhafteren Straßen auf polizeiliche Anordnung angehalten, auf ihren Bürgersteigen Granitplatten, das sogenannte Trottoir, zu legen. Dies taten sie auch meist in eigenem Interesse, mehrfach aber verlangten sie eine Unterstützung aus städtischen Mitteln, und die Stadtbehörden beschlossen, den Ertrag der Hundesteuer dazu zu verwenden. Den Hauseigentümern sollten zwei Drittel der Kosten ihrer Anlage daraus erstattet werden. Eine Kabinetsorder vom 5. August 1834 genehmigte diese Bestimmung. Die Steuer brachte 1830 gegen 9000 Tlr. und stieg bis 1860 auf über 24 000 Tlr., obwohl die Polizei 1853 die Maulkörbe eingeführt und auch dadurch das Halten von Hunden erschwert hatte. Ob der ursprüngliche Zweck der Maßregel erreicht wurde, mag dahin-

[1]) Verwaltungsbericht für 1850 bis 1860. S. 3.

gestellt bleiben. 1830 gab es etwa 6000 Hunde in Berlin, 1860 11 000. Ihre Vermehrung hatte mit der Bevölkerung ungefähr gleichen Schritt gehalten. Die Bestimmung der Steuer zur Herstellung von Trottoirs hörte nach Erlaß des Gesetzes vom 11. Mai 1850 über die Polizeiverwaltung auf. Das Polizeipräsidium hielt sich auf Grund dieses Gesetzes für berechtigt, allein Anordnungen über dergleichen Anlagen zu treffen und drang nun auf schnellere Durchführung der Legung von Granitbahnen vor den Häusern. Die Einnahme aus der Hundesteuer reichte in Folge davon bei weitem nicht mehr hin, den städtischen Zuschuß zu den Kosten zu decken, und ihr Ertrag floß für die allgemeine Verwaltung in die Stadthauptkasse.

Auch mit einer Nachtigallensteuer haben die städtischen Behörden einen Versuch gemacht, um das Wegfangen dieser Vögel einzuschränken. Sie ergab in den zwei Jahren, wo sie erhoben wurde, zusammen 364 Tlr., und man ließ sie dann, weil sie doch ihren Zweck nicht erfüllte, wieder fallen.

Den Einnahmen aus den Steuern gegenüber erschienen die aus der Kämmerei immer geringfügiger, wenn sie sich auch etwas steigerten. Ihr Ertrag war 1830 39 800, 1860 86 500 Tlr., 1830 etwa der fünfzehnte, 1860 nur der zwanzigste Teil der Steuereinnahmen. Für die Verwaltung der Kämmerei war im ersten Jahrzehnt der Städteordnung die Forst- und Ökonomie-Deputation eingesetzt. Sie leitete indessen die Verwaltung nicht selbständig, sondern diente dem Magistrat nur als technischer Berater, wobei ihr einzelne Geschäfte vom Magistrat zur Bearbeitung überwiesen wurden. Erst 1833 erhielt sie durch Gemeindebeschluß die selbständige Verwaltung. Sie bestand 1860 aus 7 Magistratsmitgliedern und 3 Bürgerdeputierten. Nach 1860 wurde sie aufgelöst, ihre Geschäfte gingen größtenteils an die neugebildete Grundeigentums-Deputation über.

In den sogenannten Kämmereidörfern, die in den Geschäftskreis der Deputation gehörten, Rixdorf mit Mariendorf und Marienfelde, Reinickendorf, Lichtenberg, Stralau und Woltersdorf, besaß die Stadt nur noch verschwindend wenig Land, mit Ausnahme von Woltersdorf. Sie bezog aus den Dörfern nur Abgaben, die keine bedeutenden Summen ausmachten, 1850 im ganzen etwa 3000 Tlr. Die Abgaben wurden noch vor 1860 überall abgelöst, so daß die Verbindung Berlins mit diesen Gemeinden aufhörte. Woltersdorf verkaufte die Stadt 1859. Für den Betrieb der Rüdersdorfer Kalkbrüche hatte die Stadt das Rittergut Tasdorf, das Lehnschulzengut Rüdersdorf und noch einige andere benachbarte Besitzungen in der Zeit von 1819 an erworben, aber alle schon vor 1860 auch wieder veräußert.

Von der berlinischen Stadtheide (S. 2) vereinigte man die Bestandteile, die bei dem vor 1808 schon abgeschlossenen Separations- und Ablösungsgeschäft übrig geblieben waren, mit den der Kämmerei gehörigen Weddingländereien und dem alten Artillerieexerzierplatz nördlich des Weddings. Das Vorwerk Wedding hatte die Kämmerei 1817 gekauft, den alten Exerzierplatz hatte ihr der Militärfiskus als ehemaligen Teil der berlinischen Heide abtreten müssen. Die Vereinigung fand statt, weil die Heide nur noch geringen Baumbestand aufwies und sich forstlich nicht mehr bewirtschaften ließ. Man machte den ganzen Besitz dadurch nutzbar, daß man den größten Teil der Ländereien parzellierte und die Parzellen in Erbpacht gab. Mit der kölnischen Heide verfuhr man ähnlich. Nachdem die Hütungsablösungen in der Zeit von 1829 bis 1840 beendet waren, ließ die Deputation das Holz schlagen, parzellierte die Flächen und verpachtete sie in Zeitpacht. Bei der Boxhagenschen Heide wurde das Hütungsrecht der Stralauer durch Abtretung eines Teiles abgelöst, dann entforstete man ebenfalls den Rest in der Zeit zwischen 1830 und 1840 und vergab die Parzellen in Zeitpacht. Von den Kolonien, die auf den genannten Ländereien teils schon bestanden hatten, teils sich bildeten, wurden Neu-Moabit, das sich an Alt-Moabit anschloß, Wedding, Gesundbrunnen 1860 in das Weichbild einbezogen, Boxhagen, Rummelsburg und Treptow blieben außerhalb.

Der Verkauf des Holzes von den aufgegebenen Heidegebieten, der 1841 beendet war, hatte im ganzen immer noch etwa 120 000 Tlr. eingebracht. Die Verpachtung des Landes erzielte, bei den damaligen Bodenwerten in der Umgegend, keine Ergebnisse, die für den Haushalt der Stadt ins Gewicht gefallen wären. Die gesamten Einkünfte der Kämmerei erhöhten sich, wie vorausgeschickt wurde, in dreißig Jahren nur um annähernd 50 000 Tlr. Hierbei waren aber die Mieten aus den Gebäuden in der Stadt und der städtische Anteil an den Rüdersdorfer Kalksteinbrüchen, den der Fiskus aus dem Gewinn zahlte, einbegriffen. Die Erhöhung der Einkünfte ist dem Wachsen dieser Erträge zuzuschreiben, nicht der einträglicheren Pacht der Kolonisten. Später traten dann andere Verhältnisse bei dem Kolonistenland ein. Die Erbpachtgrundstücke wurden durch das Gesetz vom 2. März 1850 in freies Eigentum umgewandelt und die in Zeitpacht ausgetanen nach und nach veräußert oder anderweitig von der städtischen Verwaltung genutzt.

Bei den Ausgaben stand der Schuldendienst 1830 noch in erster Linie. Den bedeutendsten Posten im Etat bildete die Verzinsung und Tilgung der Schuld mit 177 000 Tlrn. Obwohl in den folgenden Jahrzehnten der jährliche Betrag hierfür allmählich wuchs und 1860 auf 271 600 Tlr. stieg, so bedurften doch andere Verwaltungen weit höherer Summen. Die Schuld, die 1808 etwa fünf Millionen Tlr. betragen hatte, war 1830 auf etwa vier Millionen verringert worden. Sie konnte sich in den nächsten zehn Jahren, bis nach 1840, ungeachtet des Auftretens der Cholera in Berlin, die wieder eine Vermehrung um 250 000 Tlr. verursachte, weiter bis fast auf drei Millionen vermindern lassen. Dann aber erwiesen sich neue, größere Anleihen als notwendig: 1½ Millionen 1844 zur Errichtung der Gasanstalt, 1 Million zur Unterstützung des städtischen Haushalts nach der Revolutionszeit und wegen der Mobilmachung 1850, 500 000 Tlr. 1855 ebenfalls zu Haushaltsbedürfnissen, besonders weil das Polizeikostengesetz vom 11. März 1850 der Stadt unerwartete Lasten auferlegte. So beliefen sich die Schulden 1860 auf 4 700 000 Tlr. Die Tilgung war zwar nicht ausgesetzt, aber verlangsamt worden. In den ersten zehn Jahren hatte man 1 Million abgezahlt, in den zweiten zehn etwa 800 000, in den letzten nur 600 000. Im ganzen erforderte der Dienst jährlich durchschnittlich etwa 230 000 Tlr., in den dreißiger Jahren mitunter fast den vierten Teil des gesamten Haushalts, 1860 nur etwa den zwölften Teil.

Die Aufwendungen für das Armenwesen standen 1830 und in den unmittelbar darauf folgenden Jahren hinter den Anforderungen des Schuldenwesens noch zurück, überstiegen sie aber dann. Weiter oben bei der Besprechung der Armen-Verwaltung sind bereits die Summen mitgeteilt und bemerken wir hier nur noch, daß das Verhältnis zur Gesamtausgabe sich allmählich günstiger gestaltete. In den dreißiger Jahren machte die Summe ein Fünftel der Ausgabe im Haushalt aus, 1860 nur noch den neunten Teil.

Über die Kosten des Elementarunterrichts und der dazu erforderlichen Schulbauten sind schon bei den Ausführungen über das Schulwesen einige Angaben gemacht worden. Die Gesamtausgaben für das Unterrichtswesen sind erst aus den Finalabschlüssen von 1841 ab erkennbar. Sie wuchsen von da an noch schneller, als die für das Armenwesen, was sich aus der besonderen Fürsorge der städtischen Behörden für die Gemeindeschulen in der Zeit von 1850 bis 1860 erklärt. 1841 betrugen sie 75 500 Tlr. bei einer Gesamtausgabe von 1 235 500 Tlrn., 1860 213 000 bei einer Gesamtausgabe von 3 199 000 Tlrn. Die Kosten der Schulen hatten sich also in den zwanzig Jahren verdreifacht. Bei den bisher genannten Verwaltungen war der Anteil der Ausgabe am Gesamtetat verringert worden, hier fand das Entgegengesetzte statt, er nahm 1841 den 16., 1860 den 15. Teil in Anspruch.

Die Ausgaben für die Einquartierung und für die Bedürfnisse des Militärs hatten aufgehört, im Stadthaushalt eine so bedeutende Rolle zu spielen wie vordem. Nicht mehr als ein Siebentel etwa der ursprünglich dazu bestimmten Steuern, die die Hauseigner und Mieter zahlten, brauchte dazu verwendet werden. Nur die Mobilmachungen im Jahre 1850 und 1859 erforderten eine Erhöhung der durchschnittlichen Summen von etwa 125 000 Tlrn. auf das Doppelte. Die städtische Kasse wurde seit 1838 dadurch etwas erleichtert, daß man wieder Sublevationsbeiträge von den Hauseignern einzog, um die noch nicht kasernierten Truppenteile der Garnison in gemieteten Quartieren unterzubringen.

Bemerkenswert ist das Anwachsen der Anforderungen für Polizeizwecke, die so stiegen, daß diese Ausgaben 1860 neben denen für das Armenwesen die höchsten waren. An sich erscheint es selbstverständlich, daß die fortschreitende Entwicklung der Großstadt auch kostspieligere polizeiliche Einrichtungen verlangte, die Hauptursache für die so erheblich größere Belastung des städtischen Haushalts lag aber wesentlich darin, daß der Staat jetzt einen großen Teil der Mehrkosten, der ihm zufallen sollte, auf die Gemeinde übertrug.

Bestimmungen darüber, was vom Staat und was von der Stadtgemeinde für Justiz und Polizei zu leisten sei, hatten das Gesetz vom

30. Mai 1820 und die Kabinetsorder von 1838 festgesetzt (S. 112 u. 120). Was die Justiz betrifft, so war durch diese Anordnungen noch nicht vollständig dem Grundsatz der großen Verwaltungsreform unter Stein und Hardenberg entsprochen worden, daß die Justiz rein Sache des Staates sein sollte, denn noch hatte die Stadt die Gefangenen unterzubringen und zu unterhalten und andrerseits bezog sie für sich bei dem Gerichte einkommende Strafgelder. Dies Verhältnis änderte sich erst durch einen am 16. Dezember 1843 geschlossenen Vergleich der Stadtbehörden mit dem Fiskus insofern, als der Fiskus selbst die Sorge für die Gefangenen übernahm, die Stadtgemeinde ihren Anspruch auf die Strafgelder aufgab und dem Staate für die von ihm übernommene Last eine jährliche Abfindung von 33 400 Tlrn. unter der Benennung Jurisdiktionskanon zahlte. Der Kanon sollte mit der Vermehrung der Bevölkerung erhöht werden und stieg bis 1860 auf 45 000 Tlr. Die städtische Stadtvogtei-Verwaltung hörte mit der Einführung des Kanons auf, die dazu eingesetzte Deputation löste sich auf. Als dann 1847 auch das Stadtgericht die letzten Räume, die es im Rathause noch besaß, verlassen hatte (S. 113), war für die städtischen Behörden durch jene Vereinbarungen eine Erleichterung eingetreten, doch bei der bestehenden Verpflichtung durch den Kanon, zu den Kosten der Kriminalgerichtsbarkeit beitragen zu müssen, die gänzliche Trennung von der staatlichen Justiz noch nicht durchgeführt. Dies geschah erst in Folge des Gebäudesteuergesetzes von 1861, wo der Staat auf den Beitrag zu den Kriminalkosten verzichtete.

Für den städtischen Haushalt bedeutete der Jurisdiktionskanon nicht viel; es hatte sich bei dieser Leistung mehr um eine Prinzipienfrage gehandelt, anders gestaltete es sich mit den Aufwendungen für das Polizeiwesen. Das Gesetz vom 30. Mai 1820 über das Abgabenwesen übertrug die Ausgaben für die königlichen Polizeibehörden dem Staate, so daß die Stadt außer den durch Kabinetsorder vom 13. Februar 1825 festgesetzten 8000 Tlrn. zur Besoldung der Gendarmen (S. 118) im wesentlichen nur Beiträge zu gewissen polizeilichen Wohlfahrtseinrichtungen, Erleuchtung, Reinigung, Feuerlöschwesen, Nachtwachwesen zu leisten hatte. Wenn sich die Ausgaben für das Polizeiwesen bis zum Jahre 1850 im städtischen Haushalt stetig erhöhten, so geschah es durch Vervollkommnung dieser Einrichtungen, deren Entwicklung weiter oben schon im einzelnen gedacht wurde, nicht durch besondere Polizeikosten. Nach dem Finalabschluß für 1830 beliefen sich die Kosten für Justiz und Polizei auf 57 000 Tlr., nach dem von 1850 auf 264 000 Tlr. In der letzten Summe sind enthalten: 104 000 für die Erleuchtung, 72 000 für die Reinigung, 30 000 für Nachtwach- und Feuerlöschwesen, 42 000 Jurisdiktionskanon, 11 000 für Gendarmen und Bettelpolizei. Für die Handhabung der Bettelpolizei zahlte nämlich die Stadt nach dem Ausgleich von 1838 3000 Tlr. jährlich an den Fiskus, weil sie mit der Armenpflege in Verbindung stehe und somit Sache der Gemeinde sei. Rechnet man diese einzelnen Summen zusammen, so bleibt nur ein verhältnismäßig geringer Rest zu außerordentlichen Ausgaben, aber nichts für die königliche Polizeibehörde; für diese hatte der städtische Haushalt also nichts aufgewendet.

Das Gesetz vom 11. März 1850 über die Polizeiverwaltung hob dann die Bestimmung des Gesetzes vom 30. Mai 1820, wonach die Stadtgemeinden von der Unterhaltung der staatlichen Polizeibehörden befreit wurden, auf und ordnete an, daß „die Kosten der örtlichen Polizeiverwaltung mit Ausnahme der Gehälter von den Gemeinden zu bestreiten seien". Hierdurch wurden von nun an alle sogenannten *sächlichen* Ausgaben auf die Stadt übertragen. Für die Polizei hatte man, wie wir eben sahen, bisher fast nichts im städtischen Haushalt ansetzen brauchen, die folgenden Jahre bis 1860 verlangten durchschnittlich 80 000 Tlr. jährlich. Dabei fiel allerdings der Zuschuß für die Gendarmen, nachdem die Schutzmannschaft errichtet war, und der für die Bettelpolizei fort. Es zeigte sich außerdem bald, daß das Gesetz verschiedener Auslegung fähig war und daß der Fiskus infolgedessen die Stadtgemeinde auch für gewisse *persönliche* Kosten in Anspruch nahm. Er verlangte außer den sachlichen Kosten für die königliche Feuerwehr und für die polizeilichen Nachtwachen auch die *Gehälter*, weil die bei solchen Veranstaltungen angestellten Personen nicht als zur Polizeibehörde gehörig zu betrachten seien. Der Magistrat widersprach zwar dieser Auslegung und betrat den Rechtsweg, wurde aber durch Entscheidung des Obertribunals vom 1. Januar 1858 mit seiner Klage abgewiesen. Das Obertribunal nahm an, daß in dem Gesetz vom 11. März 1850 unter den Beamten der Ortspolizei, die der Staat zu besolden habe, nicht *sämtliche* dabei angestellten Personen zu verstehen seien, außerdem sei die Klage des Magistrats insofern nicht genügend substantiiert, als er nicht die Stellen, für welche er den Fiskus in Anspruch nehmen wolle, im einzelnen angeführt habe. Auch später wiederholte Versuche, den Fiskus für die Ausgabe zu verpflichten, mißlangen.

Die Feuerwehr war eine für die Stadt nützliche und notwendige Einrichtung, und es lag auch keineswegs im Sinne der städtischen Behörden, sich der vollen Verpflichtung ihrer Unterhaltung und damit der Sorge für die Beamten zu entziehen. Der eigentliche Grund für ihre Weigerung, die Besoldungen zu übernehmen, lag darin, daß der Staat es der Stadtgemeinde versagte, eine bürgerliche Einrichtung wie die Feuerwehr selbst verwalten zu dürfen. Magistrat und Stadtverordnete glaubten, die Besoldung von Beamten ablehnen zu müssen, die ganz außerhalb des Wirkungskreises der städtischen Behörden standen, zu deren Wahl und über deren Tätigkeit sie nicht die geringste Befugnis besaßen. Etwas anders verhielt es sich mit dem Nachtwachtwesen. Es stand mit dem Feuerlöschwesen ursprünglich im Zusammenhang, denn die Mannschaften der Nachtwache sollten hauptsächlich auf entstehendes Feuer achten. Daher gab es für beide Anstalten auch eine gemeinsame Kasse. Nachdem dann 1851 die Feuerwehr errichtet war, hörte diese Tätigkeit der Wächter auf und es lag ihnen nur noch eine polizeiliche Verpflichtung ob, sie wurden auch vom Polizeipräsidenten angestellt. Die städtischen Behörden hatten also hier noch mehr Veranlassung, die Bezahlung der persönlichen Kosten abzulehnen, als bei der Feuerwehr.

Die allgemeinen Verwaltungskosten, Besoldungen des Magistrats und seiner Beamten, Pensionen, sächliche Ausgaben beliefen sich 1830 auf 62 000,

Das Berliner Rathaus zur Zeit der Einführung der Städteordnung.

1850 auf 103 000 und 1860 auf 119 000 Tlr. Sie hatten sich in diesem Zeitraum noch nicht verdoppelt, wogegen die Gesamtausgabe von 705 000 auf etwa 3 Millionen, also auf mehr als das Vierfache gestiegen war.

Großartige oder künstlerisch hervorragende Bauwerke hatte die städtische Verwaltung bei den verhältnismäßig bescheidenen Geldmitteln, die ihr zur Verfügung standen, während der ganzen Zeit seit der Einführung der Städteordnung nicht geschaffen. Die notwendig zu errichtenden Gebäude, wie Schulen, Hospitäler, auch Kirchen wurden so einfach aufgeführt, als es der Zweck des Hauses gestattete. Die beiden Rathäuser genügten schon bald nach Einführung der Städteordnung nicht zur Unterbringung der Behörden, die Stadtverordnetenversammlung fand nach einigem Umherziehen ein kaum ausreichendes Unterkommen im köllnischen. (S. 144). Die Armendirektion erhielt ihre Geschäftsräume im deutschen Dom an der Taubenstraße. Das alte berlinische Rathaus wurde endlich 1845 durch Ankauf des benachbarten Hauses in der Spandauer Straße erweitert und sollte dann zusammen mit dieser Erwerbung einem Neubau Platz machen. Es kam aber nicht zur Ausführung dieses Planes, da die Stadtverordneten 1855 bei der fortschreitenden Entwicklung der Stadt beschlossen, ein größeres monumentales Bauwerk errichten zu lassen. An den Bau selbst wagte man bei dem damaligen Stande des Stadthaushalts noch nicht zu denken, aber es wurden von 1856 ab wenigstens die Grundstücke, auf deren Fläche das heutige Rathaus steht, mit einem Aufwande von 900 000 Tlrn. erworben, auch 1858 ein Wettbewerb für Entwürfe zu dem neuen Hause veranstaltet und schon 1860 ein Baufonds von 438 000 Talern bereitgestellt. Da die preisgekrönten Pläne aber für die Ausführung nicht geeignet erschienen, übertrug der Magistrat diese dem Baumeister Wäsemann, der dann das Haus nach seinem eigenen Entwurfe erbaute. Der Grundstein wurde am 11. Juni 1861 gelegt.

Von größeren Bauwerken, die seit der Städteordnung bis zu den sechziger Jahren unter städtischer Bauleitung entstanden, wäre nur das Friedrich-Wilhelms-Hospital zu nennen, das die Armendirektion 1847 bis 1849 mit einem Kostenaufwande von 254 000 Tlrn. erbaute, wozu die Stadt selbst etwa 200 000 Tlr. beisteuerte. Hierzu kamen einige Bauten bei Patronatskirchen des Magistrats. 1847 bis 1852 ließ er die Petrikirche wieder erstehen, 1848 bis 1855 die Markuskirche und 1854 bis 1856 die Andreaskirche und zwei neue Pfarrkirchen erbauen. Die Baukosten der Petrikirche, gegen 200 000 Tlr., wurden aus angesammelten Baugeldern, die der Kirche gehörten, bestritten, die Stadt gab nur eine Beihilfe von 9000 Tlrn. Zu den für die Markuskirche erforderlichen 134 000 Tlrn. bewilligte sie einen Zuschuß von 69 000 Tlrn. und zur Andreaskirche fast die ganze 65 000 Tlr. betragende Bausumme. Alle drei Kirchen wurden wohl einigermaßen würdig, aber einfach und durchaus nicht als Monumentalbauten einer Residenzstadt hergestellt, wie sich schon aus den dazu verwendeten Mitteln schließen läßt. Was zur Verschönerung und Erneuerung einiger anderer Kirchen städtischen Patronats geschah, wurde nicht durch die Stadtbehörden veranlaßt und nicht durch die städtische Verwaltung ausgeführt. Den inneren Ausbau der

Nikolaikirche und der Marienkirche 1817 und 1818, den Bau der jetzigen Werderschen Kirche, die 1831 vollendet wurde, der Gertraudenkirche 1832, die Wiederherstellung der Klosterkirche 1842 bis 1845 ließ der König durch seine Architekten und auf seine Kosten besorgen. Auch den Turm der Luisenstädtischen Kirche baute zwar der Stadtbaurat Langerhans, aber nach den Plänen der Oberbaudeputation und mit Mitteln, die der König hergegeben hatte.

Sieht man von den Beträgen ab, die 1860 in Höhe von 438 000 Tlrn. für den Rathausbau bereitgestellt wurden, von den Aufwendungen für die genannten drei Kirchen, von den wenigen Schulbauten (man vergl. S. 186) und von dem Friedrich-Wilhelms-Hospital, so hat der Etat für das Bauwesen im städtischen Haushalt eine ziemlich untergeordnete Rolle gespielt. Denn auch für die Brücken und für das Straßenpflaster waren die Ausgaben verhältnismäßig gering. Die Unterhaltung fast aller Brücken und der meisten Straßen lag dem Fiskus ob, und bei den Straßen, zu deren Pflasterung die Gemeinde verpflichtet war, geschah dies in einer Weise, die wenig kostspielig, aber dem Verkehr in einer Großstadt noch wenig entsprechend war. Das Pflaster bestand fast überall aus unregelmäßigen Steinen ohne geschlossene Fugen und ohne Unterbettung. Man richtete sich bei der Herstellung allerdings danach, wie der Staat in seinen Straßen der Verpflichtung nachkam. Mit Einschluß der Kosten für die Pflasterungen beanspruchte das Bauwesen 1830 bis 1840 etwa 23 000 Tlr. jährlich, welche Summe bis 1860 nur auf einige 30 000 stieg. Eine Ausnahme bildeten die Jahre 1848 und 1849, wo größere Wegebauten und Erdarbeiten vorgenommen wurden, um Arbeiter beschäftigen zu können. Die Ausgaben betrugen in diesen beiden Jahren ungefähr 250 000 und 650 000 Tlr.

Von der Anlage von Schmuckplätzen an geeigneten Straßenstellen und auf öffentlichen Plätzen war noch keine Rede. Die Plätze wurden meist zur Abhaltung von Märkten benutzt. Als Erholungsstätte im Bereiche der Stadt diente den Berlinern der königliche Tiergarten. Die Stadtgemeinde hatte gegen 1840 vierzig Morgen der köllnischen Heide vor dem Schlesischen Tore, den sogenannten Schlesischen Busch, parkartig zu demselben Zwecke herrichten lassen. Zur Feier des Tages, an welchem Friedrich der Große vor hundert Jahren die Regierung angetreten hatte, beschlossen die städtischen Behörden 1840 auch den Osten zu gleichem Zwecke mit einer Parkanlage zu versehen und schufen von 1842 bis 1849 den Friedrichshain. Die Kosten des Grunderwerbs und der Einrichtung betrugen 121 000 Tlr.

Die S. 164 erwähnte, vom Magistrat 1829 herausgegebene statistische Übersicht enthielt auch den Vermerk, daß nur der vierte Teil aller Familien in der Stadt Bürgerfamilien seien, alle übrigen Schutzverwandte. Die auf die Städteordnung gesetzte Hoffnung, alle Stände würden sich in die Bürgerschaft einreihen, hatte sich also durchaus nicht erfüllt. Das Zahlenverhältnis der Bürger zu den Nichtbürgern war ziemlich das gleiche geblieben, wie vor der Einführung der Städteordnung (S. 10). In den nächstfolgenden Jahrzehnten scheint eine kleine Besserung eingetreten zu sein. 1830 gab es in Berlin 13 650, 1840 18 700 und 1850 27 000 Bürger, sie machten 1830 den zwanzigsten, 1840 den achtzehnten, 1850 den vierzehnten Teil der Bevölkerung aus. Immerhin beweist auch die letzte Zahl, daß wieder nicht mehr, als etwa der vierte Teil der Familien der Bürgerschaft angehörte. Geht man die Listen der Verwaltungsberichte durch, in denen die aufgenommenen Bürger nach Stand und Gewerbe aufgeführt sind, so ergibt sich, daß nur solche Einwohner Bürger wurden, die nach § 15 der Städteordnung dazu verpflichtet waren, die städtische Gewerbe betreiben oder Grundstücke in der Stadt erwerben wollten. Das Recht, an den städtischen Wahlen teilzunehmen und städtische Ämter zu bekleiden, bildete offenbar nicht den Beweggrund dazu. Das Bürgerrecht war also nicht zu der Schätzung gelangt, die der Gesetzgeber erstrebt hatte.

Die Gemeindeordnung von 1850 beseitigte dann endlich den Unterschied von Bürgern und Schutzverwandten und stellte alle Einwohner als Mitglieder der Stadtgemeinde gleich. Jeder wurde von nun an Bürger ohne sein Zutun, sobald sich an seine Person gewisse Eigenschaften knüpften — einjähriger Aufenthalt in der Stadt, gewisses Einkommen. Mit dem Fortfallen eines besonderen Bürgerrechts hörten auch die Einnahmen der Kämmerei aus den Gebühren auf, die für die Erwerbung gezahlt wurden. Als Ersatz gestattete die Staatsregierung die Erhebung eines Einzugsgeldes von Neuanziehenden und eines Hausstandgeldes von den Personen, die einen selbständigen Haushalt führten. An Stelle des Hausstandsgeldes trat 1860 ein sogenanntes Bürgerrechtsgeld als eine gerechtere Abgabe, insofern nicht nur die Inhaber eines Hausstandes, sondern alle wahlberechtigten Einwohner dazu verpflichtet wurden. Diese Hebungen brachten zwar von 1851 bis 1860 durchschnittlich 100 000 Tlr. jährlich ein, waren aber unzweckmäßig, weil sie den Zuzug nach der Hauptstadt und die dauernde Niederlassung daselbst hinderten. Sie wurden 1867 gesetzlich wieder aufgehoben.

In den ersten Jahrzehnten nach der Einführung der Städteordnung hörte man Klagen, daß die Neigung der Bürgerschaft, an der Mitarbeit bei der städtischen Verwaltung teilzunehmen, manches zu wünschen übrig lasse (S. 142). Ob diese Neigung später allgemeiner geworden ist, läßt sich aus den Überlieferungen schwer ersehen. Zu Stimmungsberichten der Stadtverordneten, wie sie aus jener Zeit vorlagen, ist es in der folgenden nicht mehr gekommen. Man kann daher nur aus der Wahlstatistik Schlüsse ziehen, wie groß das Interesse an den städtischen Angelegenheiten gewesen ist. Diese ergibt, daß 1828 bis 1830 60 Prozent, 1830 bis 1840 70 und 1840 bis 1850 erst 71, dann 69 und zuletzt 72 Prozent ihr Wahlrecht ausübten. Dies bedeutet eine ziemlich rege Beteiligung. Als mit Einführung der Gemeindeordnung 1850 das alte Bürgerrecht aufgehoben war, wählten bei der ersten Wahl 76 Prozent, bei der zweiten 1852 40,6, 1854 nach der neuen Städteordnung von 1853 nur noch 32, 1856 33, 1858 33,5 und 1860 33 Prozent.

Die Teilnahme der städtischen Behörden an politischen Fragen.

Schon im ersten Jahrzehnt nach der Einführung der Städteordnung in Berlin nahm der Magistrat Veranlassung, eine Erweiterung der Rechte der städtischen Behörden über die Grenzen der Städteordnung hinaus anzustreben. Gestützt auf die Verordnung vom 26. Dezember 1808 betreffend die verbesserte Einrichtung der Provinzialbehörden, wonach bei jeder Regierung neun landständische Repräsentanten an den Geschäften teilnehmen sollten, stellte er am 9. Dezember 1815 beim Oberpräsidenten einen Antrag dahin, daß die Verordnung nunmehr verwirklicht und eine Anzahl von Mitgliedern aus der Berliner Bürgerschaft berufen würde, an den Sitzungen der Regierung teilzunehmen. Den Antrag wiederholte der Magistrat beim Kanzler am 3. März 1816, er erhielt aber den Bescheid: die gedachten Repräsentanten seien als landständische in der Verordnung bezeichnet, also müsse das Präsentationsrecht nur den Provinzen im Ganzen zustehen, nicht einer einzelnen Stadt, außerdem aber sei jene Verordnung schon durch die vom 30. April 1815, betreffend die verbesserte Einrichtung der Provinzialbehörden, aufgehoben. Diese ließ allerdings die Paragraphen über die Repräsentanten gänzlich fortfallen, die Einrichtung war also als aufgegeben zu betrachten.

Zu gleicher Zeit fand sich eine Gelegenheit, wo die städtischen Körperschaften glaubten, sich an einer allgemeinen politischen Bewegung beteiligen zu müssen, die auf Einführung einer neuen Staatsverfassung in Preußen gerichtet war. Durch das Gesetz vom 22. Mai 1815 hatte der König ausgesprochen, daß er dem Staate eine Verfassung verleihen und zum Entwurf einer solchen zunächst eine Repräsentation des Volkes einberufen wollte. Die Repräsentanten sollten aus den Provinzialständen hervorgehen. Diese alten Provinzialvertretungen bestanden entweder nicht mehr oder sie eigneten sich ihrer Zusammensetzung nach nicht, um an einer neuen Gesetzgebung teilzunehmen. In der Kurmark waren die ehemaligen Landstände, die Kurien der Prälaten, Herren, Ritterschaft und Städte noch vorhanden, aber ohne verfassungsmäßiges Recht, obwohl sie sogar eine landschaftliche Kasse besaßen, zu deren Verwaltung auch die Stadt Berlin besondere Verordnete zu ernennen hatte. Diese kurmärkische Landschaftskasse, das letzte Institut, das noch an die alte ständische Vertretung erinnerte, wurde dann durch Verordnung vom 17. Januar 1820 aufgelöst und ihre Rechte und Verpflichtungen auf den Staat übertragen. Auf jenen vier Körperschaften, die in der Provinz Brandenburg die Vertretung des Landes gebildet hatten, neue Staatseinrichtungen aufzubauen, wäre nicht mehr möglich gewesen, die Grundlagen, in denen die ständische Sonderung ihre Wurzel gehabt hatte, waren inzwischen durchaus andere geworden.

Ähnlich lagen die Verhältnisse in anderen Landesteilen. Eine staatliche Kommission sollte deshalb zunächst allenthalben in den Provinzen neue Organisationen der Stände ins Leben rufen. Die vorbereitenden Arbeiten hierzu verzögerten sich, erst als am 20. März 1817 der Staatsrat vom Könige eingesetzt war, machte sich eine aus ihm gebildete neue Kommission ernstlich ans Werk. Sobald dies bekannt geworden war, ergingen aus vielen Landesteilen an die Staatsregierung und an den Kanzler Hardenberg selbst Petitionen, die um Beschleunigung der Arbeiten und um baldige Erfüllung des im Gesetz von 1815 gegebenen Versprechens baten. Auch in Berlin sah man erwartungsvoll der versprochenen Konstitution entgegen und vielfachen Anregungen aus der Einwohnerschaft folgend, beschlossen die Stadtverordneten, sich mit der Bitte an die Regierung zu wenden, sie möge dahin zu wirken suchen, daß die geplante neue Landesverfassung so bald als möglich zur Wirklichkeit werde. Diesen Schritt taten die Stadtverordneten mit Umgehung des Magistrats, gemäß ihrer Auffassung der Städteordnung, daß sie in erster Linie, vor dem Magistrate, die Bürgerschaft vertreten und das Wort für sie ergreifen sollten. Der Magistrat nahm indessen keinen Anstand, den Antrag der Versammlung am 20. Januar 1818 der Regierung einzureichen.

Man hätte nun meinen sollen, die Stadtverordneten würden in dem Antrage ihre Wünsche nach einer neuen Staatsverfassung damit begründet haben, daß sie selbst und die Bürgerschaft nach einer Teilnahme an der Gesetzgebung durch Volksrepräsentanten verlangten. Allein dies war nicht der Inhalt ihres Gesuches. Sie hielten vielmehr die neue Konstitution aus dem Grunde für wünschenswert, weil die Untertanen in Preußen jetzt zu ungleichmäßig belastet seien, die Städte weit mehr als das platte Land, hierin hofften sie von einer neuen Landesverfassung Abhilfe. Die Regierung erwiderte am 13. Februar auf die Vorstellung nur, das Schreiben sei dem Könige mitgeteilt worden, im übrigen aber wisse man ja, daß die Angelegenheit dem Staatsrate vorliege und Erinnerungen nicht angemessen wären.

Durch das Gesetz vom 5. Juni 1823 wurden dann die neuen Provinzialstände eingerichtet. Die Mitglieder gingen durch Wahl aus dem Herrenstande und der Ritterschaft, den Städten und den Gutsbesitzern oder Bauern hervor, ähnlich wie in alter Zeit. Bedingung für die Wahl war der Besitz von Grundeigentum. Für die Stände „der Mark Brandenburg und des Markgrafentums Niederlausitz“ sah das Gesetz 68 Mitglieder vor, darunter 34 Vertreter des Herrenstandes und der Ritterschaft, 22 der Städte, 12 der Bauerschaft. Berlin hatte 3 Vertreter aus Magistrat und Stadtverordneten zu stellen, die nach Vorschrift des Gesetzes seit 10 Jahren Eigentümer sein und außerdem ein Gewerbe betreiben mußten. Aus dem Magistrat konnten also nur unbesoldete Stadträte zu Abgeordneten gewählt werden. Die Stände sollten über Kommunalangelegenheiten ihrer Provinz **beschließen**, über Gesetzentwürfe dagegen nur **beraten**, und zwar über alle Entwürfe, die

die Provinz allein angingen. Sobald es sich um allgemeine Staatsgesetze handelte, brauchte ihnen die Regierung nur die vorzulegen, bei denen sie es für gut befand.

Nachdem die Regierung diese Körperschaften in den einzelnen Provinzen geschaffen hatte, war von weiteren Reformen, von einer allgemeinen Repräsentation des ganzen Landes unter Friedrich Wilhelm III. nicht mehr die Rede. Der brandenburgische Provinzial-Landtag trat zum ersten Male 1824 zusammen und dann in ziemlich regelmäßigen Zwischenräumen bis 1847. Der neunte tagte 1846. Der Einfluß der Landtagsverhandlungen auf die Verhältnisse der Residenz war gering, er machte sich nur in vereinzelten Fällen, wie z. B. bei der Frage wegen der Öffentlichkeit der Verhandlungen der Stadtverordnetenversammlung geltend.

Weder Stadtverordnete noch Magistrat kamen nach dem ersten Versuch, die Staatsregierung an die Einrichtung der im Gesetz von 1815 in Aussicht gestellten Landesvertretung zu erinnern, auf diese Angelegenheit zurück. Auch sonst bot sich in den nächsten Jahrzehnten keine Veranlassung für sie, politische Dinge in den Bereich ihrer Verhandlungen zu ziehen.

Als Friedrich Wilhelm IV. 1840 von der Krönung in Königsberg zurückkam, wollte er von einem feierlichen Einzuge in Berlin Abstand nehmen. Allein da bei der Huldigung in Königsberg durch die politischen Forderungen der ostpreußischen Provinzialstände ein Mißklang in die Feier gekommen war, legten die hiesigen städtischen Behörden Wert darauf, daß der König nicht in aller Stille in seine Residenz heimkehre. Sie meinten dadurch von einem ungetrübt guten Verhältnis zwischen Krone und Bürgerschaft Zeugnis geben zu können. Außerdem wollten die Berliner ungern auf einen festlichen Empfang verzichten. So beschloß man ein Mitglied des Magistrats und einen Stadtverordneten dem Könige entgegen zu schicken, die ihn in Stargard trafen und zu einer Änderung seines Planes zu bewegen vermochten. Am 21. September fand denn auch der Einzug des Königs wirklich statt.

Am 15. Oktober folgte die Huldigung der gesamten preußischen Lande, ein hochwichtiger politischer Akt der alten Staatsverfassung, der hier zum letzten Mal vollzogen wurde. Die Huldigung ging in hergebrachter Weise vor sich mit dem Unterschiede, daß der sonst geleistete Huldigungseid der Untertanen fortfiel. Der König empfing die Deputationen des Herrenstandes und der Ritterschaft, die nach den einzelnen Provinzen getrennt waren, in den Sälen des Schlosses, die Vertreter des Bürger- und des Bauernstandes dagegen versammelten sich draußen unter freiem Himmel und der König nahm von einem Balkon des Schlosses aus vor allem Volke ihre Huldigung entgegen. Die Deputationen aller Städte schlossen sich dabei den Abgeordneten der Stadt Berlin an, so daß der Oberbürgermeister die Huldigungsansprache nicht im Namen der Hauptstadt allein, sondern aller durch Abgesandte vertretenen Städte hielt. Auch für die Landbevölkerung sprach der Oberbürgermeister mit. Denn obwohl jetzt auch die Bauernschaft in die Provinzialstände aufgenommen war, durfte sie doch bei der Huldigung so wenig, wie früher, als eine besondere ständische Körperschaft auftreten. Es wird erzählt, daß die

Deputierten der Städte mit dem Verfahren bei der Huldigung nicht einverstanden gewesen seien. Sie hätten die Aufrechterhaltung des Vorzugs der Ritterschaft, im Schlosse selbst vor dem Könige erscheinen zu dürfen, gemißbilligt. Auch die Berliner Stadtverordneten sollen sich gegen die Beibehaltung dieser nicht mehr zeitgemäßen Form erklärt haben. Es sind uns aber amtliche Nachrichten über derartige Äußerungen unserer Stadtverordneten nicht überliefert.

In den ersten Regierungsjahren Friedrich Wilhelms IV. entstanden alsbald politische Bewegungen in einzelnen Provinzen. Man begann an das Gesetz vom 22. Mai 1815 zu erinnern und sprach von vielen Seiten den Wunsch aus, daß seinem Inhalt nun weitere Folge gegeben und einer Repräsentation des ganzen Landes Teilnahme an der Gesetzgebung gewährt werden möge. Man wählte hier und da schon in die Provinzialstände Männer, die entschieden für diese Forderungen eintraten. Es ist wahrscheinlich, daß sich auch in Berlin der politische Geist regte und daß man die Zeit für gekommen hielt, dem Staate eine moderne Verfassung zu geben, wir sind aber über die damaligen hier namentlich in den Kreisen der Bürgerschaft herrschenden politischen Ansichten ziemlich ungenügend unterrichtet. Auf die Auswahl der Persönlichkeiten, die Magistrat und Stadtverordnete in den Provinzial-Landtag schickten, wurde jedenfalls kein besonderes Gewicht gelegt.

1842 tat der König einen weiteren Schritt in der Ausbildung der bisherigen Landesverfassung, er setzte durch Verordnung vom 21. Juni die ständischen Ausschüsse ein, die aus Mitgliedern der Provinzial-Landtage gebildet wurden und eine ständige Vertretung der Provinzialstände in den einzelnen Provinzen darstellen sollten, auch wenn die Landtage nicht versammelt wären. In der Mark Brandenburg stellten zu dem Ausschuß die Ritterschaft sechs, die Städte vier und die Landgemeinden zwei Abgeordnete. Die Kabinetsorder vom 19. August berief dann die sämtlichen Ausschüsse der Monarchie nach Berlin zusammen, damit sie über einen Steuerlaß, besonders aber über die Herstellung von Eisenbahnen mit Hilfe von Staatsmitteln ihr Gutachten abgäben. Die wichtige Folge der Beratungen war die Kabinetsorder vom 22. November, worin der Verkaufspreis des Salzes herabgesetzt und eine staatliche Zinsgarantie für Eisenbahnen zugesagt wurde, die die Hauptstadt mit den Provinzen verbinden und in ihren Hauptrichtungen auch das Ausland berühren sollten. Die Verhandlungen des Ausschusses mußten wegen der Eisenbahnen gerade für Berlin von großem Interesse sein und doch scheint es, als ob sie in der Bürgerschaft nur geringe Aufmerksamkeit auf sich gezogen hätten. Die Neuerung im Staatsleben, die in dem vereinigten ständischen Ausschuß lag, begegnete augenscheinlich einer gewissen Gleichgültigkeit, denn die städtischen Behörden machten keinen Versuch, durch irgendwelche Kundgebungen auf die Beschlüsse des Ausschusses in der für Berlin so wichtigen Eisenbahn-Angelegenheit einzuwirken.

Weit mehr erregte damals eine andere Frage das Interesse der Stadtbehörden und der Bürgerschaft, nämlich die Einführung der Öffentlichkeit bei den Verhandlungen der Stadtverordnetenversammlung. Es handelte sich darum, der ganzen Einwohnerschaft die Möglichkeit und das Recht der Kontrolle über die Verhandlungen zu geben. Zur Erörterung der Frage in der Stadtverordnetenversammlung kam man i. J. 1842 durch die Wahrnehmung, daß sich die Teilnahme der Bürger an den Gemeindeangelegenheiten verringere, und daß es schwieriger würde, Leute zur Übernahme städtischer Ämter zu finden. Es wurden Stimmen laut, die dieser Teilnahmlosigkeit vielleicht durch die Öffentlichkeit der Sitzungen abhelfen zu können hofften.

Entgegen stand der Neuerung der § 113 der Städteordnung, wonach nur wirkliche Stadtverordnete den Sitzungen beiwohnen durften. Sogar der Magistrat war durch diesen Paragraphen davon ausgeschlossen, nur dem Syndikus stand die Befugnis zu, bei Beratung von „rechtlichen Gegenständen" der Versammlung Vortrag zu halten. Erst die Kabinetsorder vom 4. Juli 1832, die verschiedene Deklarationen zur Städteordnung brachte, hatte dem Magistrate das Recht eingeräumt, zu gewissen Beratungen einzelne Mitglieder in die Versammlung abzuordnen, die sich aber nach Erledigung ihres Vortrages sofort wieder entfernen mußten. Obwohl nun die Einführung der Öffentlichkeit bei den Verhandlungen die Anwesenheit des Magistrats selbstverständlich mit begriff, waren die Stadtverordneten doch durchaus abgeneigt, ihm dies Zugeständnis zu machen. Eine Kommission von 24 Stadtverordneten beriet die ganze Angelegenheit sehr gründlich, die Gutachten der Mitglieder wurden gedruckt. 15, also die Mehrheit, sprachen sich gegen jede Öffentlichkeit aus und demgemäß beschloß die Kommission, das bisherige Verfahren beizubehalten. Die Versammlung band sich aber nicht an den Beschluß, sondern entschied sich im Februar 1843 für eine bedingte Öffentlichkeit — es sollten nur stimmfähige Bürger zu den Sitzungen zugelassen werden — und ersuchte den Magistrat, die Genehmigung der Regierung für ihre Absicht zu erwirken. Der Magistrat ging aber nicht sogleich darauf ein, er verlangte zuvor die Gründe für den Beschluß zu wissen und wünschte Vorschläge über die Ausführung der beabsichtigten Maßregel.

Unabhängig von diesen Verhandlungen sprach auch die Regierung in Potsdam ihre Ansicht über die Einführung der Öffentlichkeit aus. Sie empfahl in einer Verfügung vom 13. September an Stelle öffentlicher Sitzungen zunächst periodische Bekanntmachung der Protokolle durch den Druck. In demselben Sinne äußerte sich gleichzeitig der achte Provinzial-Landtag der Mark auf einen Antrag der Stadt Potsdam. Er wollte von unbedingter Öffentlichkeit nichts wissen, ließ die Entscheidung über die bedingte offen und hielt, wie die Regierung, zunächst nur Kundgebungen durch den Druck für genügend. Bei solchen Ansichten der Behörden ließen die Stadtverordneten in einem Schreiben an den Magistrat vom 1. Februar 1844 ihren Antrag auf Öffentlichkeit zunächst wieder fallen. Eine Kabinetsorder vom 19. April schlug dann, um der Bürgerschaft mehr Einblick in die Tätigkeit der Stadtverordneten zu verschaffen, periodische Berichte über die Wirksamkeit der städtischen Behörden vor. Da indessen schon wiederholt über die Berliner Verwaltung amtliche Jahresberichte erschienen waren, so glaubte die Stadtverordnetenversammlung von diesen Vorschlägen absehen zu können.

Im Januar 1845 kam die Versammlung auf die Zulassung der stimmberechtigten Bürger zu den Sitzungen wieder zurück und wendete sich an den brandenburgischen Provinzial-Landtag, obwohl dieser ein Gegner der Maßregel war, mit dem Antrage, er möchte beim Könige eine allgemeine, die bedingte Öffentlichkeit einführende Verordnung befürworten, wobei außerdem Auszüge auch aus den Sitzungsprotokollen veröffentlicht werden könnten. Der Magistrat schloß sich jetzt dem Antrage an, fügte aber hinzu, daß nun als notwendige Folge auch seine Kommissare in den Sitzungen anwesend sein müßten. Im Provinzial-Landtage fand sich bei den Vertretern der Städte weder für die vorgeschlagene Form der Öffentlichkeit noch für Mitteilungen aus den Sitzungsprotokollen eine Mehrheit. Die Maßregel hätte auch beim Könige nicht auf Genehmigung rechnen dürfen, da er Gesuche anderer Landtage ähnlichen Inhalts abschläglich beschieden hatte.

Die Stadtverordneten ließen indessen die Frage nicht ruhen und forderten im März 1846 den Magistrat zu erneutem Vorgehen für die bedingte Öffentlichkeit auf, hielten dabei aber immer noch an dem Grundsatz fest, daß Kommissarien des Magistrats bei den Sitzungen nicht zugegen sein dürften. Selbstverständlich lehnte der Magistrat seine Mitwirkung unter solcher Bedingung ab. Die Stadtverordneten reichten darauf im Februar 1847 ein Immediatgesuch wegen Gewährung einer beschränkten Öffentlichkeit ein, worin sie wieder die Anwesenheit von Magistrats-Kommissarien ausdrücklich zurückwiesen. Eine Antwort auf das Gesuch ging nicht ein; die Entscheidung brachte dann der 1847 einberufene Vereinigte Landtag. Bei diesem war die Stimmung für die Öffentlichkeit der Verhandlungen der Stadtverordneten günstig, und er beantragte beim König zunächst die Aufhebung der entgegenstehenden Vorschriften der Städteordnung. Hierauf bestimmte die Kabinetsorder vom 23. Juli 1847, daß mit Genehmigung der Regierung, wenn Magistrat und Stadtverordnete darüber einig seien, auch „anderen Personen" als den Stadtverordneten der Zutritt zu ihren Sitzungen gestattet sein sollte. Bedingung war dabei jedoch, daß die Vertretung des Magistrats in diesen Sitzungen vorher geordnet sein müßte. Infolge der Kabinetsorder begaben sich die Stadtverordneten in Berlin ihres Widerstandes gegen die Zulassung von Vertretern des Magistrats, nahmen auch davon Abstand, nur den stimmberechtigten Bürgern den Zutritt zu gestatten und stellten ihn „jedem anständigen Mann" frei. Dies letzte Zugeständnis war die Folge der liberalen Strömung, die sich in der Zeit des vereinigten Landtags schon bemerkbar zu machen begann. Für die neue Einrichtung mußte man den zu kleinen Sitzungssaal im kölnischen Rathause erweitern, was sich durch Verwendung von zwei Zimmern notdürftig erreichen ließ. Die Einführung der vollen Öffentlichkeit wurde als eine wichtige Errungenschaft in der Entwicklung unseres Gemeinwesens angesehen. Dies erkennt man daraus, daß die erste öffentliche Sitzung am 19. November, dem Jahrestage der Städteordnung, in Gegenwart des Oberpräsidenten stattfand. Beide städtische Körperschaften vereinigten sich außerdem zu einem außerordentlich verbindlichen Dankschreiben an den König. Die Stadtverordneten hatten sich bis zuletzt gegen die Anwesenheit von Magistratsmitgliedern in den Sitzungen gesträubt, um so mehr muß man sich wundern, wenn sie sich schon im September 1848 beklagen, daß nicht genügend Kommissare zugegen seien.

Über die Gegenstände, bei denen man die Öffentlichkeit auszuschließen für gut hielt, einigte man sich bald. Mehr Schwierigkeiten machte eine amtliche Berichterstattung über die Sitzungen, die eingeführt werden sollte. Die Gründung einer Kommunalzeitung kam nicht zustande. Ende des Jahres 1848 wurde ein Unternehmer mit der Abfassung und Drucklegung kurzer amtlicher Berichte beauftragt, die Einrichtung fand aber keinen Beifall und hörte schon im Juni 1849 wieder auf, so daß von da ab zunächst die Verhandlungen allein in den Akten verblieben.

Die Bildung des Vereinigten Landtags, der den Stadtverordneten die Öffentlichkeit ihrer Verhandlungen brachte, war ein vorbereitender Schritt zum konstitutionellen Staat hin. Durch das Patent vom 3. Februar 1847 und die Verordnung von demselben Tage hatte der König bestimmt, daß die acht Provinzial-Landtage sich zu einem Landtage in Berlin versammeln sollten, nicht periodisch, sondern so oft er es für gut hielt. Er gab diesem Vereinigten Landtage das Recht, neue Steuern oder die Erhöhung alter zu bewilligen und das Petitionsrecht für innere Staatsangelegenheiten. Die Begutachtung von Gesetzen konnte ihm ebenfalls überwiesen werden. Die Wirksamkeit der Versammlung hatte aber enge Grenzen durch ihre Geschäftsordnung und dadurch, daß die regelmäßige Einberufung nicht gesichert war. Auch die Zusammensetzung konnte nicht befriedigen, weil die Provinzialstände die alten blieben mit der Bevorzugung des Herrenstandes und der Ritterschaft. Trotzdem sah man dem Zusammentreten des Landtags mit großen Erwartungen entgegen und die ständischen Wahlen für die Beschickung fanden in manchen Provinzen in lebhafter Erregung statt. Man nahm vielfach auf Männer Bedacht, die auf dem Wege zu einer freieren Verfassung entschieden vorwärts wollten. Anders in Berlin. Bei der Auswahl der drei Vertreter, die hier von den städtischen Behörden nach dem Gesetze zu stellen waren, hatten bestimmte politische Gründe offenbar nicht den Ausschlag gegeben. Der Stadtsyndikus Moewes, der geheime Finanzrat Knoblauch, früher Kaufmann und unbesoldeter Stadtrat, und der Stadtverordnete Schauß, Inhaber eines Materialwarengeschäftes am Schloßplatz, waren dem politischen Leben durchaus fernstehende Männer. Aus der Wahl dieser Persönlichkeiten darf man indessen nicht schließen, daß die städtischen Behörden die politische Bedeutung eines ersten allgemeinen Landtages für den ganzen Staat nicht in vollstem Maße gewürdigt hätten. Denn sie wollten dieser Bedeutung sogar äußerlich einen Ausdruck geben und ein großes Festmahl für die „Reichsstände" veranstalten. Das Fest mußte zwar unterbleiben, weil es damals an einem geeigneten Raum dazu fehlte, aber die Stadt mietete für die Zeit der Tagung — vom 11. April bis 27. Juni — das Lokal des Traiteur Mielentz unter den Linden 23, damit sich die Mitglieder des Landtags dort jeder Zeit zwanglos gesellig versammeln könnten. Merkwürdig war dabei, daß der Magistrat es nur auf Zusammenkünfte des zweiten und dritten Standes, der Städte und der

Bauernschaft absah. Er glaubte, die Herren und die Ritterschaft würden sich von diesen beiden fernhalten wollen. Mit dieser Absicht des Magistrats waren aber die Stadtverordneten nicht einverstanden, sie wünschten keine Berücksichtigung der Standesunterschiede und so wurde der ganze Vereinigte Landtag für die Versammlungen eingeladen.

Da dem Landtage das Petitionsrecht vom Könige verliehen war, so versäumten Magistrat und Stadtverordnete nicht, ihm durch ihre Vertreter die besonderen Wünsche der Stadt vorzulegen. Die vorgebrachten Anträge waren sehr maßvoll. Man hatte zwar die Überzeugung, daß die Provinzialstände keine wahre Repräsentation des Volkes darstellten und ganz andere Grundlagen dafür zu erstreben seien, aber da eben erst das Patent vom 3. Februar dem Lande verliehen sei, so wollte man nicht sofort durchgreifende Änderungen fordern. Die Verbesserungen, die man bei der Verfassung nachsuchte, bewegten sich also auf dem Boden der bestehenden Einrichtungen. Unter den 617 Abgeordneten des Landtages gehörten 311 dem Stande der Herren und der Ritterschaft an, 124 dem Bauernstande, 182 der Vertretung der Städte. Bei diesem Verhältnis wurde eine Änderung zugunsten der Städte gewünscht. Auch sollte für die Vertreter der Städte die Wählbarkeit nicht mehr an Grundbesitz gebunden sein. Hierzu kamen dann noch Forderungen auf verschiedenen Gebieten der Gesetzgebung. Man verlangte eine neue Konkursordnung, die Reform des Vormundschaftswesens, die Entwicklung des Schiedsmannsinstituts und zu allerletzt: Aufhebung der Zensur verbunden mit dem Erlaß eines Preßgesetzes, Emanzipation der Juden, Errichtung eines Handelsministeriums und Schaffung von Handelskammern.

Die Wünsche der Berliner Stadtbehörden konnten beim Vereinigten Landtag nicht auf Erfüllung rechnen. Praktische Ergebnisse hatte seine Tagung für Berlin eigentlich nur durch die Schritte, die er wegen der Öffentlichkeit der Sitzungen der Stadtverordneten tat, wobei die Anregung von ihm selbst ausging. Zum Bau der Eisenbahn von Berlin nach Königsberg verweigerte er den Kredit, aus formalen staatsrechtlichen Gründen, nicht weil die Bahn an sich nicht wünschenswert gewesen wäre.

Wenn der Landtag auch am 26. Juni ohne große Erfolge auseinander ging, so hätten die Verhandlungen doch großes allgemeines Interesse erwecken müssen, da zum ersten Male Vertretern des ganzen Landes Gelegenheit geboten wurde, ihre entgegengesetzten Ansichten über Staatsverfassung und Staatseinrichtungen zum Ausdruck zu bringen, und zum ersten Male in einer solchen Versammlung sich die Repräsentanten nach politischen Parteien sonderten. Indessen zogen seine Verhandlungen in Berlin die Aufmerksamkeit nicht in dem Maße auf sich, wie man es erwartet hatte. Sie wurde abgelenkt, weil das Jahr 1847 unter einem wirtschaftlichen Drucke litt. Viele hatten an andere Sorgen zu denken. Die schlechte Ernte des Jahres 1846 hatte Teuerung im ganzen Lande nach sich gezogen, die sich in der Residenz um so mehr fühlbar machte, als hier große Geschäftsstille und infolge davon Arbeitslosigkeit eingetreten war. Bei dem für den Winter drohenden Mangel an Lebensmitteln für die ärmere Bevölkerung hatten die Stadtverordneten schon 1846 geglaubt, vorbeugende Schritte tun zu müssen. Sie hatten sich am 8. Oktober in einer Immediat-Vorstellung an den König gewendet und ein Ausfuhrverbot für Getreide, Kartoffeln und Spiritus vorgeschlagen. Auf das Gesuch war aber der Bescheid erfolgt, die Versammlung dürfe im Sinne der Städteordnung mit einer derartigen Immediateingabe nicht ohne Zuziehung des Magistrats vorgehen und an den Landesherrn unmittelbar überhaupt sich nur wenden, wenn sie über den Magistrat Beschwerde zu führen habe.

Die Teuerung der Lebensmittel und die Ansammlung zahlreicher beschäftigungsloser Personen führten dann im April 1847 zu schweren Unruhen, die gerade zu der Zeit stattfanden, wo der vereinigte Landtag hier zusammengetreten war und sich die Residenz im besten Lichte hätte zeigen sollen. Man hat diese Unruhen die Kartoffelrevolution genannt. Schon im Anfang des Jahres 1847 waren die Klagen über die stetige Verteuerung des notwendigsten Lebensunterhaltes in der ganzen Stadt immer lauter geworden, so daß die Regierung eine Verordnung erließ, wonach die Mahlsteuer nicht erhoben werden sollte. Aber der Steuererlaß blieb, wie gewöhnlich bei derartigen Maßregeln, ohne Einfluß auf die Preise im Kleinverkauf und dann verfehlte er auch seine Wirkung, weil damals schon die Kartoffel das Hauptnahrungsmittel der breitesten Schichten der Bevölkerung bildete. Es heißt, daß gerade das unverhältnismäßige Steigen der Kartoffelpreise auf den Wochenmärkten schließlich am 21. April zu Gewalttaten gegen die verkaufenden Landleute führte. Aus der aufgeregten Menge kam es dann zu Zusammenrottungen, es folgten Plünderungen von Läden aller Art in verschiedenen Stadtteilen. Fast drei Tage dauerten die Ausschreitungen und die öffentliche Unsicherheit, bis durch das Einschreiten des Militärs die Ruhe wieder hergestellt wurde[1]).

Die Not hatte die Bedürftigen zu den Gewalttätigkeiten gegen die Marktleute und zu Eingriffen in fremdes Eigentum getrieben; daß es dann im weiteren Verlaufe zu Räubereien und zum Eindringen in die Häuser kommen konnte, lag nach der allgemeinen Überzeugung an der Unzulänglichkeit der Polizei, die zu schwach war, von vornherein die Gewalttätigkeiten zu verhindern. Die Aufrechterhaltung der öffentlichen Ordnung geschah nicht durch Polizeibeamte, da diese zu solchem Dienst nicht verpflichtet waren, sondern durch eine verhältnismäßig geringe Anzahl von Gendarmen. Wieviel damals in der Stadt zur Verfügung standen, läßt sich nicht mehr feststellen. Die dritte, für die Provinz Brandenburg bestimmte Gendarmerie-Brigade zählte 5 Offiziere, 13 Wachtmeister, 135 berittene und 46 Fußgendarmen. Zum Dienst für die Hauptstadt allein kam noch ein Kommando von 30 Fußgendarmen hinzu[2]). Auf diese letzten war man bei Unruhen in der Stadt fast ausschließlich angewiesen, denn von den anderen konnte doch nur ein Bruchteil zur Hilfe herangezogen werden. Da die Gendarmen außerdem zum

[1]) Die ausführliche Beschreibung bei Streckfuß, 500 Jahre Berliner Geschichte. 1886 und im Bär, Bd. 11, Nr. 19.

[2]) Akten des Magistrats, die Gendarmen betreffend.

Militär gehörten, standen sie dem Polizeipräsidenten auch nur bedingungsweise zu Gebote. Ein schnelles und kräftiges polizeiliches Einschreiten ließ sich unter diesen Umständen nicht erwarten, man mußte die Unruhstifter gewähren lassen, bis schließlich die bewaffnete Macht eingriff und Ordnung schaffte. In diesem Ausweg, wenn er auch der einzig mögliche war, lag eine Gefahr für das Verhältnis zwischen Volk und Garnison. Für das Militär ist es oft schwer, Härten zu vermeiden, wenn es gilt, große Volksansammlungen in Schranken zu halten und die Übergriffe, auch wenn sie unvermeidlich sind, rufen Erbitterung in der Bevölkerung hervor. So konnten die Truppen die Kartoffel-Revolution nicht unterdrücken, ohne fast die ganze Einwohnerschaft gegen sich aufzubringen.

Es kam dazu, daß das Militär nicht zum ersten Male bei den Tumulten Polizeidienste tat und man sich seiner früheren Übergriffe erinnerte. Denn ähnliche Vorfälle, wie die im April 1847, hatten die Berliner schon unter Friedrich Wilhelm III. erleben müssen. Vom 16. bis 19. September 1830, vier Tage lang, versetzte die sogenannte Schneiderrevolution die Bürger in die größte Unruhe. Die Veranlassung dazu läßt sich nicht mehr aufklären, sie scheint jedenfalls nicht in politischen Beweggründen, sondern in den Verhältnissen des Handwerks gelegen zu haben. Ob die Urheber für oder gegen die damalige Gewerbefreiheit streiten wollten, bleibt auch zweifelhaft. Die Bewegung brach unter den Schneidergesellen aus, unter Beteiligung anderer Elemente kam es schnell zum tätlichen Widerstand gegen die Polizei, zum öffentlichen Aufruhr und zu Zerstörungen von Privateigentum. Infanterie und Kavallerie wurden aufgeboten und es gab förmliche Straßenkämpfe[1]). Nach der Unterdrückung des Aufruhrs beschwerten sich Magistrat und Stadtverordnete beim Minister des Innern über die Willkür und Härte des Militärs. Sie unterließen aber auch nicht als „Vorstand der Einwohnerschaft" eine Adresse an den König zu richten, worin sie ihre und der Stadt gute Gesinnung versicherten und erklärten, bei den Auftritten der letzten Tage seien Neugier und Lust am Unfug die Triebfeder gewesen[1]).

Nicht lange darauf, 1835, folgte die Feuerwerks-Revolution. Man hatte von jeher die Feier des Geburtstages Friedrich Wilhelms III., den 3. August, mit allerlei Lustbarkeiten und Feuerwerk geschlossen, wobei es Sitte geworden war, des Abends auf den Straßen mit Schießen Lärm zu machen. Diese Liebhaberei hatte im Laufe der Jahre solchen Umfang gewonnen, daß die Polizei sich 1835 veranlaßt sah, mit den Gendarmen dagegen einzuschreiten. Aber sie erreichte damit nur eine Verschlimmerung der Sache. Die Gendarmen waren nicht imstande, die Übermütigen zu bändigen, die Massen wurden zum Widerstande und zu Gewalttätigkeiten gereizt, und tagelang herrschte die ärgste Unsicherheit in den Straßen. Das Militär mußte wieder

[1]) Eine zuverlässige Darstellung des ganzen Vorgangs ist uns nicht erhalten. Streckfuß a. a. O. berichtet sehr ungenau. Man vergleiche dazu die Schilderung eines Augenzeugen in den Mitteilungen des Berliner Geschichtsvereins. 1907. Nr. 11.

die Bewegung unterdrücken, und noch nach dem 5. August konnte nur durch Militärpatrouillen die Ruhe aufrecht erhalten werden.

Wie verhielten sich nun die städtischen Behörden bei diesen Vorgängen? Konnten sie etwas zur Beschwichtigung der Menge und zur Verhinderung des Einschreitens der bewaffneten Macht beitragen? Ohne Befugnis zum Erlaß von irgendwelchen polizeilichen Vorschriften, beschränkten sie sich darauf, durch öffentliche Anschläge zur Ruhe zu ermahnen. Entsprechend den damaligen sozialen Verhältnissen wurden dabei die Meister aufgefordert, ihre Gesellen und Lehrlinge zurückzuhalten und die Eigentümer, ihre Mieter darauf aufmerksam zu machen, daß es besser wäre, bei Unruhen zu Hause zu bleiben. Andere Maßregeln standen auch 1847 vor dem Ausbruch der Unruhen nicht zu Gebote. Bei den Erfahrungen, die man von 1830 und 1835 her hatte, wollte man aber doch die militärische Hilfe möglichst entbehrlich machen. Nicht von den Stadtbehörden, sondern von der Regierung ging der Plan aus, Schutzkommissionen aus der Bürgerschaft zur Unterstützung der Polizei zu bilden. Der Gouverneur, der Polizeipräsident und Mitglieder des Magistrats berieten über eine solche Einrichtung, auch die Stadtverordneten äußerten ihre Ansichten über die Befugnisse, die diesen Kommissionen und ihren Mitgliedern zu erteilen wären, es kam aber keine Organisation zustande und die Vorfälle im April 1847 machten, wie die früheren, das scharfe Eingreifen der Truppen notwendig. Die städtischen Behörden konnten wieder nur durch Bekanntmachungen zur Ruhe ermahnen und durch Ankauf von Lebensmitteln und Verteilung unter die ärmere Bevölkerung versuchen, der Erneuerung der Auftritte vorzubeugen.

Es kann nicht im Plane dieser Schrift liegen, die politische Bewegung nach dem Schluß des Landtages, nachher die Märzereignisse und deren Folgen in ihren Einzelheiten darzustellen. Für die städtischen Behörden brachte zunächst der weitere Verlauf des Jahres 1847 keine Gelegenheit, als Vertreter der Bürgerschaft an dieser Bewegung teilzunehmen. Als Ende Februar 1848 die Nachrichten von der Pariser Revolution und der Abdankung des Königs von Frankreich eintrafen, und die Bestrebungen nach Verfassungsreform in freiheitlichem Sinne sich von einzelnen Kreisen der Einwohnerschaft aus schnell auf fast alle Schichten der Bevölkerung verbreiteten, zeigte sich, daß eine Stelle notwendig wäre, die alle diese Wünsche nach Reformen zusammenfassen und gestalten könnte, um sie dann an die Regierung oder unmittelbar an den König gelangen zu lassen. Diese Stelle mußte natürlich eine amtliche Befugnis besitzen, um sich mit den Staatsbehörden in Verbindung zu setzen. Die vereinigten Ausschüsse der Landstände, die vom 17. Januar bis 6. März versammelt waren, um ein neues Strafgesetzbuch zu beraten, wollten nichts in die Hand nehmen, was außerhalb dieser Aufgabe lag. Um die politischen Wünsche der Hauptstadt auszudrücken, kamen daher nur zwei Körperschaften in Frage, der durch die Städteordnung eingesetzte Vorstand der Stadt, der Magistrat, dessen Befehlen nach § 47 die Stadtgemeinde unterworfen sein sollte, und die Vertretung der Bürgerschaft, die Stadtverordneten. Dies war damals der allgemeine Gedanke, wenn auch die Städteordnung selbst über solche Aufgaben der städtischen Behörden keine Hinweise enthielt.

Es war dabei nicht ohne Einfluß, daß der Magistrat neuerdings durch die Gewerbegesetzgebung zu einem Teil der Bürgerschaft in nähere Beziehung getreten war. Die Stadtverordneten hatten, wie wir sahen, seit Jahrzehnten gegen die 1810 und 1811 eingeführte Gewerbefreiheit ihre Stimme erhoben[1]). Noch 1841 finden wir in dem Jahresberichte des Vorstehers die Äußerung, daß sie mit den innersten Interessen des bürgerlichen Verkehrs nicht vereinbar sei und Tausende von Familien schon dadurch dem sicheren Elend entgegengegangen seien[2]). Zuletzt war die Regierung wenigstens in einer Richtung den Wünschen entgegengekommen und mit neuen Grundsätzen hervorgetreten. Sie hatte durch die Gewerbe-Ordnung vom 17. Januar 1845 die Stellung der Innungen, die man völlig rechtlos sich selbst überlassen hatte, wieder befestigt und sie zu berechtigten Körperschaften gemacht, wo jedes Mitglied seine Befähigung zum Gewerbebetrieb nachweisen mußte. Dem Magistrat gab das Gesetz wichtige Aufsichtsbefugnisse über sie in die Hand. Er ernannte danach die Mitglieder der Prüfungsbehörden für den Befähigungsnachweis, bestätigte die Innungsvorstände und entschied über die Befugnis, Lehrlinge zu halten. Jeder Innungsberatung mußte ein Magistratsmitglied beiwohnen. Auf diese Weise kam der Magistrat wieder in enge Verbindung mit den gesamten Innungen, also mit einem Hauptbestandteil der Bürgerschaft, und diese Kreise waren natürlich geneigt, sich seiner Leitung anzuvertrauen.

Unter solchen Verhältnissen konnte der Magistrat sehr wohl das Wort ergreifen, wenn es sich darum handelte, in bewegter Zeit die Forderungen der Bürgerschaft dem Könige nahe zu legen und durch seine Vermittlung bedenklichen Unruhen vorzubeugen. Auch die Formulierung und die Begrenzung dieser Forderungen selbst mußten ihm zufallen, denn es gab eben keinerlei Vereinigungen in der ganzen Stadt, die berechtigt gewesen wären, darüber zu beraten und zu beschließen. An Politikern, die sich in den Zeitungen und sonst vernehmen ließen, fehlte es nicht, aber ihre persönlichen Ansichten gingen weit auseinander, und sie vermochten höchstens einzelne Gruppen zu bilden, denen keine Autorität beiwohnte.

Der Oberbürgermeister Krausnick unternahm es Anfang März, teils allein, teils in Gemeinschaft des Stadtverordneten-Vorstehers Fournier mit dem Minister des Innern von Bodelschwingh Fühlung zu gewinnen und ihm die Stimmung der Stadt in bezug auf die schwebenden politischen Fragen vorzutragen, besonders auf den Erlaß eines Preßgesetzes zu dringen. Auch vom Könige und vom Prinzen von Preußen wurden beide empfangen, doch waren alle diese Audienzen ohne besonderen Erfolg.

Am 1. März legte der Stadtrat Duncker, der nachmalige Bürgermeister[3]) dem Magistrat den Antrag vor, eine Adresse an den König zu richten. Der

[1]) Vergl. S. 143.

[2]) Akten der Stadtverordneten, die statistischen Nachrichten betreffend.

[3]) Gestorben 12. Dez. 1893.

Inhalt, den die Adresse haben sollte, war darin nur angedeutet, sie wollte den König um Einberufung der Stände, besseres Wahlrecht der Bürger und Bauern, freie Presse und freie Kirche bitten. Der Antrag[1]) war ungemein schwungvoll und pathetisch abgefaßt, man vermutet nicht, daß der Verfasser derselbe Mann war, der 30 Jahre später in so klarer Form die großen Verwaltungsberichte der Stadtgemeinde schrieb. Der Magistrat lehnte am 7. März mit 18 gegen 9 Stimmen Dunckers Antrag ab. Eine neue Anregung zu einer Adresse kam dann von anderer Seite. Den Stadtverordneten war als „Vertretern von Berlin". aus der Bürgerschaft eine Aufforderung zugegangen, dem Könige in einer Adresse auseinanderzusetzen, welche Reformen das Volk zunächst verlange. In der Sitzung vom 9. März beschloß die Stadtverordnetenversammlung, dem Ansuchen Folge zu geben und wählte eine Kommission zur Herstellung des Entwurfs. Dieser wurde am 11. März in außerordentlicher Sitzung unter großem Andrang des Publikums vorgelegt und auch sofort angenommen. Inzwischen hatten große, im Tiergarten bei den Zelten abgehaltene Volksversammlungen ebenfalls einen Adreßentwurf festgestellt, der sich in seinen Forderungen durchaus keinen Zwang auferlegte und unter anderem Volksbewaffnung mit freier Wahl der Führer verlangte. Da es niemand gab, der befugt gewesen wäre, sich mit dieser Adresse zum König zu begeben, so sollten auch hier die Stadtverordneten als Spitze der Bürgerschaft eintreten und das Schreiben dem Könige vorlegen. Sie gingen darauf jedoch nicht ein, und die Adresse aus den Zelten gelangte nicht in die Hände des Königs, da er sie von Privatpersonen, hinter denen unbestimmte Auftraggeber standen, nicht entgegennehmen wollte. Dagegen übergaben die Stadtverordneten ihren eigenen Entwurf dem Magistrat, der sich am 12. mit dem Wortlaut einverstanden erklärte und seine Beteiligung bei der Überreichung an den König zusagte.

Die Adresse war, wie alle derartige Schriftstücke jener Zeit, sehr wortreich, aber zurückhaltend in ihren Forderungen. Sie bezeichnete nur gewisse Punkte, in denen der König den Wünschen des Landes entgegenkommen möchte: Freie Presse, schleunige Einberufung des vereinigten Landtags, Vollendung des preußischen Verfassungswerks in der Weise, daß „die Stände aus einer angemesseneren, volkstümlichen Vertretung" hervorgingen und „ein beschließendes Votum bei einfacher Stimmenmehrheit" erhielten, Geschworenengerichte, Gleichstellung der religiösen Bekenntnisse, Verbrüderung der deutschen Stämme[2]). Diese Forderungen durften auch ängstliche und dem schnellen Fortschritt zur Freiheit weniger zugeneigte Mitglieder der städtischen Behörden unterschreiben. Nur zwei Stadtverordnete waren mit der Fassung nicht einverstanden, Nauwerk und Julius Berends[3]), weil ihnen die radikale Zeltenadresse geeigneter erschien. Der König empfing am 14. März die Deputation der beiden städtischen Körperschaften, vermied es aber in seiner Erwiderungsrede,

[1]) Er ist abgedruckt in der Vossischen Zeitung vom 9. März 1898.

[2]) Die Adresse ist abgedruckt u. a. in der Spenerschen Zeitung vom 15. März 1848.

[3]) Nauwerk, Dr. jur. und Dozent an der Universität. Berends, Buchdruckereibesitzer.

die aus den damaligen Zeitungen bekannt geworden ist, bestimmte Zusagen zu machen, er sprach sich gegen eine schnelle Entwicklung der preußischen Verfassungsfrage aus. Nur ein baldiges Zusammentreten des vereinigten Landtags sagte er zu, da dies schon beschlossen sei. Der Erlaß wegen Einberufung des Landtages zum 24. April wurde auch alsbald veröffentlicht. Während des den Umständen ganz entsprechenden Vorgehens der städtischen Behörden kam es schon am 13. und 14. März durch erregte Massen der Bevölkerung, die zum Teil unklare Begriffe darüber hatten, was man von der Regierung fordern könnte, zu argen Tumulten in der Stadt. Wie im April 1847, schritt das Militär ein, und die Ordnung wurde erst nach blutigen Zusammenstößen wieder hergestellt. Die Aufregung legte sich indessen nicht, sie steigerte sich im Gegenteil dadurch, daß am 15. die Ereignisse der Wiener Revolution hier bekannt wurden, vor allem aber durch die Erbitterung über das nach allgemeinem Urteil zu rücksichtslose Vorgehen des Militärs[1]). Die Erkenntnis, daß das Eingreifen der Truppen von verderblichen Folgen sei und möglichst vermieden werden müsse, bewog den Minister des Innern zu einer Beratung mit dem Gouverneur, dem Kommandanten, dem Polizeipräsidenten, dem Oberbürgermeister und dem Stadtverordneten-Vorsteher am 16. März, um nunmehr die Schutzkommissionen ins Leben zu rufen, deren Bildung vor dem ersten Zusammentreten des vereinigten Landtags nicht geglückt war[2]). Man einigte sich dahin, daß die Kommissionen sich selbständig in den einzelnen Stadtbezirken zu organisieren hätten. Den Mitgliedern wurde die Eigenschaft von Beamten verliehen mit der Aufgabe, das Publikum zur Ruhe zu ermahnen; sie sollten aber unbewaffnet bleiben. Erst wenn die Bemühungen dieser Schutzbeamten sich als ganz vergeblich zeigen würden, durfte das Militär zur Hilfe eintreten. Auch die Stadtverordneten hatten schon am 11. März in außerordentlicher Sitzung den früheren Plan zu den Schutzkommissionen wieder aufgenommen und deren Errichtung beantragt. Da jetzt ihre nochmalige Zustimmung verlangt wurde, genehmigten sie noch am 16. die obigen Vorschläge mit dem Zusatze, daß es den Schutzbeamten gestattet sei, sich zu bewaffnen. So konnte denn der Magistrat sofort die Schutzkommissionen ins Leben rufen. Das Verfahren dabei war sehr einfach. Man machte in jedem Bezirk die Kommunalbeamten, die dort wohnten, zu Schutzbeamten und überließ es ihnen, geeignete Personen, wozu in erster Linie Handwerksmeister zu rechnen seien, als Mitglieder für die Kommissionen heranzuziehen. Noch an demselben Tage erschienen die Schutzbeamten mit Stab und weißer Binde, aber unbewaffnet in der Stadt.

Die Ansammlungen in den Straßen und die Aufregung der Menge nahmen im Laufe des 16. zu, so daß am Abend doch wieder das Militär Gelegenheit erhielt, vorzugehen und neues Blutvergießen die Folge war. Mit Besorgnis sah man von allen Seiten dem 17. entgegen. Schon seit einer

---

1) Man vergleiche hierüber Felix Rachfahl: Deutschland, Friedrich Wilhelm IV. und die Berliner März-Revolution, wo auch die betreffende Literatur angeführt ist.

2) Vergl. S. 208.

Woche ruhte die Arbeit an vielen Stellen im Handwerk, in gewerblichen Betrieben, die Arbeiter hatten Muße für die Straße und vermehrten die Zahl der dauernd Arbeitslosen. Für die letzteren hätten die Behörden unmöglich dem vielfachen Verlangen nach Arbeitsgelegenheit jetzt in der Eile genügen können. In der städtischen Verwaltung war man auf solche Fälle nicht vorbereitet. Indessen verlief der 17. ohne ernste Auftritte. Mag es nun den Schutzbeamten oder anderen Ursachen zu verdanken gewesen sein, die Truppen brauchten nirgends zum Einschreiten befohlen werden. In zahlreichen Versammlungen beriet man über Entsendung von Deputationen zum Schloß, über Anträge, die man stellen wollte. Allenthalben plante man für den nächsten Tag eine große Demonstration von Volksvertretern zum Könige hin, um die Erfüllung der Wünsche des Volkes zu erbitten, aber über den Inhalt der Wünsche herrschte in der Menge große Unklarheit.

Die beabsichtigte große Demonstration erregte die Besorgnis des Ministers von Bodelschwingh und er glaubte mit Hilfe der Stadtbehörden dem Zusammenströmen großer Volksmassen vorbeugen zu können, um so mehr als es hieß, daß die Schutzbeamten selbst in großer Zahl sich an den Demonstrationen beteiligen wollten. In einer Konferenz mit dem Minister in den Morgenstunden des 18. März versprachen der Oberbürgermeister und der Syndikus Moewes, Magistrat und Stadtverordnete würden den Versuch zur Verhinderung einer Massendeputation zum Könige machen. Mitglieder des Magistrats und Stadtverordnete begaben sich in Folge dessen an alle Stellen, wo Versammlungen abgehalten wurden und rieten von jedem Vorgehen der Bürgerschaft ab, da die städtischen Behörden selbst durch Abgesandte dem Könige die Wünsche des Volkes vorzutragen gedächten. Die Stadtverordneten vereinigten sich noch am Vormittage zu einer Sitzung, hierbei erschienen Vertreter der Bürgerversammlungen und besprachen mit den Stadtverordneten in der Sitzung die Forderungen, die man an die Regierung zu stellen hätte. Man setzte sich damit ganz in Widerspruch zu den Bestimmungen der Städteordnung.

Unterdessen hatte der König die Deputation, die aus dem Magistrat und den Stadtverordneten zustande gekommen war, empfangen und ihr mitgeteilt, daß ein Gesetz über die Preßfreiheit und die Order zur Einberufung des Landtages zum 2. April vollzogen sei und daß er auch noch weitere Wünsche des Volkes erfüllen wolle. Den noch im köllnischen Rathause versammelten Stadtverordneten wurde dies Ergebnis berichtet und von da aus durch die Stadt verbreitet. Zugleich ließ der Magistrat eine amtliche Bekanntmachung über den Inhalt der Äußerung des Königs drucken und öffentlich anschlagen. Die Zusagen von höchster Stelle waren, soweit sie in bestimmter Form lauteten, eigentlich gegenüber den weitergehenden Forderungen vieler Kreise der Bevölkerung sehr mäßig. Aber sie wurden nach den uns überlieferten Berichten allenthalben mit Freude, zum Teil sogar mit Begeisterung aufgenommen.

Magistrat und Stadtverordnete hatten in diesen schweren Tagen nach bestem Ermessen ihre Aufgabe als eine Vertretung nicht nur der eigentlichen Bürger, sondern der Einwohnerschaft überhaupt zu erfüllen gesucht und auch

Erfolge erreicht. Dies ist in den Darstellungen vielleicht stets zu wenig gewürdigt worden. Aus welchen Elementen, so darf man wohl fragen, setzten sich die beiden Körperschaften damals zusammen? Unter den 102 Stadtverordneten finden wir 35 Kaufleute, 14 Handwerker, 10 Buchhändler und Druckereibesitzer, 9 Fabrikanten oder Fabrikbesitzer, 7 Apotheker, 6 Vertreter des Baufachs, 5 Rentner, 3 Gutsbesitzer, 3 Destillateure, 3 Künstler. Den Rest bildeten Gewerbtreibende verschiedener Art. Den Gelehrten- oder Juristenberuf vertrat allein Dr. Nauwerk. Zu den unbesoldeten Stadträten zählten 7 Rentner, 6 Kaufleute, 1 Apotheker, 1 Hofzimmermeister, 1 Färbereibesitzer. Es war also eine Vertretung der Bürgerschaft ganz so, wie sie Stein einst gewünscht hatte.

Die Ruhe, die die beiderseitigen Bemühungen der Stadtbehörden und der Regierung der Stadt bringen sollten, vermochten sie ihr indessen nicht zu verschaffen. Für die Schilderung der Ereignisse, die nun eintraten, das Vorgehen des Militärs, die Errichtung der Barrikaden, der Kampf, das Zurückziehen der Truppen, verweisen wir auf die hierüber vorhandene Literatur[1]). Man ist jetzt geneigt, die unmittelbare Veranlassung zum Kampfe dem plötzlichen Eingreifen des Militärs auf dem Schloßplatz zuzuschreiben, das wohl hätte vermieden werden können. Andrerseits muß man zugeben, daß die Schutzkommissionen als polizeiliche Hilfe völlig versagt hatten. Es fehlte ihnen, da sie bezirksweise sich selbst gebildet hatten, an jeder einheitlichen Leitung, und anstatt die Massen vom Zusammenströmen nach dem Schloßplatz abzuhalten, führten sie diese selbst dorthin.

Mit der Wirksamkeit der städtischen Behörden war es seit dem Beginn des Angriffs der Truppen am Nachmittag des 18. März zunächst vorbei. Unter den verschiedenen Gruppen von Leuten im Schlosse, die am Vormittage des 19. um Zurückziehung des Militärs bitten wollten, befanden sich zwar auch Mitglieder des Magistrats mit dem Oberbürgermeister und einige Stadtverordnete, aber ohne Auftrag ihrer Behörden. Mehrere von ihnen wurden nach und nach vom Könige empfangen; ob ihre Vorstellungen indessen von wesentlichem Einfluß gewesen sind, läßt sich aus den darüber erhaltenen Nachrichten nicht beurteilen[2]). Die Truppen wurden dann im Laufe des 19. zurückgezogen. Eine Aufforderung von demselben Tage an alle Bürger, mit ihren Bezirksvorstehern in feierlichem Aufzuge im Lustgarten zu erscheinen, und eine zweite, wonach alle Gewerksmeister sich sofort bei ihren Obermeistern versammeln und an der Spitze der Gesellen ebenfalls um 1 Uhr mit schwarz verhangenen Gewerksemblemen nach dem Lustgarten ziehen sollten, waren vom Magistrat unterzeichnet. Wir wissen nicht, welche Absicht der Magistrat damit verband, der Zug scheint auch nicht zustande gekommen zu sein. Am 20. erschien eine Bekanntmachung, die alles öffentliche und Privateigentum

[1]) Die Literatur steht verzeichnet in dem schon erwähnten 1901 erschienenen Buche von Rachfahl. Es sind später noch einige Beiträge von Rachfahl und F. Thimme hinzugekommen in den Preußischen Jahrbüchern Band 110 und den Forschungen zur Brandenburgisch-preußischen Geschichte, Band 16 und 17.

[2]) Man vgl. Preußische Jahrbücher Bd. 110 (1902), S. 414 ff.

dem Schutze der Bürger und Einwohner empfahl, da der König den Schutz des Staatseigentums vertrauensvoll in deren Hände legen wolle. Das Schriftstück trug die Unterschrift: Der Magistrat und die Stadtverordneten Berlins. Die beiden Körperschaften trafen hiermit eine Vorsichtsmaßregel, die eigentlich Pflicht der Polizei gewesen wäre. Es muß dabei bemerkt werden, daß der Bekanntmachung kein Beschluß zugrunde lag. Die erste Sitzung des Magistrats fand erst später statt am 20., als die Einwohnerschaft ihre gewohnte Tätigkeit wieder aufzunehmen anfing. Die erste Sache, die ihn in der Sitzung beschäftigte, war die Abdankung des Oberbürgermeisters, der plötzlich eine mißliebige Persönlichkeit geworden war; weshalb ist nicht recht aufgeklärt.

Krausnick war am Morgen des 19. unter den Ersten gewesen, die vom Könige empfangen wurden, und hatte sich an ihn mit der Bitte um Entfernung des Militärs gewendet. Auf die Erwiderung, daß zuerst die Barrikaden aufgegeben werden müßten, hatte er dann das Schloß verlassen, um die Leute, die die Barrikaden besetzt hielten, zur Räumung zu bewegen. Bei diesen Bemühungen griff man ihn tätlich an, vielleicht in dem Glauben, daß er es gegen das Volk nicht ehrlich meine und die Auslieferung der Barrikaden an die Truppen bewirken wolle, obwohl keine Veranlassung zu dieser Annahme, soviel bekannt ist, vorgelegen haben kann. Aber auch im Magistrat und bei den Stadtverordneten zeigte sich eine allgemeine Mißstimmung gegen ihn. Dies erscheint befremdend, da er doch stets auf der Seite der Mehrheit gestanden hatte und unausgesetzt um die Erhaltung des Friedens bemüht gewesen war. Jedenfalls wünschte jetzt das Kollegium dringend sein Ausscheiden. Daß er seinen Kollegen nicht fortschrittlich genug gewesen sei, darf man nicht als Grund annehmen; denn gerade die beiden Mitglieder des Magistrats, die seinen Rücktritt zuerst verlangten, der besoldete Stadtrat Risch und der Stadtschulrat Schulze, galten als konservative Männer. Vielleicht besorgte man neue Unruhen, wenn der bei der großen Menge verdächtigte Mann länger an der Spitze der städtischen Behörde bliebe. Dazu kam, und das war wohl die Hauptsache, daß das Kollegium ihn in der bewegten Zeit nicht für die geeignete Persönlichkeit als Vorstand der Bürgerschaft halten mochte. Überlieferungen nach soll er sich am 19. in der Audienz beim Könige „sehr ungeschickt" benommen haben[1]). Auf Wunsch seiner Kollegen verzichtete dann Krausnick auf die weitere Ausübung seines Amtes, legte es aber nicht nieder. Erst im Juni, als sich die Stadtverordneten ausdrücklich dagegen aussprachen, daß er seine Tätigkeit wieder aufnähme, willigte er in seine Pensionierung.

Die anderen Angelegenheiten, um die es sich bei der ersten Sitzung des Magistrats nach der Katastrophe handelte, waren ebenfalls politische. Sie bildeten auch den Gegenstand der Verhandlungen der Stadtverordnetenversammlung, die am 20. zusammentrat. Man beschloß das feierliche Begräbnis der Opfer des 18. März und die Übernahme der Fürsorge für deren Hinterbliebene und für die Verwundeten. Die wichtigste Frage aber war die,

1) Preußische Jahrbücher Bd. 110, S. 415.

wie nun die öffentliche Ruhe und Sicherheit aufrecht erhalten werden sollte, da die Truppen sich zurückgezogen und die Schutzkommissionen ihren Zweck nicht erfüllten. Die wenigen Gendarmen reichten jetzt erst recht nicht für die Aufgabe aus. Die notwendige Sicherheitswache war indessen, als die städtischen Behörden darüber verhandelten, schon in der Bildung begriffen. Die Stadtverordneten hatten bereits früher bei der Beratung wegen Errichtung der Schutzkommissionen (S. 211) die Bewaffnung der einzelnen Schutzbeamten vorgeschlagen, ihrem Antrage war aber nicht Folge gegeben. Am 19. März, am Tage nach dem Kampfe, kam die Bewaffnung und die Vereinigung von Bürgern zu einer Schutzwache von selbst. Als die Truppen aus den Straßen abmarschiert, die Barrikaden von den Verteidigern verlassen waren, aber viele Menschen sich noch auf den Schauplätzen der Kämpfe bewegten, machte sich sofort das Bedürfnis geltend, bei dem gänzlichen Fehlen einer Polizei für Aufsicht und für die Möglichkeit zu sorgen, unruhige Elemente der Volksmenge zügeln zu können. In einzelnen Straßen traten sogleich Leute aus der Bürgerschaft, besonders Eigentümer zusammen, bewaffneten sich so gut sie es vermochten und suchten in ihrer Straße Ausschreitungen zu verhüten und die Wegräumung der Barrikaden zu bewirken, woran den Hausbesitzern und den Gewerbtreibenden besonders gelegen sein mußte. Währenddessen hatte man es im Schlosse, wo am 19. beständig angesehene Männer aus allen Kreisen der Einwohnerschaft aus- und eingingen und Beratungen stattfanden, für die nächste notwendige Maßregel nach dem Abmarsch der Truppen erachtet, die Schützengilde als die einzige organisierte bewaffnete Körperschaft zusammenzurufen, damit sie den ersten Sicherheitsdienst, besonders für das Schloß, übernähme. Der Stadtrat Nobiling, ein angesehenes Mitglied der Gilde, ließ vom Schützenhause aus die einzelnen Mitglieder durch Boten einberufen und die Gilde konnte sofort durch Besetzung und Bewachung des Schlosses sehr wesentliche Dienste leisten.

Die Zustimmung zu einer Bürgerbewaffnung vermochte Nobiling beim Könige nicht zu erwirken, es gelang dies erst einer Deputation, die zu diesem Zweck ebenfalls in den Vormittagstunden des 19. Audienz begehrte; sie bestand aus dem Polizeipräsidenten von Minutoli, vier Stadtverordneten, dem Destillateur Haack und dem Schriftsteller Dr. Woeniger, ein Mitglied des Magistrats befand sich nicht dabei. Die Deputation brachte die Genehmigung des Königs durch die Zeitungen alsbald zur allgemeinen Kenntnis. Davon, wie eine Bürgertruppe zu organisieren sei, hatte die Deputation keine Vorstellung, sie ordnete zunächst nur an, daß Minutoli[1]) dem Namen nach den Oberbefehl, die eigentlichen Geschäfte des Befehlshabers aber Nobiling[2]) übernehmen und die Bewaffnung der Staat liefern sollte. Der schnell benachrichtigte Oberbürgermeister beschied die Bezirksvorsteher zum Polizeipräsidenten, bei dem man dann am

[1]) Preußische Jahrbücher a. a. O. S. 415 ff.

[2]) Ein Bericht Nobilings über die Anfangseinrichtung der Bürgerwehr befindet sich in den Akten des Magistrats Bürgerwehr I. Danach soll Minutoli geäußert haben, er hätte nicht Lust, auch nur der zehnte Teil eines Lafayette zu werden, biete aber seine Dienste an zweiter Stelle an. — Nobiling war Färbereibesitzer und Landwehrhauptmann.

20. in Beratung mit der eben genannten Deputation beschloß, daß die Stadtbezirke selbständig und zwar unverzüglich mit der Errichtung von Kompagnien vorgehen und diese sich selbst ihre Offiziere wählen sollten. Der Polizeipräsident und Nobiling erließen noch am 20. eine provisorische Instruktion für die Organisation und den Dienst, nach der man sich dann nachher allgemein gerichtet hat, da ein eigentliches Statut nicht zustande kam. Die Instruktion ließ den Männern, die an die Spitze der Kompagnien in den einzelnen Bezirken traten, die weiteste Befugnis in jeder Beziehung, und wohl in Folge hiervon und im ersten Eifer formierten sich die Kompagnien meist schnell und leisteten in den nächsten bewegten Tagen gute Dienste.

Der Magistrat ging von der Ansicht aus, daß die Bürgerwehr eine rein kommunale Veranstaltung sein müsse. Als man aber in der Sitzung am 20., von der oben die Rede war, über die Bürgerwehr beriet, war die Organisation schon in andere Hände gelegt. Der Magistrat konnte für die Errichtung weiter nichts tun, als eine Bewaffnungskommission aus seinen Mitgliedern zu ernennen, weil der Kriegsminister wünschte, daß bei der Übergabe von Waffen aus dem Zeughaus Magistratsmitglieder zugegen sein sollten. Da die Stadtverordneten die Meinung des Magistrats über den kommunalen Charakter einer Bürgerwehr teilten, so wurde wenigstens beim Polizeipräsidenten durchgesetzt, daß Mitglieder beider Körperschaften dem Kommando der Bürgerwehr beitraten und mit diesem eine besondere Kommission bildeten. Das Kommando setzte sich aus dem Polizeipräsidenten, dem eigentlichen Kommandeur Nobiling und den Herren zusammen, die zuerst vom Könige die Genehmigung zur Errichtung der Bürgerwehr erhalten hatten. Mit diesen vereinigten sich also Mitglieder des Magistrats und Stadtverordnete zu der Kommission. Am 4. April legten Minutoli und Nobiling ihr Amt nieder, und die Hauptleute der Kompagnien wählten ohne Befragen der städtischen Behörden den General von Aschoff zum Führer[1]. Die Kommission trat am 5. April zusammen, um nun die eigentliche, endgültige Organisation der Truppe zu beraten. Aber ihre Bemühungen waren vergeblich. Es fehlte an einer zuständigen Stelle, die ihre Beschlüsse durchgeführt hätte, und außerdem sollten darüber erst noch der Magistrat, die Stadtverordneten, sogar jede einzelne Kompagnie gehört werden. Bei diesem Verfahren konnte kein Statut über die Einrichtung der Wehr zustande kommen. Als Hindernis erwies sich daneben die Erwartung allgemeiner gesetzlicher Bestimmungen über Bürgerwehren, nachdem sie schon die Befugnisse der bewaffneten Macht durch das Gesetz vom 19. April 1848 erhalten hatten.

Die Bürgerwehr richtete sich also nach der ursprünglichen Instruktion, ohne daß die städtischen Behörden in ihre Einrichtungen hätten eingreifen dürfen. An diese erging auch keine Anfrage, als sich die sogenannten fliegenden Korps, das Korps der Studierenden, das Künstlerkorps, das der National-Scharfschützen, des Handwerker-Vereins, der jungen Kaufleute

[1]) Aschoff hatte sich schon am 23. März für die Stelle angeboten, war aber damals stürmisch abgelehnt worden.

dem Oberkommando unterwarfen und integrierende Teile der Bürgerwehr wurden. Am 29. Juni glaubte die Stadtverordnetenversammlung, wieder an die Notwendigkeit einer Organisation erinnern zu müssen. Sie forderte den Magistrat auf, dem Ministerium den Entwurf eines Statuts vorzulegen und dabei geltend zu machen, daß in allen nicht strategischen Angelegenheiten die Bürgerwehr den Kommunalbehörden untergeordnet werden müsse. Die Notwendigkeit geordneter Verhältnisse bei der Wehr wurde damit begründet, daß besonders seit dem 14. Juni[1]) das Vertrauen auf sie erschüttert sei. Der Mangel an öffentlicher Sicherheit, so äußerte sich der Antrag der Versammlung, hätte schon viele Bewohner aus der Residenz vertrieben, Nahrungslosigkeit und Elend in allen Klassen verbreitet. Es fehle vor allem an einer gesetzlichen Organisation. Ein Parteiwesen habe sich in der Bürgerwehr gebildet, das in einer bewaffneten Macht nicht bestehen könne, jeder Wehrmann wolle zu jeder besonderen Maßregel seine besondere Einwilligung eingeholt haben. Ein Statut käme nicht zustande, weil man immer noch glaube, das Statut müsse aus dem Willen der Mehrzahl der Wehrmänner hervorgehen. Aber eine bewaffnete Macht, die die Rechte einer bürgerlichen Obrigkeit ausüben, die Ruhe der Stadt und des Staats aufrechterhalten und unter Umständen über Leben und Tod verfügen solle, könne sich ihre Gesetze nicht selbst geben. Bei einem Teile der Bürgerwehr sei eine gewisse Abneigung vorhanden, sich den Kommunalbehörden unterzuordnen. Wenn jener Teil dies nicht wollte, so müßten alle unter den Stadtkommandanten oder Polizeipräsidenten gestellt werden, sonst sei die Bürgerwehr ein politisches Unding. Eine bewaffnete Macht müsse unter einer verantwortlichen Behörde stehen.

Dies waren die Ansichten der Stadtverordnetenversammlung im Juni 1848 über die Bürgerwehr, als sie erst drei Monate bestand. Obwohl der Magistrat derselben Überzeugung war, unterließ er es doch, der Aufforderung zu folgen und sich mit einem Entwurf an das Ministerium zu wenden, in der Voraussicht, daß auf diesem Wege schwerlich etwas zu erreichen sein würde. Er enthielt sich in der Folge überhaupt jeder Einmischung in die Angelegenheiten der Bürgerwehr. Als der Kommandeur von ihm verlangte, gegen Leute einzuschreiten, die den Eintritt in die Kompagnien verweigerten, konnte er nur erklären, daß die Städteordnung dazu keine Handhabe böte. Am 17. Oktober erschien dann das von der Nationalversammlung genehmigte Gesetz über die Einrichtung der Bürgerwehr.

Nach diesen Bemerkungen zur ersten Einrichtung der Bürgerwehr kehren wir zu der Tätigkeit der städtischen Behörden nach dem 18. März zurück. Wie schon vor dem verhängnisvollen Tage, so war auch in den nächsten ihr Verhalten von großem Einfluß auf die Bürgerschaft. Alle politischen Parteien wendeten sich an sie und hatten Forderungen an sie zu stellen. Wie die städtischen Behörden ihre Aufgabe und ihre Stellung auffaßten, bezeichnet am besten eine Proklamation der Stadtverordnetenversammlung vom 10. Juni, zu

[1]) Der Tag des Zeughaussturmes.

einer Zeit, wo man die radikalsten Mitglieder bei der Neuwahl nicht wieder gewählt hatte. In der Proklamation erklärte sich die Versammlung in Gemeinschaft mit dem Magistrat „als die alleinige Autorität der Stadt, welche den Gesamtwillen der Einwohnerschaft in allen Angelegenheiten des bürgerlichen Lebens darstellt". Die Kundgebung enthielt noch folgende bemerkenswerte Stellen: „Die Versammlung wird in Anerkennung der Märzrevolution als Quelle unserer politischen Wiedergeburt die Errungenschaften derselben mit Ernst und Entschlossenheit zu bewahren wissen." „Sie wird mit aller Kraft dahin wirken, daß der Unordnung und der Anarchie gesteuert werde, weil sie unaufhaltsam zur Reaktion führen." „Sie erkennt es als ihre Pflicht an, zur Abhilfe der Not der gewerbtreibenden und arbeitenden Klassen das Ihrige beizutragen."[1]) Die Versammlung stützte sich für dieses Programm darauf, daß sie „nach den Gesetzesworten berufen sei, in der Bürgergemeinde einen festen Vereinigungspunkt zu bilden".

Über das, was die beiden städtischen Körperschaften am 20. März in den ersten Sitzungen nach den Barrikadenkämpfen beschäftigte, haben wir schon berichtet. Beide sahen zunächst die politische Lage von dem Standpunkte aus an, daß der Kampf am 18. März ein Freiheitskampf gewesen sei, der große Errungenschaften für die freiheitliche Entwicklung des Volkes zur Folge haben müsse. Sie erließen einen öffentlichen Dank in den Zeitungen an alle, die auf den Barrikaden gegen die bewaffnete Macht gefochten hatten, und bewilligten die Kosten für ein feierliches Begräbnis der Gefallenen, sowie Unterstützungen für die Kämpfer[2]). Da die neue Staatsregierung mit einer Amnestie für politische Verbrechen und mit Freigebung der Pfänder aus den königlichen Leihämtern vorangegangen war, so folgten sie mit der Bewilligung von Geldern zur Auslösung der Versatzstücke aus den privaten Leihanstalten und mit Niederschlagung von Mietsteuer- und Schulgeldresten. Am 24. äußerte der Magistrat in einer Bekanntmachung — worin er die Kämpfer auf den Barrikaden als Helden bezeichnete — daß ein ganz allgemeines Wahlrecht auf breitester Grundlage anzustreben sei; man solle aber die Entscheidung darüber zunächst dem vereinigten Landtage überlassen. In der Stadtverordnetenversammlung, wo jetzt in den Sitzungen nur noch politische Fragen des verschiedensten Inhalts verhandelt wurden, hatte die Versammlung sogar am 21. März beschlossen, weil sie nicht aus einem allgemeinen Wahlrecht hervorgegangen sei, ihr Mandat niederzulegen und es inzwischen nur solange weiter zu behalten, bis eine neue Versammlung nach einem anderen Wahlmodus, als dem der Städteordnung gewählt sei. Eine am 25. März niedergesetzte Deputation sollte diesen neuen Modus beraten. Für die Sorge um das Wohl der arbeitenden Klassen richteten Magistrat und Stadtverordnete eine besondere Deputation ein. Diese konnte am 31. März berichten, daß Planierungsarbeiten auf dem Wedding in Angriff genommen und alle sich meldenden Arbeiter angebracht seien. Aber sie forderte auch die Fernhaltung der Handwerker und

---

[1]) Vollständig abgedruckt in Wolffs Revolutionschronik Bd. 3, S. 181.

[2]) Beschluß vom 29. März.

Arbeiter aus der Provinz, womöglich mit Hilfe der Polizei, und am 8. April beantragte der Magistrat auf Wunsch der Stadtverordneten beim Polizeipräsidenten, alle nicht ortsangehörigen Arbeiter auszuweisen.

Der vereinigte Landtag, der vom 2. bis 10. April in Berlin tagte, nahm dann das politische Interesse vorwiegend in Anspruch. Zu Beschlüssen gaben seine Verhandlungen den städtischen Behörden zweimal Veranlassung. Zuerst erhoben beide Körperschaften Protest dagegen, daß die 113 Abgeordneten Preußens zur deutschen Nationalversammlung aus dem vereinigten Landtage gewählt werden sollten. Sie begehrten unmittelbare Wahlen aus dem Volke. Der zweite Beschluß bezog sich auf das im vereinigten Landtage festgestellte Wahlgesetz für die Versammlung, die zur Vereinbarung der preußischen Verfassung einberufen werden sollte, für die sogenannte preußische Nationalversammlung. Das Gesetz bestimmte nicht direkte Wahlen, sondern stellte zwischen die Urwähler und die Abgeordneten die Zwischenstufe der Wahlmänner. Das Verwerfen unmittelbarer Wahlen erregte in der Stadt großes Mißfallen, es kam zu öffentlichen Kundgebungen, so daß Magistrat und Stadtverordnete es für notwendig hielten, in einer Bekanntmachung zur Ruhe zu ermahnen. Das Gesetz, sagten sie, ist allerdings nicht nach unserm Sinn, aber es ist ordnungsmäßig im Landtage zustande gekommen, und deshalb müssen wir zunächst damit zufrieden sein.

Die Hauptsorge der städtischen Behörden bestand natürlich in der Wiederherstellung der Ruhe und Ordnung auf den Straßen. Um diese zu erreichen, mußte vor allem für die sehr zahlreichen beschäftigungslosen Arbeiter Arbeitsgelegenheit geschaffen werden. Die städtische Verwaltung unternahm deshalb den Bau eines befestigten Weges von Rummelsburg durch die Boxhagener Heide, eines ebensolchen von Treptow bis zur königlichen Forst und die Einebnung des ehemaligen Artillerie-Exerzierplatzes beim Wedding. Für derartige Arbeiten gab die Stadt 1848 über 222 000 Tlr. aus, 1847 nur etwa 5000 Taler. Der Staat unterstützte die Stadt bedeutend, indem er auch seinerseits Notstandsarbeiten anordnete. Der Bau des Ostbahnplanums bei Berlin, des Luisenstädtischen Kanals und des Landwehrkanals wurde gefördert und auf dem ehemaligen Gelände der staatlichen Pulverfabrik ließ der Fiskus Straßen anlegen.

Daneben erließ der Magistrat Aufrufe an die Einwohnerschaft, zur Arbeit und Ordnung zurückzukehren. Aber diese Bemühungen genügten nicht, um die Bevölkerung in allen Schichten soweit zu beruhigen, daß keine Tumulte mehr zu befürchten waren. Magistrat und Stadtverordnete trauten, wie wir gesehen haben, der Bürgerwehr wenig Energie zu und da sogar das Schloß schlecht bewacht wurde, so unterstützten sie im Gefühl der Verantwortung für das Wohl der Stadt beim Kriegsminister den vielfach ausgesprochenen Wunsch eines Teils der Bürgerschaft und der Bürgerwehr selbst, daß Berlin wieder eine Garnison von Truppen, die nicht am Kampf gegen die Barrikaden Teil genommen hätten, erhielte. So rückte denn am 30. März das 24. Regiment, zwei Bataillone vom 9. und etwas Kavallerie in die Stadt ein. Der Kriegsminister beantragte dann noch zur Rückkehr verschiedener militärischer Schulen und Anstalten die Zustimmung der städtischen

Behörden, womit er ihnen also gegen alles Herkommen die Befugnis der Genehmigung zuerkannte. Die Einwilligung wurde am 10. April gegeben, ebenso wie zur Verlegung des Garde-Reserve-Regiments von Spandau nach Berlin am 12. April. Der Einquartierung dieses Regiments widersprach aber die Bürgerwehr und bei dieser Veranlassung zeigte sich wieder recht deutlich die zweifelhafte Stellung des Magistrats zur Bürgerwehr. Wenn die Stadtgemeinde, so äußerte sich der Magistrat, durch ihre verfassungsmäßigen Organe, Magistrat und Stadtverordnete, etwas beschlossen hätte, so komme es nicht darauf an, ob einzelne Klassen der Stadtgemeinde damit einverstanden seien oder nicht. Und die Bürgerwehr sei doch nur ein städtisches Institut. General Aschoff, der Kommandeur, ging auf die Prinzipienfrage nicht ein und behauptete nur, daß die Bürgerwehr in solchen Fällen immer befragt worden sei. Die Folge war, daß zunächst der Quartierwechsel des Regiments tatsächlich unterblieb.

Die Anwesenheit der eingerückten Truppen reichte indessen doch nicht hin, um die öffentliche Ordnung genügend herzustellen. Ihre Zahl war zu gering, und sie durften nicht eingreifen, bevor die Bürgerwehr es verlangte. Der Magistrat mußte im Mai wiederholt durch Bekanntmachungen zur Ruhe und Gesetzlichkeit ermahnen. An die Bürgerwehr ließ er Aufforderungen ergehen, sie möge den außerordentlich störenden Unfug der sogenannten Katzenmusiken verhindern. Die Begeisterung der Märztage klang in diesen Aufrufen schon nicht mehr nach. Am 1. Juni wurde auf Veranlassung des Ministers des Innern eine Sicherheitsdeputation eingesetzt, der ein Rat des Ministeriums, der Polizeipräsident, die Spitzen der Bürgerwehr, Magistratsmitglieder und Stadtverordnete angehörten. Sie sollte bei Unruhen sofort die nötigen Maßregeln anordnen. Aber ungeachtet des Bestehens dieser Kommission und obwohl der Magistrat am 7. Juni den Klagen der Provinzen gegenüber öffentlich erklärte, daß Sicherheit der Person und des Eigentums in Berlin nicht gefährdet seien, geschahen doch am 9. Juni tätliche Angriffe auf Mitglieder der Nationalversammlung vor der Singakademie, also im Herzen der Stadt. Die Versammlung hatte seit dem Beginn ihrer Arbeiten am 25. Mai eigentlich beständig unter Belästigungen von Tumultuanten zu leiden gehabt, die Vorfälle am 9. Juni aber erregten allgemeine Entrüstung über den mangelhaften Schutz der Abgeordneten, obwohl er der Bürgerwehr anvertraut war. Das gesamte Staatsministerium richtete an den Magistrat die Anfrage, wie er in Zukunft solchen Vorkommnissen zu begegnen gedenke. Daß das Ministerium sich an den Magistrat hielt, war sehr merkwürdig, da er weder die Polizeigewalt noch die Verfügung über die Bürgerwehr besaß. Demnach konnte der Magistrat auch nur erwidern, daß die Polizei und der Staatsanwalt strenger vorgehen müßten, und daß er selbst die Bürgerwehr in solchen Fällen nur benachrichtigen, ihr aber keine Befehle erteilen könnte.

Am Tage nach der Beleidigung der Nationalversammlung trat die neue Stadtverordnetenversammlung in Tätigkeit[1]). Man hatte den Beschluß einer

[1]) Vgl. S. 218.

Erneuerung der Versammlung aufrecht erhalten, aber von einem veränderten Verfahren für die Wahlen doch schließlich Abstand genommen und wieder die Bestimmungen der Städteordnung dabei angewendet. Nur 31 der früheren Mitglieder wurden wiedergewählt, doch blieb der Charakter der neuen Versammlung derselbe wie der der aufgelösten. Sie bestand ebenfalls fast ganz aus Rentnern und Gewerbtreibenden, auch waren weitaus die meisten Mitglieder Hauseigentümer. Vier Professoren, vier Juristen, ein Arzt und ein Schulvorsteher vertraten das Beamtentum und die Wissenschaft. Das politische Programm, das die neue Versammlung in einer Bekanntmachung sogleich öffentlich kundgab, haben wir schon weiter oben (S. 218) kurz wiedergegeben. Zugleich sprach sie in einer andern Bekanntmachung zusammen mit dem Magistrat ihre Mißbilligung der Angriffe auf die Nationalversammlung aus und stellte der Bürgerschaft die Verwerflichkeit solcher Ausschreitungen vor.

Das Programm enthielt auch die Versicherung, mit aller Kraft der Anarchie steuern zu wollen. Unter Anarchie begriff man das Treiben unruhiger Geister in der Stadt und besonders das Verhalten eines Teils der Arbeiterschaft. Tausende von Arbeitern waren auf den oben angegebenen Plätzen von der Stadt und vom Staate beschäftigt, aber immer neue strömten zu. Viele mußten wegen Arbeitsscheu und Auffässigkeit entlassen werden und vermehrten die skandalsüchtigen Elemente in der Stadt. Man hatte noch die Auftritte vom 9. Juni in frischer Erinnerung, da folgten schon am 14. wüste Szenen in den Straßen und am Abend der Zeughaussturm. Polizei und Bürgerwehr waren ohne Leitung und Zusammenhang. Die Bürgerwehr versagte oder benahm sich ungeschickt. Auch jetzt wurde von den Staatsbehörden wieder der Magistrat, dem, wie zuvor, weder über die Polizei, noch über die Bürgerwehr die nötigen Befugnisse zustanden, dafür verantwortlich gemacht, daß die Ausschreitungen einen solchen Umfang annehmen konnten. Welche Schritte sollten die städtischen Behörden auf die Mahnung des Ministeriums jetzt tun? Die erst unlängst am 1. Juni eingesetzte Sicherheitsdeputation hatte den neuen Aufruhr nicht verhüten können, sich also als unzulänglich erwiesen. Sie versuchten es nochmals mit einer neuen Deputation aus 9 Mitgliedern beider Stadtbehörden, die am 17. Juni eingesetzt wurde und wenigstens darüber in Zukunft sich äußern sollte, ob das Eingreifen des Militärs notwendig sei. Weitere Vollmachten ließen sich ihr ja beim besten Willen nicht erteilen. Ferner vereinbarten Magistrat und Stadtverordnete mit dem Kriegsminister, die Mannschaften der drei Berliner Landwehrbataillone zur Unterstützung der Bürgerwehr einzuberufen.

Das Staatsministerium erkannte indessen zugleich die Notwendigkeit, eine besondere Polizeitruppe zur Verfügung des Polizeipräsidenten zu schaffen. Auf Antrag des Staatsministeriums vom 19. Juni genehmigte der König durch Kabinetsorder vom 23. Juni die Errichtung der Schutzmannschaft. Die Generalstaatskasse zahlte sofort 170 000 Tlr. zur Ausrüstung, und 504 000 Tlr. wurden jährlich für die Unterhaltung auf den Etat gesetzt, so daß der Stadtgemeinde keine Kosten erwuchsen. Vorgesehen war für die Truppe ein Bestand von einem Oberst, 5 Hauptleuten, 2000 Mannschaften, worunter 40 berittene. Jeder unbescholtene und rüstige Mann durfte eintreten, später jedoch ließ man für die Aufnahme dieselben Vorschriften gelten wie für die Gendarmerie, auch wurde ihre Zahl 1851 eingeschränkt.

Bevor jedoch die Schutzmannschaft wirklich formiert und die Landwehr eingezogen werden konnte, erschien dem Magistrat die Lage in der Stadt bei der in der Volksmenge herrschenden Unruhe so bedrohlich, daß er am 26. Juni ungeachtet der eben erst gebildeten Deputation beschloß, die Staatsregierung um Einsetzung einer „interimistischen Direktorialgewalt" anzugehen. Diese sollte dafür sorgen, daß nicht „durch Gesetzlosigkeit und Fraktionen" „das Land und die Hauptstadt an den Rand des Abgrundes geführt werde". Entweder war der Magistrat von übertriebener Besorgnis erfüllt, oder die öffentliche Ordnung in Berlin war wirklich so aus den Fugen, daß man von einem Rand des Abgrunds sprechen konnte. Die Stadtverordneten erboten sich, mit dem Magistrat über die Angelegenheit in Verbindung zu treten und mit der Vorberatung wurde die Sicherheitsdeputation beauftragt. Man verstärkte sie zu dem Zwecke, so daß sie aus 6 Magistratsmitgliedern und 10 Stadtverordneten bestand. Die Deputation beschloß schon am 27. in Erwägung, daß tatsächlich revolutionäre Umtriebe vorhanden und Gewaltakte aus der Masse beständig zu erwarten seien, folgendes: der Magistrat solle die Polizei und die Staatsanwaltschaft auffordern, strenger vorzugehen, ebenso den Kommandeur der Bürgerwehr, für die Heranziehung von weiteren zwei Bataillonen Infanterie und einem Regiment Kavallerie zu sorgen zur besseren Beaufsichtigung der Arbeiterplätze vor den Toren; endlich sollte eine Deputation nach Potsdam gehen und den König bitten, wieder nach Berlin zu kommen. Seine Rückkehr würde sehr zur Beruhigung der Bevölkerung beitragen und namentlich in der Provinz das Vertrauen auf die Sicherheit in der Hauptstadt beleben.

Mit diesen Beschlüssen der Deputation waren Magistrat und Stadtverordnete einverstanden. Der Magistrat beantragte in Folge dessen am 1. Juli beim Staatsministerium, alle Gesetzesvorschriften gegen Störung der öffentlichen Ordnung in Erinnerung bringen zu lassen. Das Polizeipräsidium ersuchte er um strenge Maßregeln, besonders um Unterdrückung des Waffentragens und um Ausweisung von verdächtigen Fremden. Er erreichte auch, daß General Aschoff den Zuzug der gewünschten Truppenteile vermittelte. Die Deputation, die man nach Potsdam zu entsenden beschlossen hatte, empfing der König aber erst Ende Juli. Sie bestand nur aus dem Bürgermeister, dem Stadtverordnetenvorsteher, einem Stadtrat und einem Stadtverordneten. Dem Prinzen von Preußen trug sie ebenfalls ihren Wunsch vor und einige Tage später auch der Königin in Charlottenburg. Das Versprechen der Rückkehr nach Berlin erhielten die Deputierten von den Majestäten und vom Prinzen indessen noch nicht, doch erschien der König einige Tage später wenigstens auf einen Tag in Berlin.

Nachdem die Schutzmannschaft in Wirksamkeit getreten war, entließ der Kriegsminister die Landwehr. Da aber die neue Polizeimannschaft zur Aufrechterhaltung der Ordnung doch nicht ausreichte und die städtischen Behörden auf dringende Wünsche aus Kreisen der Bürgerschaft den Kriegsminister um fortgesetzte Verstärkung der Truppenanzahl angingen, so beorderte der Minister im August noch das Garde-Jägerbataillon nach Berlin. Über die damaligen Zustände in der Stadt hat der Bürgermeister Naunyn am 15. September ein Urteil niedergeschrieben. „Die Stadt, sagte er, befindet sich in einem unbehaglichen, Handel und Verkehr lähmenden, einer vollkommenen Verarmung entgegenführenden Zustand. Man wähnt sich unsicher und gesetzlos. Verletzungen der Person und des Eigentums, Schmähung und Beschimpfung kommen täglich vor ohne Bestrafung, weil die Frechheit alles gestattet. Kein Wunder, daß jeder, der sich frei machen kann, den Ort verläßt. Die wohlhabenden Einwohner verschwinden, die Armen und die sogenannten Arbeiter bleiben zurück. Arbeit oder Unterstützung werden in einer Weise gefordert, die auf gesicherte Zustände nicht schließen läßt. Erreichen sie nicht, was sie wollen, so gibt es Exzesse, jeder Mensch kennt die Aufhetzer, nur die Polizei will sie nicht kennen. In der Stadt ist es in letzter Zeit mit Hilfe der Bürgerwehr, der Landwehr und Linie möglich gewesen, die Ordnung zu erhalten, aber von den Arbeitsplätzen außerhalb droht die größte Gefahr, weil die Aufwiegler die Revolution predigen."

Am 15. September war dann Wrangel zum Oberbefehlshaber der Truppen in den Marken ernannt worden und am 17. erließ er seinen Tagesbefehl, worin er es als seine Aufgabe bezeichnete, die Ruhe im Lande wiederherzustellen. Diese Erklärung erregte bei den Stadtverordneten die Besorgnis vor vielleicht zu schroffem militärischen Einschreiten, vor Übergriffen und blutigen Zusammenstößen. Sie beschlossen am 22. in einer nicht öffentlichen Sitzung, den Kriegsminister durch die Sicherheitsdeputation um Bestätigung früherer Erlasse zu ersuchen, nach denen das Militär nur eingreifen dürfe, wenn die Bürgerwehr es verlangte. Ferner beschlossen sie, durch eine neue Deputation den König nochmals um Verlegung seines Wohnsitzes nach Berlin zu bitten. Zur Absendung einer Deputation kam es nicht, und wegen des etwa notwendigen Einschreitens der Truppen erklärte das Staatsministerium, daß dies nur auf Requisition der Zivilbehörden geschehen sollte. An diese Vorschrift hielten sich die Truppen bei den schweren Ausschreitungen, die im Oktober vor dem Schauspielhause, wo damals die Nationalversammlung tagte, stattfanden und bei den anderen, die auf dem Köpnicker Felde durch die Arbeiter am Kanalbau veranlaßt wurden. Das Militär blieb ohne Befehl, Hilfe zu leisten, die Bürgerwehr unterdrückte den Aufruhr am 16. und am 31. Oktober mit schweren Opfern ohne dessen Unterstützung. Die städtischen Behörden enthielten sich jeder Einmischung bei diesen Vorgängen. Der derzeitige Kommandeur der Bürgerwehr, General Rimpler, hatte schon vorher alle Aufforderungen des Magistrats abgelehnt und nur die Nationalversammlung für befugt gehalten, ihm Befehle zu erteilen. Am 17. Oktober war dann das Gesetz über die Bürgerwehr erschienen, das den städtischen Behörden keine Befugnisse über diese Einrichtung einräumte.

Aus der Ernennung des Ministeriums Brandenburg anfangs November 1848, dem Schluß der Nationalversammlung in Berlin und ihrer Verlegung nach Brandenburg erhielten die städtischen Behörden wieder Veranlassung, zur Politik der Regierung Stellung zu nehmen. Als am 9. November der Polizeipräsident den General Rimpler vergeblich aufgefordert hatte, das Schauspielhaus für die Nationalversammlung zu sperren, verlangte der Minister des Innern vom Magistrat, daß er seinerseits die Bürgerwehr dazu bestimme. Der Magistrat war Gegner des Ministeriums Brandenburg, auch durchaus nicht damit einverstanden, daß in dieser Weise gegen die Nationalversammlung vorgegangen wurde. Es widerstrebte ihm also, der Weisung des Ministers nachzukommen. Außerdem hielt er das Einschreiten der Bürgerwehr in diesem Falle nicht mit den Bestimmungen des Gesetzes vom 17. Oktober für vereinbar. Indessen vermochte er einen Konflikt mit dem Ministerium zu vermeiden, indem er die Nichtausführung der Verfügung damit begründete, sie sei ihm zu spät zugegangen.

Der Magistrat stand auf Seite der Nationalversammlung bei ihrem Kampfe mit dem Ministerium, ebenso die Stadtverordneten. Ungeachtet dessen waren beide Körperschaften mit den Arbeiten der Versammlung nicht völlig einverstanden. Sie hatten ihr schon Ende Oktober Petitionen überreicht, die Lösung der vorgezeichneten Aufgabe, den Entwurf einer Verfassung für den preußischen Staat, möglichst beschleunigen zu wollen, hatten auch dem Staatsministerium von ihrem Schritte Mitteilung gemacht. Sie gaben in diesen Petitionen der allgemeinen Meinung Ausdruck, daß die Nationalversammlung vielfach ohne Berechtigung vom Ziele abschweife und sich in unfruchtbare Debatten verliere, obwohl doch die Beruhigung des ganzen Landes von der Vollendung der Verfassung abhinge. Bei dem entschiedenen Vorgehen des Ministeriums Brandenburg und der Ausweisung der Nationalversammlung aus Berlin durch die Kabinetsorder vom 8. November nahmen beide städtische Körperschaften jedoch Partei für die Versammlung. Die Stadtverordneten noch ausdrücklicher, als der Magistrat. Sie beschlossen eine Adresse an den König, worin sie baten, er möge ein Ministerium, das sich „mit dem entschiedenen Willen der gesetzlich bestehenden Versammlung in Widerspruch befindet, konstitutionellem Gebrauch gemäß entlassen und ein neues Ministerium ernennen, welches die Majorität in der Nationalversammlung besitzt"; zugleich möge er die Verlegung der Nationalversammlung rückgängig machen. Die Stadtverordnetenversammlung setzte sich aus bürgerlichen Elementen von sehr gemäßigter Gesinnung zusammen (S. 221). Ihre Forderung stand zum Teil mit einer solchen Gesinnung im Widerspruch, sie erklärt sich aber aus der damals ganz allgemein verbreiteten Ansicht, daß die Nationalversammlung als Schöpferin einer neuen Verfassung gewissermaßen über dem Gesetze stehe, der Krone als gleichberechtigt gelte, und daß die Minister von ihr ebensogut wie von der Krone abhängig seien. Man glaubte sich schon in einem konstitutionellen Verfassungsstaat, wie der englische war, zu befinden, wo die Minister die Majorität im Repräsentantenhause haben müßten. Der Magistrat schloß sich dem Entwurf zu der Adresse nicht an. Er hielt sich gesetzlich nicht zur Entscheidung der politischen Fragen für befugt, ob die Krone in der Bildung des Ministeriums Brandenburg ihre Rechte überschritten habe und ob sich die Verlegung der Nationalversammlung nach

Brandenburg rechtfertigen lasse. Da er indessen auf Seite der Nationalversammlung stand, wollte er den König durch eine Deputation bitten, die Verlegung nach Brandenburg nicht auszuführen. Die Beratung über diese hochpolitische Frage fand in der Nacht vom 9. zum 10. November 1848 statt und endete des Morgens vier Uhr mit der Erklärung des Stadtverordnetenvorstehers, daß die Stadtverordneten an ihren Beschlüssen festhielten. Weder vom Magistrat noch von den Stadtverordneten ist jedoch in Folge dieser Verhandlungen eine Adresse oder Deputation an den König gelangt, wenn auch ein gedrucktes Plakat des Magistrats vom 10. von Abordnung einer Deputation spricht. Beim Präsidium der Nationalversammlung hatten sich einige städtische Deputierte ohne Auftrag eingefunden, um für eine Versöhnung der Nationalversammlung mit der Krone Stimmung zu machen.

Die Schritte der städtischen Behörden wären vergeblich gewesen, auch wenn sie ihre Bitten dem König hätten vortragen können. Am 10. zog General Wrangel in Berlin ein, ließ am 1. das Schauspielhaus für die Nationalversammlung sperren und auf Grund einer Kabinetsorder vom 11. die Bürgerwehr auflösen. Gegen das Einrücken der Truppen wendeten die städtischen Behörden nichts ein, zumal sie schon öfter den Wunsch auf Verstärkung der Garnison geäußert hatten. Gegen die beiden andern Maßregeln erhoben sie Widerspruch. Die Bürgerwehr hatte zwar zu vielen Klagen Veranlassung gegeben und ein großer Teil der Einwohnerschaft war der Überzeugung, daß die ganze Einrichtung doch zu tief in das bürgerliche Leben eingriffe und auf die Dauer schwer zu ertragen sein würde, aber jetzt, wo die Auflösung der Truppe befohlen war, stieg ihr Wert wieder, ihr erfolgreiches Eingreifen bei den Arbeitertumulten im Oktober hatte ihr Freunde gewonnen. Am 11. erhielt der Magistrat vom Minister des Innern die Aufforderung, dafür zu sorgen, daß die Bürgerwehr sofort ihre Tätigkeit einstelle, er habe die Waffen abzunehmen und sie aufbewahren zu lassen. Der Magistrat erwiderte, ihm sei durch das Gesetz über die Bürgerwehr vom 17. Oktober wohl eine Mitwirkung bei der Organisation eingeräumt, nicht aber bei der Auflösung. Hiergegen ließ sich von der Regierung nichts einwenden und die Waffen wurden dann später durch das Militär eingesammelt. Neben der Ablehnung des Auftrags der Regierung entwarf der Magistrat eine Bittschrift an den König, um die Auflösung der Bürgerwehr zu verhüten, da die Maßregel „gerade jetzt unheilbare Wunden schlagen könnte". Die Stadtverordneten beschlossen auf die Bekanntmachung von der Entlassung der Bürgerwehr sofort in außerordentlicher Sitzung am 12. November ebenfalls ein Immediatgesuch um Aufhebung der Verordnung oder doch wenigstens um Aufschub, wiederholten aber zugleich ihre Forderung wegen Entfernung des Ministeriums und Ernennung eines neuen volkstümlichen.

Beide Behörden wollten ihre Schriften dem Könige selbst überreichen. Abgeordnete von ihnen begaben sich in das Staatsministerium, wo die anwesenden Minister es ablehnten, eine Audienz beim Könige zu vermitteln und nur die Petitionen in Empfang nahmen. Ein direkter Versuch, in Potsdam Zutritt zum Könige zu erlangen, war erfolglos und ebenso eine nochmalige

Vorstellung beim Ministerpräsidenten, zu einem Empfange in Potsdam behilflich zu sein. Die Stadtverordneten machten dann den Wortlaut ihrer Petition an den König durch Anschlag bekannt, doch veröffentlichten beide städtischen Körperschaften zugleich Aufrufe an die Bürgerschaft, worin sie zur Ruhe ermahnten. Die Krone, sagten die Stadtverordneten, befiehlt die Abgabe der Waffen der Bürgerwehr, die Nationalversammlung erklärt jeden, der sie abliefert, für einen Landesverräter. Bei diesem Konflikt müsse man jedem überlassen, auf welche Seite er sich stellen wolle, aber jeder möge sich eines bewaffneten Widerstandes enthalten.

Wie gegen die Auflösung der Bürgerwehr, so waren die Kundgebungen für das Verbleiben der Nationalversammlung in Berlin vergeblich. Die Stadtverordneten fuhren fort, bei dem Zwiespalt zwischen Ministerium und Nationalversammlung sehr entschieden für die Versammlung einzutreten. Die Anwendung von Gewalt gegen die Abgeordneten rief bei ihnen, wie in vielen Kreisen der Bürgerschaft, große Entrüstung hervor. Sie besaßen von der Würde der Volksvertreter und dem Ernste ihrer Aufgaben eine ebenso hohe Vorstellung, wie die Mitglieder der Nationalversammlung selbst, bei denen dies so weit ging, daß der Präsident ihr Werk als ein „heiliges" bezeichnen konnte[1]). Sofort nach der Sperrung des Schauspielhauses durch die Truppen am 11. November stellten die Stadtverordneten ihren Sitzungssaal der Nationalversammlung zur Verfügung. Der Magistrat, der ebenfalls noch ihrem Verbleiben in Berlin Vorschub leisten wollte, stimmte zu. Da er aber doch zweifelte, ob die Versammlung noch zu Recht bestehe, so sollten die Räume nicht ihr, sondern nur den Mitgliedern offen sein. Die Benutzung der Räume unterblieb dann, da das Militär den Abgeordneten den Zutritt verhinderte und überhaupt keine Sitzung mehr duldete.

Am 12. November wurde über die Stadt der Belagerungszustand verhängt. Nicht im Zusammenhange hiermit, aber doch von dieser Zeit ab, bereitete sich bei einem großen Teil der Einwohnerschaft und auch bei den Stadtbehörden ein Umschwung der Stimmung vor. Der Grund war der Antrag in der Nationalversammlung, dem Ministerium die Steuern zu verweigern. Nach der Einbringung dieses Antrages beschlossen die Stadtverordneten sofort am 15., die Versammlung vor der Annahme zu warnen. So entschieden sie bisher für die Rechte der gewählten Volksvertretung eingetreten waren, dieser Schritt ging ihnen zu weit, sie befürchteten als Folge die schlimmsten Zustände im ganzen Lande. Sie ließen an demselben Tage der Nationalversammlung eine Adresse zugehen, worin sie die Minister als Rechtsverletzer hinstellten und dem ganzen Verhalten der Abgeordneten hohe Anerkennung zollten, dann aber die Versammlung beschworen, die Steuerverweigerung nicht zu beschließen, lieber einen ehrenvollen Vergleich mit der Krone als der gleichberechtigten Macht zu suchen[2]). Zugleich ging eine Deputation zum Prinzen von Preußen[3]) und bat ihn, da der König keine

[1]) In der letzten Sitzung im Mielentzschen Saale am 15. November.

[2]) Die Adresse ist abgedruckt in der Spenerschen Zeitung vom 25. November 1848.

[3]) Darüber berichtet die Vossische Zeitung vom 17. November.

Deputation empfinge, zu vermitteln, daß ein anderes Ministerium ernannt würde. In der denkwürdigen Unterredung mit dem Prinzen setzte Gneist, dessen Rechtsanschauungen für die Stadtverordneten maßgebend waren, auseinander, daß die Nationalversammlung zu ihrem Widerstande gegen die Anordnungen des Ministeriums berechtigt sei, da sie als konstituierende Versammlung einen der Krone gleichberechtigten Faktor darstelle. Der Prinz war über die Verurteilung eines Steuerverweigerungsbeschlusses befriedigt, ließ sich im übrigen aber durch die Ausführungen Gneists nicht überzeugen. Eine dritte Deputation ging an das Staatsministerium mit dem Antrage, die Nationalversammlung weiter tagen zu lassen. Über den Verlauf ihrer Sendung und über ihren Erfolg ist nichts bekannt geworden.

Die Bemühungen der Stadtverordneten konnten den Beschluß der Nationalversammlung, dem Ministerium das Recht der Steuererhebung abzusprechen, nicht aufhalten. Er wurde noch am 15. gefaßt. Der Magistrat hatte sich an den letzten Schritten der Stadtverordneten nicht beteiligt, er glaubte aber, sich in diesen kritischen Tagen über seine politische Stellung äußern zu müssen und ließ unter dem 21. November eine Ansprache an die Mitbürger drucken[1]). Das Schriftstück war, wie damals üblich, sehr umfang- und wortreich. Es kam zu dem Ergebnis, daß für den Aufruhr in Baden, Cöln und Frankfurt a. M. eine anarchische Fraktion verantwortlich sei, die auch in Berlin sich einen Boden gesucht habe. An der Gesetzlosigkeit und den traurigen Zuständen in Berlin trage nicht die Bürgerwehr die Schuld, deren Auflösung man bedauern müsse, sondern die preußische Nationalversammlung, die nicht ihre Pflicht getan habe, vor allem die Verfassung zu begründen. Der Magistrat bekennt sich schließlich als Anhänger eines konstitutionellen Throns.

Auch bei der Stadtverordnetenversammlung kam nach der Steuerverweigerung die Wertschätzung der Arbeiten der Nationalversammlung mehr und mehr ins Sinken, man näherte sich den Anschauungen des Magistrats. Als der Stadtrat Woeniger die Versammlung aufforderte, sie solle erklären, daß sie andere politische Ansichten habe, als der Magistrat, lehnte sie dies ab, verlangte auch keine Gesinnungsänderung des Magistrats. Wünschten die Stadtverordneten, so meinte man, ein Kollegium mit anderen politischen Grundsätzen, so könnten sie bei Neuwahlen von Stadträten darauf hinarbeiten.

Nachdem die Nationalversammlung am 27. November ihre Sitzungen in Brandenburg begonnen hatte, unterblieben politische Kundgebungen der beiden Stadtbehörden. Erst die oktroyierte Verfassung vom 5. Dezember gab ihnen wieder Anlaß, sich zu äußern. Der Magistrat wünschte, daß beide Körperschaften gemeinschaftlich ihre Anerkennung für die gewährte Verfassung aussprächen. Es kam aber nicht zu einem gemeinsamen Schritt, der Magistrat ließ eine besondere Adresse durch eine Deputation in Potsdam abgeben, und die Stadtverordneten übersendeten die ihrige ohne Deputierte. Die des Ma-

[1]) Verfaßt vom Stadtschulrat Schulze; abgedruckt Vossische Zeitung vom 22. November 1848.

gistrats findet sich nicht in den Akten und ist auch nicht veröffentlicht. Die der Stadtverordneten, deren Verfasser Landgerichtsrat Ulfert war, brachte die Vossische Zeitung vom 15. Dezember. Sie erkannte an, daß es nicht möglich gewesen wäre, auf dem Wege der Vereinbarung zu einer Verfassung zu gelangen, daß die Steuerverweigerung eine Verirrung gewesen sei und daß das Prinzip der Vereinbarung des Werks mit den Volksvertretern doch gewahrt bleibe, wenn die neue Verfassung einer Revision unterliege. Diese sehr gemäßigte Kundgebung konnte aber nur mit einer geringen Mehrheit beschlossen werden. Ein großer Teil der Versammlung unter Gneist wollte von der Adresse und einer Anerkennung der Verfassung überhaupt nichts wissen.

Die aufregenden politischen Debatten in den Sitzungen der Stadtbehörden und die lebhafte amtliche Teilnahme an der Entwicklung der preußischen Verfassung ließen von da ab mehr und mehr nach. Auch in der Stadt legte sich allmählich die fortwährende Erregung, ruhigere Zustände traten ein, die Ängstlichen kehrten zurück, Fremde nahmen wieder hier ihren Aufenthalt, die Sparkasseneinlagen, die stark abgenommen hatten, mehrten sich bedeutend[1]). Ob dies nun eine Folge des Belagerungszustands war oder nicht[2]), die Bürgerschaft hatte sich mit der Maßregel ausgesöhnt. Als an die Stadtverordneten von einigen Seiten aus der Stadt Aufforderungen ergingen, die Aufhebung bei der Regierung zu beantragen, lehnten sie dies Anfang Januar 1849 ab. Erst einige Wochen später schien ihnen der Zeitpunkt dazu geeignet, aber jetzt war der Magistrat, den sie zu einer Petition in diesem Sinne aufforderten, fast einstimmig dagegen und man ist dann nicht wieder darauf zurückgekommen, wegen der Aufhebung Schritte zu tun.

Die Zeit der vollständigen Ruhe war auch noch nicht gekommen. Die ersten preußischen Kammern hatten am 26. Februar 1849 ihre Arbeiten begonnen, am 27. April wurde die zweite Kammer aufgelöst, und aus dieser Veranlassung entstanden plötzlich von neuem Unruhen und Tumulte in der Stadt, das Militär mußte zur Unterdrückung herangezogen werden und es floß wieder viel Blut. Alle diese Vorgänge beschäftigten die städtischen Behörden amtlich nicht, ebensowenig das durch die nächsten Kammern beschlossene Wahlgesetz vom 30. Mai mit dem Dreiklassensystem anstatt des allgemeinen Wahlrechts, obwohl allgemeine Unzufriedenheit in der Stadt die Folge des Gesetzes war.

Nachdem am 28. Juli der Belagerungszustand endlich aufgehoben war, beschlossen die Stadtverordneten am 9. August in geheimer Sitzung, sich der Krone zu nähern und sich zu bemühen, daß das Verhältnis zu ihr, wie es früher bestanden habe, wiederhergestellt würde. Eine Deputation, bei der sich auch Magistratsmitglieder befanden mit Naunyn an der Spitze, wurde wohlwollend vom Könige in Potsdam empfangen. Er glaubte, bald wieder das alte Vertrauen der Berliner Bürgerschaft schenken zu können. Am 25. Ok-

---

[1]) Akten des Magistrats, Staatsverfassung 3, Vol. II.

[2]) Professor K. W. Krüger vom Joachimstalschen Gymnasium, der wegen seiner radikalen Gesinnung aus der Stadtverordnetenversammlung ausschied, sagt in einer kleinen 1849 erschienenen Schrift: Der Belagerungszustand ist das Eldorado der Börsenwelt.

tober erteilten die städtischen Behörden dem Grafen Brandenburg das Ehrenbürgerrecht, und auf dem großen Feste bei Kroll am 9. November, das man dem Ministerium Brandenburg-Manteuffel gab, weil es ein Jahr im Amte war, erschienen der Bürgermeister Naunyn und der Stadtverordnetenvorsteher Seidel als Ehrengäste, der erste in Amtstracht, zu deren Anlegung er allerdings nicht die Zustimmung des Kollegiums hatte.

Bei der Entwicklung der deutschen Frage in den Jahren 1848 und 1849, als allgemeine Begeisterung für die Herstellung eines geeinten Deutschen Reiches herrschte, traten ebenso wie bei dem preußischen Verfassungskampf Momente ein, in denen Magistrat und Stadtverordnete im Namen der Bürgerschaft handeln zu müssen glaubten. Zum ersten Male beschäftigte sie eine Reichsangelegenheit im Juli 1848. Das Frankfurter Parlament hatte eine provisorische Regierung für Deutschland eingesetzt und den österreichischen Erzherzog Johann zum Reichsverweser mit großen Vollmachten ernannt. Demokraten und Nichtdemokraten in Berlin verurteilten aus den verschiedensten Gründen diese Maßnahme des Parlaments. Eine Reihe von Zuschriften aus der Bürgerschaft bewog die Stadtverordneten zu dem Beschluß, eine Deputation einzusetzen, die darüber beraten sollte, wie nach der Ernennung des Reichsverwesers die Selbständigkeit Preußens gewahrt bleiben könne, ohne dadurch der erstrebten Vereinigung Deutschlands Hindernisse zu bereiten. Die Deputation widmete sich der Sache mit großem Eifer, selbstverständlich konnten ihre Verhandlungen nicht zu praktischen Vorschlägen führen. Die Stadtverordnetenversammlung stand nach diesem Ergebnis von weiteren Schritten ab und ließ überhaupt die deutsche Frage aus ihrer Tagesordnung, bis im März 1849 die Nationalversammlung beschlossen hatte, dem König die Würde eines erblichen Oberhauptes über Deutschland anzutragen, und nun eine Deputation aus Frankfurt nach Berlin kam, die Einwilligung des Königs einzuholen. In der ganzen Stadt herrschte große Begeisterung darüber, daß Deutschland gewissermaßen geeinigt sei und der König als Deutscher Kaiser an der Spitze stehen würde. Bei Magistrat und Stadtverordneten fand sie zunächst ihren Ausdruck in dem Beschluß, die Frankfurter Abgeordneten festlich zu empfangen und gastfrei aufzunehmen. Alsdann wollten beide beim Könige den Frankfurter Antrag befürworten. Über die Form, in welcher dies geschehen sollte, gingen indessen die Meinungen auseinander und es kam zu zwei verschiedenen Adressen. Die Stadtverordneten sprachen gerade heraus die E r w a r t u n g aus, der König werde die Kaiserkrone annehmen, der Magistrat äußerte nur den W u n s c h und erkannte an, daß auch große Bedenken dem Entschlusse entgegenständen.

Der König lehnte am 21. April 1849 die Annahme der Krone ab, und damit blieb die von der Nationalversammlung in Frankfurt beschlossene Reichsverfassung unvollendet. Es ist bekannt, wie allenthalben in Deutschland über dies Schicksal der Verfassung Aufregung entstand, wie man Versuche machte, sie aufrecht zu erhalten und in Dresden z. B. ein ernster Aufruhr die Folge war. In Berlin beantragten die Stadträte Woeniger und Duncker am 13. Mai im Magistrat, er möge zur Beratung der deutschen Verfassungsfrage einen Städtetag der Provinz Brandenburg zum 23. Mai einberufen. Der Magistrat stimmte dem Antrage nicht zu, weil er sich davon keinen Nutzen für die deutsche Frage versprach. Am 10. Mai erklärte die Frankfurter Versammlung das Eingreifen preußischen Militärs bei dem Aufruhr in Dresden als schweren Bruch des Reichsfriedens; dies bewog den König am 14. Mai die preußischen Vertreter aus Frankfurt zurückzurufen, weil die Nationalversammlung nach dieser Erklärung nicht mehr auf gesetzlichem Boden stehe. Darauf folgte am 15. dann der Aufruf des Königs mit der feierlichen Verwahrung dagegen, daß er die Sache der deutschen Einheit aufgegeben habe und mit der Zusage, selbst der deutschen Nation eine Verfassung schaffen zu wollen, die ihren mit Recht gehegten Erwartungen genügen solle. Dieser Aufruf, so unbestimmt er in seinem Versprechen gehalten war, befriedigte doch in weiten Kreisen. Der Magistrat richtete am 17. Mai eine Adresse an den König, die das Verhalten der Nationalversammlung streng verurteilte und die Hoffnung aussprach, unter Preußens Führung werde die Einheit Deutschlands zustande kommen. Die Stadtverordneten äußerten sich in einer besonderen Adresse vom 19. Mai. Sie vermieden ein Urteil über die Nationalversammlung, betonten nur die Notwendigkeit der Einigung Deutschlands und vertrauten dem königlichen Wort, das die Erstrebung des Zieles verspreche. Zugleich versicherten sie ihre wahre Anhänglichkeit an die konstitutionelle Monarchie und die Gegnerschaft gegen die Partei des Umsturzes[1]).

Nach der Auflösung des deutschen Parlaments im Juni 1849 hörten auch bei den städtischen Behörden die Veranlassungen auf, sich mit Fragen der deutschen Politik zu beschäftigen. Wenn sich der Magistrat im März 1850 an die Berliner Abgeordneten des Erfurter Reichstags wendete, sie möchten dahin zu wirken suchen, daß der Sitz der späteren Reichsregierung nach Berlin verlegt werde, so war der Inhalt dieses Antrages eigentlich kein politischer. Bemerkenswert ist dabei nur, daß man hier glaubte, es könnte etwas Dauerndes in Erfurt zustande kommen. Am 29. September 1850 hielt die Stadtverordnetenversammlung ihre letzte Sitzung und an ihre Stelle trat der Gemeinderat. Dieser vermied es, sich mit anderen, als Verwaltungsangelegenheiten, zu beschäftigen und das Gleiche war beim Magistrat in jener Zeit der Fall. Die Städteordnung von 1853 enthielt dann die Bestimmung, daß die Stadtverordneten über andere als Gemeindeangelegenheiten nur beraten dürfen, wenn es durch besondere Gesetze oder Aufträge der Aufsichtsbehörde verlangt wird.

[1]) Beide Adressen in der Spenerschen Zeitung vom 20. Mai 1849.

Der Magistrat und die Kirche.

Die allgemeine Reorganisation der Staatsverwaltung, die zu der Zeit stattfand, als die Städteordnung gesetzliche Geltung erhielt, brachte auch der evangelischen Landeskirche eine veränderte Verfassung. Durch das Publikandum vom 16. Dezember 1808 wurden die Oberkonsistorien sowohl als die Provinzialkonsistorien aufgehoben und ihre Befugnisse den gewöhnlichen Verwaltungs-Behörden übertragen, das heißt also im Ministerium des Innern einer Sektion für den Kultus und in den Provinzen den Domänenkammern, die bald darauf die Bezeichnung Regierung erhielten. Bei der allgemeinen, auf Selbstverwaltung gerichteten Bewegung plante man dann, die Kirche von dieser Verbindung mit den Staatsbehörden zu lösen und ihr durch eine Synodalverfassung die eigene Ordnung ihrer Angelegenheiten zu überlassen. Der Plan kam aber nicht zur Ausführung, man hob i. J. 1816 die Bestimmungen vom 16. Dez. 1808 auf, setzte die Konsistorien für die Provinzen wieder ein und schuf als Zentralstelle 1817 das Ministerium für die geistlichen Angelegenheiten. Die Unterordnung der Kirche unter eine einheitliche Ministerialbehörde hatte wenigstens den Vorteil, daß sie die von vielen Seiten angestrebte und besonders auch von Friedrich Wilhelm III. gewünschte Union der lutherischen und reformierten Kirchen beschleunigte, so daß sie 1817 zur Tatsache wurde.

In Berlin, dessen Einwohnerschaft weit überwiegend lutherisch war, bestanden drei rein reformierte und an fünf Kirchen Simultangemeinden. Die konfessionellen Gegensätze traten aber damals in keiner Weise schroff hervor. Man sah beim Religionsunterricht in den Schulen nicht auf das Bekenntnis des Lehrers und die Kirchenbesucher pflegten sich nicht an die Geistlichen ihrer Konfession zu binden. Infolgedessen ließ sich die Union in Berlin bei einem gewissen Indifferentismus gegen die Unterschiede der beiden Lehren unschwer durchführen[1]). Die Union konnte am 30. Oktober 1817 mit feierlichem Gottesdienste in der Nicolaikirche in Gegenwart der theologischen Fakultät, sämtlicher Berliner Geistlichen, der städtischen und der Aufsichtsbehörden ihren siegreichen Einzug halten.

Der Berliner Magistrat war Patron von 14 Kirchen, darunter 2 Anstaltskirchen. Zu seinen Pfarrkirchen gehörten die ältesten und bedeutendsten der Stadt, er mußte an dem kirchlichen Leben der Stadt notwendig regen Anteil nehmen. Die Städteordnung von 1808 rechnete im § 179 die kirch-

1) So sagt Lisco in seinem Buche: Zur Kirchengeschichte Berlins. Berlin 1857. S. 208. Lisco kannte die Zustände noch aus eigener Erfahrung.

lichen Angelegenheiten zu denjenigen, die zur Verwaltung in einer Deputation geeignet seien. Der Magistrat bildete indessen keine Deputation, behielt vielmehr die Verwaltung sich selbst vor und suchte sie nur bei den Kirchen seines Patronats allmählich nach den Vorschriften der Städteordnung einzurichten. Anstatt des bisherigen Oberkirchenvorstehers trat bei seinen Kirchen ein Magistratsmitglied in den Kirchenvorstand, dazu kamen, wie vorher, einige Gemeindeangehörige, deren Ernennung jetzt dem Magistrate oblag. Diese Einrichtung, die nur nach und nach eingeführt werden konnte, brachte den Magistrat in noch nähere Beziehung zu den Kirchengemeinden und zu den Kirchenministerien, als früher.

Was die äußeren Verhältnisse seiner Kirchen betrifft, so wurden dem Magistrat in den ersten Jahrzehnten durch die ungünstige Lage der städtischen Finanzen die Hände gebunden, ihnen ein hilfreicher Patron zu sein. Bei allem guten Willen, für die möglichst würdige und schöne Ausstattung der Gotteshäuser und für die angemessene Stellung der Geistlichen zu sorgen, gebot ihm die Sparsamkeit, sich auf das Notwendigste zu beschränken. Wo größere Summen erforderlich waren, trat in dankenswerter Weise der König bei einzelnen Fällen freigebig ein, obwohl ihm die beschränkten Mittel des Staates dies kaum erlaubten. Er ließ 1817 und 1818 die Nicolaikirche und die Marienkirche, die des Ausbaues dringend bedurften, im Innern erneuern, 1824 bis 1831 eine neue Friedrichs-Werdersche und 1832 eine neue Gertraudenkirche auf dem Spittelmarkt an Stelle der alten errichten. Der Aufbau der 1809 abgebrannten Petrikirche, die schöner und größer wieder erstehen sollte, mußte Jahrzehnte lang aufgeschoben werden, bis 1847 die Mittel dazu allmählich aufgesammelt waren.

Den inneren Angelegenheiten der Kirche seine Aufmerksamkeit zuzuwenden, fand der Magistrat in dem bekannten Agendenstreit bald Gelegenheit. Der König wollte mit einer unierten evangelischen Kirche auch einheitliche Formen des öffentlichen Gottesdienstes in der Liturgie schaffen und hatte schon seit dem Jahre 1814 eine entsprechende Liturgie ausarbeiten lassen. Sie erschien in einer zunächst für den Gottesdienst in der Armee bestimmten Agende, und der König sprach durch einen Erlaß vom 19. Februar 1822 den Wunsch aus, diese Agende nicht in der Armee allein, sondern allenthalben im Lande eingeführt zu sehn. Bei einem großen Teil der Berliner Geistlichen stieß die Agende auf entschiedenen Widerstand. Man führte gegen sie an, daß sie dem evangelischen Volke nicht zusage, hauptsächlich wegen einer gewissen Ähnlichkeit mit dem Ritus der katholischen Kirche und weil sie außerdem zuviel Zeit beim Gottesdienste in Anspruch nähme. Das Ministerium der Nicolai- und der Marienkirche entschloß sich indessen doch zur Annahme und teilte dies im Januar 1824 dem Magistrat als Patron mit. Dasselbe taten im Februar zwei andere Pfarrer an Kirchen städtischen Patronats, der Werderschen und der Dorotheenstädtischen. In den beiden letztgenannten Kirchen wurde die Agende auch sofort eingeführt, in der Nicolaikirche nicht, weil sich vorher die Aufstellung eines zweiten Altars dazu nötig erwies. Der Magistrat erhob aber sofort gegen die Einführung Einspruch, weil der Patron wohl davon in Kenntnis gesetzt, aber nicht um seine Einwilligung befragt sei, ebensowenig wie die Gemeinde, was er für unvereinbar mit dem Geist der evangelischen Kirche hielte. Auch ginge aus einer früheren Erklärung des Konsistoriums bestimmt hervor, daß der Gebrauch der neuen Agende das Einverständnis der Geistlichen mit Gemeinde und Patron voraussetze. Dieser Schritt, den der Magistrat unter lebhafter Zustimmung der Stadtverordneten in der Angelegenheit beim Konsistorium tat, ebenso eine Vorstellung vom 2. April beim Könige waren aber nur soweit von Erfolg, als in der Nicolai- und der Marienkirche die Einführung zunächst noch ausgesetzt werden sollte.

Es folgte nun ein sehr erregter Schriftwechsel des Magistrats mit dem Kirchenministerium, dem Konsistorium und dem Minister von Altenstein, dem sich Immediateingaben an den König anschlossen. Der Magistrat ging soweit, in einem Schreiben an den Minister den Nachweis zu versuchen, daß dem Landesherrn kein Recht zustehe, der evangelischen Kirche, sei es in Glaubenssachen, sei es in Hinsicht der gottesdienstlichen Formen, Gesetze zu geben. Der König war über den Widerspruch des Magistrats sehr aufgebracht, er befahl dem Minister am 31. August, ihn nachdrücklich in die gesetzlichen Schranken zu weisen, und drohte, für den Bau der Werderschen Kirche, die er aus eigener Munifizenz errichten lassen wollte, vom Magistrat zur Strafe einen Patronatsbeitrag einzuforden. Zwei vom Könige geschenkte Exemplare der neuen Agende mußten feierlich zurückgegeben werden. Die Einführung der Agende in der Werderschen und in der Dorotheenstädtischen Kirche blieb aufrecht erhalten, aber für die Nicolai- und die Marienkirche wurde sie doch aufgeschoben. In diesem Aufschub lag offenbar ein Sieg des Magistrats, ein Anerkenntnis, daß Gemeinde und Patron ein Recht hätten, ihre Zustimmung in solchen Fragen erteilen zu dürfen. Der Magistrat, der bei diesem Vorgehen stets die Stadtverordneten auf seiner Seite hatte, bedauerte dem Minister gegenüber (26. Oktober), beim Könige in Ungnade gefallen zu sein, er habe aber nach seiner innersten Überzeugung nicht anders handeln können.

In den folgenden Jahren hatte indessen die Mehrzahl der Berliner Geistlichen allmählich doch teils die Agende in ihren Gemeinden eingeführt, teils sich wenigstens mit ihr einverstanden erklärt in der Absicht, sie ebenfalls einzuführen. Nur zwölf Prediger unter Schleiermachers Führung blieben bei ihrer Weigerung und wandten sich mit Vorstellungen wegen einer Abänderung, die ihnen erlauben würde, dem Beispiel der übrigen zu folgen, an den Minister und selbst an den König, ohne daß diese Bemühungen jedoch zu einem Ergebnis geführt hätten. Die Angelegenheit blieb vielmehr in der Schwebe, bis der König durch die verschiedene, nicht immer günstige Aufnahme der Agende in den Provinzen bewogen, sie durch Kommissare einer nochmaligen Revision unterwerfen ließ. Die aus der Revision hervorgehende Form wurde dann auch in allen Berliner Kirchen städtischen Patronats mit Zustimmung des Magistrats vom 27. Februar 1829 angenommen.

Bevor der Streit in dieser Weise ein Ende nahm, wurde der Magistrat aber noch einmal, wie beim Beginn im Jahre 1824, in ihn hineingezogen.

Er berief den Prediger Pischon vom Friedrichswaisenhause an die Nicolaikirche und den Prediger vom Kadettenhause Deibel an die Jerusalemskirche. Der erste gehörte zu den Zwölf, die sich gegen die neue Agende wehrten, der andere schloß sich, sobald er für die Jerusalemskirche gewählt war, den zwölfen an. Das Konsistorium versagte ihre Bestätigung, ebenso auf Beschwerde des Magistrats der Minister. Nunmehr klagte der Magistrat im Dezember 1826 beim Kammergericht und verlangte, daß jene Verfügungen für unwirksam zu erklären seien. Er rechtfertigte diesen Schritt außerdem in einer Immediateingabe vom 29. Januar 1827. Das Staatsministerium, das mit der Erledigung der Angelegenheit vom Könige beauftragt wurde, wollte es zu einem Rechtsstreit nicht kommen lassen und auf seinen Beschluß verfügte der Justizminister an das Kammergericht, die Klage des Magistrats sei von selbst nichtig, da sie mit der Ausübung des liturgischen Rechts durch den Landesherrn, das ihm zustehe, streite. Der Magistrat erhielt zugleich Anweisung, zwei andere Geistliche zu präsentieren. Ehe der Magistrat sich aber über sein weiteres Verhalten schlüssig machte, verlautete schon, daß der König eine Revision der Agende anordnen wolle und daraufhin gaben Pischon und Deibel eine Erklärung ab, daß sie eine revidierte Agende annehmen würden. Ihre Bestätigung durch das Konsistorium beendete dann auch diesen Streit[1]).

Die Schritte, die der Magistrat bei Einführung der Agende den Staatsbehörden gegenüber getan hatte, waren in Erfüllung seiner Patronatspflichten geschehen. Wenn er dann einige Zeit später, i. J. 1845, wieder in einer inneren Angelegenheit der Kirche amtlich auftrat, so glaubte er hierzu, als Vertreter der evangelischen Bürgerschaft berechtigt zu sein. Viele Zuschriften aus der Gemeinde an die städtischen Behörden im Verlaufe des Agendenstreits hatten bewiesen, daß es in Berlin an regem Interesse für die Kirche nicht fehlte. Auch die Literatur jener Zeit bestätigt uns die lebhafte Teilnahme der Gebildeten an religiösen Fragen, die sich ihnen um so mehr zuwendete, als zur Beschäftigung mit der Politik noch wenig oder keine Neigung in der Bürgerschaft vorhanden war. Gerade dieser religiöse Sinn der Bevölkerung hatte aber zu Spaltungen im kirchlichen Leben geführt. Einmal zu religiöser Schwärmerei und zu unklarem Mystizismus, andererseits zu einer freieren Auffassung der kirchlichen Lehren, die diese Lehren vom Standpunkt der theologischen Wissenschaft betrachtet wissen wollte. Beide Richtungen waren geeignet, mit dem hergebrachten evangelischen Bekenntnis in Widerstreit zu geraten und dessen Anhänger, insbesonders die des strengen lutherischen Glaubens, sahen darin eine Gefahr für die Kirche, suchten sie also beide zu bekämpfen.

Bei dem allmählichen Verblassen des Mystizismus wendeten sie ihre Gegnerschaft hauptsächlich der freieren wissenschaftlichen Auslegung kirchlicher Lehren zu. Als Friedrich Wilhelm IV., der den streng gläubigen Lutheranern sehr entgegenkam, die Regierung angetreten hatte, gewannen die Streng-

[1]) Die ausführliche Darstellung des ganzen Agendenstreites bei Erich Foerster, Entstehung der preußischen Landeskirche, Bd. 2. Tübingen 1907.

gläubigen in der Kirche und auch im Staatsleben eine gewisse herrschende Stellung und in weiten Kreisen der Gebildeten befürchtete man einen nachteiligen Einfluß von jener Seite auf die freie Entwicklung der theologischen Wissenschaft und auf das ganze kirchliche Leben. Es bildete sich dementsprechend eine Gegenströmung gegen den von oben herab begünstigten Zwang im Kirchenwesen. Die Besorgnis vor einem nachteiligen Einfluß einer einseitigen kirchlichen Richtung veranlaßte auch den Magistrat, sich den Gegnern der Strenggläubigen im Interesse eines Teils der evangelischen Bürgerschaft anzuschließen und zu den schwebenden Fragen amtlich Stellung zu nehmen.

Die Annahme, daß sein Vorgehen mit einer allgemeinen politischen Bewegung, mit dem Streben, sich mehr der staatlichen Bevormundung zu entziehen, zusammenhing, ist nicht richtig. Irgendwelche Äußerungen oder Maßnahmen des damaligen Magistrats und seines Oberbürgermeisters Krausnick, die auf das Verlangen nach einer liberalen Gesetzgebung hätte schließen lassen, sind aus jener Zeit nicht bekannt geworden. Die Triebfeder zu seinem Vorgehen lag allein in seinem Interesse für das kirchliche Leben.

Da man die Herrschaft der sogenannten Orthodoxie am ehesten einschränken zu können glaubte, wenn den Gemeinden und den Laien eine größere Mitwirkung in den kirchlichen Angelegenheiten eingeräumt würde, so drang man von neuem auf eine veränderte Kirchenverfassung, die ihren Schwerpunkt in die Bildung von Synoden zu legen hätte. Früher, vor der Einführung der Union, waren schon einmal die Versuche dazu gescheitert. Am 15. August 1845 veröffentlichte eine große Zahl von gebildeten Männern aus allen Ständen eine bedeutendes Aufsehen hervorrufende Erklärung, worin die Befürchtung ausgesprochen wurde, daß die kirchliche Hierarchie auf der einen und der zuweit gehende Rationalismus in religiösen Dingen auf der anderen Seite vielleicht eine Spaltung in der Landeskirche anbahnen könnte, das einzige Mittel hiergegen sei eine neue Kirchenverfassung, an der die Gemeindemitglieder teilzunehmen berechtigt seien. In diese Bewegung griff nun auch der Magistrat ein. Er richtete am 22. August eine Adresse an den König, die in demselben Sinne wie jene Erklärung lautete. Der Magistrat beklagte sich darin über eine Partei, die sich zu streng an den Buchstaben der Lehre, an das Dogma halte und den lebendigen Glauben an Christus zu einem Glauben an das kirchliche Bekenntnis mache. Er bat um Freiheit der Lehre in der evangelischen Kirche und um den Entwurf zu einer Kirchenverfassung, wie sie die evangelische Kirche bedürfe[1]).

Der König und das Kabinet waren mit der Adresse und ihrem Inhalt wenig einverstanden. Der König lehnte es daher ab, das Schreiben entgegenzunehmen und wollte es sich nur durch Abgesandte des Magistrats vorlesen lassen. Dies geschah am 2. Oktober, die Antwort darauf wurde mündlich erteilt. Der König äußerte seinen höchsten Unwillen darüber, daß der Magistrat in der Adresse die Anhänger der strengen Richtung in der Kirche, die

---

[1]) Die Adresse, die Antwort des Königs und der darauf folgende Immediatbericht vom 3. Oktober sind abgedruckt im Verwaltungsbericht 1861—1876. Teil 3.

er, der König, selbst für die wahrhaft gläubigen evangelischen Christen hielt, als eine Partei, und zwar als eine begünstigte Partei, bezeichnete. Zugleich sprach er dem Magistrate nicht bloß die rechtliche, sondern sogar die moralische Befugnis ab, in die Gestaltung der Landeskirche mit eingreifen zu wollen, da er es an Seelsorgern in der Stadt in der bedenklichsten Weise fehlen lasse. Unter Friedrich Wilhelm I. sei ihre Zahl größer gewesen als jetzt bei der bedeutend vermehrten Einwohnerzahl.

Die Vorwürfe des Königs waren nicht ganz begründet. Die städtische Verwaltung hatte seit 1808, seit sie über ihren Haushalt freiere Verfügung besaß, mit äußerster Sparsamkeit wirtschaften, vor allem dem Armenwesen und der Schule Fürsorge widmen müssen. Wenn sie so behindert gewesen war, mehr für die Kirche zu tun, so lag doch neuerdings ein Beschluß der Stadtverordneten vor, wonach der Magistrat über drei neue Kirchen, Markus, Andreas und Bartholomäus, das Patronat übernehmen sollte. Deshalb rechtfertigte der Magistrat sofort in einer Immediateingabe vom 3. Oktober die städtischen Behörden gegen den Vorwurf, daß sie der Kirche zu gleichgültig gegenüberständen. Nachdem der König dann, um wegen verschiedener Fragen die dortigen kirchlichen Verhältnisse zu studieren, drei Geistliche und den Architekten Stüler nach England gesendet hatte, teilte er den amtlichen Bericht dieser Kommission dem Magistrate mit. Der Magistrat antwortete wieder mit einer direkt an den König gerichteten Vorstellung vom 13. Januar 1846, worin er zugab, daß die Bedeutung der Kirche im Leben des Engländers größer als bei uns sei, zugleich dagegen hervorhob, daß es in London für die ärmere Bevölkerung weit mehr an Kirchen fehle, als in Berlin und für den religiösen Jugendunterricht bei uns von der Stadt aus ganz anders gesorgt werde, als dort. Besonders bemerkenswert war es aber in diesem Immediatbericht, daß der Magistrat aussprach, er erachte es für eine der dringendsten Verpflichtungen der städtischen Behörden, überall wo in Parochien durch Zunahme der Bevölkerung das Bedürfnis nach Vermehrung der Kirchen und der Seelsorger hervortrete, zur Befriedigung dieses Bedürfnisses in jeder Weise nach bestem Vermögen mitzuwirken[1]). Dies Schreiben des Magistrats hatte keine weiteren Folgen. Die Frage wegen einer Änderung der Kirchenverfassung trat überhaupt in den Hintergrund, seitdem von 1847 an die Bestrebungen nach einer neuen Staatsverfassung alle Aufmerksamkeit in Anspruch nahmen.

Das Patronat des Magistrats wurde ungeachtet der Vermehrung der Zahl der Kirchen seit Einführung der Städteordnung nur auf drei neue ausgedehnt. Die ersten Kirchen, die nach 1808 ungefähr in der Zeit von 1832 bis 1835 neugegründet wurden, waren die St. Johanneskirche in Moabit, die Elisabethkirche an der Invalidenstraße, die Nazarethkirche auf dem Wedding und die Paulskirche am Gesundbrunnen. Die Eingepfarrten hatten zum Kirchspiel der Sophienkirche, einer Kirche königlichen Patronats, gehört, daher übernahm der König das Patronat der vier Kirchen. Sie lagen mit Aus-

[1]) Der Bericht ist gleichfalls an der eben erwähnten Stelle abgedruckt.

nahme der Elisabethkirche, zu der der Magistrat die Baustelle schenkte, damals außerhalb des städtischen Weichbildes.

Auf Anregung von Bewohnern der südlichen Luisenstadt, wo die Bevölkerung bedeutend zugenommen hatte, entstand dort 1844 die Jakobikirche. Obwohl der Magistrat Patron der Luisenstädtischen Kirche war, in deren Parochie die neue Kirche liegen sollte, überließ er dem Könige das Patronat. In dem nach Südwesten hin sich ausbreitenden Kirchspiele der Dreifaltigkeitskirche, königlichen Patronats, entstand 1846 die Matthäikirche, bei der der König ebenfalls Patron wurde. Die Philippus-Apostelkirche, deren Gemeinde sich 1852 von der Sophienparochie abzweigte, blieb patronatfrei. Für die sehr vergrößerte Parochie der Georgenkirche, städtischen Patronats, wurden in den vierziger Jahren drei neue Kirchen geplant, über die der König das Patronat zu übernehmen sich erbot, wenn der Magistrat es wünschte. Die städtischen Behörden beschlossen indessen bei zweien, der Markus- und der Andreaskirche, das Patronat für sich zu erwerben und nur die dritte, die Bartholomäuskirche, trat unter königliches Patronat. Demgemäß gab die Stadtgemeinde auch einen bedeutenden Zuschuß zum Bau der Markuskirche und bestritt die Kosten der Andreaskirche fast ganz allein. Nach der Vollendung dieser Kirchen, 1855 und 1856, trennte sich 1857 im Südwesten von St. Matthäus ein neues Kirchspiel mit der Lukaskirche, die wie St. Matthäus unter königliches Patronat gestellt wurde. Im Norden folgte gleichzeitig unter demselben Patronat von der Elisabethgemeinde abgezweigt die Zionskirche und die St. Johannes-Evangelistkirche in der Parochie der Sophiengemeinde. Die letzte Kirche, bei der sich die Stadt das Patronat übertragen ließ, war die Thomaskirche, deren Bau in der Parochie der Luisenstadtkirche etwa 1860 beschlossen wurde.

Die Patronatslasten und -Rechte wurden durch die Vorschriften der Städteordnung nicht berührt. Die Lasten bestanden hauptsächlich in der Verpflichtung, das Kirchengebäude in Würden zu erhalten und zur Errichtung eines neuen in der Parochie mitzuwirken, wenn die Kirche selbst dazu die Mittel nicht besitzen sollte. Der Patron hatte den sogenannten Patronatsbeitrag zu leisten, der in der Lieferung von Baumaterialien bestand. Wiederholt wurde in den ersten Jahrzehnten des 19. Jahrhunderts bei Baufällen an Kirchen städtischen Patronats die Frage der Verpflichtung gar nicht aufgeworfen, sondern der König ließ aus eigenem Willen auf seine Kosten die Gebäude erneuern und verschönern. Später indessen haben auch die städtischen Behörden erhebliche Summen für den Bau ihrer Kirchen, wie bei St. Markus, Andreas und Thomas aufgewendet. In dem weiter oben erwähnten Immediatbericht vom 13. Januar 1846 äußerte der Magistrat, daß er stets bereit sein würde, dem Bedürfnisse der evangelischen Kirche in Berlin entgegen zu kommen. Die Stadt hat aber auch die Angehörigen anderer Bekenntnisse, z. B. die Katholiken bei Errichtung der Michaelskirche 1852 unterstützt.

Das wesentlichste Recht des Patrons war die Wahl und Vokation der Geistlichen an seiner Kirche. Hierauf übte die Städteordnung keinen Einfluß. Demgemäß wählte der Magistrat, wie vorher, die Geistlichen an seinen Kirchen mit Ausnahme der Georgenkirche, an der herkömmlich die Gemeinde das Wahlrecht besaß. Jedoch trat bei den beiden ersten städtischen Pfarrkirchen, St. Nikolai und St. Petri, bald eine Beschränkung ein. Hier wurde in den dreißiger Jahren ein alter Streit zwischen Magistrat und Aufsichtsbehörde wieder aufgenommen und dem Magistrat das Recht bestritten, die Pfarrer an diesen beiden Kirchen, die den Titel Probst führten, zu berufen, weil die Ernennung dem Landesherrn zustehe. Es kam zur Entscheidung durch das Obertribunal, die zu Ungunsten des Magistrats ausfiel. Er wurde für verpflichtet erachtet, dem vom Könige ernannten Probst jedesmal die Vokation zu erteilen.

Die Gemeindeordnung vom 11. März 1850 und die Städteordnung vom 30. Mai 1853.

Die Städteordnung von 1808 wurde im Jahre 1850 aufgehoben und an ihre Stelle trat ein neues Gesetz, die Gemeindeordnung. Die Änderung geschah hauptsächlich zugunsten der Landgemeinden. Durch die Städteordnung war nur die Verfassung und Verwaltung der Städte geregelt worden, die Verhältnisse der Landgemeinden bedurften aber im ganzen Staate ebenfalls der Ordnung. Vielfach wurde in Bezug darauf der Wunsch ausgesprochen, ihnen ebenso wie den Städten eine selbständige Verwaltung ihrer Angelegenheiten zu ermöglichen. Die Bestrebungen des Jahres 1848, die darauf gerichtet waren, allen Gliedern des Staates freie Bewegung zu verschaffen und bestehende Unterschiede auszugleichen, kamen diesen Wünschen für die Bewohnerschaft des platten Landes zu Hilfe. Am 13. August 1848 legte das Ministerium Auerswald der preußischen Nationalversammlung einen Gesetzentwurf vor, der zwar nicht die Landgemeinde allein anging, aber eine einheitliche Gemeindeordnung für die Stadt- und Landgemeinden des ganzen Staates enthielt, „zur Stärkung der Nationalität", wie es in der Begründung hieß. Die Städteordnung sollte hiermit natürlich außer Kraft gesetzt werden. Dabei wirkte zugleich der Umstand mit, daß die Städteordnung nicht in allen Provinzen Geltung erlangt hatte und so durch das neue Gesetz auch für die Städte ein gleichmäßiges Recht im ganzen Staate erzielt werden konnte. Einen zweiten Entwurf brachten die Abgeordneten von Ester und Waldeck ein. Beide gelangten zunächst nicht zur Beratung, auf den der beiden Abgeordneten ist man auch später überhaupt nicht wieder zurückgekommen.

Magistrat und Stadtverordnete von Berlin traten sofort wegen der für sie so wichtigen Regierungsvorlage in Beratung und beschlossen, zu einem allgemeinen preußischen Städtetage nach Berlin einzuladen, um über den Entwurf der Regierung zu verhandeln. Von der Aufforderung der Landgemeinden sah man ab, weil schon Zweifel entstanden, ob sie nicht ein Gesetz für sich brauchen würden. Den geplanten allgemeinen Städtetag mußte man wegen des am 12. November über Berlin verhängten Belagerungszustandes wieder absagen, und andere Versammlungen, die in mehreren Provinzen zur Vorberatung zustande kamen, hatten kein bemerkenswertes Ergebnis. Nach der Auflösung der preußischen Nationalversammlung blieb die Frage wegen des Gesetzes überhaupt ruhen, bis die Regierung ihren Entwurf dadurch wieder in Erinnerung brachte, daß sie ihn, mit geringfügigen Abänderungen und mit Fortlassung der Motive, am 20. Januar 1849 im Staatsanzeiger veröffentlichte.

Sie tat dies, weil die oktroyierte Verfassung vom 5. Dezember 1848 durch Artikel 104 eine gesetzliche Ordnung der inneren Angelegenheiten der Gemeinden notwendig machte und der bereits ausgearbeitete Entwurf der Gemeindeordnung der Forderung entsprach. Durch die Veröffentlichung sollte den Beteiligten zunächst Kenntnis davon gegeben werden. Bei den Kammern, deren Sitzungen mit der Auflösung der zweiten Kammer am 27. April endeten, brachte die Regierung aber den Entwurf nicht mehr ein, sie ließ vielmehr für die darauffolgende sogenannte Landratskammer vom 9. Mai ab nacheinander vier neue, allerdings wenig unter sich verschiedene Entwürfe ausarbeiten. Nur der letzte war von Motiven begleitet, wurde am 2. August 1849 vom Könige vollzogen und dann zuerst der ersten Kammer vorgelegt. Die Regierung hatte es also an sorgfältiger Vorbereitung für das Gesetz nicht fehlen lassen.

Bei der Wichtigkeit der Angelegenheit hatte der Berliner Magistrat es für notwendig gehalten, selbständig für sich mit einem besonderen Entwurf hervorzutreten, wie dies auch von anderen Städten geschehen war. Die Grundzüge dazu wurden schon im August 1848 von einer aus Magistrat und Stadtverordneten gebildeten Kommission festgelegt, der Entwurf selbst schloß sich in der inneren Anordnung dem ministeriellen an, hielt aber an den Hauptgrundsätzen der Städteordnung von 1808 fest. Der Magistrat überreichte ihn den Kammern im September 1849. Inzwischen waren jedoch die Stadtverordneten zu der Überzeugung gekommen, daß man besser tue, das alte Gesetz beizubehalten, und da der Magistrat ihnen gern beitrat, so richteten beide am 23. November eine Petition an die Kammern, es bei der Städteordnung von 1808 belassen zu wollen. Von vielen Städten gingen gleiche Petitionen ein, allein weder Regierung noch Kammern konnten sie berücksichtigen, weil eben der Verfassung wegen ein einheitliches Gesetz für alle Gemeinden geschaffen werden sollte.

Nach sehr eingehender Durchberatung des Entwurfs in beiden Kammern vom August 1849 bis Ende Februar 1850 erhielt die Gemeindeordnung am 11. März 1850 die königliche Genehmigung. Obwohl sie nur kurze Zeit in Kraft blieb, soll hier doch auf die hauptsächlichsten Unterschiede gegen die Städteordnung von 1808 hingewiesen werden, zumal mehrere wichtige Bestimmungen daraus in die Städteordnung von 1853 übergegangen sind.

Eine äußerliche Änderung brachte die Gemeindeordnung darin, daß die Stadtverordnetenversammlung die Bezeichnung Gemeinderat erhielt, die Stelle des Oberbürgermeisters fortfiel, da es nur noch einen Bürgermeister geben sollte, und aus dem Magistrat der Gemeindevorstand wurde. Die letzte Benennung kam in Berlin aber kaum zur Anwendung, denn gleich nach der Einführung des Gesetzes, im Januar 1851, beschlossen beide städtischen Körperschaften, die alte Firma „Magistrat der hiesigen königlichen Haupt- und Residenzstadt" beizubehalten.

Eine wesentliche Neuerung bildete die Aufhebung des Unterschiedes zwischen Bürgern und Schutzverwandten. Das alte Bürgerrecht hörte auf, alle Einwohner wurden gleichmäßig Mitglieder der Stadtgemeinde. Nur das aktive Wahlrecht knüpfte sich an besondere Bedingungen, an einjährigen Aufenthalt in der Gemeinde, einen gewissen Steuersatz oder ein gewisses Jahreseinkommen. Das Wahlrecht blieb aber nicht das allgemeine gleiche bei den zur Teilnahme an der Wahl berechtigten Personen, wie nach der St.=O. von 1808, sondern es gründete sich auf das Dreiklassensystem, wie es ähnlich das Wahlgesetz vom 30. Mai 1849 für die Wahlen zur zweiten Kammer vorgeschrieben hatte. Für das passive Wahlrecht zum Gemeinderat galten dieselben Bedingungen wie für das aktive. Dabei brauchte nur noch die Hälfte der Mitglieder angesessen zu sein, nicht zwei Drittel, wie früher, und das Gesetz verlangte nicht Hausbesitzer dazu, sondern Grundbesitzer.

Die Amtsdauer der Gemeinderäte setzte die neue Ordnung auf 6 Jahre fest, bei den Stadtverordneten waren es nur 3 Jahre gewesen, Stellvertreter wurden nicht mehr gewählt. Eine Geschäftsordnung schrieb das neue Gesetz nicht vor wie die Städteordnung, der Gemeinderat durfte sie sich selbst geben. Die Öffentlichkeit der Verhandlungen und die Zulassung von Magistratsmitgliedern dazu waren für Berlin keine Neuerung. Beides hatte man ja schon 1847 hier eingeführt. Der Gemeinderat konnte nötigenfalls, wenn sein Verhalten dazu Veranlassung gab, durch den Minister des Innern zeitweise außer Tätigkeit gesetzt werden, während die alte Städteordnung über eine Auflösung der Stadtverordnetenversammlung keine Bestimmung enthielt.

Bei dem Gemeindevorstand oder Magistrat sollte der Vorsitzende, der Bürgermeister nicht mehr, wie es die St.=O. für den Oberbürgermeister vorschrieb, vom Könige ernannt, sondern vom Gemeinderat gewählt und durch den König bestätigt werden. Die Bestätigung war auch für seinen Stellvertreter erforderlich, alle anderen Magistratsmitglieder bedurften sie nicht mehr. Die leitende Stellung des Bürgermeisters im Magistrat wurde bestimmter hervorgehoben als in der Städteordnung.

Neu war die Forderung der Aufstellung eines jährlichen Haushaltsetats und der öffentlichen Auslegung, wovon die St.=O. nichts wußte, und ebenso die Zwangsetatisierung durch die Regierung, falls die Einstellung notwendiger Ausgaben verweigert würde. Für die Veräußerung von Grundstücken, die Aufnahme von Anleihen, die Erhebung von Einzugsgeld verlangte die Gemeindeordnung unbedingt die Genehmigung der Staatsbehörden. In der Besteuerung der Einwohnerschaft hatten die §§ 56 und 109 der St.=O. den Stadtbehörden weiten Spielraum gelassen, den nur spätere Deklarationen der Regierung etwas einschränkten. Die Gemeindeordnung dagegen gestattete Zuschläge zu den direkten Staatssteuern ohne Genehmigung der Regierung nur, sobald sie die Hälfte der Staatssteuer nicht überschritten; die Einführung anderer Abgaben machte sie von ihrer Zustimmung abhängig.

Ein Fortschritt gegen die St.=O. lag in der Befugnis, Ortsstatute bilden zu dürfen in allen Angelegenheiten der Gemeinde, über die die Gemeindeordnung selbst keine Bestimmungen enthielt. Die St.=O. kannte nur schon bestehende Privilegien und Konzessionen als Inhalt von Ortsstatuten.

Gegen Beschlüsse der Stadtverordneten gab die St.=O. dem Magistrat so gut wie gar kein Einspruchsrecht, er war nur befugt, sie nicht zur Ausführung zu bringen, sobald sie gegen den Staat und die Gesetze gerichtet waren. Nunmehr sollte der Bürgermeister alle Beschlüsse beanstanden dürfen, die er für das Gemeindewohl als nachteilig erachtete.

Aus diesen Vergleichen mit der Städteordnung von 1808 ergibt sich, daß die neue Ordnung die Rechte der Gemeinde und ihrer Behörden im allgemeinen eher verminderte als erweiterte. Den Fortfall der Schutzverwandten und damit die Stellung aller Einwohner unter ein einheitliches Bürgerrecht durfte man als einen Fortschritt ansehen, ebenso die Ermächtigung zur Wahl des Bürgermeisters und zur Bildung von Ortsstatuten. Auf der anderen Seite aber mußte man das Einspruchsrecht des Staates bei der Verfügung über das städtische Vermögen und bei der Aufnahme von Anleihen, die Zwangsetatisierung, die Vorschriften über Besteuerung der Gemeinde als Beschränkungen der Selbstverwaltung ansehen. Bei den kleineren Gemeinden gingen die Eingriffe noch tiefer, indem dem Vorsteher besondere erweiterte Befugnisse über den Gemeinderat beigelegt wurden. Da er selbst außerdem durch ihm übertragene staatliche Funktionen in engerer Verbindung mit den Staatsbehörden stand, kam man damals zu der Behauptung, die Gemeindeordnung folge dem Muster der französischen Zentralisationstheorie, dem Präfektenwesen. Sie schwäche den Gemeinderat dem Magistrat gegenüber und mache diesen zum Organe der Regierung[1]).

In Berlin ging die Einführung des neuen Gesetzes nicht ohne einige Aufregung vonstatten. Der Gemeinderat, der die Stadtverordnetenversammlung ersetzen sollte, mußte nach dem Dreiklassensystem gewählt werden, das für die Gemeindewahlen also zum ersten Male Anwendung fand. Im August 1850 waren die Vorbereitungen hierzu getroffen. Der Bürgermeister — die Stelle des Oberbürgermeisters war seit Krausnicks Rücktritt noch nicht wieder besetzt — hatte nach § 22 des Gesetzes die Wahlvorsteher in den Bezirken ernannt und die Stadtverordneten hatten die beiden Beisitzer für jeden Bezirk bestimmt. Dem Stadtverordnetenvorsteher Seidel, der die Ansichten der demokratischen Partei der preußischen Nationalversammlung geteilt und aus seiner politischen Richtung kein Hehl gemacht hatte, wurde nun von einigen Stadtverordneten vorgeworfen, daß er anderen Sinnes geworden sei und seinen Einfluß daran setze, nur konservative Beisitzer in die Wahlvorstände zu bringen, um auf diesem Wege der Stadt zu einem möglichst konservativen Gemeinderat zu verhelfen. Es kam zu Streitigkeiten in der Versammlung, die Minorität verließ die Sitzung und es trat Beschlußunfähigkeit ein, der dann mit Hilfe der Stellvertreter begegnet werden mußte. Beide Parteien richteten außerdem Beschwerden an die Regierung.

Bei den Wahlen selbst zeigte sich eine rege Beteiligung, da 76 Prozent der Wähler erschienen. In der ersten Abteilung wurden die aufgestellten Kandidaten fast einstimmig gewählt, in der zweiten mit $^8/_9$ und in der dritten

[1]) Spenersche Zeitung vom 9. Sept. 1851.

mit $^3/_4$ Majorität. In dem neuen Gemeinderat saß etwa nur ein Drittel der bisherigen Stadtverordneten, was aber die Berufsarten der Mitglieder betrifft, so blieb die Zusammensetzung ungefähr die bisherige. Die Versammlung bestand aus 3 Professoren, einem Geistlichen, einem Rechtsanwalt, dem Fürsten Boguslav Radziwill, außerdem nur aus Gewerbtreibenden und Rentnern. Das juristische Element war mit vier Personen vertreten. Zum Vorsteher wählte man nicht den bisherigen Stadtverordnetenvorsteher Seidel, obwohl er auch dem Gemeinderat angehörte, sondern den Direktor der — damals privaten — Anhalter Eisenbahn, Fournier. Die große Mehrheit der Mitglieder war bei der politischen Bewegung der vorhergehenden Jahre in der Öffentlichkeit nicht hervorgetreten. Die neue Behörde wählte zum Gemeindevorstand den alten Magistrat mit wenigen Ausnahmen. Die Gemeindeordnung gestattete, daß die bisherige Mitgliederzahl des Vorstandes die gleiche bleiben durfte, sie belief sich damals auf 30, 14 besoldete und 16 unbesoldete. Die Zahl der besoldeten war auf Grund des § 145 der St.-O. allmählich bis auf 14 angewachsen, die unbesoldeten überschritten die in § 144 vorgeschriebene Zahl von 15 um einen, der durch Kabinetsorder vom 14. Mai 1839 bewilligt war. Bei der Wahl des Gemeindevorstehers siegte Krausnick mit geringer Mehrheit über den Landrat von Selchow. Am 23. Januar 1851 war die neue Stadtverfassung eingeführt.

Magistrat sowohl als Stadtverordnete hatten, wie oben erwähnt wurde, um Beibehaltung der alten Städteordnung gebeten und es ist erklärlich, daß man sich schon aus diesem Grunde mit der neuen nicht mehr als nötig befreundete und sich an die Vorschriften der alten hielt, soweit sie nicht in einzelnen Punkten dem neuen Gesetz widersprachen. Es kam hinzu, daß die Gemeindeordnung über die Bildung und Befugnisse der Deputationen so gut wie gar keine Bestimmungen enthielt, auch keine Geschäftsordnung. Man war mit dem Gesetz nicht bloß in Berlin unzufrieden, Klagen darüber kamen aus allen Provinzen und selbst in Regierungskreisen war man von ihrer Vortrefflichkeit wenig überzeugt, nur das Rheinland hatte nichts gegen sie einzuwenden. Auch der Prinz von Preußen sprach sich einer Deputation aus Pommern gegenüber dahin aus, daß er in der Gemeindeordnung die sichere Grundlage für eine gedeihliche Entwicklung unsers Staatslebens vermisse[1]). Es zeigte sich schon nach kurzer Zeit, daß es namentlich für die östlichen Provinzen nicht richtig gewesen war, Stadt- und Landgemeiden unter ein Gesetz zu bringen.

Um wieder eine Trennung herbeizuführen, beantragte die Regierung zunächst im November 1851 beim Landtage, die Gemeindeordnung als Städteordnung für die östlichen Provinzen mit einigen Änderungen weiter fortbestehen zu lassen und stellte für die anderen Provinzen sowie für die Landgemeinden besondere Gesetze in Aussicht. Die erste Kammer, der der Antrag zuerst vorgelegt wurde, stimmte dem Fortbestehen der Gemeindeordnung in der Fassung, wie es die Regierung wünschte, nicht zu und ließ durch eine Kommission einen besonderen Entwurf einer Städteordnung für die sechs öst-

---

1) Vossische Zeitung vom 9. Februar 1851.

lichen Provinzen herstellen, der sich an die Gemeindeordnung anlehnte. An die zweite Kammer gelangte dieser Entwurf in der Session 1851 bis 1852 nicht mehr. Doch war man der Aufhebung der Gemeindeordnung von 1850 so sicher, daß eine Kabinetsorder vom 19. Juni 1852 anordnen konnte, mit ihrer Einführung, wo sie noch nicht geschehen war, nicht weiter vorzugehen. Im Dezember 1852 brachte dann die Regierung den Entwurf zur Städteordnung für die östlichen Provinzen, der der ersten Kammer sein Entstehen verdankte, im ganzen in derselben Form bei der nämlichen Kammer wieder ein. Die erste Kammer hatte, da er von ihr herstammte, wenig zu verbessern und auch die zweite machte keine grundsätzlichen Abänderungsvorschläge, sodaß das Gesetz am 30. Mai 1853 vollzogen werden konnte. Die jetzt geltende Städteordnung war also wesentlich ein Werk der ersten Kammer.

Für die Landgemeinden legte die Regierung kein Gesetz vor. Zurzeit erschien es noch unmöglich, bei den Landgemeinden allgemein eine Selbstverwaltung, ähnlich der der Städte, einzuführen. In der Verfassung vom 31. Januar im Artikel 105 stand aber die Bestimmung, daß in den Gemeinden, also auch den Landgemeinden, über die inneren Angelegenheiten aus gewählten Vertretern bestehende Versammlungen beschließen sollten. Wollte die Regierung nun von einer Landgemeindeordnung absehen und die Städteordnung von 1853 zum Gesetze erheben, so mußte zuvor Artikel 105 geändert werden. Eine solche Abänderung in der Form, daß die Verwaltung dieser Gemeinden besonderen Gesetzen vorbehalten bliebe, bereiteten denn auch die Kammern 1851 vor, sie wurde festgestellt durch das Gesetz vom 24. Mai 1853.

Die Städteordnung von 1808 ließ den Gemeinden mehr Freiheit in der Selbstverwaltung als die Gemeindeordnung, wie der Vergleich weiter oben ergab. Es war nicht zu erwarten, daß man jetzt zu den Grundsätzen des älteren Gesetzes zurückkehren und den Vertretungen der Stadtgemeinden wieder erweiterte Befugnisse einräumen würde. Die Staatsregierung hatte unter Anwendung von Paragraphen des Allgemeinen Landrechts und durch Deklarationen im Laufe der Jahre einzelnen Vorschriften der Städteordnung eine Auslegung gegeben, die ein stärkeres Eingreifen der Staatsbehörden in städtische Angelegenheiten zu rechtfertigen vermochten. In der Städteordnung von 1831 und in der Gemeindeordnung war diesen Auslegungen Rechnung getragen worden. Was die Regierung so nach und nach geändert oder hinzugefügt hatte, widersprach zum Teil dem Geiste des ursprünglichen Gesetzes, aber bei dessen Erlaß war man von anderen Gesichtspunkten ausgegangen, die später den leitenden Behörden fern lagen. Dies war auch bei der Regierung, die im Jahre 1852 an der Spitze des Staates stand, der Fall; sie hatte keine Veranlassung, Befugnisse, die ihr schon für die eingehendere Beaufsichtigung der städtischen Verwaltung gesetzlich verliehen waren, wieder aufzugeben, sie suchte sie im Gegenteil noch zu verstärken. Dem damaligen preußischen Landtag konnte ebenfalls nichts daran liegen, für die größere Selbständigkeit städtischer Verwaltung gegen die Absichten der Regierung einzutreten.

Verschiedene wesentliche Bestimmungen der Städteordnung von 1853, die von den Vorschriften der von 1808 grundsätzlich abweichen, sind also nicht neugeschaffen, sondern aus der Ordnung von 1831 und aus der Gemeindeordnung übernommen. Wenn man auf das Verhältnis, in dem sie zu den beiden letzten steht, eingeht, so ist zunächst zu bemerken, daß die neue Städteordnung das Bürgerrecht wieder herstellte, allerdings nur dem Namen nach, indem sie diejenigen Einwohner, die das aktive Wahlrecht auf Grund der Dauer ihres Aufenthaltes und des Zensus besitzen, Bürger nennt, (§ 5.) Wer wahlberechtigt ist, hat auch das passive Wahlrecht für unbesoldete Ämter in der Gemeindeverwaltung und -Vertretung. Die frühere Unterscheidung von Bürgern und Schutzverwandten fällt fort, die Stadtgemeinde besteht aus der Einwohnerschaft. Das Dreiklassensystem der Gemeindeordnung für die Wahlen wird beibehalten.

In der Bildung von Ortsstatuten gab die neue Städteordnung im Gegensatz zur alten und in Übereinstimmung mit der Gemeindeordnung den städtischen Behörden eine ausgedehnte Befugnis, der Einwohnerschaft je nach dem örtlichen Bedürfnis bindende Bestimmungen vorzuschreiben. Auch die Anzahl der Stadtverordneten und der Magistratsmitglieder konnte statutarisch festgestellt werden. Allerdings bedurften alle Statuten der Genehmigung der Regierung.

Die Städteordnung folgte der Gemeindeordnung auch darin, daß nicht, wie bei der von 1808, zwei Drittel der Stadtverordneten, sondern nur die Hälfte Eigentümer sein sollten, aber Eigentümer von Häusern, nicht wie in der Gemeindeordnung nur „Grundbesitzer". Die Städteordnung von 1808 kannte keine Maßregeln gegen eine Stadtverordnetenversammlung, die nach Ansicht der Regierung „fortwährend ihre Pflichten vernachlässigt und in Unordnung und Parteiung zerfällt", wie sich die St.-O. von 1831 ausdrückt. Die Gemeindeordnung gestattete Suspension bis auf ein Jahr, wenn es der Minister des Innern für notwendig hielt, die neue St.-O. Auflösung durch königliche Verordnung und Anordnung von Neuwahlen, also vollständige Unterbrechung der Selbstverwaltung.

Die Bestätigung sämtlicher Magistratsmitglieder durch die Staatsbehörde sprach schon die alte St.-O. als notwendig aus, aber sie traf keine bestimmten Maßregeln für den Fall, wenn die Wahl desselben Mitgliedes wiederholt zur Unfriedenheit der Behörde ausfiel. Nach der Gemeindeordnung bedurften nur die besoldeten Magistratsmitglieder der Bestätigung, bei wiederholter Nichtbestätigung oder Verweigerung der Neuwahl ließ sie eine kommissarische Verwaltung der Stelle durch die Regierung zu bis zur Wahl einer geeigneten Person. Die neue St.-O. verlangte nicht nur wieder die Bestätigung sämtlicher Magistratsmitglieder, sondern sogar der Besoldung der einzelnen und ordnete ebenfalls kommissarische Vertretung an. Sie dehnte also die Aufsicht der Regierung weiter aus, als alle früheren Gesetze.

Dagegen wurde der erste Bürgermeister in großen Städten jetzt wählbar gemacht, die St.-O. von 1808 ließ ihn durch den König ernennen. Seine unklare Stellung im Magistrat und in der städtischen Verwaltung, die durch die alte St.-O. geschuldet war, hatte die Gemeindeordnung schon fester bestimmt und ihm im Magistrat die Eigenschaften des Vorgesetzten zuerteilt. Noch mehr tat dies die neue St.-O. Sie gab ihm die Leitung und Beaufsichtigung des Geschäftsgangs in der ganzen städtischen Verwaltung, legte ihm auch persönlich die polizeilichen Befugnisse bei, die nach der St.-O. von 1808 dem Magistrat übertragen waren.

In der Verwaltung des Gemeindevermögens und der Führung des Haushalts war nach dem Wortlaut der alten St.-O. die Einmischung der Regierung so gut wie ausgeschlossen. Wie in der Gemeindeordnung wurde jetzt zu allen Veräußerungen von Vermögensstücken und zur Aufnahme von Anleihen die staatliche Genehmigung erforderlich und der § 53 brachte ausführliche Vorschriften wegen der Aufbringung von Gemeindesteuern. Bei allen Steuern und Zuschlägen wurde die Zustimmung der Regierung notwendig, und für den Haushalt die regelmäßige Aufstellung eines Etats vorgeschrieben, von dem die Aufsichtsbehörde eine Abschrift erhalten sollte. Ganz entsprechend der Gemeindeordnung konnte die Zwangsetatisierung von Leistungen, die gesetzlich der Gemeinde oblagen, verfügt werden.

Gleich der Gemeindeordnung setzte die neue Städteordnung auch die Amtsdauer der Stadtverordneten auf 6 anstatt auf 3 Jahre fest, schaffte die Stellvertreter ab und verlangte zur Beschlußfähigkeit nur die Hälfte, anstatt der früheren zwei Drittel. Die Geschäftsordnung gehörte 1808 mit zum Gesetz, nunmehr durfte jede Versammlung sie sich selbst geben, unter Zustimmung des Magistrats. Die Öffentlichkeit der Verhandlungen, früher nur durch Verordnung eingeführt, wurde jetzt durch das Gesetz vorgeschrieben.

Das bisher an Unbestimmtheit leidende Verhältnis des Magistrats zur Stadtverordnetenversammlung wurde genauer festgestellt. In Bezug auf die rechtliche Wirkung der Beschlüsse der Stadtverordneten brachte die neue St.-O. eine sehr wesentliche Bestimmung im § 36. Nach der von 1808 konnte der Magistrat die Ausführung nur versagen, sobald es sich um Verstöße gegen Staat und Gesetze handelte. Die Gemeindeordnung dehnte das Recht auf solche Beschlüsse aus, die nach seiner Ansicht sich mit dem Wohl der Gemeinde nicht vertrügen. Die St.-O. von 1853 ging soweit, daß sie die Zustimmung des Magistrats zu allen Beschlüssen für notwendig erklärte, sobald es sich um Angelegenheiten handelte, die er nach der St.-O. auszuführen habe. Eine Milderung der Vorschrift lag nur darin, daß eine gemeinschaftliche Kommission von Magistratsmitgliedern und Stadtverordneten ein Einverständnis herbeiführen könnte für den Fall, daß es wegen jener Zustimmung zu einem Zwiespalt käme. Wenn die Einigung nicht zu erreichen wäre, sollte die Regierung entscheiden.

Die St.-O. von 1808 gab nicht näher an, über welchen Kreis von Gegenständen die Stadtverordneten zu beraten oder zu beschließen hätten, die Gemeindeordnung bezeichnete alle Gemeindeangelegenheiten als Beschlußgegenstände, ohne ein Verbot gegen Verhandlungen über andere Angelegenheiten auszusprechen. Dies tat nun die neue St.-O., indem sie vorschrieb, daß über andere als Gemeindeangelegenheiten nicht nur nicht beschlossen, sondern auch nicht beraten werden dürfte, sobald nicht eine gesetzliche Vorschrift oder ein Auftrag der vorgesetzten Behörde vorläge. Diese Bestimmung verdankte den

Ereignissen der Jahre 1848 und 1849 ihre Entstehung und war hauptsächlich gegen die Beschäftigung mit politischen Fragen, das heißt mit solchen über die Staatsverfassung und Staatsverwaltung und über die Beziehungen zu fremden Staaten gerichtet.

Über die gemischten Deputationen und Kommissionen enthielt die St.-O. von 1808 sehr ausführliche Bestimmungen. Sie teilte ihnen als Wirkungskreis eine Reihe von Verwaltungszweigen zu, mehr als ihnen tatsächlich später überwiesen wurden. Eigentlich sollten ihnen sogar „alle Angelegenheiten, womit Administration verbunden ist", zufallen. Es fehlte aber an bestimmten Vorschriften über das Verhältnis des Magistrats zu ihnen und über seine Befugnis, die daran teilnehmenden Magistratsmitglieder zu ernennen. Die Gemeindeordnung und noch mehr die St.-O. von 1853 stellten die Unterordnung der Deputationen unter den Magistrat fest und regelten ihre Zusammensetzung. Der Bürgermeister hat die dazu gehörigen Magistratsmitglieder und den Vorsitzenden zu ernennen. Es wurde aber vollständig dem Übereinkommen der Stadtbehörden überlassen, für welche Angelegenheiten solche Deputationen zu bilden seien.

Verschiedene von der ursprünglichen Städteordnung abweichende wesentliche Vorschriften der jetzigen galten bereits nicht mehr als Neuerungen in Berlin zur Zeit, als diese in Kraft trat. Teils waren sie durch die Gemeindeordnung, teils durch Verordnung eingeführt. So das Aufgehen der Schutzverwandten und Bürger in die Einwohnerschaft, das Dreiklassenwahlsystem, die öffentlichen Sitzungen der Stadtverordneten. Was die erweiterten Aufsichtsrechte der Staatsbehörden betraf, so war das Besteuerungsrecht der städtischen Behörden längst durch Deklarationen im Sinne der neuen Ordnung eingeengt und keine Steuer ohne Erlaubnis der Regierung aufgelegt oder erhöht worden, das Schuldenwesen Berlins hatte der Staat stets kontrolliert und zu den Anleihen, z. B. für die Gasanstalt, seine Zustimmung gegeben. Es wurde jetzt nur gesetzlich festgelegt, was schon in Übung war. Aber in welcher Weise nun die Aufsichtsbehörde in Sachen der städtischen Vermögensverwaltung und des Haushalts der Stadt, bei geeigneten Gelegenheiten auch bei der Bildung von Ortsstatuten sich verhalten werde, mußte erst die Zukunft lehren, ebenso wie sich bei der verstärkten Stellung des Magistrats sein Verhältnis zur Stadtverordnetenversammlung gestalten würde. — Daß die Versammlung in ihren Beratungen und Beschlüssen in nächster Zeit über die Grenzen der rein städtischen Angelegenheiten nicht hinausgehen würde, unterlag bei ihrer Zusammensetzung keinem Zweifel.

Nach den Übergangsbestimmungen zur neuen Städteordnung blieben in den Städten, wo die Gemeindeordnung vollständig eingeführt war, Magistrat und Gemeinderat im Amt. Für Berlin traf dies zu, der bestehende Gemeinderat wurde wieder zur Stadtverordnetenversammlung, auch fand keine Veränderung in der Zahl der 30 Magistratsmitglieder und der 102 Stadtverordneten statt. Kein besonderer Akt bezeichnete die Einführung der neuen Ordnung und die ganze Verwaltung bewegte sich überhaupt im bisherigen Gleise weiter.

Erst 1854 wurden die ersten Neuwahlen für den gesetzmäßig ausscheidenden Teil der Stadtverordneten nötig. Es ist auffallend, wie schwach dabei die Beteiligung der Wähler ausfiel. Bei den Wahlen zum Gemeinderat 1850 waren 76 Prozent erschienen, bei seiner Ergänzung in Folge des Ausscheidens von Mitgliedern 1852 40 Prozent, jetzt bei den ersten Wahlen nach der neuen Städteordnung nur etwa 31 Prozent, und zwar in der ersten Abteilung 41, in der zweiten 33,5, in der dritten 19,5 Prozent[1]).

---

1) Verwaltungsbericht des Magistrats für die Jahre 1851—1860, S. 7 ff.

Schlußbetrachtungen.

Einflüsse auf die Entwicklung der Stadt.

Vergegenwärtigen wir uns nochmals, in welcher Folge der Staat die öffentlichen Einrichtungen in Berlin, deren Pflege er sich aus der Überlieferung des 18. Jahrhunderts vorbehalten hatte, den Stadtbehörden nach und nach zur Selbstverwaltung überließ, als auf Grund der Städteordnung die Wohlfahrt der Stadt den Händen der Bürgerschaft anvertraut werden konnte. Zur Zeit als das Gesetz erlassen war, sorgten staatliche Behörden für den Verkehr, indem sie die Straßen pflastern, reinigen und beleuchten ließen, sie bauten und unterhielten die Brücken über die öffentlichen Wasserläufe. Ihre Organe wachten über die Sicherheit der Einwohner bei Tage und bei Nacht, beaufsichtigten den Marktverkehr, verwalteten die Feuerlöschanstalten und trafen die Anordnungen bei Feuergefahr. Der Staat verwaltete das Armenwesen, ihm gehörte das einzige Krankenhaus. Er diente dem öffentlichen Unterricht mit vier höheren Unterrichtsanstalten. Alle diese Veranstaltungen wurden auch aus Staatsmitteln bezahlt, allerdings hauptsächlich aus dem Ertrage von Steuern, die der Staat von der Einwohnerschaft der Residenz auf seine Rechnung erhob.

Nach dem Inhalt der Städteordnung durfte die Verwaltung aller jener öffentlichen Einrichtungen, zugleich auch die Ausübung der Polizei den Vertretern der Bürgerschaft übertragen werden. Die Überlassung der Polizei an die städtischen Behörden in Berlin schloß die Staatsregierung von vornherein aus. Gleichwohl war die erste Aufgabe, die den Bürgern im Dienste der Stadt zuerteilt wurde, eine recht eigentlich polizeiliche, nämlich bei der Sorge für die öffentliche Sicherheit der Stadt mitzuwirken. Zu dem Zwecke wurde sehr bald nach Einführung der Städteordnung die Bürgergarde geschaffen, über die jedoch Magistrat und Stadtverordnete keine Verfügung besaßen, sie stand vielmehr unter militärischem Oberbefehl. Es war ihr keine lange Dauer beschieden. Nach zehn Jahren verzichteten die Bürger gern auf den ihnen anvertrauten Dienst und ließen die Staatsbehörden wieder in anderer Weise für die Sicherheit sorgen.

Dies war der erste Versuch, bezahlte Kräfte im Dienste der Stadt durch Bürger zu ersetzen. Dann folgte 1819 die Bildung der städtischen Armendirektion, die das Armenwesen mit vollem Erfolge übernahm, nur die Errichtung eines städtischen Krankenhauses mußte noch lange aufgeschoben werden. Zehn Jahre später begann die städtische Schuldeputation ihre Wirksamkeit. Sie betrachtete die Sorge für den Unterricht aller Kinder in der Stadt als ihre Hauptaufgabe und legte den Grund zur Vollkommenheit der heutigen Volksschule. Man faßte zugleich den Plan, durch Mittelschulen mehr Bildung im Bürgerstand zu verbreiten. In dieser Absicht gründeten die Stadtbehörden die sogenannten Stadtschulen, aus denen sich später die Realschulen entwickeln konnten. Auch um ein neues städtisches Gymnasium wurden die höheren Lehranstalten Berlins 1850 vermehrt. Es dauerte lange nach Einsetzung der Schuldeputation, bis der Kreis der Selbstverwaltung wieder durch Übernahme einer öffentlichen Einrichtung erweitert wurde. 1844 erhielt die Stadt das Privilegium zur Gasbereitung und die Polizei überließ ihr die Erleuchtung der Straßen. Bald darauf, 1848, machten die städtischen Behörden den Versuch, auch die Reinigung der Straßen durch eigene Veranstaltungen bewirken zu lassen; nachdem der Versuch geglückt war, faßten sie den wichtigen Beschluß, die Reinigung als eine Gemeindelast zu betrachten und die Kosten der Stadt aufzuerlegen. Nur aus Gründen der Zweckmäßigkeit nahm man davon Abstand, die Einrichtung selbst zu verwalten und zog es vor, sie mit der königlichen Feuerwehr zu verbinden. Erst 1875 kam es soweit, daß die Straßenreinigung von der Feuerwehr getrennt und als ein selbständiges städtisches Institut weitergeführt wurde.

Das Recht, Wasser für die Spülung der Straßen und für die Haushaltungen der Stadt zuführen zu dürfen, war von der Regierung 1852 auf lange Frist einer Privatgesellschaft zugesprochen worden, so daß es bis Ende der sechziger Jahre dauerte, bevor die Stadtbehörden daran gehen konnten, ihren Plan zu verwirklichen, nach dem die ganze Stadt kanalisiert und von der Stadtgemeinde selbst mit dem notwendigen Wasser versorgt werden sollte. Hierbei unterstützte dann wieder die Regierung das Vorhaben der Stadt, indem sie davon Abstand nahm, das Privilegium jener Gesellschaft zu verlängern und die Rechte des Fiskus der Gesellschaft gegenüber der Stadtgemeinde übertrug.

Von den Straßen der Stadt gehörte der Gemeinde nur ein geringer Teil, und zwar meist solche, die außerhalb der Mauer lagen, von den Brücken noch weniger. Im Laufe der Zeit gelangten neu angelegte Straßen wohl in ihren Besitz, aber das Hauptnetz im Innern der Stadt verblieb dem Fiskus. Erst 1875 machte ein Vertrag die Stadtgemeinde zur Eigentümerin aller und eine Kabinetsorder verlieh ihr zugleich die örtliche Straßenbaupolizei, womit ihr für die Anlegung, Regulierung, Entwässerung und Unterhaltung der Straßen die Ausübung der Polizei zugesprochen wurde. Als Eigentümerin der Straßen übernahm die Stadtgemeinde die Pflicht, für das Pflaster zu sorgen, aber auch die Befugnis, es nach ihrem Ermessen dem Verkehr entsprechend zu gestalten.

Es hat also weit über ein halbes Jahrhundert gewährt und langwieriger Verhandlungen bedurft, bis die städtischen Behörden dahin gelangt waren, einige der öffentlichen Einrichtungen, die für die Wohlfahrt der Stadt als die notwendigsten erscheinen, selbst verwalten zu können. Die Gründe für die langsame Entwicklung sind in den vorhergehenden Kapiteln ausgeführt. Sie lagen in den verwickelten Auseinandersetzungen mit dem Fiskus wegen seiner finanziellen Beteiligung bei der städtischen Verwaltung, in dem Festhalten der Bürgerschaft an der Überlieferung, daß der Staat in der Residenz für die Wohlfahrt zu sorgen habe, in dem Mangel an Mitteln in den städtischen Kassen, in dem geringen Fortschritte des allgemeinen Aufschwungs der Hauptstadt, in dem nicht immer bereitwilligen Entgegenkommen der Staatsbehörden, endlich in den politischen Ereignissen. Alles das verfehlte nicht seine hemmende Wirkung darauf auszuüben, daß die städtischen Einrichtungen früher an die Bürgerschaft übergingen und sich schneller vervollkommnen konnten. Die segensreiche Wirkung der Städteordnung offenbarte sich in Berlin recht eigentlich erst nach dem Jahre 1860. Nachdem Staat und Gemeinde zuletzt für die Wohlfahrt der Residenz in Wettbewerb getreten waren, begann der Staat allmählich der Selbstverwaltung den Weg frei zu lassen, die dann ihre Ziele richtig zu erkennen und sicher zu verfolgen wußte.

Auch ein nachteiliger Einfluß der Städteordnung war 1860 nach langen Bemühungen aufgehoben worden. Das Gesetz hatte das Weichbild der Stadt auf den vierten Teil seines Umfangs eingeschränkt, drei Viertel dem platten Lande zugewiesen. Die Regierung erkannte die Notwendigkeit, diese nachteilige Wirkung abzuwenden und so wurden die alten Grenzen, wenn auch in einzelnen Fällen gegen den Willen der städtischen Vertretung, nach und nach annähernd wieder hergestellt. Die letzte Vervollständigung kam 1860 zustande.

Berlin hatte seit 1808 stetig und schnell die Zahl seiner Einwohner vermehrt, war in den sechziger Jahren schon der Sitz eines umfangreichen Handels und einer schnell entwickelten Industrie geworden, das wissenschaftliche und künstlerische Leben der Hauptstadt verlieh ihr eine Anziehungskraft, die weit über das Inland hinausging. Diese Erfolge lassen sich natürlich nicht dem Einflusse der Städteordnung zuschreiben. Durch Gesetze allein kann ein Gemeinwesen nicht groß und blühend gemacht werden. Die Städteordnung sollte nach der Absicht des Gesetzgebers „in der Bürgergemeinde einen festen Vereinigungspunkt gesetzlich bilden", ihr „eine tätige Einwirkung auf die Verwaltung des Gemeinwesens beilegen" und dadurch „den Gemeinsinn erregen". Von dieser tätigen Einwirkung auf die Verwaltung erhoffte man die Förderung des Gedeihens der Stadt und die Städteordnung bezeichnete eine Reihe von öffentlichen Einrichtungen, die dazu geeignet waren, der Bürgerschaft zur Verwaltung überlassen zu werden. So erhielten die bürgerlichen Behörden freie Hand, dem Verkehr in der Stadt in vielen Beziehungen die Wege zu ebnen, die Zufuhr der notwendigen Bedürfnisse zu regeln, Schulen für alle Schichten der Bevölkerung zu errichten, der Armut zu Hilfe zu kommen der Gesundheit nachteilige Einflüsse abzuwehren, überhaupt den Aufenthalt in der Stadt vorteilhaft und angenehm zu machen. Aber alle diese Pflege der Wohlfahrt vermochte doch nicht, den Handel herbeizuziehen, die Bedingungen für eine große Industrie zu schaffen, Wissenschaften und Künste ins Leben zu rufen und fortzubilden. Für die Entwicklung zur Großstadt mußten noch andere Kräfte mitwirken.

Aus den Berichten des Magistrats vom Jahre 1829 und 1831 (S. 164) ging hervor, daß man das Anwachsen der Bevölkerung damals nicht als ein Zeichen des Gedeihens der Stadt ansah, weil die Vermehrung hauptsächlich nur bei der ärmeren Bevölkerung stattgefunden habe. Auch aus der Stadtverordnetenversammlung kamen Klagen über Verarmung des Handwerkerstandes. Es ist demnach anzunehmen, daß die Stadt der anwachsenden Einwohnerschaft nicht genügende Existenzbedingungen bieten konnte. Von 1806 bis 1830 hatte sich die Einwohnerzahl um etwa 50 Prozent erhöht, wenn aber dieser Zuwachs aus Erwerb suchenden Personen bestand, so mochte er allerdings für die damalige wirtschaftliche Lage der Stadt zu groß sein, denn diese war nicht besser, in manchen Beziehungen noch schlechter, als vor dem Kriege mit Frankreich. Der Wiener Frieden hatte zwar den Staat um ansehnliche Gebiete vergrößert und die von Sachsen abgetrennten Teile wären für den Verkehrskreis der Hauptstadt in Betracht gekommen, aber sie behielten noch Jahrzehnte hindurch in allen Beziehungen, außer den amtlichen, ihren Schwerpunkt in Dresden und Leipzig. Die Verbindungen Berlins mit den alten Provinzen litten noch fast unter gleichen Schwierigkeiten wie früher. An Chausseen waren 1816 in der Provinz Brandenburg etwa 28 Meilen fertiggestellt, woran die nach Frankfurt a. O. den hauptsächlichsten Anteil hatte, bis 1830 kamen etwa 62 hinzu, in Pommern gab es um diese Zeit nur 7 Meilen Chaussee. Erst in den dreißiger Jahren wurden nach und nach die Kunststraßen weiter ausgebaut, so daß sich nach Stettin, Hamburg, Leipzig, Magdeburg ein regelmäßiger Frachtverkehr mit Vorteil einrichten ließ. Immerhin genügte das Straßennetz noch 1834 nicht derartig, daß die Gründung des Zollvereins für Berlin merkbaren Nutzen gebracht hätte.

Mit der Schiffahrt stand es ähnlich, die Verhältnisse blieben nach den Freiheitskriegen lange Zeit ohne Veränderung. Berlin lag an einer leistungsfähigen Wasserstraße, aber sie wurde wenig ausgenutzt, namentlich auf weitere Entfernungen hin[1]). Für die Warenverschiffung von und nach Hamburg hatten um die Wende des 18. Jahrhunderts, obwohl die Verbindung zu Lande noch schlechter war, 24 privilegierte Schiffer genügt. Nach dem Kriege wurde die privilegierte Gilde aufgelöst und erst 1822 wieder ein neuer Verband, die Berliner Elbschiffahrt-Gesellschaft gegründet. Da aber Hamburg im Kriege ungemein zurückgegangen war, außerdem die Zollabfertigungen auf der Elbe den Verkehr sehr erschwerten, so konnte hier bis in die dreißiger Jahre hinein die Schiffahrt für Berlin nicht mehr Bedeutung gewinnen, als am Anfang des Jahrhunderts. Die östlichen Wasserstraßen hatten stets unter der Mangelhaftigkeit der Kanäle gelitten, die einem regelmäßigen Warenverkehr Hindernisse in den Weg legten. Dies blieb so auch nach den Kriegszeiten,

---

[1]) Das Nähere in: Toeche-Mittler, Der Friedrich Wilhelms-Kanal und die Berlin-Hamburger Schiffahrt. Leipzig 1891.

erst 1835 kam die Oderschiffahrts-Gesellschaft zustande, die eine bessere Verbindung ins Leben rufen wollte. Immerhin blieb die Schiffahrt wegen der Schleusen kostspielig.

Ebensowenig wie bei den nach den Provinzen hin führenden Verkehrsstraßen, war in der wirtschaftlichen Lage ihrer Bevölkerung, die das Absatzgebiet des Berliner Gewerbefleißes bildete, eine günstige Wendung eingetreten. In den östlichen Provinzen gab es an sich keine Reichtümer, infolge der Kriege hatte die Kaufkraft noch mehr nachgelassen und da besonders die Landgüter bedeutend im Werte gesunken waren, so durfte namentlich auf Abnahme von Luxusgegenständen, wie sie Berlin herstellte, wenig gerechnet werden.

Es ist daher erklärlich, wenn sich der Stand der Berliner Industrie gegen die Zeiten von 1806 eher verschlechtert, als verbessert hatte. Die Textilgewerbe, die damals der Stadt hauptsächlich den Charakter einer Industriestadt verliehen, waren bis auf die Seidenweberei und die Kattundruckerei fast ganz verschwunden. Was sich sonst noch an Fabrikbetrieben erhielt, beschränkte sich hauptsächlich auf die Zuckersiederei und die Kornbranntweinbrennerei. Neue Großbetriebe kamen nicht hinzu. In der Maschinenindustrie stand die königliche Eisengießerei so ziemlich allein da, 1830 wurden in allen Anstalten dieses Gewerbes nur etwa 500 Arbeiter beschäftigt. Es mag unter diesen Verhältnissen gerechtfertigt sein, wenn man die mißliche Lage der Gewerbe in Berlin nach dem Kriege als einen Zusammenbruch der Großindustrie bezeichnet[1]). Das Handwerk arbeitete im wesentlichen nur für die Stadt. Berlin war eine Residenz geworden, der das Militär, das Beamtentum, die gelehrte und die literarische Welt das Gepräge gaben.

Sehen wir nach den Mitteln, mit denen zunächst dem Arbeitsbedürfnis in der Einwohnerschaft genügt, dem Gewerbe allmählich zu besserem Stande verholfen und dem Nährstand eine ebenbürtige Stellung neben den anderen Ständen verschafft wurde.

Belebend auf alle Gewerbe pflegt die Bautätigkeit zu wirken. Quand le bâtiment va, va tout gilt, wie in Frankreich, so auch in Berlin als eine Regel für das geschäftliche Leben. Wir sahen weiter oben, daß 1815 noch ein Überfluß an Wohnungen vorhanden war, der Zuzug nach der Stadt also leicht untergebracht werden konnte, neuer Häuser bedurfte man wenig. Zu einigen größeren baulichen Unternehmungen brachten Gesellschaften die erforderlichen Gelder auf, so zum Inselspeicher und zum Königstädtischen Theater am Alexanderplatz (1824), mit fremdem Kapital wurde 1826 die englische Gasanstalt errichtet. Dies waren aber doch nur beschränkte Gelegenheiten für die Bautätigkeit und sie hätte bedenklich darnieder gelegen, wenn nicht der Staat und der König mit bedeutenden Aufgaben für sie eingetreten wären. Von 1817 bis gegen 1840 entstanden auf ihre Veranlassung das Schauspielhaus, die Schloßbrücke, das alte Museum, die Friedrichswerdersche

---

[1]) Wiedfeldt, Statistische Studien zur Entwicklungsgeschichte der Berliner Industrie. Leipzig 1898. S. 81.

Kirche, das Gewerbe-Institut in der Klosterstraße, die neue Charité, die Bauakademie, die vier Kirchen in der äußeren Sophienparochie (S. 237), die Sternwarte, das Stadtgericht, große Kasernen, Exerzierhäuser, verschiedene militärische Anstalten, worunter die Artillerie- und Ingenieurschule unter den Linden (jetzt Kriegsakademie), außerdem noch eine Reihe öffentlicher Gebäude von geringerer Bedeutung. Auch das Palais Kaiser Wilhelms I. unter den Linden und das des Prinzen Karl am Wilhelmsplatz stammten aus jener Zeit.

Der Staat entwickelte diese umfassende Bautätigkeit, obwohl es seine finanzielle Lage kaum gestattete. Unter den vorgenommenen Arbeiten waren solche, die wohl einen Aufschub vertragen hätten, man ließ sie nur mit Rücksicht auf die ungünstigen Erwerbsverhältnisse gewissermaßen als Notstandsarbeiten ausführen. Und bei fast allen wurden die Kosten nicht gespart, insofern es galt, ihre äußere Architektur künstlerisch zu gestalten. Das Bestreben, das sich hierin zeigte, die Residenz zu verschönern und ihr neue Anziehungskraft zu verschaffen, beweisen auch die Anlagen auf den Straßen und öffentlichen Plätzen, die damals entstanden. Der König ließ den Platz vor dem Museum zu einem Schmuckplatz umwandeln, den Graben am Opernplatz überwölben, die neue Wache errichten, die Statuen auf dem Opernplatz und das Denkmal auf dem Kreuzberg aufstellen. Nach 1830 begann auf seine Veranlassung die landschaftlich schönere Ausgestaltung des Tiergartens.

In der freigebigen Unterstützung des Bauwesens lag eins der Mittel, der Stadt über die Zeit des Stillstandes in der gewerblichen und der Entwicklung überhaupt fortzuhelfen. Eine unmittelbare Förderung kam der Industrie dadurch, daß die königliche Bank, die Millionen in den vom Staate wieder losgelösten polnischen Provinzen verloren hatte, 1819 die Diskontierungen wieder aufnahm, und daß die Berliner Kaufmannschaft 1820 in der Korporation eine feste Vereinigung fand. Es wurde von da an leichter, Geld für die Industrie flüssig zu machen, dessen sie dringend bedurfte. Von anderen Seiten war die Notwendigkeit erkannt worden, durch geistige Anregung und durch Heranbildung von Technikern die Gewerbtätigkeit neu zu beleben und auf eine höhere Stufe zu bringen. Mit der Gründung der Universität hatte der Staat der Stadt ein Geschenk von außerordentlichem Werte gemacht. Eine Reihe von wissenschaftlichen Instituten wurde infolge davon hier heimisch und die Berliner Hochschule zog nicht allein die studierende Jugend hierher, sondern machte die Stadt zu einem wissenschaftlichen Zentralpunkt für den Staat und das Ausland. Aber der Industrie kam die Universität nur mittelbar durch die Pflege einzelner Fachwissenschaften zugute, sie verlangte für sich eigene Lehranstalten und die Regierung entschloß sich auch bald, für den technischen Unterricht zu sorgen. Sie errichtete 1821 das Gewerbe-Institut, worauf die Stadtgemeinde 1824 mit einer vorbereitenden Anstalt, der Gewerbeschule folgte. Durch vielfache Anregung wußte der Verein zur Förderung des Gewerbfleißes, der sich hier 1820 mit staatlicher Unterstützung gebildet hatte, dem Gewerbe zu nützen. Er erwies sich als außerordentlich tätig und erfolgreich, gab auch die

Veranlassung dazu, daß der König 1822 und 1827 Ausstellungen gewerblicher Erzeugnisse anordnete, die allerdings nur offenbarten, wie wenig unsere Industrie damals zu leisten vermochte.

Durch derartige mittelbare Förderung gelang es wohl, dem Fabrikgewerbe auch in den schlechten Zeiten wieder etwas mehr Boden zu gewinnen, indessen bedeutete dies nur einen Anfang, notwendig war zur Unterstützung vor allem die Hebung des Berliner Handels und dadurch die dauernde Besserung der Geldverhältnisse.

Hierzu war wieder Vorbedingung, daß die landwirtschaftliche Produktion in den Provinzen leistungsfähiger wurde. Diese Wendung trat erst nach und nach im Laufe der dreißiger Jahre ein und zwar wesentlich infolge der weiteren Ausbreitung und Vervollkommnung des Kartoffelbaues. Die Kultur der Kartoffel trug besonders zur Erhöhung des Wohlstandes in den östlichen Provinzen bei, nachdem man dazu übergegangen war, sie zur Spiritusbereitung zu verwenden und nun allenthalben auf dem Lande Brennereien entstanden. Der Handel mit Spiritus zentralisierte sich in Berlin, aber auch für Getreide und Rüböl begann sich hier das Geschäft im großen zu entwickeln. Hierdurch erfuhr der Berliner Handelsverkehr einen bedeutenden Aufschwung. Die Fabrikation des Kartoffelspiritus hatte allerdings die nachteilige Folge, daß die hiesigen zahlreichen und großen Kornbrennereien allmählich eingingen, aber dafür entwickelte sich die Destillation von Kartoffelspiritus zu einem einträglichen Gewerbszweige, der seinen Liqueurfabrikaten einen weitreichenden Absatz zu verschaffen wußte.

Die Berliner Industrie kräftigte sich ersichtlich im Laufe der dreißiger Jahre, die Eisenindustrie z. B. beschäftigte zu dieser Zeit schon einige Tausend Arbeiter. Dennoch soll Berlin selbst nach 1840 noch nicht in dem Maße Industriestadt gewesen sein wie in der letzten Zeit vor den Kriegen[1]). Entscheidend für den Beginn der Ausbildung zu einer solchen und für die Entwicklung zur Großstadt war dann der Bau der Eisenbahnlinien und die verhältnismäßig schnelle Herstellung eines Netzes, das in Berlin seinen Mittelpunkt hatte.

Als erste von Berlin ausgehende Bahn wurde 1838 die nach Potsdam eröffnet, 1841 eine zweite über Jüterbogk nach Köthen, 1842 die dritte im Osten bis Frankfurt a. O., 1843 die Stettiner. „Berlin ist jetzt durch vier Eisenbahnen mit den vier Weltgegenden verbunden", sagte der Statistiker Dieterici im Berliner Kalender für 1844[2]). Die Berliner Gewerbeausstellung in diesem Jahre wäre unbefriedigend ausgefallen, wenn diese Verbindungen nicht schon bestanden hätten. 1846 folgte dann die Hamburger Bahn, 1848 die Verbindung über Röderau nach Dresden. Alle diese Bahnen waren Privatbahnen[3]), mit Privatkapital unternommen, nur bei zweien hatte der

---

[1]) Wiedfeldt a. a. O. S. 82.

[2]) Berliner Kalender der königl. preuß. Kalender-Deputation. 1844. S. 188.

[3]) Die Frankfurter erwarb einige Jahre später der Staat.

Staat Zinsgarantieen geleistet, ein Zeichen regen Unternehmungsgeistes. Es war natürlich, daß mit dem neuen Verkehrsmittel vorzugsweise die Hauptstadt ausgestattet wurde und bei dem weiteren Ausbau des Eisenbahnnetzes in den Provinzen galt es zunächst stets als das Hauptziel, mit ihr eine Verbindung herzustellen. Im nächsten Jahrzehnt erreichten die hier mündenden Linien schon die entferntesten Punkte des Staates.

Die Wirkungen des Eisenbahnverkehrs zeigten sich hier bald in der Zunahme des Handels, besonders des Großhandels, und in der wachsenden Bedeutung der Berliner Börse, auch die preußische Bank erhöhte ihr Kapital. In den fünfziger Jahren mußte die Kaufmannschaft schon darauf Bedacht nehmen, in nicht zu ferner Zukunft ein neues, in großen Abmessungen herzustellendes Börsengebäude zu schaffen. Da sich für das Gewerbe nun leichter Kapital fand, und eine betriebsame Bevölkerung die Unternehmungen unterstützte, so konnte die Residenz den seit Jahrzehnten verlorenen Ruf, daß sie Sitz einer Großindustrie sei, allmählich wiedergewinnen. Die durch die Bahnen erleichterte Zufuhr der Steinkohle leistete dabei eine wichtige Hilfe. Zuerst blühte die Metallindustrie auf, weil sie von den Eisenbahnen für die Fabrikation des Betriebsmaterials, namentlich der Lokomotiven, lebhaft in Anspruch genommen wurde, sie unterhielt 1856 schon über 10000 Arbeiter. Daneben erstritt die Textilindustrie wieder ihre alte Stellung und ebenso andere hier eingebürgerte Gewerbszweige, neue faßten Fuß, wie z. B. die chemische Industrie[1]). Die für den Fortschritt ungünstigen Zeiten, die Folgen der schlechten Ernten in den Jahren 1846 und 1847, die Geschäftsstille in Berlin 1848 und 1849 konnten die Entwicklung wohl verzögern, aber nicht aufhalten.

Gleichzeitig mit der ersten Ausgestaltung des Eisenbahnnetzes erfuhr Berlin auch eine Vervollkommnung seiner Wasserstraßen. Der Staat baute von 1845 bis 1850 den Landwehrgraben zu einem schiffbaren Kanal aus. Es handelte sich darum, die Stadt mit Massengütern wie Bau- und Brennmaterial bequemer zu versorgen, zu deren Heranführung die Eisenbahnen nicht ausreichten. An den Ufern des Kanals entstanden bald in weiter Ausdehnung Lagerplätze, und der Ausbau der südöstlichen Luisenstadt mit einem Teile des Köpenicker Feldes (südlich der Oranienstraße) wurde dadurch außerordentlich gefördert. Als es im Jahre 1848 galt, einem Teil der Bevölkerung Arbeitsgelegenheit zu verschaffen, ließ die Regierung zugleich auch den Luisenstädtischen Kanal fertig stellen, der schon im Bebauungsplan für diesen Stadtteil vorgesehen war. Er leistete nachher ebenfalls für die Bebauung des Köpenicker Feldes wesentliche Dienste. 1859 folgte der Anfang zur Ausführung eines dritten Kanals, des Spandauer Schiffahrtkanals mit dem Humboldthafen, dessen Zweck Entlastung der Unterspree und Abkürzung des Weges nach der Havel war.

Die Hauptstadt wurde mit der fortschreitenden Verzweigung der Schienen-

---

[1]) Die Einzelheiten findet man bei Wiedfeldt a. a. O. und in der Festschrift der Korporation der Kaufmannschaft zu ihrem Jubiläum i. J. 1870.

wege der Verkehrsmittelpunkt des ganzen Staates. Den Einfluß dieser Stellung auf ihren Handel und ihre Industrie haben wir schon hervorgehoben. Aber auch in der äußeren Erscheinung, in den Straßenbildern machten sich bald, wenigstens schon in den fünfziger Jahren, Veränderungen bemerkbar. An Stelle niedriger Häuser traten in den belebteren Straßen drei- bis vierstöckige Gebäude, man fing an, hier und da große Schaufenster auszubrechen. In den neuen Stadtvierteln entstanden Reihen hoher Miethäuser. Alle diese waren allerdings der Regel nach einförmige Nutzbauten, doch mehrten sich daneben von Jahr zu Jahr in der inneren Stadt sowohl als besonders in der Gegend vor dem Brandenburger und dem Potsdamer Tor die vornehmer ausgestatteten Privathäuser. Der zunehmende Wohlstand und der bedeutend vermehrte Fremdenverkehr zogen die Gründung neuer Vergnügungslokale nach sich, die weit großartiger angelegt wurden, als man sie bis dahin je gekannt hatte. Schnell nacheinander entstanden vor den Toren bedeutende Brauereien mit weiten Gärten, neue Theater wurden eröffnet, 1850 das Friedrich-Wilhelmstädtische, 1856 das Wallnertheater, zu gleicher Zeit der Zirkus Renz, 1859 das Viktoriatheater.

Bei der Einführung der neuen Staatsverfassung unter der Regierung Friedrich Wilhelms IV. wurde Berlin als Hauptstadt Sitz der gesetzgebenden Körper und dadurch immer mehr zum geistigen Mittelpunkt des Staates, gewann damit auch materielle Vorteile. Zugleich setzte der König die Bemühungen Friedrich Wilhelms III. fort, Kunst und Wissenschaft hier heimisch zu machen, die Stadt zu verschönern und ihre Anziehungskraft zu bewahren. Das neue Museum mit seinen Sammlungen wurden errichtet, der Invalidenpark angelegt, der Opernplatz, der Belleallianceplatz, der Exerzierplatz vor dem Brandenburger Tor ausgeschmückt, das Denkmal Friedrichs des Großen unter den Linden und andere Statuen aufgestellt.

Die städtischen Behörden traten zu dieser Zeit, was die Verschönerung der Stadt anbelangt, noch nicht in Wettbewerb mit dem Staate. Sie hatten bisher nur den Anfang dazu gemacht, indem sie im Friedrichshain einen Volkspark schufen und den schlesischen Busch zu Parkanlagen umwandelten. Bei den von der Stadtgemeinde hergestellten Gebäuden war, wie wir bereits bemerkten, bisher nur das Notwendige maßgebend gewesen, von jeder künstlerischen Wirkung abgesehen worden. Nunmehr durfte man von diesen Rücksichten auf die Sparsamkeit abweichen und die städtischen Behörden beschlossen, das neue schon in den fünfziger Jahren geplante Rathaus zu einem monumentalen und künstlerischen Bau zu gestalten.

Wie die Stadtbehörden sonst den veränderten Verhältnissen der Residenz in den nächsten Jahrzehnten des neuen Aufschwungs nach der Ausführung des ersten Eisenbahnnetzes Rechnung trugen, ist in dem Kapitel über die Verwaltung von 1830 bis 1860 darzustellen versucht. Das eigentliche entscheidende Eintreten der städtischen Verwaltung für die Wohlfahrt der Stadt beginnt erst in der folgenden Zeit, die hier von der Betrachtung ausgeschlossen wurde. Die Verwaltung der Stadtgemeinde hat dann, als ihr der Staat freiere Hand ließ, eine Reihe musterhafter Einrichtungen für das städtische Leben geschaffen, deren Vorteile wir heut genießen. Diese erfolgreiche Fürsorge von Magistrat und Stadtverordneten für alle Wohlfahrtseinrichtungen führte dann in Verbindung mit der Vervollkommnung der Verkehrsmittel, mit der Erweiterung des Staatsgebiets, mit der durch die Reichsgesetzgebung geschaffenen Bewegungsfreiheit und dem Gewerbfleiß der Einwohnerschaft die Entwicklung der Stadt zu der hohen Kulturstufe, auf der wir sie heute sehen.

Alphabetisches Register.

Additional information of this book

(Die St&dteordnung von 1808 und die Stadt Berlin; 978-3-642-71265-4) is provided:

EXTRA MATERIALS extras.springer.com

http://Extras.Springer.com

GPSR Compliance

The European Union's (EU) General Product Safety Regulation (GPSR) is a set of rules that requires consumer products to be safe and our obligations to ensure this.

If you have any concerns about our products, you can contact us on ProductSafety@springernature.com

In case Publisher is established outside the EU, the EU authorized representative is:

Springer Nature Customer Service Center GmbH
Europaplatz 3
69115 Heidelberg, Germany

Batch number: 10855247

Printed by Printforce, the Netherlands